후쿠오카·규슈 여행백서

전직 여행사 언니가 꼼꼼하게 알려주는 여행 길잡이!

후쿠오카 · 규슈 여행백서

초 판 1쇄 인쇄 2025년 1월 10일
초 판 1쇄 발행 2025년 1월 20일

지은이 서아진(미야씨)
펴낸이 유정식

책임편집 유정식
편집/표지디자인 유이수

펴낸곳 나무자전거
출판등록 2009년 8월 4일 제 25100-2009-000024호
주소 서울 노원구 덕릉로 789, 2층
전화 02-6326-8574
팩스 02-6499-2499
전자우편 namucycle@gmail.com

ISBN 978-89-98417-59-8
978-89-98417-12-3(세트)
정가 20,000원

나무자전거

PROLOGUE

"멋진 후쿠오카・규슈 여행의 길잡이가 되길…"

행복을 드리는 여행박사 서아진입니다. 일본 여행 마니아였던 제가 '내 멋대로 여행'에서 '다양한 여행스타일'을 고민하며 고객과 소통하고 유대의 즐거움을 알게 된 지 어느덧 십여 년이 지났습니다. 지금도 가끔 친절히 상담해주고 좋은 여행지를 추천해주어 고맙다는 안부연락을 받을 때면 뭉클한 감동이 밀려옵니다. 여행에 대한 설렘으로 이 책의 첫 장을 연 독자 여러분께도 이 책이 멋진 후쿠오카・규슈 여행의 길잡이가 되길 바랍니다.

이 책은 학창시절부터 매료된 일본 여행의 매력과 여행사 및 항공사에 근무하며 쌓은 여행 노하우들을 꼼꼼하게 담아낸 책입니다. 동시에 제게는 일본인 남편과 결혼으로 한국생활을 마무리하며, 아쉬움 속에서 떠나보낸 가족과 지인들에게 전하는 작은 선물이기도 합니다. 집필하는 내내 여행에 익숙지 않은 저희 부모님을 생각하며 두 분도 한 번쯤 여행에 도전해보고 싶은 마음이 들도록 세심히 구성한 만큼, 독자 여러분께도 보탬이 되기를 바랍니다.

후쿠오카는 도쿄나 오사카에 비하면 작은 도시이지만, 그 속에는 무궁무진한 매력이 숨겨져 있습니다. 정 많고 따뜻한 후쿠오카 사람들, 깊은 풍미로 입맛을 사로잡는 후쿠오카 대표 소울푸드 하카타라멘과 모츠나베, 저렴한 물가와 관광・쇼핑의 편리함, 그리고 한국과의 뛰어난 접근성까지, 이 모든 것이 후쿠오카를 다시 찾게 되는 이유가 됩니다. 이 책은 후쿠오카의 매력을 깊이 있게 느낄 수 있도록 후쿠오카 주요 지역을 하카타역, 텐진/다이묘, 나카스, 이마이즈미/야쿠인, 니시진/오호리공원 등으로 나누어 정리했습니다. 각 지역의 볼거리, 먹거리, 쇼핑거리를 독자의 눈높이에 맞춰 꼼꼼히 담아내면서도 색다른 시선을 더하려고 노력했습니다.

한편 후쿠오카뿐만 아니라 교외 지역의 매력도 소개하고 있습니다. 규슈 북부의 오이타현, 나가사키현, 사가현, 구마모토현의 숨겨진 매력도 자세히 소개하고 있습니다. 각 지역의 역사, 문화, 명소, 특산물, 온천을 아우르며, 각 소도시들만의 독특한 매력을 통해 규슈 여행이 단 한 번으로 끝나지 않을 이유를 제시합니다. 특히 제가 추천하는 오이타현 나가유온천과 분고타카타, 나가사키현 오바마온천과 시마바라온천은 아직 많은 이들에게 알려지지 않은 보석 같은 장소입니다.

규슈 지역은 온천의 천국이기도 합니다. 산악지역의 화산성 온천과 바닷가의 해양성 온천 등 다양한 온천이 밀집한 이곳에서 탄산온천, 유황온천, 단순온천 등을 체험하며 자신의 취향에 맞는 온천을 고르는 재미를 느낄 수 있습니다. 책에서는 올바른 입욕법과 온천별 효능도 소개해 여행의 즐거움을 더했습니다.

여행 준비편에서는 항공, 숙박, 교통 등의 예약과정에서 알아야 할 팁과 주의사항을 꼼꼼히 다뤘습니다. 특히 여행자들이 꼭 알아둬야 할 개념과 자주 실수하는 부분을 소개하고 있습니다. 효율적인 동선계획을 위한 열차와 버스 이동정보도 담았으니, 이 책이 여러분의 완벽한 후쿠오카·규슈 여행 준비에 든든한 동반자가 되기를 바랍니다.

끝으로 이 책이 세상에 나올 수 있도록 길을 열어주신 블로거 초롱둘님과 나무자전거출판사, 그리고 현지 지원에 많은 도움을 주신 시옷작가님, 아낌없는 응원을 보내주신 전 여행박사 직원 여러분들, 책 집필 동안 물심양면 도와준 남편 요스케와 가족들에게도 깊은 감사의 마음을 전합니다. 부디 『후쿠오카•규슈 여행백서』가 여러분의 여행에 영감을 줄 수 있기를 바라며, 이 책과 함께 소중한 여행의 추억을 만들어 가시길 바랍니다.

2024년 12월

서아진(미야씨)

PREVIEW

이 책은 총 7개 파트로 구분하여 여행계획부터 현지에서 꼭 필요한 다양한 정보는 물론 숙소선택하기까지 찾아보기 쉽게 구성하였습니다. 1파트에서는 후코오카와 규슈지역을 이해할 수 있는 전반적인 내용과 여행에 꼭 필요한 준비과정을 소개하였습니다. 2~6파트는 후쿠오카와 규슈의 대표 여행지를 지역별로 구분하여 상세한 지도와 함께 볼거리, 먹거리, 쇼핑거리 등의 섹션으로 나눠 세세한 정보를 담고 있습니다. 마지막으로 7파트에서는 다양한 숙박을 체험해볼 수 있도록 유명 호텔과 호스텔, 료칸 등을 지역별로 추천하였습니다.

췝터별 구성

인접한 지역을 하나의 챕터로 묶어서 동선을 짜기 쉽도록 하였습니다.

한눈에 보는 교통편

해당 지역을 여행하는 데 필요한 교통정보를 확인할 수 있습니다.

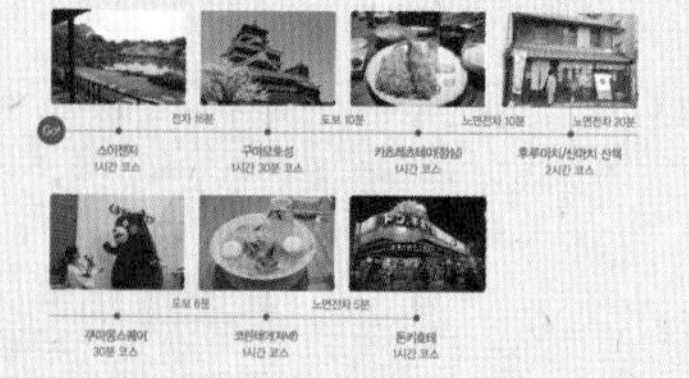

추천도

지역별 볼거리, 먹거리, 놀거리, 쇼핑을 별점으로 표시하여 해당 지역을 한눈에 파악할 수 있도록 하였습니다.

반드시 해봐야 할 것들

해당 지역에서 꼭 해봐야 할 것들을 추천하였습니다.

사진으로 미리보는 동선

해당 여행지를 효율적으로 둘러보기 위한 동선을 제시합니다. 어디를 가야 할지, 무엇을 먹어야 할지 등이 고민된다면 베스트코스를 참고하세요.

Part 06

Section 01

KUMAMOTO

구마모토에서 반드시 둘러봐야 할 명소

구마모토의 역사가 숨쉬는

구마모토성 熊本城

구마모토성은 임진왜란과 정유재란 당시 제2선봉장으로 조선을 침략한 가토 기요마사가 울산성전투 이후 얻게 된 축성기술을 활용하여 세운 성으로, 난공불락의 견고함을 자랑한다. 일본 3대 성 중 하나로 꼽히지만 2016년 발생한 구마모토지진으로 성 일부가 크게 붕괴되는 피해를 입었다. 이후 국가사업으로 복구계획을 세워 현재는 구마모토성 명무 역할을 하던 천수각이 복원되었으며, 성 전체의 완전한 모습은 2052년을 목표로 복구를 진행하고 있다.

섹션별 구성

원하는 스팟을 바로 찾아볼 수 있도록 해당 여행지의 볼거리, 먹거리, 쇼핑거리 등을 섹션으로 묶어 소개하였습니다.

인기도

해당 스팟의 인기도를 별표로 점수를 주었습니다. 별점을 5단계까지 표시하였으므로 놓쳐서는 안 될 중요스팟을 바로 알 수 있습니다.

스팟이름

찾아가봐야 할 스팟을 큰제목으로 처리하고, 그에 대한 간략한 설명을 부제목으로 정리하여 제목만 봐도 어떤 곳인지 미루어 짐작할 수 있습니다.

스팟정보

해당 스팟에 대한 정보를 일목요연하게 정리하였습니다. 주소, 찾아가는 방법, 운영시간, 가격, 추천메뉴, 전화번호, 홈페이지 등의 세세한 정보가 수록되어 있습니다.

TIP

본문에서 미처 다루지 못한 정보를 팁으로 정리하였습니다.

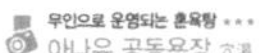

무인으로 운영되는 혼욕탕

아나유 공동욕장 穴湯 共同浴場

341

PREVIEW

저자 강력추천 일정 및 일정별 동선

여행자의 일정과 예산, 동행 등에 따라 여행일정은 천차만별로 짤 수 있습니다. 먼저 1파트에서 제시한 동선을 참고하여 굵직한 동선을 짜고, 부록 지도에 가고 싶은 곳을 직접 표시하면서 세부 동선을 짠다면 자신에게 맞는 가장 효율적인 동선을 쉽고 빠르게 짤 수 있습니다.

DAY 2 • 예산 : ¥10,000~

DAY 3 • 예산 : ¥3,000~

유후인 온천여행 2박 3일 코스와 예산

누구나 한 번쯤 꿈꾸는 유후인 온천여행은 일정을 잘 짜면 후쿠오카공항 왕복비행편 2박 3일로도 알차게 여행할 수 있다. 인천에서 출발한다면 후쿠오카공항과 오이타공항을 연결한 일정으로 효율적인 2박 3일을 계획할 수 있다. 유후인의 매력은 좋은 수질의 온천뿐만 아니라 관광시설이 잘 구비되어 있어 볼거리와 먹거리, 쇼핑거리가 풍성하다는 점이다. 첫날은 후쿠오카의 대표 관광지와 쇼핑지를 둘러보고, 둘째 날부터 유후인으로 이동하여 유후인 관광과 쇼핑, 온천을 즐기는 일정이다. 숙박은 유후인 료칸에서 묵으면서 정갈한 가이세키요리도 즐기고 일본의 오모테나시 환대문화를 체험해보자. 마지막 날 오전에는 아침 안개를 볼 수 있는 긴린호수를 산책하고, 시간이 남는다면 미술관과 유노츠보거리를 좀 더 구경하고 짐을 챙겨 공항으로 이동하여 여행을 마무리하자.

DAY 1 • 예산 : ¥8,500~

Special

후쿠오카 여행에 도움이 될만한 다양한 필자의 노하우가 스페셜로 처리하였고, 또한 북큐슈 외곽의 둘러볼 만한 소도시들도 소개하였습니다.

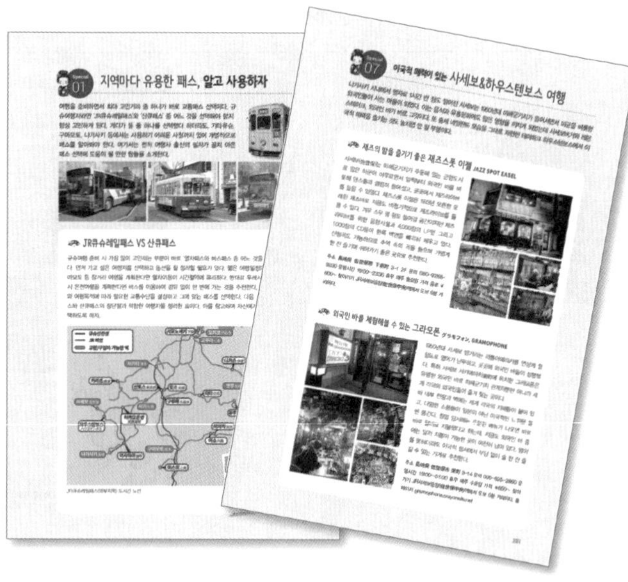

Special 01 지역마다 유용한 패스, 알고 사용하자

JR큐슈레일패스 VS 산큐패스

Special 07 이국적 매력이 있는 사세보&하우스텐보스 여행

재즈의 밤을 즐기기 좋은 재즈스폿 이젤 JAZZ SPOT EASEL

외국인 바를 체험해볼 수 있는 그라모폰 グラモフォン GRAMOPHONE

지도

후쿠오카 • 규슈 여행백서에서는 각 도시마다 챕터로 구분하여 해당 지역 지도를 배치하였습니다. 지도에는 교통편과 섹션에서 소개한 스팟의 위치 정보를 담아 이동경로를 한눈에 파악할 수 있습니다.

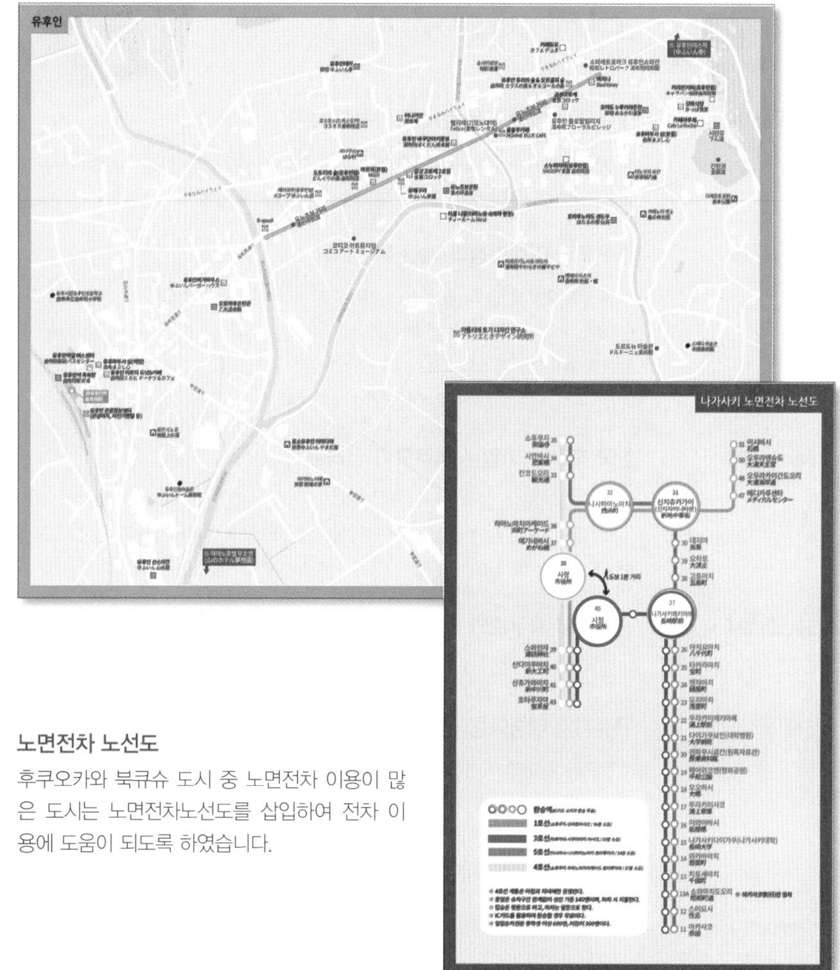

노면전차 노선도

후쿠오카와 북큐슈 도시 중 노면전차 이용이 많은 도시는 노면전차노선도를 삽입하여 전차 이용에 도움이 되도록 하였습니다.

지도 아이콘

볼거리	일반지역	음식점	숙소
쇼핑	커피숍	공원	병원
버스정류장	노면전차 정류장	온천	

Part01
후쿠오카 여행 계획하기

CONTENTS

CONTENTS

Part03 기타큐슈(北九州, Kitakyushu)

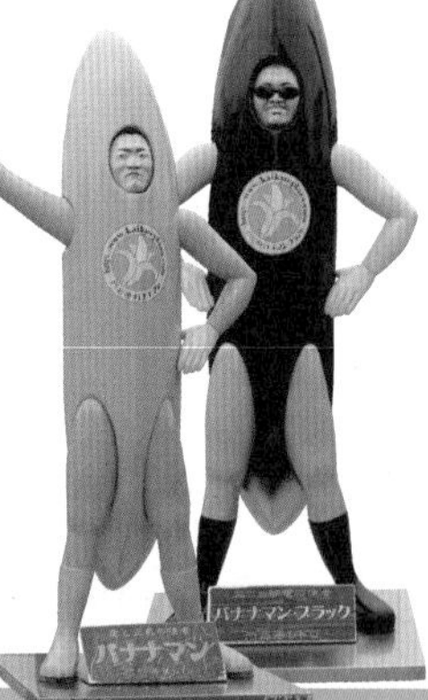

Part04 오이타(大分, Oita)

Part05 나가사키&사가 (長崎&佐賀, Nagasaki&Saga)

CONTENTS

雲仙小地獄温泉
小地獄温泉館
天 然 温 泉
營業中

Part06 구마모토(熊本, Kumamoto)

CONTENTS

Part07 호텔 및 료칸 선택하기

Part 01

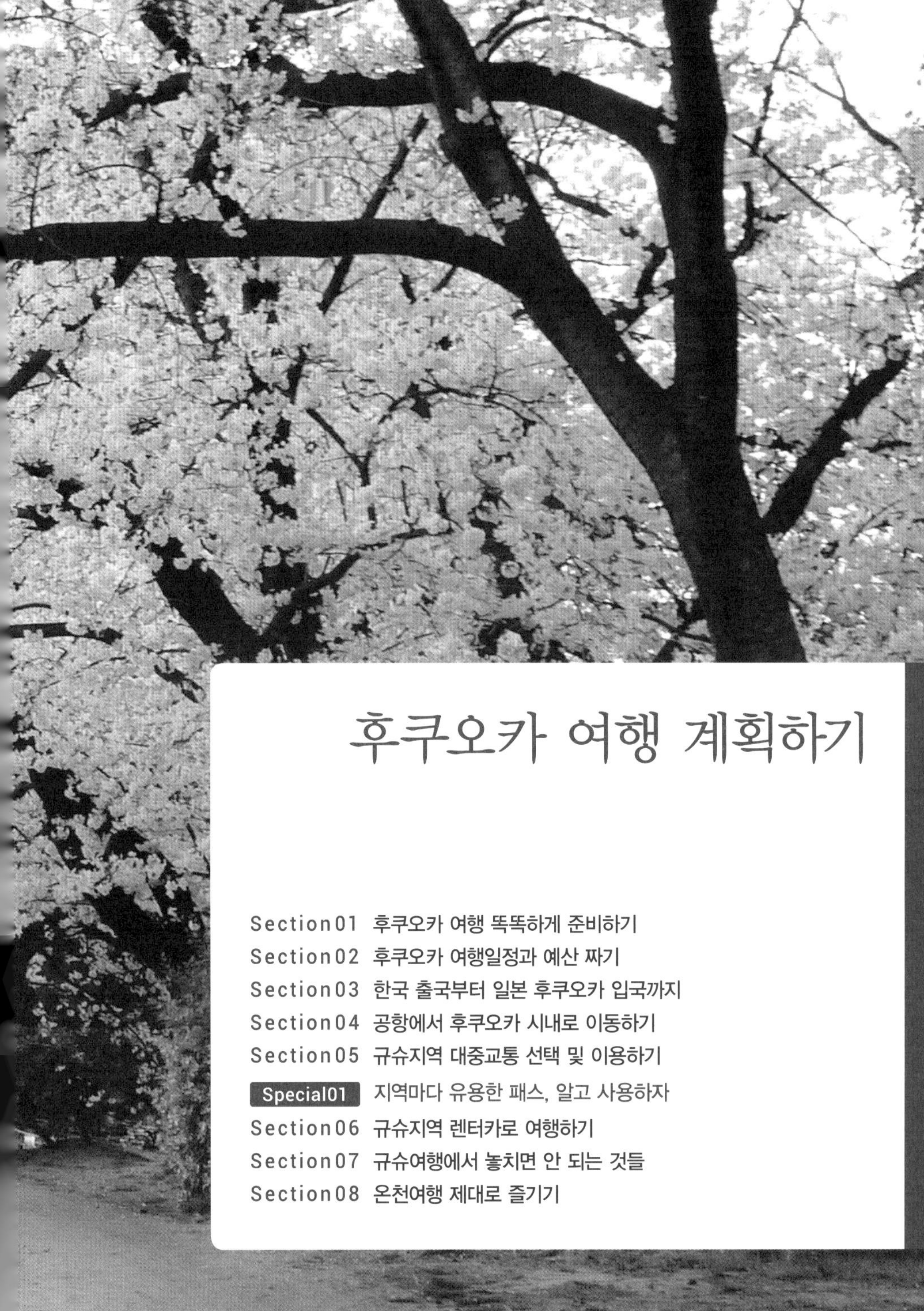

후쿠오카 여행 계획하기

Section 01

FUKUOKA

후쿠오카 여행 똑똑하게 준비하기

듣는 것만으로 설레는 일본여행, 그 여행지로 후쿠오카를 선택한 여러분을 환영한다. 여행의 시작은 정보를 수집하고 계획하는 것부터 시작된다. 전직 여행사 직원이 알려주는 똑똑한 여행준비 방법으로 시간과 비용을 절약하고, 꼭 알아야 할 정보들을 확인하여 즐겁고 후회 없는 여행의 추억을 만들어보자.

후쿠오카와 규슈 간략 여행정보

후쿠오카와 규슈에 대해 간략하게 살펴보자. 후쿠오카는 어디쯤이고 규슈는 어디일까? 규슈지역은 일본의 남쪽지방으로 후쿠오카부터 나가사키, 사가, 오이타, 구마모토, 가고시마, 미야자키까지 7개 현으로 나뉜다. 이 책에서는 규슈남부에 해당하는 가고시마와 미야자키를 제외한 후쿠오카부터 구마모토까지의 규슈북부지역에 대해 다루고 있다.
규슈는 천혜의 자연환경으로 아름다운 풍광과 온천뿐만 아니라 일본에서 처음으로 기독교와 외국문물을 수용했던 곳이다. 더불어 도시가 발전하고 추후 메이지유신의 거점이 되는 역사적으로도 흥미로운 지역이기도 하다. 아는 만큼 보인다고, 여행 전 다양한 여행정보와 준비사항을 꼼꼼히 준비하여 많은 것을 얻어오는 여행이 되길 바란다.

규슈북부지역

수도/시차/국가번호	도쿄(東京)/한국과 시차는 없다/+81
인구	일본 전체 1억 2,389만 명(2024년기준)/규슈 1,254만 명(2024년기준) 규슈 7현 중 후쿠오카현의 인구가 510만 명으로 가장 많고, 그 다음으로 구마모토, 가고시마, 나가사키, 오이타, 미야자키, 사가 순이다.
면적	일본 전체 377,915km²/규슈 42,231.48km² 규슈 7현 중 가고시마현이 9,186km²로 가장 넓고, 그 다음으로 미야자키 〉 구마모토 〉 오이타 〉 후쿠오카 〉 나가사키 〉 사가 순이다
언어 및 방언	일본어/규슈방언이 있고 크게 호우니치(豊日), 히치쿠(肥筑), 사츠구(薩隅) 방언으로 나뉜다.
통화	¥(엔)/¥100 = 약 860~1,100원 (시기에 따라 환율이 달라진다)
비자	여권 유효기간이 3개월 이상 남은 경우, 최대 90일까지 무비자 체류가 가능하다. ※ 2023년 4월부터 입국 시 백신접종증명서 또는 출국 전 음성증명서를 제출할 필요가 없다. 하지만 사전에 Visit Japan 웹을 통해 입국신고서 및 세관신고서를 제출하면 편리하다.
전압	100V/우리나라에서 가져간 전자제품을 사용하려면 A형 변환어댑터(일명 돼지코)가 필요하다. 변환 어댑터
도로	우리나라와 반대로 좌측통행이므로 운전석도 우측에 있다.
지진	지진과 화산활동이 활발한 곳으로 여행 전 비상연락망 등 만약의 사태에 대비하자. 후쿠오카에는 대한민국영사관이 있어 비상시 도움을 요청할 수 있다. 영사관은 토우진마치(唐人町)역 1번 출구에서 도보 800m거리이며 연락처는 092-771-0461이다.
팁 문화	일본은 모든 서비스요금이 상품가격에 포함되므로 따로 팁을 주지 않아도 된다. 만약 기대 이상의 서비스를 받았다면 감사의 표시로 팁을 지불해도 된다. 단, 봉투에 현금을 가지런히 넣어 전달하는 것이 관례이다.
날씨	남쪽에 위치하여 기후가 온화해 벚꽃축제나 단풍축제가 다른 지역에 비해 빠르고, 겨울철에는 눈이 잘 내리지 않는다. 주의사항은 여름에 태평양 고기압의 영향으로 태풍이 많이 지나가기 때문에 7~9월 시즌에는 실시간 기상정보를 확인할 필요가 있다.

후쿠오카 여행정보 수집하기

가이드북에서 다루지 못한 추가정보나 실시간 상황은 인터넷을 활용하자. 여기서는 여행정보를 확인하기 좋은 유용한 웹사이트 몇 곳을 추천한다. 가이드북의 전반적인 내용을 참고하고 추가적인 정보검색을 통해 여행일정을 계획하면 된다.

일본정부관광국 홈페이지(JNTO)

일본관광청 산하기구로 일본 여행정보의 전반을 제공하는 공식사이트이다. 한국인을 대상으로 하기 때문에 모든 정보를 한국어로 제공한다. 새로운 뉴스나 비상상황에 대한 정보를 실시간으로 업데이트 하고 있어 정보수집에 유용하다. 최근 미디어제작 및 홍보에 힘을 쏟고 있어 더욱 생생한 정보를 얻을 수 있다. 홈페이지 내 축제 및 이벤트 정보와 e-가이드북도 다운로드 받을 수 있다.

홈페이지 japan.travel/ko/kr **주소** 서울시 중구 을지로 16 프레지던트호텔 2층 202호 **문의** 02-777-8601 **운영시간** 09:30~17:30(점심시간 12:00~13:00) **휴무** 주말 및 공휴일 **찾아가기** 지하철 1호선 시청역 5번 출구 또는 2호선 을지로입구역 8번 출구에서 도보 5분 거리

후쿠오카현 및 후쿠오카시 공식 웹사이트

후쿠오카현 및 시에서 운영하는 공식 시티가이드로 후쿠오카 여행정보를 한국어로 제공한다. 여행에 필요한 관광지, 먹거리, 교통, 숙박, 기념품 등 현지 여행정보를 수집할 수 있다. 특히 후쿠오카 관광코스나 각종 이벤트정보가 매우 유용하다. 후쿠오카를 더 상세하게 알고 싶은 여행자에게 추천하는 홈페이지이다.

후쿠오카현 www.crossroadfukuoka.jp/kr

후쿠오카시 gofukuoka.jp/ko

각 지역에서 운영하는 공식 관광정보 웹사이트

후쿠오카뿐만 아니라 북큐슈 각 지역에서 운영하는 공식 관광정보웹사이트가 있다. 각 사이트는 한국어를 지원하며 여행에 필요한 정보가 많아 여행 전 참고하는 것을 추천한다.

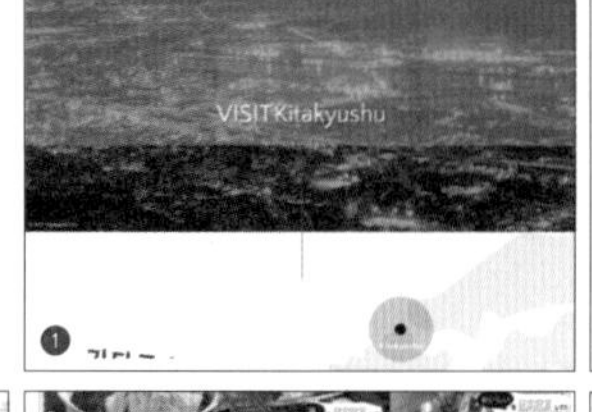

북큐슈지역 홈페이지 ❶ 기타큐슈시(www.gururich-kitaq.com) ❷ 오이타현(kr.visit-oita.jp)
❸ 나가사키현(discover-nagasaki.com/ko) ❹ 사가현(www.asobo-saga.jp) ❺ 구마모토현(kumamoto.guide/ko)

여행정보 공유 커뮤니티, 네일동

네이버 일본여행 커뮤니티카페로 180만 이상의 회원이 활동하고 있어 많은 여행정보를 얻을 수 있다. 특히 숙박시설과 맛집 등에 관한 솔직하고 생생한 리뷰를 얻을 수 있어 정보확인에 도움이 된다. 또한 실시간으로 정보가 업데이트되고 질문과 답변을 달 수 있어서 최신 정보를 바로 확인할 수 있다. 많은 회원들이 이용하는 만큼 패스나 호텔할인 등 각종 프로모션도 종종 진행하므로 여행 전 유용한 정보가 없는지 자주 방문해 보는 것도 좋다.

네일동(cafe.naver.com/jpnstory)

현지에서 유용한 사이트와 애플리케이션

현지에서 여행을 하다 보면 교통정보 및 이동경로를 검색하거나 언어소통에 어려운 부분이 생길 수 있다. 여기서는 여행 전 미리 알아두면 좋은 유용한 사이트와 애플리케이션을 소개한다. 애플리케이션은 만약을 대비해 여행 전 미리 다운로드 받아 두고 이용방법을 간단히 체크해두자.

• 구글맵

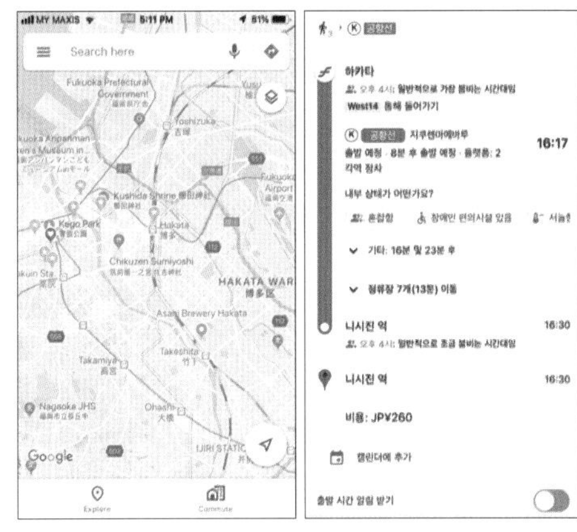

구글에서 제공하는 지도서비스로 지역정보와 함께 스트리트뷰, 이용자들의 생생한 후기를 확인할 수 있다. 무엇보다 길 찾기에 매우 유용한 서비스로 요일 및 시간별로 출발지와 도착지를 지정하여 대중교통과 자동차, 도보 등의 경로를 한눈에 파악할 수 있어 많은 참고가 된다. 필자도 자세한 환승정보가 궁금할 때는 구글맵으로 검색하여 원하는 목적지의 이동 경로와 교통 금액 등을 파악한다. '경로 옵션'을 활용하면 선호하는 이동수단과 경로, 비용 등을 설정할 수 있어 매우 편리하다. 또한 와이파이를 이용하지 못하는 곳에서도 언제든지 이용할 수 있도록 지도를 미리 다운로드해 놓을 수도 있다.

• 환승안내 / Japan Transit Planner

조르단(JORUDAN)에서 제공하는 환승정보 서비스 애플리케이션으로 이용날짜 및 시간, 출발지, 목적지, 경유지를 선택하면 가장 편리한 교통수단과 환승정보, 교통요금 등을 안내해준다. 한국어도 제공되므로 '시각표' 메뉴를 통해 평일 및 주말 시각표를 확인할 수 있다. 또한 웹사이트도 운영하고 있어 지역별 노선도를 확인할 수 있어 일정과 코스를 계획할 때나 여행 중 교통정보를 확인해야 할 때 매우 유용하다.

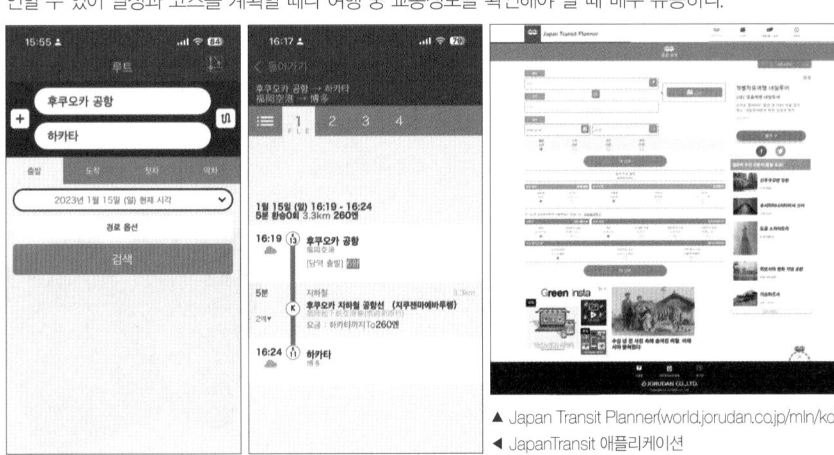

▲ Japan Transit Planner(world.jorudan.co.jp/mln/ko)
◀ JapanTransit 애플리케이션

• 여행일본어

일본 여행중 자주 쓰이는 일본어표현을 상황별로 쉽게 찾아볼 수 있다. 각 표현의 핵심표현과 발음기호, 음성파일이 모두 정리되어 있어 매우 유용하다. 무엇보다도 한번 다운로드 받아 놓으면 인터넷 연결 없이도 이용할 수 있어 여행 중에 필요한 표현을 찾아보기에도 유용하다. 혹시라도 언어소통이 필요한 상황을 대비하여 여행 출발 전 휴대폰에 저장해두자.

• 구글번역기

구글에서 제공하는 번역서비스로 애플리케이션과 웹사이트에서 이용할 수 있다. 텍스트 입력을 통해 언어 간 번역이 가능하며, 애플리케이션의 경우 오프라인 번역파일을 다운로드하면, 인터넷 연결 없이 사용할 수 있다. 필자가 강력하게 추천하는 기능은 '대화' 기능으로 실시간 통역이 가능하다. 이 기능을 잘 활용하면 현지에서 일본어 소통이 어느 정도 해결된다. 또한 '카메라' 기능을 이용한 이미지 번역이 가능하므로 온통 일본어로 가득한 메뉴판을 받았을 때 이 기능을 잘 활용한다면 음식주문이 수월해질 것이다.

▲ 구글번역기 웹사이트(translate.google.com)
◀ 구글번역기 애플리케이션

후쿠오카 여행준비하기

이제부터 후쿠오카 여행을 위한 본격적인 준비물을 체크해보자. 여권부터 항공권구입, 엔화환전까지 필자가 여행사에 재직하면서 겪은 다양한 에피소드와 노하우를 꼼꼼히 다루도록 하겠다. 여행에 필요한 준비물을 빠짐없이 준비하자.

여권과 비자 준비하기

여권

해외여행을 하려면 반드시 여권이 있어야 한다. 필자가 여행사 재직시절 항상 문제가 발생했던 부분은 의외로 여권준비 과정이었다. 간단한 것 같지만 미리 확인하지 않아 공항에서 눈물을 머금고 집으로 돌아가야 했던 여행객들의 에피소드가 더러 있다.

먼저 여권 만료기간을 체크한다. 여권 만료기간은 6개월 이상 남아 있는 것을 추천한다. 단수여권일 경우 일회성 여권이므로 이전 여행기록이 없어야 한다. 일본대사관에서는 일본입국에 필요한 여권 잔여유효기간을 별도로 정하고 있지는 않지만, 입국 시 여권 만료기간이 짧을 경우 그에 대한 설명을 요구할 수 있다. 비자와 관련해서는 관광목적 무비자입국이 90일까지 허용되므로 따로 준비할 필요는 없다. 다만 귀국 항공편이 없을 경우 출입국심사 시 왜 귀국편이 없는지 등의 질문을 받을 수 있기 때문에 한국으로 돌아오는 귀국편 티켓도 준비해두는 것이 좋다.

❶ 여권 만료일이 6개월 이상 남아 있는지 확인하자

❷ 단수여권이라면 이전 여행기록이 없는지 확인하자.(또한 발급 후 6개월이 지나지 않았는지도 확인해야 한다. 복수여권은 횟수 제한이 없으므로 상관 없다.)

❸ 구여권이 아닌지 확인하자.

❹ 여권에 구멍이나 파손이 없는지 확인하자.(분실 위험 때문에 여권에 구멍을 내어 목걸이로 만들면 안 된다.)

❺ 2세 미만 영아는 항공권 좌석을 구매하지 않아도 탑승이 가능하지만, 반드시 여권은 소지해야 한다.

여권의 종류와 발급 절차 한눈에 보기

여권 종류	유효기간	사증 면수	금액	국제교류기여금	대상
단수여권	1년	–	15,000원	–	1회 여행 시에만 가능
복수여권	5년	58면/26면	33,000원/30,000원	–	만 8세 미만
				9,000원	만 8세 이상(18세 미만)
	10년	58면/26면	38,000원/35,000원	12,000원	만 18세 이상
잔여 유효기간 부여			25,000원	–	여권분실, 훼손으로 이한 재발급
기재사항 변경			5,000원	–	사증란 추가나 동반자녀 분리 경우

✔ **여권발급준비물 :** 여권발급신청서, 여권용사진 1매(6개월 이내 촬영), 신분증, 남성의 경우 병역관계서류, 미성년자의 경우 관련서류

✔ **여권발급절차 :** 전국 여권사무 대행기관 및 재외공관 방문(서울, 수원, 의정부 등 일부 시청은 여권업무 없음) → 여권과에 비치된 신청서를 작성하여 접수 → 수수료 납부 → 여권수령(일반적으로 6일 후)

※ 기존에 전자여권(일반여권)을 한 번 이상 발급받은 적이 있는 만 18세 이상 성인은 정부24 온라인을 통해서 여권재발급 신청을 할 수 있다.

✔ **여권접수기관 조회 :** 외교부 여권안내페이지(www.passport.go.kr)에서 확인가능하다.

항공권 구입하기

후쿠오카행을 운항하는 항공사는 대한항공, 아시아나항공, 제주항공, 진에어, 에어서울, 에어부산, 티웨이항공 등이 있으며, 인천, 부산, 대구 등지에서 출발한다. 비행시간은 대략 1시간~1시간 30분이 소요된다. 후쿠오카공항 외에도 규슈에는 지역마다 지방공항이 있어 잘 활용하면 후쿠오카 근교여행 시 이동시간 및 비용을 절약할 수 있다. 예를 들어 후쿠오카와 구마모토를 여행하는 일정이라면, 티웨이항공을 이용하여 도착지는 후쿠오카공항으로 하고, 출발지는 구마모토공항을 지정하는 식으로 오픈조 여행[Open Jaw Trip]을 계획할 수 있다. 지역별 운항하는 항공사는 다음 표와 같으며 일정별 동선을 고려하여 항공편을 구입하자.

구분	인천공항 출발	김해공항 출발	대구공항 출발	청주공항 출발
후쿠오카공항	대한항공, 아시아나항공, 제주항공, 진에어, 에어서울, 티웨이항공, 에어부산	대한항공, 제주항공, 에어부산	티웨이항공	티웨이항공
기타큐슈공항	진에어	–	–	–
오이타공항	제주항공	–	–	–
사가공항	티웨이항공	–	–	–
나가사키공항	대한항공	–	–	–
구마모토공항	아시아나항공, 티웨이항공	이스타항공	–	–

✔ **항공권 구입처 :** 각 항공사 홈페이지, 항공권비교사이트, 온라인여행사

✔ **대표 항공권비교사이트 :** 스카이스캐너, 구글플라이트, 네이버항공권 등

✔ **대표 온라인여행사 :** 인터파크투어, 하나투어, 여행박사 등

항공권 알뜰하게 구입하는 팁과 주의사항

항공권을 저렴하게 구입하려면 성수기시즌과 금요일 출발~일요일 귀국편은 피해야 한다. 한 가지 알아두어야 할 사실은 항공권은 일자별, 플랜별로 금액이 천차만별이다. 따라서 저비용항공사LCC(Low Cost Carrier)라고 무조건 저렴할 것이라 단정해도 안 되고 대한항공, 아시아나 항공과 같은 대형항공사FSC(Full Service Carrier)라 해서 무조건 비싸다고도 피할 필요도 없다. 알뜰하게 항공권을 구입하려면 발품을 팔아 꼼꼼하게 비교해야 한다.

필자의 팁을 공유하자면, 먼저 스카이스캐너, 네이버항공권 등 항공권 금액비교사이트를 통해 일자별, 항공사별, 여행사별 항공권금액을 파악한다. 그리고 원하는 항공일정과 금액을 발견했다면 항공사 공식홈페이지로 이동하여 항공사에서 직접 구매했을 때와 여행사에서 구매했을 때의 가격을 한 번 더 비교해본다. 항공사마다 프로모션 기간이 있기 때문에 이를 잘 활용한다면 더욱 저렴하게 구입할 수도 있다. 반대로 여행사에서는 항공사에서 구입한 좌석이 발권기한이 가까워져도 팔리지 않을 경우 땡처리로 저렴하게 내놓기도 하므로 꼭 비교해 볼 것을 권장한다. 일반적으로 출발일자가 가깝고 비수기일 경우에는 여행사사이트에서 구입하는 것이 저렴할 가능성이 높다. 요일별로는 일요일 귀국편이 대체로 비싸게 설정되어 있으므로 일정 조정이 가능하다면 월요일 도착편 항공권을 구매하는 것이 비용을 줄일 수 있다. 주의사항으로는 항공권이 저렴하다고 해서 바로 구매하기 버튼을 눌러서는 안 된다. 항공권은 동일항공사라고 해도 플랜마다 옵션이 다양하므로 반드시 주의사항을 꼼꼼히 확인해야 한다. 다음 내용은 항공권 구입 시 주의할 사항들이다.

- ✔ **위탁수하물 포함여부** : 저비용항공사의 경우 항공료 경쟁이 치열해지면서 일부 플랜에 위탁수하물 서비스를 제공하지 않는 경우도 있다. 당일 공항에서 수하물을 맡기면 비용이 꽤 발생하므로 잘 확인해야 한다. 또한 일부 항공사는 수하물 개수를 제한하거나 수하물 최대 무게도 제한하여 추가 플랜 구입을 유도하고 있으므로 위탁수하물이 많을 경우 항공사 수하물규정을 미리 체크해두는 것이 좋다.
- ✔ **환불 및 변경여부** : 항공권 구입 시 꼼꼼하게 확인해야 할 부분이다. 최근에는 출발 91일 이전의 항공권을 취소하면 환불위약금을 면제해주는 제도가 있지만 이는 정규요금으로 구입한 항공권만 해당된다. 같은 항공사 비행편이라도 항공권의 플랜에 따라 환불 및 변경수수료는 각기 다르므로 반드시 구매과정에서 확인해야 한다. 참고로 항공사 외의 예약사이트에서 구매한 항공권은 항공사수수료 외에도 예약사수수료가 발생하므로 이쪽 수수료도 함께 확인해야 하며 항공권 금액의 차이가 크지 않다면 항공사를 통해 직접 구입하는 것이 문제가 발생했을 경우 여러모로 안전하다.
- ✔ **영문이름과 발착일 재확인** : 항공권 예약 시 재차 확인해야 하는 부분이다. 영문이름의 철자가 잘못되었을 경우 까다로운 항공사는 항공권이 무효가 되기도 하며, 변경 수수료가 발생한다. 또한 출발일이나 도착일도 자주 실수하는 항목으로 항공권을 한 번 구매하면 변경이 까다로울뿐더러 수수료를 제외한 환불금액이 얼마 되지 않으므로 항공권 구매버튼을 누르기 전에는 반드시 영문이름과 발착일을 재차 확인하자.
- ✔ **연락처와 이메일주소** : 예약한 항공권이 변동이 생겼을 경우 항공사에서는 승객에게 일일이 전화하지 않는다. 보통 항공권 구입 시 기재한 이메일 주소로 안내하고, 공식홈페이지에 고지하는 정도이다. 규슈는 태풍, 지진, 호우, 화산폭발 등의 자연재해가 많은 지역이다. 따라서 항공권 구입 시에는 바로 연락을 받을 수 있는 연락처를 정확하게 기재하여 문제 발생 시 알림을 받는 것이 중요하다.

엔화 환전하기

일본화폐는 엔이며, 표기는 ¥ 또는 円으로 한다. 화폐는 4가지 지폐(¥1,000, ¥2,000, ¥5,000, ¥10,000)와 6가지 동전(¥1, ¥5, ¥10, ¥50, ¥100, ¥500)이 있는데, ¥2,000짜리 지폐는 거의 보기 힘들다. 2024년 7월 일본은행은 신권을 발행하며 지폐 속 인물를 교체했다. ¥10,000권은 '근대 일본경제의 아버지'이지만 구한말

한반도 경제에 부정적 영향을 미친 시부사와 에이이치(渋沢栄一), ¥5,000권은 '일본 최초 여성유학생이자 여성교육의 선구자'라는 쓰다 우메코(津田梅子), ¥1000권은 '일본 세균학의 아버지'로 페스트균을 발견한 기타자토 시바사부로(北里柴三郎)로 변경됐다. 현재 신권은 물론 구권도 사용가능하며, 아직도 현금 중심의 생활과 소비세 영향으로 지폐와 동전을 사용하므로 각 화폐에 익숙해져야 여행할 때 편하다.

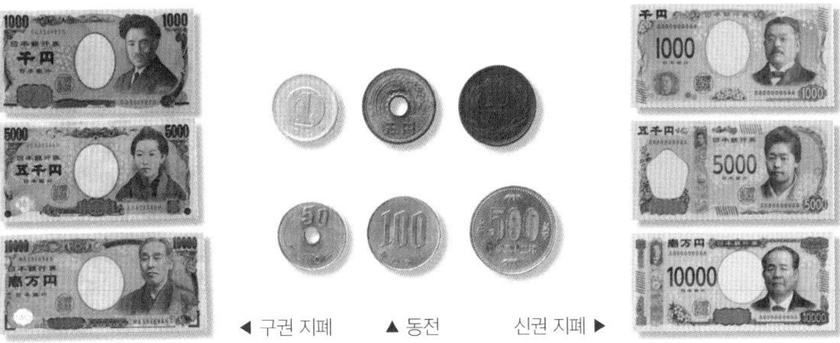
◀ 구권 지폐 ▲ 동전 신권 지폐 ▶

• 국내에서 엔화 환전하기

일본 환율은 보통 860~1,100원 사이에서 변동이 잦은 편이므로 여행이 결정되면 수시로 환율을 체크하여 저렴할 때 환전해두는 것이 좋다. 엔화환전은 여행 출발 전 국내 시중은행에서 할 수 있는데, 주거래은행이나 모바일앱을 통해 환율우대를 적용받으면 저렴하고 편리하게 환전할 수 있다. 필자는 신한은행의 쏠편한 환전, 국민은행의 리브환전 애플리케이션을 자주 활용한다. 환전 시에는 지폐단위로 엔화를 받게 되는데, 금액별로 골고루 요청하는 것이 좋다. 환전 금액은 여행의 목적과 일정에 따라 다르겠지만 일반적으로 하루에 ¥5,000~10,000 정도를 예상하면 충분하다.

• 일본 현지에서 엔화 인출하기

미처 엔화를 환전하지 못했거나 현금이 부족하다면 일본 현지 ATM기기를 이용하면 된다. 현금인출기는 후쿠오카공항 도착로비뿐만 아니라 일본의 현지은행, 우체국, 편의점 등 곳곳에 설치되어 있다. 엔화 인출 시에는 소지하고 있는 국제현금카드 또는 신용카드 윗면에 적혀있는 제휴마크를 확인하여 이용이 가능한 ATM기기부터 찾아야 한다. 보통 VISA, MASTER, PLUS, MAESTRO 등의 카드는 대부분의 ATM기기를 이용할 수 있다. 인출 시에는 인출 당시의 환율이 적용되고, 은행 및 카드사에 따라 별도의 수수료가 부과되므로 필요한 금액만 인출하는 것이 좋다.

비상상황 대비하기

일본은 치안이 좋고 여행자를 위한 안내시설이 잘 되어 있지만 여행 중 혹시 모를 사건, 사고를 대비하여 비상연락처를 만들어두는 것이 좋다. 언제 어디서든 스마트폰만 있으면 다 찾아볼 수 있을 것 같지만 인터넷을 사용할 수 없는 경우도 있으므로 잘 메모해서 혹시나 문제가 발생하였을 경우 참고하자.

• **긴급연락처**

경찰서 110, 소방서 119

주후쿠오카 대한민국영사관 전화 (092)771-0461~2 **긴급연락처** 080-8588-2806, 무료전화앱(영사콜센터) **주소** 福岡市 中央区 地行浜 1-1-3 **찾아가기** 시영지하철 도진마치(唐人町)역 하차 후 1번 출구로 나와 도보 800m 거리이다.

대한민국 외교부영사콜센터 전화 +82-2-3210-0404(유료), 무료전화앱(영사콜센터), 카카오톡 '영사콜센터' 채널 **SNS 페이스북** www.facebook.com/call0404 **X** x.com/call0404 **유튜브** www.youtube.com/call32100404

• **여권분실**

❶ 여행 중 여권을 분실했을 경우 즉시 가까운 경찰서에 여권분실신고를 해야 한다. 일본어로 경찰서는 케이사츠쇼(警察署), 여권은 파스포-토(パスポート)라고 발음하며, '여권을 분실했어요.'라고 말하려면 'パスポートを 無くしました(파스포-토오 나쿠시마시타)'라고 말하면 된다. 이때 여권사본을 소지하고 있으면 좋다.

❷ 경찰서에서 작성한 여권분실신고서와 여권용 사진 2매, 여권사본, 신분증을 지참한 후 주후쿠오카 대한민국영사관을 방문한다. 만일 여권용 사진이 없다면 영사관 내에서 바로 촬영할 수도 있다.(¥500)

❸ 주후쿠오카 대한민국영사관에서 긴급여권을 신청하고, 수수료 ¥6,890를 지불하면 업무일 기준 48시간 이내 여권이 발급된다.

• **여행 중 부상 및 건강악화**

여행 중 부상이나 건강이 안 좋다면 긴급 전화 119로 연락하여 도움을 받을 수 있다. 구급차를 부를 때는 정확한 주소를 알려주거나 근처 건물명이나 상호를 알려주고 현재 어떤 상태인지를 알려줘야 한다. 일본 소방서는 외국어 대응매뉴얼과 통역콜센터를 운영하므로 언어소통 문제는 고민하지 않아도 된다. 만약 간단한 질병일 경우에는 근처 약국 또는 병원을 방문하여 진단을 받고 진단서, 결제 영수증을 발급받아 귀국 후 보험처리를 한다. 여행자보험은 여행 출발 전 가입되어 있어야 하며, 공항에서도 가입할 수 있다. 가입 옵션에 따라 보장되는 내용은 다를 수 있다.

공항 여행자보험창구

후쿠오카현 외국어대응 가능한 의료기관 검색사이트

후쿠오카 의료정보네트워크 www.fmc.fukuoka.med.or.jp/pb_md_fnc_language?screen_kind=top

최종 체크리스트

여행이 간편화되어 여권과 현금(카드) 그리고 휴대폰만 있으면 어디든 여행을 떠날 수 있게 되었지만 그래도 막상 현지에서 당황하지 않으려면 미리 사전에 체크리스트를 만들어 점검하는 것이 좋다. 다음은 여행지에서 만나게 되는 여러 상황에 대비하기 위한 점검리스트이다. 다음 항목을 하나하나씩 체크해가며 빠진 부분은 없는지 확인하자.

항목	내용	체크	항목	내용	체크
여권	만료기간이 6개월 이상 남았는지	☐	여행 준비물	여권, 여권사본 및 신분증, 여권용 사진 2장	☐
	복수여권인지, 훼손되지 않았는지	☐		긴급연락처 메모	☐
예약	항공권 (항공일정과 탑승자명 다시 체크)	☐		예약확인서	☐
				엔화, 국제현금카드 및 국제신용카드	☐
	숙박권 (숙박일정과 상세정보 다시 체크)	☐		개인 의약품(복용약, 감기약, 해열제, 소화제 등)	☐
	교통권 (교통일정과 상세정보 다시 체크)	☐		카메라 및 휴대폰, 충전기, 메모리카드	☐
				멀티어댑터	☐
	현지예약상태 확인 (교통, 관광지, 레스토랑 등)	☐		우산 및 우비	☐
	여행자보험 가입여부, 옵션 등	☐		세면 및 보디용품, 개인용품	☐
	휴대폰로밍 또는 와이파이&SIM 예약	☐		현지 여행정보 및 축제와 이벤트정보	☐

후쿠오카 여행에 필요한 생존 일본어

일본은 외국인 여행객을 위한 외국어 표지판이나 안내서비스가 잘 되어 있지만, 아직까지도 현지인과 소통하려면 일본어 외에는 어려움이 있다. 급할 때 사용하면 좋은 생존 일본어를 잘 메모해두었다가 통역서비스 없이 뿌듯하게 의사소통에 도전해보자.

공항에서

방문목적은 무엇입니까?	滞在の目的は何ですか。 타이자이노 모쿠테키와 난데스카	여행입니다.	旅行です。 료코데스
		일입니다.	仕事です。 시고토데스
얼마 동안 머무십니까?	何日間滞在しますか。 난니치칸 타이자이시마스카	2박 3일입니다.	2泊 3日です。 니하쿠 밋카데스
		3박 4일입니다.	3泊 4日です。 산빠쿠 욧카데스
어디서 머무십니까?	どこに滞在しますか。 도코니 타이자이시마스카	○○호텔입니다.	○○ホテルです。 ○○호테루데스
신고할 것은 없습니까?	何か申告する物はありますか。 나니카 신코쿠스루모노와 아리마스카	아니오, 없습니다.	いいえ。ありません。 이이에, 아리마센
이것은 무엇입니까	これは何ですか。 고레와 난데스카	제 개인 소지품입니다.	私の身の回り品です。 와타시노 미노마와리힌데스
		친구 선물입니다.	友だちへのプレゼントです。 도모다치에노 프레젠토데스

교통 상황에서

하카타행 버스는 어디서 탑니까?	博多行きのバスは どこで乗りますか？ 하카타유키노 바스와 도코데 노리마스카	2번 정류장입니다.	2番乗り場です。 니반 노리바데스
텐진행 버스는 어디서 탑니까?	天神行きのバスは どこで乗りますか。 텐진유키노 바스와 도코데 노리마스카		
지하철은 어디서 탑니까?	地下鉄はどこで乗りますか。 치카테츠와 도코데 노리마스카	국내선 터미널에 있습니다.	国内線ターミナルにあります。 고쿠나이센타–미나루니 아리마스
표는 어디서 삽니까?	切符はどこで買いますか。 킷푸와 도코데 카이마스카	개찰구 근처에서 살 수 있습니다.	改札口の近くで買えます。 카이사츠구치노 치카쿠데 카에마스
하카타역까지 얼마가 듭니까?	博多駅までいくら かかりますか。 하카타에키마데 이쿠라 카카리마스카	¥260 듭니다.	260円かかります。 니햐쿠로쿠쥬엔 카카리마스
하카타역까지 얼마가 걸립니까?	博多駅までどれくらい かかりますか。 하카타에키마데 도레구라이 카카리마스카	20분 걸립니다.	20分かかります。 니쥿뿐 카카리마스
환승해야 합니까?	乗り換えは必要ですか。 노리카에와 히츠요데스카	환승은 하지 않아도 됩니다.	乗り換えは必要ではありません。 노리카에와 히츠요데와 아리마센
환승은 어디서 합니까?	乗り換えはどこでしますか。 노리카에와 도코데 시마스카	○○역에서 환승합니다.	○○駅で乗り換えます。 ○○에키데 노리카에마스

호텔에서

체크인 부탁드립니다.	チェックインをお願いします。 체크인오 오네가이시마스
성함은 어떻게 되시나요?	お名前はなんですか。 오나마에와 난데스카
여권을 부탁드립니다.	パスポートをお願いします。 파스포–토오 오네가이시마스
조식은 몇 시부터 인가요?	朝食は何時からですか。 쵸쇼쿠와 난지카라데스카
조식은 어디서 먹나요?	朝食はどこで食べますか。 쵸쇼쿠와 도코데 타베마스카
체크아웃은 몇 시인가요?	チェックアウトは何時ですか。 체크아우토와 난지데스카
체크아웃 부탁드립니다.	チェックアウトをお願いします。 체크아우토오 오네가이시마스
짐을 맡길 수 있나요?	荷物を預かっていただけますか。 니모츠오 아즈캇테이타타케마스카
송영 예약을 부탁합니다.	送迎の予約をお願いします。 소–게이노 요야쿠오 오네가이시마스

레스토랑에서

질문	일본어	대답	일본어
몇 분이십니까?	何名様ですか？ 난메이사마 데스카	2명입니다.	2名です。 니메이데스
		3명입니다.	3名です。 산메이데스
담배 피시나요?	たばこは吸われますか。 타바코와 스와레마스카	아니오. 피지 않습니다.	いいえ、吸わないです。 이이에, 스와나이데스
		네, 핍니다.	はい。吸います。 하이, 스이마스
한국어 메뉴는 있나요?	韓国語のメニューはありますか。 칸코쿠고노메뉴와 아리마스카	있습니다.	あります。 아리마스
주문하시겠어요?	注文しますか。 츄몬시마스카	이것을 두 개 주세요.	これを2つお願いします。 코레오후타츠 오네가이시마스
음료는 어떻게 하시겠어요?	お飲み物はどうされますか。 오노미모노와 도우사레마스카	차가운 물을 주세요.	冷たい水をお願いします。 츠메타이미즈오 오네가이시마스
계산은 어떻게 하시겠어요?	お支払はどうされますか。 오시하라이와 도우사레마스카	현금으로 부탁드립니다.	現金でお願いいします。 겐킨데 오네가이시마스
		카드로 부탁드립니다.	カードでお願いします。 카-도데 오네가이시마스

매장에서

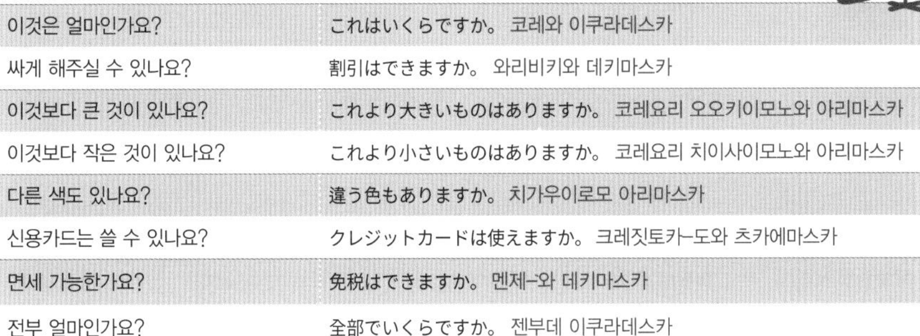

이것은 얼마인가요?	これはいくらですか。 코레와 이쿠라데스카
싸게 해주실 수 있나요?	割引はできますか。 와리비키와 데키마스카
이것보다 큰 것이 있나요?	これより大きいものはありますか。 코레요리 오오키이모노와 아리마스카
이것보다 작은 것이 있나요?	これより小さいものはありますか。 코레요리 치이사이모노와 아리마스카
다른 색도 있나요?	違う色もありますか。 치가우이로모 아리마스카
신용카드는 쓸 수 있나요?	クレジットカードは使えますか。 크레짓토카-도와 츠카에마스카
면세 가능한가요?	免税はできますか。 멘제-와 데키마스카
전부 얼마인가요?	全部でいくらですか。 젠부데 이쿠라데스카

기본 인사

안녕하세요(아침 인사)	おはようございます。오하요우고자이마스
안녕하세요(낮 인사)	こんにちは。곤니치와
안녕하세요(저녁 인사)	こんばんは。콘반와
감사합니다.	ありがとうございます。아리가토-고자이마스
처음 뵙겠습니다. 저는 ○○○입니다. 한국에서 왔습니다.	はじめまして。私は○○○です。韓国から来ました。 하지메마시테. 와타시와 ○○○데스. 칸코쿠카라 키마시타
잘 부탁드리겠습니다.	よろしくお願いします。요로시쿠 오네가이시마스
한 번 더 말해주세요.	もう一度言ってください。모우 이치도 잇테쿠다사이
죄송합니다. 일본어를 할 줄 모릅니다.	すみません。日本語ができません。스미마센. 니혼고가 데키마센

기본 표현

~ 주세요/부탁합니다. ~ください。/ お願いします。~ 구다사이/오네가이시마스

お水 물 오미즈	コーヒー 커피 코-히-	生ビール 생맥주 나마비-루	ジュース 쥬스 쥬-스
禁煙席 금연석 킨엔세키	喫煙席 흡연석 키츠엔세키	これを 이것을 코레오	韓国語のメニュー 한국어 메뉴 칸코쿠고노 메뉴

※ を : 목적어 뒤에 붙어서 '~을/ ~를'의 의미를 뜻한다.

{ }는(은) 있나요? { }はありますか。{ }와 아리마스카

風邪薬 감기약 카제쿠스리	アスピリン 아스피린 아스피린	割引 할인 와리비키	朝食 조식 쵸쇼쿠
禁煙席 금연석 킨엔세키	喫煙席 흡연석 키츠엔세키	これ 이것 코레	韓国語のメニュー 한국어 메뉴 칸코쿠고노 메뉴

※ は : 주어 뒤에 붙어서 '~은 / ~ 는'의 의미를 뜻한다.

{ }는(은) 어디인가요?/어디에 있나요? { }はどこですか/どこにありますか。{ }와 도코데스카/도코니아리마스카

トイレ 화장실 토이레	タクシー乗り場 택시 승차장 타쿠시 노리바	地下鉄 지하철 치카테츠	改札口 개찰구 카이사츠구치
バス停 버스정류장 바스테이	コンビニ 편의점 콘비니	ドラックストア 드럭스토어 도락쿠스토아	病院 병원 뵤인

※ は : 주어 뒤에 붙어서 '~은 / ~ 는'의 의미를 뜻한다.

{ }도 되나요? { } てもいいですか。{ } 테모 이이데스카

写真を撮っ 사진을 찍어- 샤신오 톳	これを着てみ 이것을 입어봐- 코레오 키테미	注文をし 주문을 해- 츄몬오시	クレジットカードを使っ 카드를 써- 크레짓토 카-도오 츠캇
予約し 예약해- 요야쿠시	これを借り 이것을 빌려 코레오 카리	今チェックインし 지금 체크인해- 이마체쿠인시	荷物を預け 짐을 맡겨- 니모츠오 아즈케

※ ても : 동사 뒤에 붙어서 '~해도' 의 의미를 뜻한다.

{ }가(이) 아파요. { } が痛いです。{ }가 이타이데스

喉 목 노도	頭 머리 아타마	お腹 배 오나카	足 다리 아시

※ が : 주어 뒤에 붙어서 '~가/ ~이' 의 의미를 뜻한다.

Section 02

FUKUOKA

후쿠오카 여행일정과 예산 짜기

후쿠오카 여행준비의 하이라이트는 여행일정과 예산을 직접 계획해보는 것이다. 하지만 2박 3일, 3박 4일의 여행기간 동안 볼거리, 먹거리, 쇼핑거리로 넘쳐나는 후쿠오카와 근교여행지를 어떻게 돌아봐야 할지 막막할 것이다. 여기서는 알차게 후쿠오카를 돌아볼 수 있는 핵심코스와 테마별로 근교여행코스 일정을 소개한다. 또한 일정에 맞춰 필요한 예산도 대략적으로 잡아보았다.

후쿠오카 2박 3일 핵심 코스와 예산

후쿠오카 여행의 꽃은 맛집 탐방과 쇼핑이다. 첫날은 볼거리, 먹거리가 풍부한 나카스에서 맛집과 쇼핑을 즐기고 저녁에는 나카스강변을 따라 늘어선 포장마차거리에서 현지인들과 어울려 활기 넘치는 저녁을 보내보자. 다음 날은 오호리공원 산책으로 여행을 시작하자. 오호리공원은 번잡한 도심에서 벗어나 아름다운 수변풍경을 즐기기 좋은 곳이다. 공원주변에는 후쿠오카시미술관, 일본정원이 있어 함께 둘러보기 좋다. 이후에는 쇼핑의 천국 텐진과 다이묘로 이동하여 쇼핑을 하고, 이마이즈미로 이동하여 산책을 즐기자. 저녁에는 후쿠오카타워로 이동하여 야경을 감상하며 여행의 마지막 밤을 보낸다. 마지막 날은 새벽부터 문을 여는 야나기바시연합시장에서 맛있는 아침을 먹자. 시간적 여유가 있다면 JR하카타(博多)역 하카타시티에서 부족한 쇼핑을 즐기고 공항으로 이동하자.

DAY 1 • 예산 : ￥8,500~

DAY 2 • 예산 : ¥10,000~

DAY 3 • 예산 : ¥3,000~

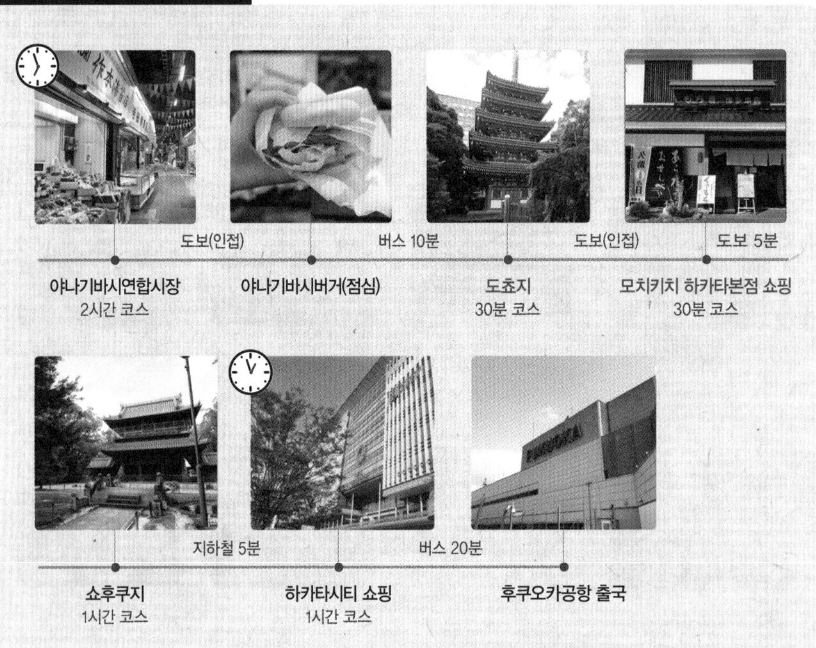

유후인 온천여행 2박 3일 코스와 예산

누구나 한 번쯤 꿈꾸는 유후인 온천여행은 일정을 잘 짜면 후쿠오카공항 왕복비행편 2박 3일로도 알차게 여행할 수 있다. 인천에서 출발한다면 후쿠오카공항과 오이타공항을 연결한 일정으로 효율적인 2박 3일을 계획할 수 있다. 유후인의 매력은 좋은 수질의 온천뿐만 아니라 관광시설이 잘 구비되어 있어 볼거리와 먹거리, 쇼핑거리가 풍성하다는 점이다. 첫날은 후쿠오카의 대표 관광지와 쇼핑지를 둘러보고, 둘째 날부터 유후인으로 이동하여 유후인 관광과 쇼핑, 온천을 즐기는 일정이다. 숙박은 유후인 료칸에서 묵으면서 정갈한 가이세키요리도 즐기고 일본의 오모테나시 환대문화를 체험해보자. 마지막 날 오전에는 아침 안개를 볼 수 있는 긴린호수를 산책하고, 시간이 남는다면 미술관과 유노츠보거리를 좀 더 구경하고 짐을 챙겨 공항으로 이동하여 여행을 마무리하자.

DAY 1 • 예산 : ¥8,500~

라쿠스이엔
1시간 코스

도보 5분

스미요시신사
30분 코스

도보 10분

텐진/다이묘 쇼핑
2시간 코스

도보(인접)

효탄스시(점심)
1시간 코스

도보 15분

쿠시다신사
1시간 코스

도보(인접)

나카스카와바타 도오리
1시간 코스

도보 7분

나카스 포장마차 거리(저녁)
2시간 코스

버스 35분

후쿠오카타워 야경 감상
1시간 코스

후쿠오카 숙박

DAY 2 • 예산 : ￥25,500~

고속버스 2시간 20분 소요 / 도보(인접)

하카타버스터미널

유후인 유노츠보거리 관광
2시간 코스

유후인(점심)
1시간 코스

도보(인접) / 도보(인접) / 도보 또는 료칸송영버스

유후인 플로랄빌리지
1시간 코스

길거리음식 즐기기
(폭탄 타코야키)

길거리음식 즐기기
(유후인 미르히)

유후인온천 즐기기
1시간 코스

료칸 가이세키요리(저녁)
1시간 코스

유후인 숙박

DAY 3 • 예산 : ￥5,000~

도보(인접) / 도보 12분

료칸 조식
1시간 코스

긴린호수 산책
30분 코스

코미코 아트뮤지엄
1시간 코스

버스 55분~1시간 40분

유후인(점심)
1시간 코스

후쿠오카공항 또는 오이타공항 출국

우레시노 온천여행 2박 3일 코스와 예산

일본 3대 미인온천으로 유명한 우레시노는 조용한 온천마을로 시골풍경을 느끼며 짧게 쉬었다 오기 좋은 곳이다. 항공편은 사가공항이나 후쿠오카공항을 이용할 수 있는데, 후쿠오카공항을 이용할 경우 하루 5편 운행되는 우레시노온천행 고속버스를 이용하도록 한다. 우레시노 여행의 첫 시작은 유일한 테마파크인 닌자무라를 돌아보는 것으로 시작하여 시볼트노유에서 잠시 휴식을 취한다. 오후에는 우레시노의 도기와 잡화를 취급하는 카페 키하코에서 아이쇼핑겸 휴식을 취한다. 숙박은 우레시노의 료칸에서 2박을 묵으면서 마음껏 미인온천과 건강식 온천 두부가 포함된 가이세키요리를 즐기자. 둘째 날 오전에는 메기신사로 알려진 토요타마히메신사를 방문하고 버스를 타고 다케오로 이동하여 다케오의 아름다운 풍광을 눈에 담아 오자. 마지막 날 오전 중에는 우레시노온천마을을 산책하면서 족욕도 하고 못다한 쇼핑과 간식을 즐겨보자.

DAY 1 • 예산 : ¥25,000~

DAY 2 • 예산 : ¥25,000~

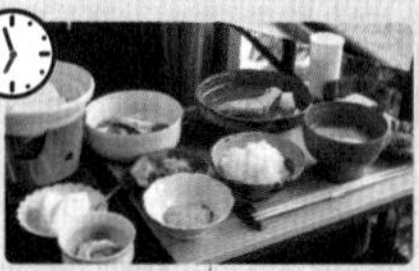

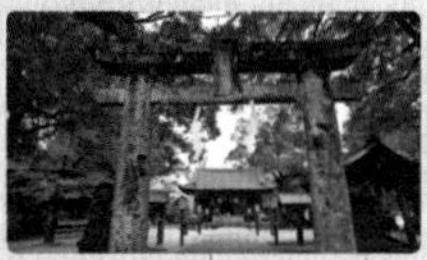

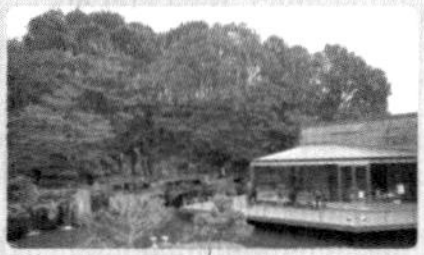

도보이동 버스 25분 도보 7분/버스 3분

료칸 조식
1시간 코스

토요타마히메신사
30분 코스

케이슈엔
1시간 30분 코스

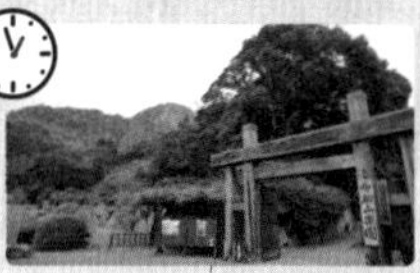

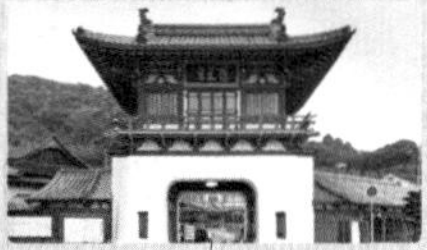

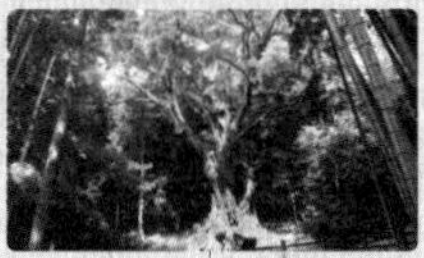

버스 5분 도보 15분 도보 5분

미후네야마라쿠엔
1시간 30분 코스

다케오로몬
20분 코스

다케오 녹나무
1시간 코스

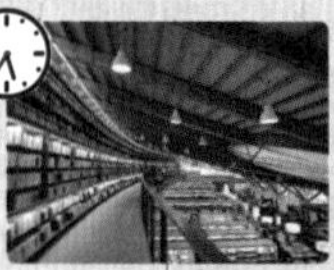

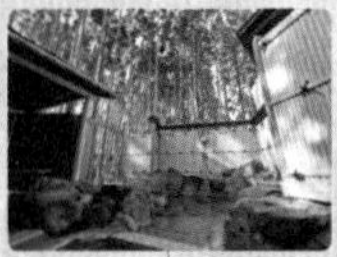

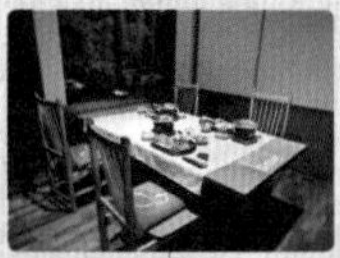

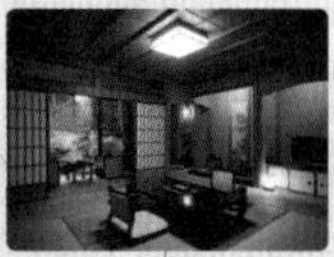

도보+버스 40분 -

다케오시도서관
1시간 코스

우레시노온천
1시간 코스

료칸 가이세키요리(저녁)
1시간 코스

우레시노 숙박

DAY 3 • 예산 : ¥4,000~

도보 5~10분 도보(인접) 도보이동

료칸 조식
1시간 코스

시볼트노유 족욕
30분 코스

우레시노 마을산책
1시간 코스

고속버스 1시간 25분

나카시마미카엔(녹차젤라토)
1시간 코스

후쿠오카공항
또는 사가공항 출국

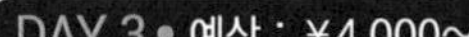

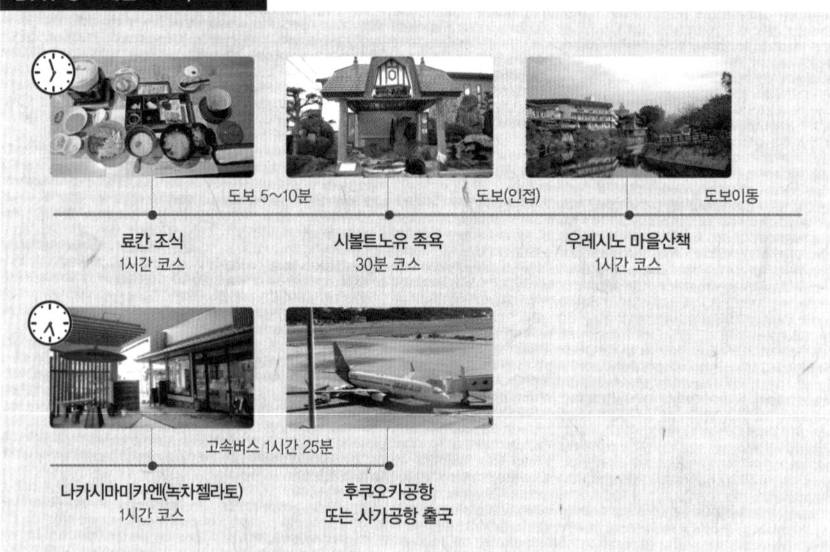

기타큐슈, 분고타카다 레트로여행 2박 3일 코스와 예산

기타큐슈와 분고타카다에는 일본 다이쇼시대부터 쇼와시대까지의 옛 건물과 마을풍경이 남아 있어 일본의 근대시대상을 엿볼 수 있다. 항공편은 기타큐슈공항을 이용하는 진에어를 잘 활용하면 고쿠라 여행도 덤으로 즐길 수 있어 좋다.

레트로여행의 첫날은 일본의 근대무역항으로 서양식 옛 건물이 많이 남아 있는 모지코에서 시작한다. 모지코레트로 지구를 천천히 돌아보면서 당시의 모습을 상상해보자. 모지코에서 꼭 먹어보아야 할 것은 야키카레로 카리혼포에서 해산물과 함께 구워 만든 시푸드 야키카레를 맛보자. 저녁에는 로맨틱한 분위기가 연출되는 모지코 야경을 추천한다. 다음 날 오전에는 고쿠라성과 고쿠라정원을 돌아본 후 열차를 타고 쇼와시대 마을모습이 잘 보존되어 있는 분고타카다로 향한다. 영화 〈나미야 잡화점의 기적〉에서 보았던 상점가를 직접 체험해볼 수 있다. 마지막 날에는 100년 이상의 역사를 가진 기타큐슈의 대표시장 탄가시장을 방문하여 옛 시간의 흔적을 찾아보고 점심식사를 한 후, 시간이 남으면 기타큐슈시의 만화박물관을 관람하거나 공항으로 이동하여 일정을 마친다.

DAY 1 • 예산 : ¥3,200~

DAY 2 • 예산 : ¥12,500~

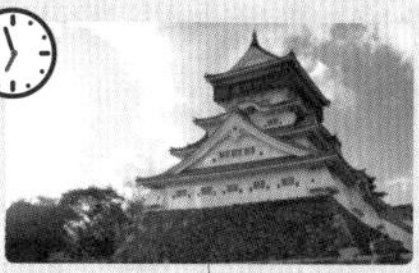

도보(인접)

고쿠라역 → 우사역 → 분고타카다역

고쿠라성
1시간 코스

고쿠라성 정원
1시간 코스

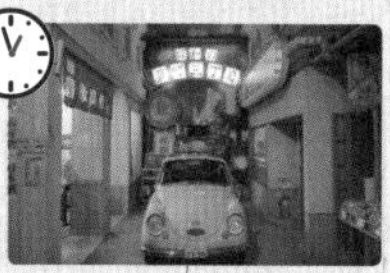

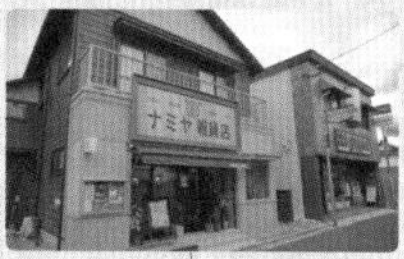

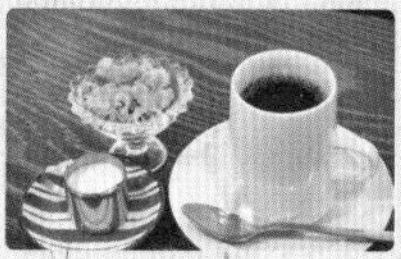

열차+버스/택시 1시간

도보(인접)

도보이동

분고타카다역 → 우사역 → 고쿠라역

쇼와로만쿠라
1시간 30분 코스

분고타카다 마을산책
3시간 코스

커피하우스 브라질
30분 코스

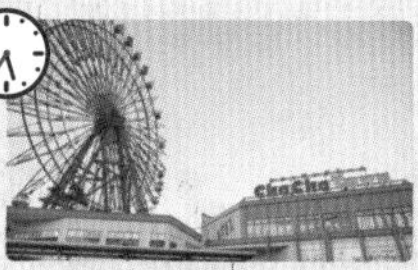

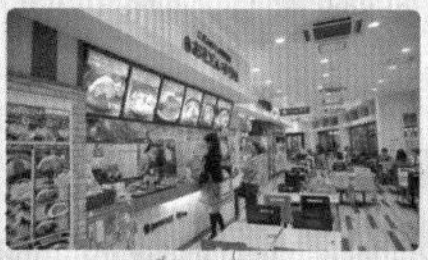

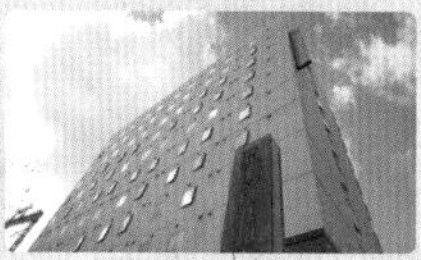

열차+택시 1시간

도보(인접)

–

챠챠타운 쇼핑
2시간 코스

챠챠타운 푸드코트
1시간 코스

고쿠라 숙박

DAY 3 • 예산 : ¥5,500~

열차+택시 1시간

도보(인접)

도보 10분

도보 10분

탄가시장
2시간 코스

탄가우동(점심)

시로야 베이커리
10분 코스

고쿠라역 도보 이동 후, 버스 40분

기타큐슈시 만화박물관
2시간 코스

기타큐슈공항 출국

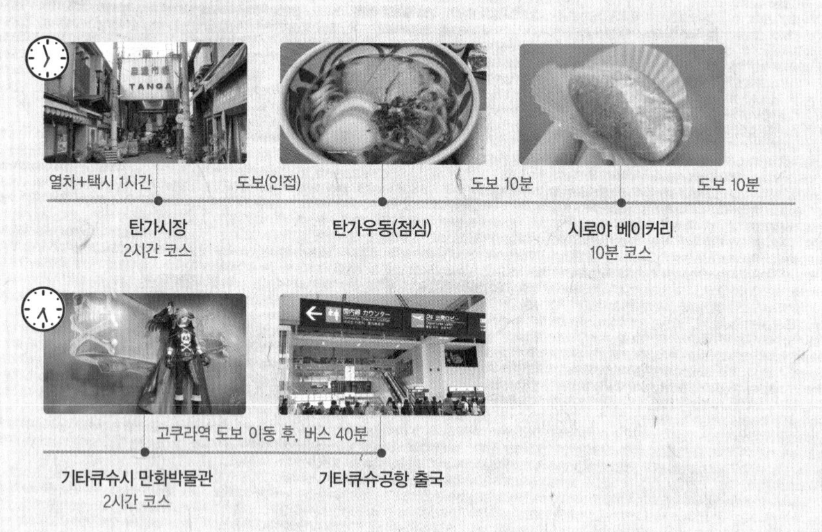

나가사키, 구마모토 식도락여행 2박 3일 코스와 예산

나가사키와 구마모토 지역은 유명 음식이 많아 식도락여행을 즐기기 좋은 곳이다. 이 지역은 동선을 잘 계획해야 하는데, 먼저 교통편은 후쿠오카공항에서 고속버스를 타고 나가사키로 이동하고, 다시 구마모토까지는 배편을 이용한다. 여행을 마치고 귀국할 때는 바로 구마모토공항을 이용한다.

첫날 나가사키로 들어가 유명 관광지 구라바엔과 메가네바시, 차이나타운을 돌아보는데 일정 중간중간 유명 맛집인 차완무시와 카스텔라, 짬뽕집을 탐방한다. 다음 날에는 시마바라로 이동하는데 시마바라성과 시메이소를 둘러보자. 깨끗한 물이 상징인 시마바라에서는 칸자라시와 소면을 추천한다. 어두워지기 전 시마바라 일정을 마치고 구마모토로 이동하여 구마모토의 명물, 마늘라멘을 먹고 저녁에는 번화가 쇼핑을 즐기자. 마지막 날 오전에는 구마모토성과 그 주변을 산책하고 인생 돈가스로 알려진 카츠레이테이에서 점심을 해결한다. 시간이 남으면 구마모토성 근처 커피갤러리(가배회랑)에서 고즈넉한 티타임을 갖거나 쿠마몽스퀘어를 방문하여 쿠마몽굿즈 쇼핑으로 2박 3일간의 일정을 마무리한다.

DAY 1 • 예산 : ¥12,000~

후쿠오카공항 → (고속버스 2시간 20분) → 나가사키역 → (노면전차+도보 20분) → 구라바엔 1시간 30분코스 → (노면전차 20분)

욧소 차완무시(점심) 1시간 코스 → (도보 5분) → 메가네바시 30분 코스 → (도보 3분) → 쇼오켄 카스텔라 1시간 코스 → (노면전차 10분)

차이나타운 1시간 30분 코스 → (도보(인접)) → 코잔로짬뽕(저녁) 1시간 코스 → (–) → 나가사키 숙박

DAY 2 • 예산 : ¥11,000~

DAY 3 • 예산 : ¥4,000~

후쿠오카&규슈 여행예산 짜기

후쿠오카와 그 주변지역을 여행하기 위한 예산은 크게 항공료, 숙박비, 교통비, 식대, 쇼핑 등의 비용으로 나눠 생각해볼 수 있다. 여행의 목적과 예산에 맞춰 어느 항목에 비중을 둘 것인가 정하는 것이 중요하다. 만약 맛집 탐방과 쇼핑이 목적이라면 이 부분에 중점을 맞추면 된다. 편안하게 쉬어가는 휴식이 목적이라면 숙박비에 비중을 두자. 다음 내용은 예산을 계획할 때 기준이 될 수 있는 참고 비용을 정리한 것이다. 이를 잘 활용하면 여행경비를 최적화할 수 있다.

• 항공비용

후쿠오카행 항공료는 항공사, 여행시즌 및 항공스케줄, 위탁수하물 포함여부 등에서 항공권 가격에 많은 차이가 있다. 일반적으로 후쿠오카행 왕복항공료는 이코노미석에 위탁수하물이 포함된 기준으로 30~50만 원선이다. 항공권을 저렴하게 구입하고자 한다면 여행 3~5개월 전부터 예약하는 것이 좋고, 가급적 비수기와 평일 귀국편을 선택하는 것이 비용절감에 효과적이다. 또한, 지방공항의 경우 공항수수료가 후쿠오카공항에 비해 저렴하거나 정부지원금으로 항공운임이 낮은 경우가 많으므로 교외 지역을 여행할 예정이라면 도착공항과 귀국행 공항을 다르게 하는 오픈조 일정(Open Jaw Trip)도 고려해보면 좋다.

Tip

여행의 성수기

일본행 항공운임이 가장 비싼 성수기는 5월 연휴, 7~8월 여름휴가, 9월 추석연휴, 10월 개천절과 한글날 전후, 12월 중순부터 다음 해 2월 말까지이다. 이 시기에는 항공운임 자체가 비싸므로 어느 항공사라도 저렴한 항공권을 구하기가 어렵다.

• 숙박비용

숙박시설 역시 시티호텔, 고급 호텔, 료칸 등 숙소의 종류와 급에 따라 가격 차이가 나지만, 항공권에 비하면 변동이 심하지 않은 편이라 상대적으로 마음 편히 결정할 수 있다. 일반적으로 후쿠오카 시내 시티호텔의 경우 1박 1인 기준으로 약 ¥5,000~15,000에 숙박할 수 있다. 숙소를 선택할 때는 여행일정을 고려해 일정이 빡빡하여 숙박시설 내 보내는 시간이 적다면 부대시설보다는 교통수단이 편리하고 온천시설이 있어 몸의 피로를 풀 수 있는 곳을 선택하는 것이 현명하다.

호텔 등급	유스호스텔	시티호텔	고급 호텔	료칸
가격대(1인 기준)	¥2,000~5,000	¥5,000~15,000	¥15,000~40,000	¥15,000~40,000

• 교통비용

후쿠오카 지역의 교통수단은 대체로 지하철과 버스이다. 보통 지하철 기본요금은 구간에 따라 ¥210~260 사이이고, 버스의 경우 ¥150선이다. 따라서 후쿠오카 시내에서만 이동할 경우 하루 ¥1,000~1,500 정도면 교통비로 충분하다. 참고로 하루 동안 시내이동이 많다면 버스, 지하철 및 페리를 무제한으로 이용할 수 있는 후쿠오카투어리스트 시티패스를 구매하는 것도 고려해볼 만하다. 최근에는 스마트폰 애플리케이션 마이루트(My Route)를 통해서 성인 ¥2,500, 어린이 ¥1,250에 디지털 패스를 구매할 수 있게 되었다. 한편 택시의 경우, 시내 안에서만 움직인다면 ¥750~3,000선이다.

• 식사비용

식비는 현지에서 주머니 사정에 따라 편의점에서 간단히 한 끼를 때울 수도 있고, 고급 스시레스토랑에서 호화로운 식사도 즐길 수 있으므로 유동적으로 설정하는 것이 좋다. 편의점에서는 ¥150~1,000 정도면 삼각김밥, 도시락 등 다양한 먹거리를 고를 수 있고, 일반 레스토랑은 ¥900~1,500, 고급레스토랑은 ¥2,500~10,000 사이라고 보면 된다. 일반적으로 예산을 설정할 때에는 일일 기준으로 조식은 ¥1,000, 중식은 ¥1,500, 석식은 ¥2,500 정도 설정하면 즐거운 식사시간을 보낼 수 있다.

• 현지비용

현지비용은 관광지 입장료, 시설이용료로 지불하게 된다. 후쿠오카 시내의 관광지 입장료는 대체로 ¥100~500, 시설이용료는 ¥500~1,500 정도이다. 일정 중 유료시설이 포함되어 있다면 사전에 현지 비용을 파악하여 예산에 반영해두어야 한다. 만약 무계획으로 후쿠오카 여행을 온 것이라면 하루에 ¥1,000 정도 설정해두면 충분하다.

• 쇼핑비용

개인의 쇼핑목적과 취향에 따라 가장 현저하게 차이나는 항목이다. 이번 여행의 목적이 쇼핑에 있다면 넉넉하게 준비하자. 일반적으로 일본과 한국의 물가는 크게 차이나지 않으므로 우리나라 물가를 기준으로 미리 마음에 정해둔 쇼핑리스트에 따라 예산을 잡아보자.

FUKUOKA

Section 03

한국 출국부터 일본 후쿠오카 입국까지

최근 웹(모바일)체크인이나 셀프체크인 기기 등 탑승수속이 간편화되면서 출국에 소요되는 시간이 많이 줄어들었다. 하지만 비행기를 탑승하기 위한 보안검색과 출국심사, 면세품 쇼핑 및 인도 등 다양한 출국과정이 남아 있으므로 반드시 출발 2~3시간 전까지 공항에 도착하는 것이 좋다.

한눈에 살펴보는 한국 출국과정(발권부터 탑승수속까지)

후쿠오카로 향하는 항공편은 인천, 부산, 대구 등의 공항에서 출발한다. 일반적으로 출발시각 2~3시간 전에는 공항에 도착하여 출국수속을 준비해야 한다. 인천공항을 이용할 경우, 사전에 스마트패스(모바일앱 또는 공항 셀프체크인 키오스크)로 여권, 안면정보, 탑승권 등을 등록해두면 빠른 출국 수속이 가능하다. 자세한 사항은 홈페이지에서 확인하자.

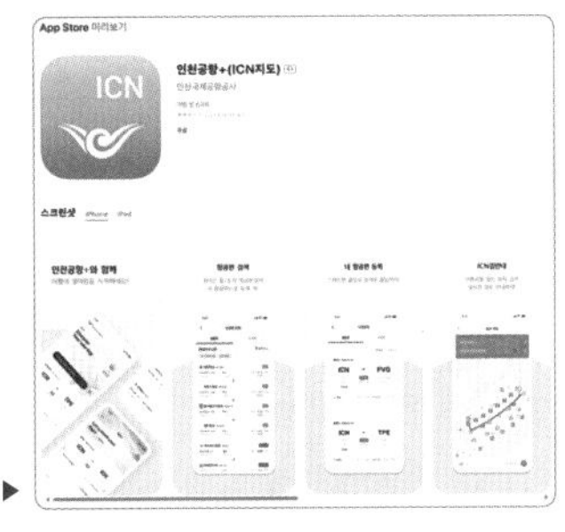

인천공항 스마트패스(ICN SMARTPASS) ▶

❶ 탑승수속

❷ 세관신고 및 보안검색

❸ 출국심사

❹ 탑승대기 및 탑승(출발 30분 전)

기내반입 수하물 주의사항

보안검색과정과 비행기 탑승 시 주의할 사항으로 기내반입 수하물이 있다. 기내반입이 가능한 수하물은 항공사나 좌석등급에 따라 다르지만 통상 7~10kg이며, 오버헤드빈(기내 짐 넣는 곳)에 들어갈 수 있도록 너무 크지 않아야 한다. 크기에 관한 규정은 각 항공사 사이트에서 확인가능하다. 다음은 탑승자가 자주 실수하는 기내반입금지품목이다. 예를 들어 액체류는 개별용기로 100ml 이하는 반입이 가능하지만, 그 이상이라면 수하물로 맡겨야 한다. 반면 라이터도 1개는 기내반입이 가능하지만 그 이상은 가져갈 수도 위탁수하물로도 맡길 수 없다. 휴대용 보조배터리의 경우 위탁수하물로는 맡길 수 없고, 기내반입만 가능하다. 다음 표를 참고하여 기내반입, 위탁조건이 있는 물품을 확인하자.

구분	대상 품목
기내반입금지 (위탁수하물 허용)	• 액체류(폼클렌징, 치약 포함) 개별용기로 100ml이상 및 총합 1인당 1,000ml 이상 • 도검류 및 공구류(커터, 가위, 송곳 등) • 스포츠용품(골프채, 야구배트, 스케이트 등)
기내반입금지 (위탁수하물 금지)	• 인화성물질(라이터 포함) 1개 이상 • 독성물질 및 위험물질 • 배터리를 분리할 수 없는 헤어고데기 • 70도 이상의 알코올음료/드라이아이스 2.5kg 이상
위탁수하물 금지 (기내반입만 허용)	• 리튬배터리(보조배터리, 휠체어용 배터리 포함) • 전자담배

일본 출입국카드 작성방법

기내에 탑승하면 승무원이 일본 출입국카드와 세관신고카드를 나눠준다. 원활한 입국심사를 위해 기내에서 미리 작성해두는 것이 편하다. 출입국카드 앞면은 탑승자명과 체류정보 등을 작성해야 하고, 뒷면에는 범죄경력 및 입국금지 경험 등을 신고하도록 되어 있다. 다음 샘플을 참고하여 모든 칸을 빠짐없이 작성하자. 카드 안에 기재하는 정보는 영어 또는 일본어로 작성하도록 한다. 작성한 출입국카드는 입국심사 시 여권과 함께 제출하면 된다.

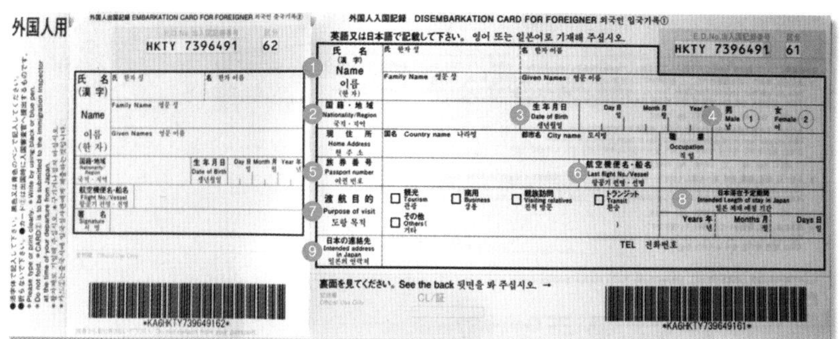

外国人用

外国人入国記録 DISEMBARKATION CARD FOR FOREIGNER 외국인 입국기록①

英語又は日本語で記載して下さい。 영어 또는 일본어로 기재해 주십시오.

HKTY 7396491 61

1 氏名 Name 이름 — Family Name 영문 성 / Given Names 영문 이름

2 国籍・地域 Nationality/Region 국적・지역

3 生年月日 Date of Birth 생년월일 — Day 日 일 / Month 月 월 / Year 年 년

4 男 Male 남 ① / 女 Female 여 ②

現住所 Home Address 현주소 — 国名 Country name 나라명 / 都市名 City name 도시명

職業 Occupation 직업

5 旅券番号 Passport number 여권 번호

6 航空機便名・船名 Last flight No./Vessel 항공기 편명・선명

7 渡航目的 Purpose of visit 도항 목적 — □ 観光 Tourism 관광 □ 商用 Business 상용 □ 親族訪問 Visiting relatives 친척 방문 □ トランジット Transit 환승 □ その他 Others ( ) 기타

8 日本滞在予定期間 Intended Length of stay in Japan 일본 체재 예정 기간 — Years 年 년 / Months 月 월 / Days 日 일

9 日本の連絡先 Intended address in Japan 일본의 연락처 — TEL 전화번호

裏面を見てください。 See the back 뒷면을 봐 주십시오. →

KA6HKTY739649161

HKTY 7396491 62

KA6HKTY739649162

일본 출입국카드 외국인용 앞면

❶ **성명 :** 한자와 영문으로 성과 이름을 표기, 영문이름은 여권과 동일해야 함

❷ **국적 :** KOREA 또는 韓国

❸ **생년월일 :** 일/월/년도 순으로 표시(예 : 1990년 3월 15일생 → 15/03/90)

❹ **성별 :** 남/여 중 택일

❺ **여권번호 :** 본인의 여권번호 표기

❻ **입국 항공편명 :** 탑승권에 적혀 있는 내용 표기(예 : KE787)

❼ **도항목적 :** 관광/상용/친척방문/환승/기타 중 선택

❽ **일본체제 예정기간 :** 여행기간(예 : 3days)

❾ **일본의 연락처 :** 호텔 이름 또는 숙소주소와 전화번호(예 : Comfort Hakata Hotel, 092-431-1211)

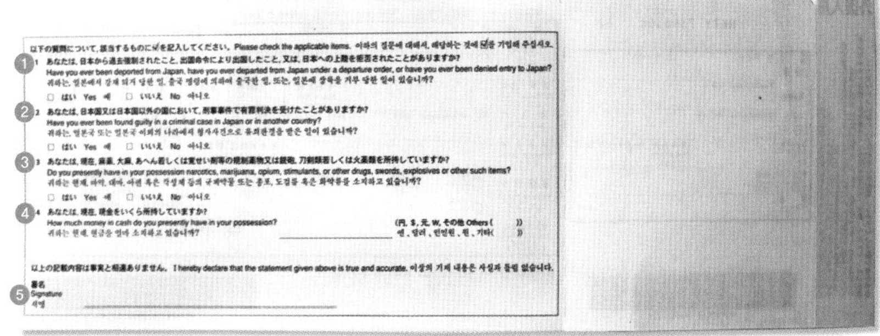

Please check the applicable items. 아래의 질문에 대해서, 해당하는 것에 ☑을 기입해 주십시오.

1 Have you ever been deported from Japan, have you ever departed from Japan under a departure order, or have you ever been denied entry to Japan?

□ Yes 예 □ No 아니오

2 Have you ever been found guilty in a criminal case in Japan or in another country?

□ Yes 예 □ No 아니오

3 Do you presently have in your possession narcotics, marijuana, opium, stimulants, or other drugs, swords, explosives or other such items?

□ Yes 예 □ No 아니오

4 How much money in cash do you presently have in your possession? (円, $, 元, W, その他 Others ( ))

I hereby declare that the statement given above is true and accurate. 이상의 기재 내용은 사실과 틀림 없습니다.

Signature 서명

일본 출입국카드 외국인용 뒷면

❶ **강제퇴거 및 입국거부에 관한 경험 :** 예/아니오 중 택일
❷ **형사사건의 유죄판결 유무 :** 예/아니오 중 택일
❸ **규제약물 및 무기소지 여부 :** 예/아니오 중 택일
❹ **현금 :** 3만 엔(3万円) 같이 대략적인 가격
❺ **서명 :** 여권과 동일한 서명

휴대품·별송품 신고서 작성방법

일본 입국 시 필요한 세관신고카드로 입국심사를 마치고 맡긴 수하물을 찾은 뒤 세관을 통과할 때 필요한 신고서이다. 세관신고서는 가족 당 1장만 작성하면 된다. 일행이더라도 가족이 아니라면 개별로 작성해야 한다. 세관신고서에는 탑승자정보와 동반인원, 일본으로 반입하는 물품에 대한 내용을 신고하도록 되어 있다. 대부분 문제가 없으면 '없음'으로 표기하면 되고, 입국 시 별도로 발송한 짐이 없다면 별송품란에도 '없음'으로 체크하면 된다.

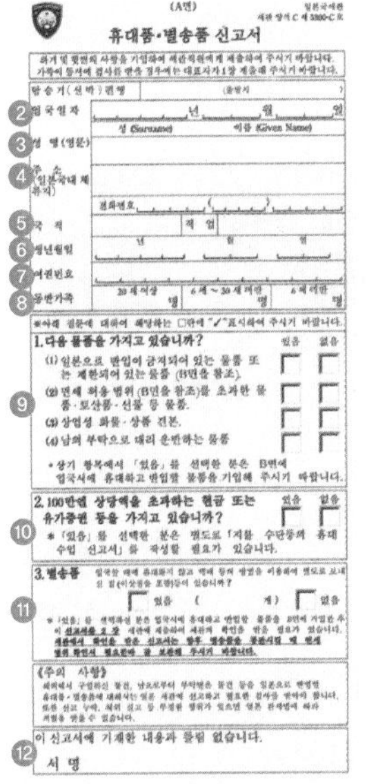

(A면)

휴대품·별송품 신고서

탑승기(선박)편명 (출발지)

입국일자 년 월 일

성 (Surname) 이름 (Given Name)

성명(영문)

주소 (일본국내 체류지)

전화번호

국적 직업

생년월일 년 월 일

여권번호

동반가족 20세 이상 명 6세~20세 미만 명 6세 미만 명

1. 다음 물품을 가지고 있습니까? 있음 없음

(1) 일본으로 반입이 금지되어 있는 물품 또는 제한되어 있는 물품 (B면을 참조).

(2) 면세 허용 범위 (B면을 참조)를 초과한 물품·토산품·선물 등 물품.

(3) 상업성 화물·상품 견본.

(4) 남의 부탁으로 대리 운반하는 물품

2. 100만엔 상당액을 초과하는 현금 또는 유가증권 등을 가지고 있습니까? 있음 없음

3. 별송품 있음 (개) 없음

《주의 사항》

이 신고서에 기재한 내용과 틀림 없습니다.

서 명

일본 휴대품·별송품 신고서 앞면

❶ **탑승기(선박)편명 / 출발지 :** 탑승권에 적혀 있는 내용 표기(예 : KE787 / Seoul)
❷ **입국일자 :** 후쿠오카 도착하는 날짜 기록(예 : 2019년 8월 16일)
❸ **성명(영문) :** 영문으로 성과 이름을 표기, 여권과 동일해야 함
❹ **주소(일본국내 체류지) :** 호텔이름 또는 숙소주소 & 전화번호(예 : Comfort Hakata Hotel, 092-431-1211)
❺ **국적 / 직업 :** KOREA / 회사원
❻ **생년월일 :** 년/월/일 순으로 표시(예 : 1990년 3월 15일)
❼ **여권번호 :** 본인의 여권번호 표기
❽ **동반가족 :** 동반하는 가족이 있을 경우 년령별(20세 이상/6~20세 미만/6세 미만)로 인원수를 기입한다.
❾ **물품소지여부 :** (1) 반입금지물품 (2) 면세허용범위 (3) 판매목적상품 (4) 대리운반여부
❿ 100만 엔 이상 소지여부
⓫ **별송품 :** 입국 전 택배발송 여부
⓬ **서명 :** 본인 사인

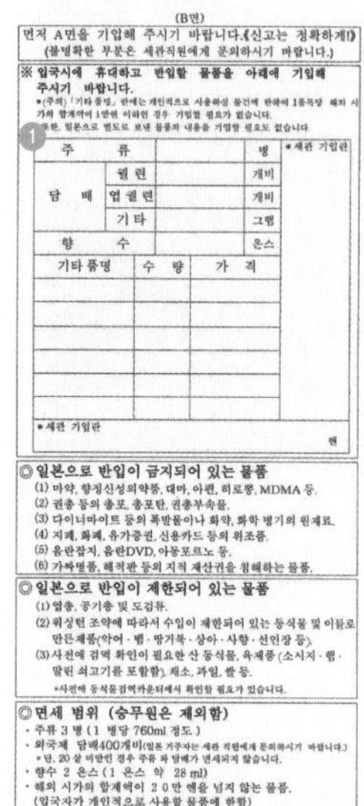

(B면)

먼저 A면을 기입해 주시기 바랍니다.《신고는 정확하게!》
(불명확한 부분은 세관직원에게 문의하시기 바랍니다.)

※ 입국시에 휴대하고 반입할 물품을 아래에 기입해 주시기 바랍니다.
*(주의) 「기타 품명」 란에는 개인적으로 사용하실 물건에 한하여 1품목당 해외 시가의 합계액이 1만엔 이하인 경우 기입할 필요가 없습니다.
또한, 일본으로 별도로 보낸 물품의 내용을 기입할 필요도 없습니다

주류			병
담배	궐련		개비
	엽궐련		개비
	기타		그램
향수			온스

*세관 기입란

기타 품명	수량	가격

*세관 기입란 엔

◎ 일본으로 반입이 금지되어 있는 물품
(1) 마약, 향정신성의약품, 대마, 아편, 히로뽕, MDMA 등.
(2) 권총 등의 총포, 총포탄, 권총부속품.
(3) 다이너마이트 등의 폭발물이나 화약, 화학 병기의 원재료.
(4) 지폐, 화폐, 유가증권, 신용카드 등의 위조품.
(5) 음란잡지, 음란DVD, 아동포르노 등.
(6) 가짜명품, 해적판 등의 지적 재산권을 침해하는 물품.

◎ 일본으로 반입이 제한되어 있는 물품
(1) 엽총, 공기총 및 도검류.
(2) 워싱턴 조약에 따라서 수입이 제한되어 있는 동식물 및 이들로 만든제품(악어 · 뱀 · 땅거북 · 상아 · 사향 · 선인장 등).
(3) 사전에 검역 확인이 필요한 산 동식물, 육제품 (소시지 · 햄 · 말린 쇠고기를 포함함), 채소, 과일, 쌀 등.
*사전에 동식물검역카운터에서 확인할 필요가 있습니다.

◎ 면세 범위 (승무원은 제외함)
- 주류 3 병 (1 병당 760ml 정도.)
- 외국제 담배400개비(일본 거주자는 세관 직원에게 문의하시기 바랍니다.)
  *단, 20 살 미만인 경우 주류 와 담배가 면세되지 않습니다.
- 향수 2 온스 (1 온스 약 28 ml)
- 해외 시가의 합계액이 20만 엔을 넘지 않는 물품. (입국자가 개인적으로 사용할 물품에 한함)
  *6 세 미만의 어린이는 장난감 등 본인이 사용할 것 이외의 물품은 면세 대상에서 제외됩니다.
  *해외 시가는 외국에서의 통상적인 소매 가격(구입가격)을 의미합니다.

일본 휴대품·별송품 신고서 뒷면

❶ **휴대제한품목 신고 :** 하단의 금지나 제한품목 등의 내용을 참고하여 주류, 담배 등의 휴대량을 기입한다.

한눈에 살펴보는 일본 입국과정(수하물 찾기부터 도착로비까지)

한국에서 출발한 후쿠오카 비행편은 후쿠오카 국제선청사로 도착한다. 비행기가 착륙하면 '도착(到着)' 표지판을 따라 입국심사장으로 향하고 이때 기내에서 작성한 출입국카드와 함께 여권을 제출한다. 입국심사를 마치면 전광판에 안내된 항공편별 수하물 수취장소를 확인하여 탁송한 수하물 찾는다. 수하물에 문제가 없으면 세관으로 이동하여 여권과 함께 세관신고카드를 제출하면 되고 여행목적으로 방문할 경우 별다른 질문 없이 통과된다.

❶ 도착(到着) 표지판 따라 이동 ❷ 입국심사 ❸ 수하물 수취소로 이동
❹ 수하물 찾기 ❺ 세관통과 후 도착로비

FUKUOKA

Section 04

공항에서 후쿠오카 시내로 이동하기

후쿠오카공항에서 시내까지 이동할 때는 버스, 지하철, 택시 등을 이용한다. 버스는 지하철보다 ¥50정도 비싸지만, 지하철은 국내선청사에서만 탑승이 가능하므로 공항무료셔틀버스를 타고 이동해야 한다는 번거로움이 있다. 그래서 여행자 대부분은 지하철보다는 국제선청사 앞에서 버스를 이용하여 시내까지 이동한다.

버스 이용하기

후쿠오카공항 국제선 도착로비 1층 바로 정면에 관광안내소와 도착출구가 보인다. 출구로 이동하여 후쿠오카 시내행 버스정류장을 찾는다. 하카타 시내로 이동하려면 6·7번 승차장에서 탑승하면 된다.

탑승 시에는 뒷문으로 승차하여 정리권을 뽑고, 하차 시 승무원에게 운임을 지불한 후 앞문으로 내린다. 운임은 차내 전방 모니터에 표시되는데, 정리권에 적혀있는 번호에 해당하는 금액을 지불하면 된다. 한편 후쿠오카 외곽으로 바로 이동하는 경우에는 고속버스를 타면 되는데, 버스안내소에서 티켓을 구입한 후 해당 승차장에서 버스를 탑승하면 된다.(일부 노선 사전예약 필요)

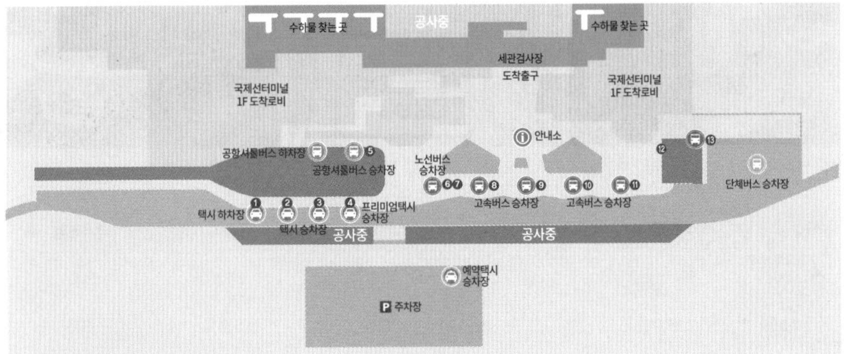

▲ 후쿠오카국제공항 도착로비 안내도(2024년 12월 현재 공사중인 곳이 많은데, 공사완료 후 택시나 버스 승강장 위치가 변경될 수 있으므로 홈페이지에서 확인하자(https://www.fukuoka-airport.jp/ko/map)

승차장	행선지		운임(¥)	소요시간	예약여부
❺	셔틀버스	국내선터미널	무료	15분	
❻❼	노선버스	하카타	310	15~20분	
		라라포트 후쿠오카	330	20분	
		다자이후	600	25분	
❽	고속버스	우레시노온천	2,200	1시간 25분	예약필요
		나가사키	2,900	2시간 20분	예약필요
		하우스텐보스	2,310	1시간 35분	예약필요
❾	고속버스	사가	1,300	1시간 5분	
		구마모토	2,500	1시간 55분	
❿	고속버스	벳푸	3,250	2시간	예약필요
		구로카와온천	3,470	2시간 30분	예약필요
⓫	고속버스	유후인	3,250	1시간 50분	예약필요

지하철 이용하기

후쿠오카공항역

후쿠오카공항에서 지하철을 이용하려면 무료셔틀버스를 타고 국내선청사로 먼저 이동해야 한다. 셔틀버스는 6~8분 간격으로 운행하므로 오래 기다리지 않아도 되며, 국내선청사까지 약 15분 정도 소요된다. 셔틀버스에서 내리면 우측에 지하철 후쿠오카공항역으로 연결되는 에스컬레이터가 보인다. 이 에스컬레이터를 통해 지하 1층에 위치한 매표소에서 티켓을 구매한 후, 후쿠오카 시내로 이동하면 된다. 후쿠오카공항에서 하카타, 텐진, 나카스 카와바타역까지는 ¥260으로 동일한 운임이 적용된다.

무료셔틀버스

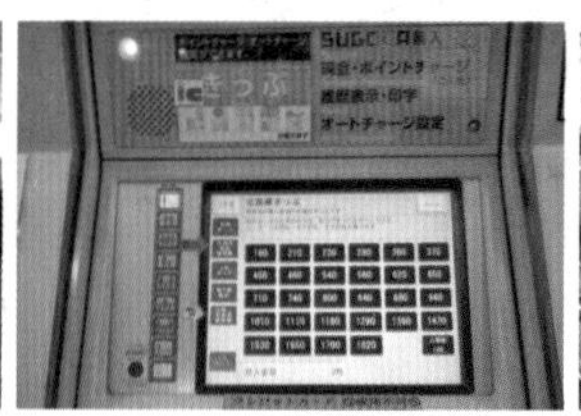
티켓발권기

공항선

행선지	하카타역	기온역	나카스카와바타역	텐진역	니시진역
운임(¥)	260	260	260	260	300
소요시간	5분	7분	9분	11분	19분

후쿠오카공항역에서 주요 역간 소요시간과 운임

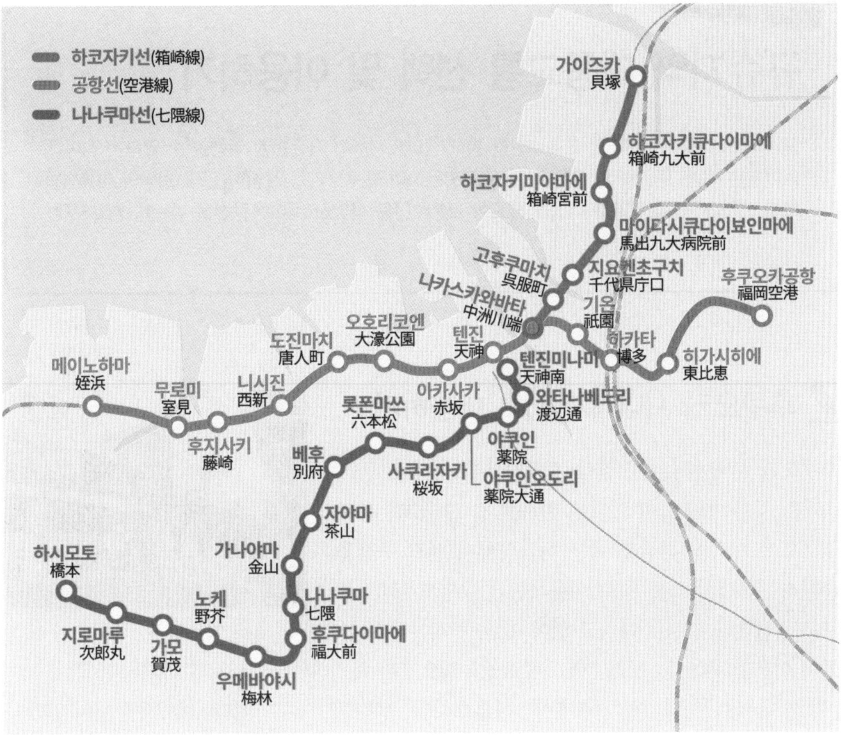

하코자키선(箱崎線)
공항선(空港線)
나나쿠마선(七隈線)
가이즈카 貝塚
하코자키큐다이마에 箱崎九大前
하코자키미야마에 箱崎宮前
마이다시큐다이뵤인마에 馬出九大病院前
지요켄초구치 千代県庁口
고후쿠마치 呉服町
나카스카와바타 中洲川端
기온 祇園
후쿠오카공항 福岡空港
하카타 博多
히가시히에 東比恵
텐진 天神
오호리코엔 大濠公園
도진마치 唐人町
니시진 西新
메이노하마 姪浜
무로미 室見
후지사키 藤崎
텐진미나미 天神南
와타나베도리 渡辺通
아카사카 赤坂
롯폰마쓰 六本松
야쿠인 薬院
야쿠인오도리 薬院大通
사쿠라자카 桜坂
베후 別府
자야마 茶山
가나야마 金山
나나쿠마 七隈
후쿠다이마에 福大前
우메바야시 梅林
노케 野芥
가모 賀茂
지로마루 次郎丸
하시모토 橋本

후쿠오카 지하철노선도

택시 이용하기

후쿠오카공항은 후쿠오카 시내에 위치하고 있어 택시로 이동해도 크게 부담스럽지 않다. 따라서 짐이 많거나 목적지까지 빨리 이동해야 한다면 택시이용도 권할 만하다. 택시는 2~4번 승강장에서 탑승하면 된다. 택시요금은 미터 당으로 계산되고 대부분 카드로도 지불이 가능하다. 가끔 현금을 고집하는 택시도 있으므로 탑승 전 기사에게 카드사용 가능여부를 확인하자. 다음 표는 후쿠오카공항에서 주요 시내간 이동거리와 대략적인 운임이다. 도로 및 현지상황에 따라 달라질 수 있으므로 참고만 하자.

하카타	기온	나카스	텐진	니시진
¥1,390~ (3.7km)	¥1,550~ (4km)	¥1,950~ (5.5km)	¥2,110~ (6km)	¥3,450~ (10km)

후쿠오카공항에서 주요 시내간 거리와 운임

Section 05

규슈지역 대중교통 선택 및 이용하기

규슈여행의 묘미는 편리한 교통수단을 통해 근교도시까지 자유롭게 여행할 수 있다는 점이다. 여기서는 대중교통수단인 열차와 버스를 활용하여 후쿠오카를 포함한 근교 지역의 이동방법을 소개한다. 각 도시마다 나에게 필요한 교통수단을 파악하여 이동동선을 짜는데 참고하자.

후쿠오카 시내에서 버스 이용하기

후쿠오카 시내에서는 JR열차, 시영지하철, 시내버스, 고속버스 등을 이용하여 어디든 편하게 갈 수 있다. 특히 후쿠오카 시내를 관광할 때는 하카타에서 텐진 구간을 순환하는 도심버스를 주로 이용하는데 운임도 ¥150으로 저렴한데다 수시로 다니고 있어 여행 중 피곤하다 싶으면 언제든 이용하자. 후쿠오카 도심에서 이용할 수 있는 ¥150 버스 주요정류장으로는 하카타博多, 캐널시티 하카타마에キャナルシティ博多前, 나카스•미나미신치中洲・南新地, 하루요시春吉, 텐진天神, 야쿠인에키마에薬院駅前 등이 있다.

후쿠오카 시내버스 승차방법

❶ 버스 목적지를 확인 한 후, 뒷문으로 승차한다.

❷ 승차 시 이용구간을 알 수 있는 정리권(整理券)을 뽑아 하차 시 지불할 운임을 확인한다.

※ 충전식 교통카드(IC카드)가 있다면 승차 시 터치한다.

버스 내 정리권과 IC카드 터치하는 곳

운임지불 및 하차방법

❶ 목적지 안내가 나오면 하차버튼을 눌러 하차준비를 한다.

❷ 차내 전방 모니터에 표시된 번호에서 가지고 있는 정리권 번호에 해당하는 번호로 운임을 확인한다.

❸ 운임은 미리 잔돈으로 준비해야 하고 잔돈이 없을 경우 앞문의 교환기(両替)를 통해 동전을 준비한다.

❹ 하차는 기사가 있는 앞문으로 하며, 운임은 하차 시 정리권 숫자에 맞춰 금액을 지불하면 된다.

※ 충전식 교통카드(IC카드)를 소지하고 있다면 하차 시에도 터치한다.

※ 일일 승차권 등이 있다면 기사에게 제시 후 하차한다.

버스표시 확인방법

❶ 주요 경유지 ❷ 목적지 ❸ 버스번호 ❹ 휠체어 승차가능

❺ 산큐패스 이용가능 ❻ 하차 전용문

시외버스 및 고속버스 이용하기

후쿠오카에서는 시외버스 및 고속버스를 이용하여 편리하게 근교여행을 다녀올 수 있다. 버스는 후쿠오카공항 국제선, 하카타버스터미널, 텐진고속버스터미널에서 이용할 수 있다. 대부분의 노선이 이 구간을 통과하지만 노선에 따라 출발터미널과 경유구간이 다르므로 사전에 확인해두면 시간과 비용을 절약할 수 있다. 예를 들어 벳푸로 이동하는 경우, 경유지인 텐진버스터미널 또는 후쿠오카국제선에서 탑승하면 시간을 절약할 수 있다.

다음 표를 참고하여 주요 여행지별 출발터미널과 경유구간, 소요시간 및 운임 등을 확인하도록 하자. 참고로 노선에 따라 사전에 인터넷 또는 현장 티켓예매를 통해 버스편을 예약할 수 있다. 유후인, 벳푸, 구로카와온천과 같은 인기 여행지역은 좌석이 조기 마감되므로 다음에 소개하는 인터넷으로 고속버스 예약하는 방법을 통해 미리 예매하자.

주요 목적지	정류장명	출발 버스터미널	경유구간	소요시간 (출발기준)	운임(¥)	사전 예약
유후인온천	유후인에키마에 (由布院駅前)	텐진 버스터미널	하카타버스터미널 → 후쿠오카공항 국제선	2시간 20분	3,250	○
벳푸	벳푸키타하마 (別府北浜)	하카타 버스터미널	텐진버스터미널 → 후쿠오카공항 국제선	2시간 20분	3,250	○
구로카와온천	구로카와온센 (黒川温泉)	텐진 버스터미널	하카타버스터미널 → 후쿠오카공항 국제선	3시간 6분	3,470	○
우레시노온천	우레시노버스센터 (嬉野バスセンター)	하카타 버스터미널	텐진버스터미널 → 후쿠오카공항 국제선	2시간 5분	2,200	○
나가사키역	나가사키에키마에 (長崎駅前)	하카타 버스터미널	텐진버스터미널 → 후쿠오카공항 국제선	2시간 30분	2,900	○
다자이후	다자이후(太宰府)	하카타 버스터미널	후쿠오카공항 국제선	40분	700	X
구마모토	구마모토사쿠라마치터미널 (熊本桜町バスターミナル)	텐진버스터미널	하카타버스터미널	2시간 5분	2,500	X
		후쿠오카공항 국제선	-	1시간 55분	2,500	
하우스텐보스	하우스텐보스 (ハウステンボス)	텐진 버스터미널	하카타버스터미널 → 후쿠오카공항 국제선	2시간 10분	2,310	○
사세보	사세보버스센터 (佐世保バスセンター)	하카타 버스터미널	텐진버스터미널 → 후쿠오카공항 국제선 (일부 경유하지 않음)	2시간 10~30분	2,310	○
시마바라	사마바라에키 (島原駅)	하카타 버스터미널	텐진버스터미널	3시간 20분	3,400	○

버스시각 및 요금, 환승정보검색방법

버스정보검색은 니시테츠(西日本鉄道) 홈페이지를 활용하여 버스 출발시간, 운임, 환승정보 등을 확인할 수 있다. 다음 예시를 통하여 버스 정보검색 방법을 알아보자. 표기는 한국어로 제공되지만 역 검색 시에는 영어 또는 일본어로 입력해야 한다. 다음의 예시를 참고하여 후쿠오카 여행에 잘 활용하자.

홈페이지 jik.nishitetsu.jp/menu?lang=ko

예시1) 하카타역(博多駅前C)에서 야나기바시연합시장(柳橋連合市場)까지 이동하기

1. [경로검색(환승안내)]에서 출발지와 목적지, 출발 일시를 입력하고 검색한다.

※ 출발지와 목적지는 [주요지구선택]에서 선택하거나 영문으로 직접 입력한다.

❶ 상단 탭 중에 경로검색 메뉴를 선택한다.
❷ 출발지와 목적지를 영어로 입력한다.
❸ 출발일시를 지정한다.
❹ [이 조건으로 검색하기] 버튼을 클릭한다.

2. 검색결과가 오른쪽 그림처럼 표시된다.

❶ 버스운임을 확인한다.
❷ 버스 운행경로를 확인한다.
❸ 출발과 도착시간으로 예상 소요시간을 확인한다.
❹ 버스 탑승장소를 확인한다.

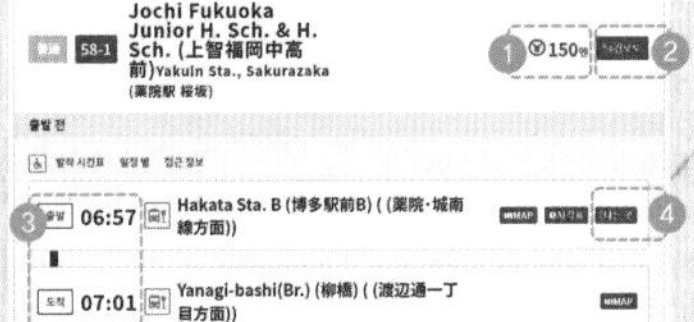

예시2) 하카타버스터미널(博多バスターミナル)에서 유후인버스센터(由布院駅前バスセンター) 이동하기

1. [경로검색(환승안내)]에서 출발지와 목적지, 출발 일시를 입력하고 검색한다.

※ 출발지와 목적지는 [주요지구선택]에서 선택하거나 영문으로 직접 입력한다.

❶ 상단 탭 중에 경로검색 메뉴를 선택한다.
❷ 출발지와 목적지를 영어로 입력한다.
❸ 출발일시를 지정한다.
❹ [이 조건으로 검색하기] 버튼을 클릭한다.

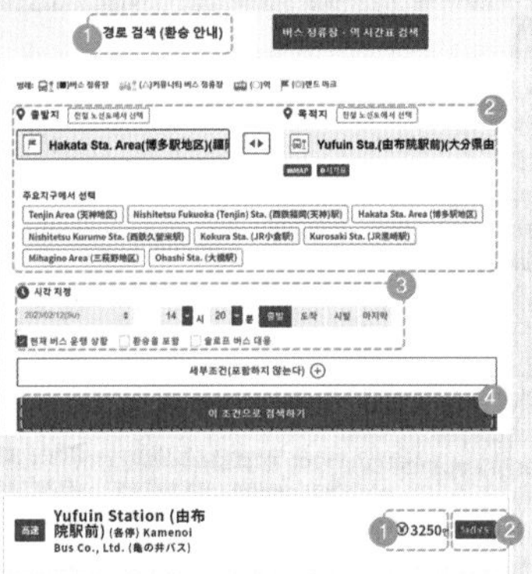

2. 검색결과가 오른쪽 그림처럼 표시된다.

❶ 버스운임을 확인한다.
❷ 버스 운행경로를 확인한다.
❸ 출발과 도착시간으로 예상 소요시간을 확인한다.
❹ 버스 탑승장소를 확인한다.

Yufuin Station (由布院駅前) (香(?)) Kamenoi Bus Co., Ltd. (亀の井バス)
3250
16:48 Hakata Bus Terminal 3F (博多バスターミナル3F) (34 (3 4のりば))
18:59 Yufuin Sta. (由布院駅前) ((バスセンター))

고속버스예약하는 방법

노선에 따라 고속버스를 타려면 반드시 먼저 예약해야만 하는 경우도 있다. 특히 유후인온천, 구로카와온천 같이 인기 있는 노선과 시간대는 금방 만석이 되므로 여행 전 미리 예약하는 것이 좋다. 보통 고속버스예약은 탑승일 기준으로 한 달 전부터 예약 가능하다. 그럼 실제 고속버스 예약을 다음 설명과 같이 따라해보자. 참고로 버스운임은 티켓판매소에서 지불하는데, 만약 산큐패스가 있다면 버스 이용일자와 패스이용기간이 일치하는지를 확인한 후, 별도 추가비용 없이 승차권을 받을 수 있다.

홈페이지 highwaybus.com/gp/index

예시1) 하카타버스터미널(博多バスターミナル)에서 유후인버스센터(由布院駅前バスセンター)까지 이동하는 고속버스예약하기

1. 고속버스예약사이트에서 출발지와 도착지를 선택하고 검색한다.

※ 자체 한국어도 제공하지만 검색에 제한이 있으므로 일본어 페이지에서 검색을 추천한다. 크롬(Chrome) 등의 브라우저를 통하여 일본어 페이지를 한국어로 번역하여 사용하는 것도 괜찮다.

❶ 지역을 선택한 후 노선을 지정한다.
❷ 승차/하차할 버스정류장을 차례로 선택한다.
❸ 승차할 날짜와 성별, 인원수 등을 지정한다.
❹ [검색] 버튼을 클릭한다.

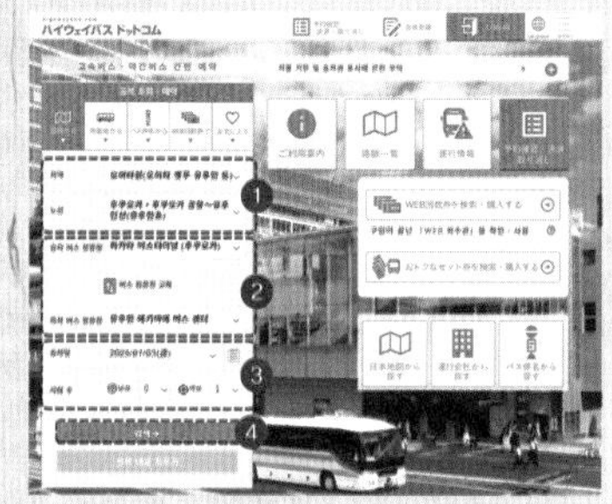

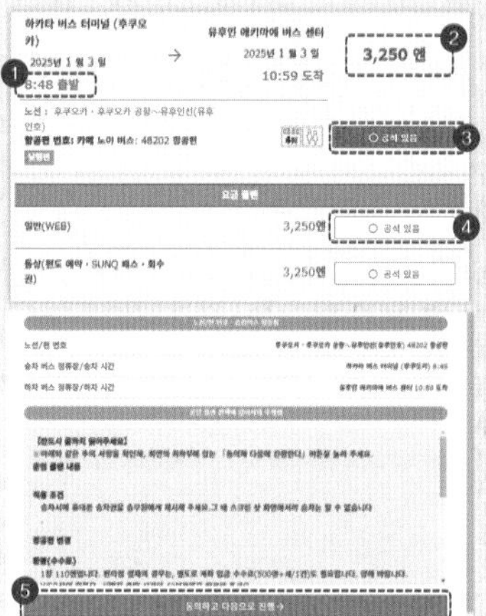

2. 검색결과가 왼쪽 그림처럼 표시된다.

❶ 원하는 출발시간대를 확인한다.
❷ 버스운임를 확인한다.
❸ 원하는 시간대 티켓의 [공석 있음]을 클릭한다.
❹ [요금플랜]에서 원하는 티켓종류에 [공석 있음]을 다시 한 번 클릭한다!
❺ 지금까지 선택한 내용이 맞는지와 예약상 주의점 등을 꼼꼼히 확인한 후 [동의하고 다음으로 진행]을 클릭한다.

3. 선택한 좌석편을 확인한 후, 좌석을 직접 지정하여 좌석예약을 한다.

❶ 지금까지 지정한 내용을 다시 한 번 확인한다. 내용이 틀리면 하단의 [돌아가다] 버튼을 클릭하여 선택을 수정하면 된다.
❷ 좌석을 선택하고 싶으면 [좌석을 직접 지정]을 클릭한 후 편도와 왕복 여부를 결정한다.

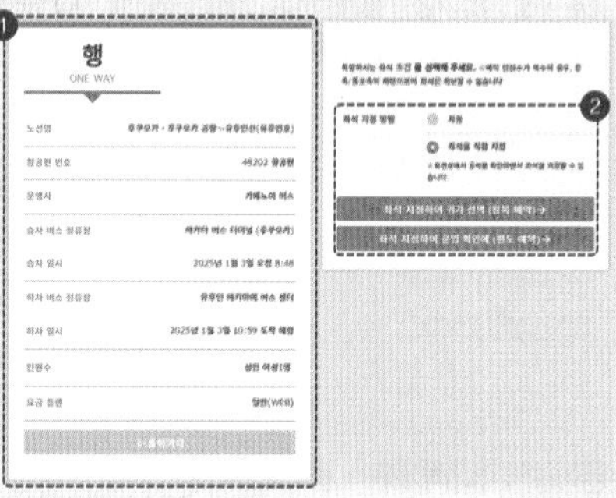

4. 희망하는 좌석을 클릭하여 선택한다.

※ 표가 팔리지 않은 빈 좌석은 흰색으로 표시되므로 화장실 등의 좌석 정보를 확인한 후 빈 자리를 클릭하면 선택된다.

❶ 좌석지정에 관한 안내문을 먼저 살펴본다.

❷ 회색으로 표시된 좌석은 이미 팔린 좌석이므로 그 좌석들을 제외하고 맘에 드는 좌석을 클릭하여 선택한다.

❸ 성별과 인원수에 맞게 좌석지정이 되어 있는지 확인한다.

❹ 화면 하단의 [좌석 확인] 버튼을 클릭한다.

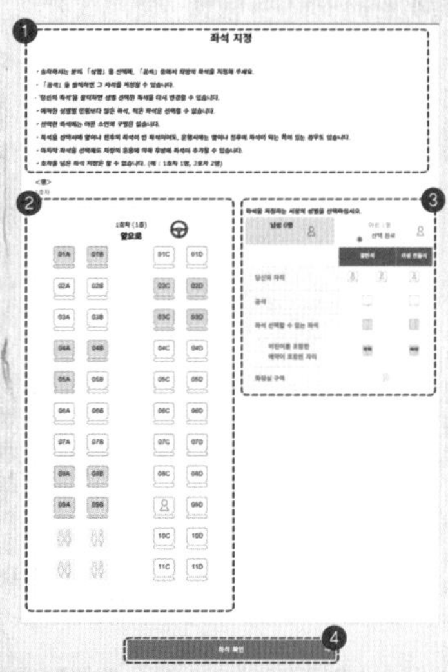

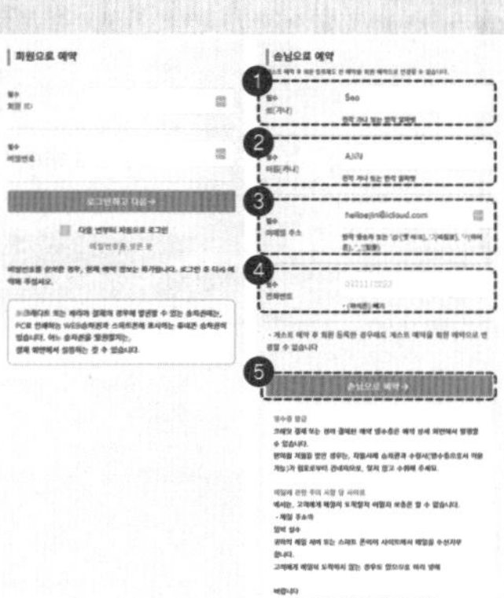

5. 좌석을 확정했다면 티켓구매를 위한 고객정보를 입력한다. 정보입력은 모두 영문으로 입력한다.

※ 일회적 구입일 경우 굳이 회원가입까지 할 필요 없이 손님으로 예약하면 된다.

❶ 성(姓)을 입력한다.(영문 대문자)

❷ 이름(名)을 입력한다.(영문 소문자)

❸ 이메일주소를 입력한다.(예약 후 예약확인서가 발송되므로 정확하게 입력)

❹ 전화번호를 입력한다. (핸드폰 번호입력)

❺ 하단의 [손님으로 예약] 버튼을 클릭한다.

6. 예약이 완료되면 예약완료 페이지가 나온다.

※ 입력한 이메일로도 예약확인서가 도착한다. 예약확인서를 프린터로 인쇄하거나 스마트폰에 찾기 쉽게 저장해둔다.

7. 예약확인 버튼을 눌러 예약정보 페이지에서 결제 수단을 결정한다.

※ 신용카드 결제를 원한다면 [온라인 신용카드결제]를 클릭한다.

※ 당일 버스티켓 판매소에서 결제 또는 산큐패스를 이용하고 싶다면 [창구·버스 차내에서의 지불 결제]를 선택한다.

열차를 이용하여 이동하기

JR[Japan Railway]은 우리나라 코레일 같이 일본 전역 대부분을 연결하는 철도회사이다. 하지만 일본 전역을 연결한다고 무조건 JR관련 티켓을 사면 나중에 후회할 수도 있다. 예를 들어 온천으로 유명한 구로카와온천은 열차가 없으므로 JR티켓을 구매하면 안 된다. 만일 온천여행을 JR열차로 계획한다면 벳푸, 유후인, 우레시노, 다케오 지역의 온천을 선택하는 것이 현명하다. 반면 후쿠오카 근교 다자이후와 야나가와는 JR열차가 아닌 니시테츠[西鉄] 열차를 이용해야 한다. 다음 표를 참고하여 각 지역별로 어떤 열차가 지나는지 체크하고 효율적인 여행동선을 계획하여 일정과 비용을 최적화하자. 다음 표는 북큐슈를 대표하는 여행지를 연결해주는 열차를 종류별로 정리한 것이다. 표를 참고하여 열차여행에 큰 틀을 먼저 구상해보는 것이 좋다.

지역 구분		열차 종류		
		JR	사철	지하철/모노레일/노면전차
후쿠오카현	후쿠오카 시내	규슈여객철도(九州旅客鉄道)	니시테츠(西鉄)	후쿠오카시교통국 (福岡市交通局_지하철)
	다자이후·야나가와	–	니시테츠(西鉄)	–
	기타큐슈	규슈여객철도(九州旅客鉄道), 서일본여객철도(西日本旅客鉄道)	–	기타큐슈고속철도 (北九州高速鉄道_모노레일)
오이타현	벳푸·유후인	규슈여객철도(九州旅客鉄道)	–	–
	분고타카다	규슈여객철도(九州旅客鉄道)	–	–
나가사키현	나가사키 시내	규슈여객철도(九州旅客鉄道)	–	나가사키전기궤도 (長崎電気軌道_노면전차)
	오바마·운젠	–	–	–
	시마바라	–	시마바라철도(島原鉄道)	–
사가현	다케오·아리타	규슈여객철도(九州旅客鉄道)	–	–
	우레시노	규슈여객철도(九州旅客鉄道)	–	–
구마모토현	구마모토 시내	규슈여객철도(九州旅客鉄道)	–	구마모토교통국 (熊本市交通局_노면전차)
	구로카와온천	–	–	–
	야마가온천	–	–	–

[참고] JR큐슈레일패스를 이용할 경우의 팁!

규슈지역의 JR노선은 규슈여객철도(九州旅客鉄道)가 모두 관할하고 있지만, 예외적으로 JR고쿠라역의 신칸센의 경우 서일본여객철도(西日本旅客鉄道)가 관할하고 있으므로, 하카타역~고쿠라역간의 신칸센은 JR큐슈레일패스로 탑승할 수 없다. 따라서 이 패스를 이용하여 기타큐슈로 이동하려면 신칸센을 제외한 쾌속 및 특급열차를 이용해야 한다.

Tip

JR큐슈레일패스란?

일정 기간(3일 · 5일 · 7일) 동안 시모노세키를 포함한 JR큐슈 열차노선을 마음껏 이용할 수 있는 패스이다. 전큐슈, 북큐슈 또는 남큐슈의 지역별로 준비된 패스를 선택하여 구매할 수 있다. 이 패스가 있다면 보통열차, 특급열차, 신칸센을 자유롭게 이용할 수 있다. 구입은 공식홈페이지나 여행사에서 사전 구입할 수 있다. 열차로 세 도시 이상을 이동할 예정이라면 패스를 구입하는 것이 이득이다. 규슈레일패스에 대한 자세한 정보는 'Special01. 지역마다 유용한 패스, 알고 사용하자'에서 다시 다루고 있으니 참고하면 된다.

홈페이지 www.jrkyushu.co.jp/korean/kyushurailpass

후쿠오카에서 기타큐슈로 이동하기

후쿠오카에서 기타큐슈로 이동할 때는 JR열차 또는 고속버스를 이용할 수 있다. 출발은 하카타역 또는 텐진버스터미널을 기준으로 각 교통수단별 소요시간과 운임은 다음 표와 같다. 산큐패스 같은 버스패스가 있다면 후쿠오카와 기타큐슈 구간은 버스편을 이용해도 좋지만, 시간적 여유가 없다면 빠르게 이동할 수 있는 열차편 이용을 권한다. 열차 중에서도 신칸센을 이용하면 하카타~고쿠라역 구간이 15분밖에 걸리지 않지만, 비용면에서 부담이 된다면 특급열차 소닉, 키라메키를 이용해도 된다.

또한 2일간 후쿠오카~고쿠라~모지코 구간을 무제한 열차로 이동할 수 있는 'JR큐슈레일 모바일패스(후쿠오카 와이드)'도 교통비를 절약할 수 있는 팁이다. 패스에 대한 자세한 정보는 'Special01. 지역마다 유용한 패스, 알고 사용하자'에서 다루고 있으니 참고하자.

❶ 하카타역 ❷❸ 신칸센 ❹ 특급열차 소닉

구분	행선지(일어표기)	종류	소요시간	운임 (※ 하카타역 출발 시)
JR	고쿠라역(小倉駅)	신칸센	16분	자유석 ¥2,160 / 지정석 ¥3,460~3,780
		특급열차 소닉	42분	자유석 ¥1,910 / 지정석 ¥2,440
		쾌속열차	1시간 3분	¥1,310
버스	고쿠라역앞(小倉駅前)	고속버스	1시간 25분	¥1,350(텐진버스터미널 출발)

후쿠오카에서 유후인으로 이동하기

후쿠오카에서 유후인으로 이동할 때도 JR열차나 버스를 이용할 수 있다. 출발은 하카타역(하카타버스터미널)을 기준으로 교통수단별 소요시간과 운임은 다음 표와 같다. 후쿠오카와 유후인 구간은 고속버스를 이용하는 편이 비용이나 편리성에서 유리하다. 하지만 열차마니아의 경우 하루 3편 운행하는 유후인노모리 관광열차를 탑승하여 열차에서 사진도 찍고 도시락 에키벤을 먹으며 열차여행을 즐겨도 좋다. 유후인의 한자표기가 혼합되어 사용되므로 당황할 수 있다. JR열차에서는 전통적인 고유지명인 由布院을, 온천마을은 湯布院으로 표기된다.

❶ JR유후인역(由布院駅) ❷ 유후인노모리(ゆふいんの森) 열차 ❸ 유후인버스터미널 외부 모습 ❹ 유후인버스터미널 내부 모습

구분	행선지(일본어 역명)	종류	소요시간	운임(하카타역 출발)
JR	유후인역(由布院駅)	특급열차	2시간 20분	자유석 ¥4,660 / 지정석 ¥5,190
		유후인노모리	2시간 20분	지정석 ¥5,690
버스	유후인역앞 버스센터(由布院駅前バスセンター)	고속버스	2시간 11분	¥3,250

후쿠오카에서 나가사키로 이동하기

나가사키역(長崎駅)

나가사키버스센터(長崎バスセンター)

나가사키로 이동할 때도 JR열차나 고속버스를 이용할 수 있다. 하카타역(하카타버스터미널) 출발을 기준으로 교통수단별 소요시간과 운임은 다음 표와 같다. JR후쿠오카역~나가사키역 구간은 2022년 9월부터 직행 특급열차 카모메가 운행을 종료하게 되어 타케오온천역을 경유해 이동해야 한다. 열차패스를 이용하지 않는다면 고속버스를 이용하는 것이 비용이나 편리 면에서 유용하므로 참고하자.

구분	행선지(일본어명)	종류	소요시간	운임
JR	나가사키역(長崎駅)	특급열차 + 신칸센	1시간 50분	자유석 ¥5,520 / 지정석 ¥6,050
버스	나가사키역앞(長崎駅前)	고속버스	2시간 30~40분	¥2,900

후쿠오카에서 우레시노로 이동하기

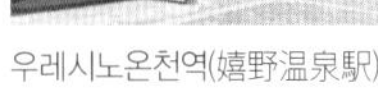
우레시노온천역(嬉野温泉駅)

우레시노버스센터(嬉野バスセンター)

2022년 9월 JR우레시노온천역이 개통되면서 이제 우레시노온천까지 JR열차와 고속버스 모두를 이용할 수 있게 되었다. JR열차를 이용할 경우 하카타역에서 타케오온천

역을 경유하여 이동하면 된다. 고속버스를 이용하면 한 번에 이동할 수 있지만 열차보다 다소 시간이 걸린다. 하카타버스터미널에서 출발하는 버스는 텐진고속버스터미널과 후쿠오카공항을 경유하므로 텐진이나 공항에서 바로 출발하는 것이 시간을 절약하는 방법이다.

구분	행선지(일어표기)	종류	소요시간	운임
JR	우레시노온천역 (嬉野温泉駅)	특급열차 + 신칸센	1시간 15분	자유석 ¥3,710 지정석 ¥4,590
버스	우레시노버스센터 (嬉野バスセンター)	고속버스	2시간 5분	¥2,200

후쿠오카에서 구마모토로 이동하기

후쿠오카에서 구마모토까지는 JR열차와 고속버스 모두 이용할 수 있다. 하카타역(하카타버스터미널)을 기준으로 교통수단별 소요시간과 운임은 다음 표와 같다. 후쿠오카와 구마모토 구간은 신칸센을 이용하면 이동시간을 줄일 수 있고, 고속버스를 이용하면 비용절감은 물론 시내와의 접근성도 좋다. 구마모토 사쿠라마치버스터미널熊本桜町バスターミナル은 2019년 새롭게 오픈하여 각종 상업시설과 음식점, 편의시설이 밀집해 있어 관광목적으로도 이용하기 좋다.

구마모토역(熊本駅)

구마모토 사쿠라마치 버스터미널(熊本桜町バスターミナル) 외관과 내부 모습

구분	행선지(일어표기)	종류	소요시간	운임 (※ 하카타역 출발 시)
JR	구마모토역(熊本駅)	신칸센	40~50분	자유석 ¥4,700 지정석 ¥5,230
버스	구마모토 사쿠라마치버스터미널 (熊本桜町バスターミナル)	고속버스	2시간	¥2,280

지역마다 유용한 패스, 알고 사용하자

여행을 준비하면서 최대 고민거리 중 하나가 바로 교통패스 선택이다. 규슈여행자라면 'JR큐슈레일패스'와 '산큐패스' 중 어느 것을 선택해야 할지 항상 고민하게 된다. 게다가 둘 중 하나를 선택했다 하더라도, 기타큐슈, 구마모토, 나가사키 등에서는 사용하기 어려운 사철까지 있어 개별적으로 패스를 알아봐야 한다. 여기서는 전직 여행사 출신의 필자가 골치 아픈 패스 선택에 도움이 될 만한 팁들을 소개한다.

JR큐슈레일패스 VS 산큐패스

규슈여행 준비 시 가장 많이 고민하는 부분이 바로 '열차패스와 버스패스 중 어느 것을 구입하느냐?'이다. 먼저 가고 싶은 여행지를 선택하고 동선을 잘 정리할 필요가 있다. 짧은 여행일정에 나가사키나 구마모토 등 장거리 여행을 계획한다면 열차이용이 시간절약에 유리하다. 반대로 우레시노온천이나 소도시 온천여행을 계획한다면 버스를 이용하여 경유 없이 한 번에 가는 것을 추천한다. 이와 같이 여행지와 여행목적에 따라 필요한 교통수단을 결정하고 그에 맞는 패스를 선택한다. 다음 표는 JR큐슈레일패스와 산큐패스의 장단점과 적합한 여행지를 정리한 표이다. 이를 참고하여 자신에게 적합한 패스를 선택하도록 하자.

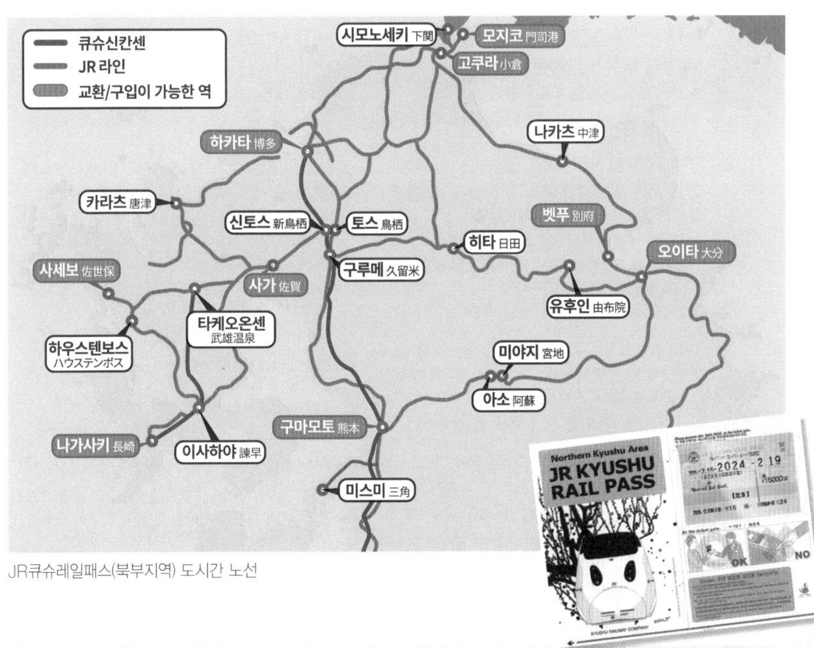

JR큐슈레일패스(북부지역) 도시간 노선

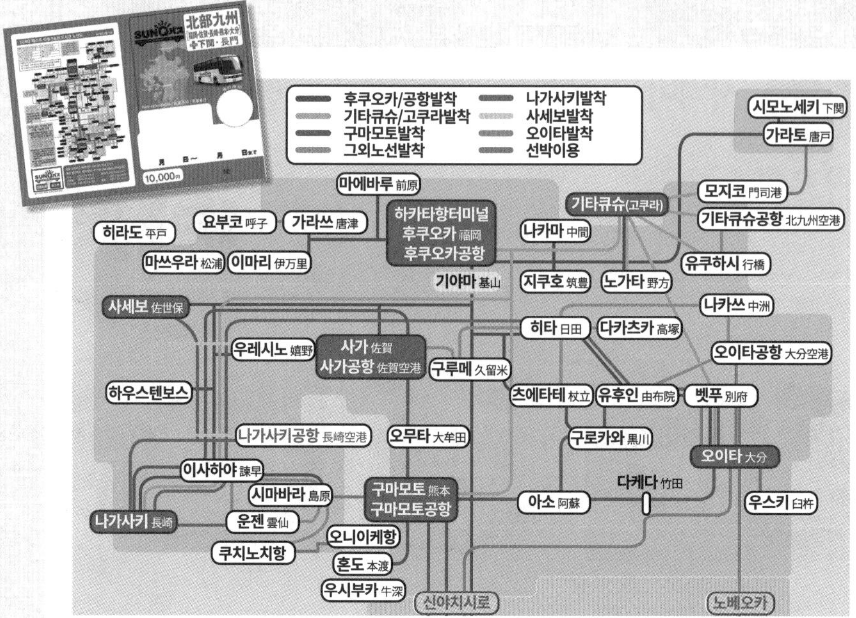

북산큐패스 도시간 노선

구분	JR큐슈 레일패스(JR九州レールパス)	산큐패스(SUNQパス)
구입조건	일본에 관광비자로 입국하는 여행자	–
구매방법	사전구매 : 공식홈페이지 또는 여행사 일본 현지구매 : JR지정 역창구	사전구매 : 공식홈페이지 또는 여행사 일본 현지구매 : 버스회사 매표소, 편의점
종류 및 요금	**전큐슈** 3일권 ¥20,000 / 5일권 ¥22,500 / 7일권 ¥25,000 **북큐슈** 3일권 ¥12,000 / 5일권 ¥15,000 **남큐슈** 3일권 ¥10,000 ※ 어린이(만 6~11세) 성인요금 50%, 5세 이하 무료	**전큐슈** 3일권 ¥12,000 / 4일권 ¥15,000 **북부큐슈** 3일권 ¥10,000 **남부큐슈** 3일권 ¥8,500 ※ 어린이요금은 없다
구간	전큐슈 : 시모노세키~가고시마 / 북큐슈 : 시모노세키~구마모토 / 남큐슈 : 구마모토~가고시마	
내용	보통열차, 특급열차, 신칸센 자유석 및 지정석 탑승 ※ 그린석은 추가요금 지불후 탑승. ※ 하카타~고쿠라 구간 신칸센 탑승불가. 쾌속·특급열차는 탑승가능	고속버스, 노선버스, 일부선박(시마바라~구마모토, 시모노세키~후쿠오카 등) 자유 탑승.
장점	① 특급열차 및 신칸센 이용으로 이동시간 절약 ② 열차시각 및 정보가 정확하여 일정계획에 용이 ③ 환승정보검색과 환승이 어렵지 않다. ④ 역창구에서 지정좌석을 예약할 수 있다. ※ 지정석 이용가능 횟수 : 전큐슈는 무제한/ 북큐슈, 남큐슈는 6회 ⑤ 인기열차 유후인노모리, 규슈횡단특급 이용가능	① 시모노세키, 고쿠라까지 적용구간 및 범위가 넓다. ② 인터넷 및 역창구에서 고속버스예약이 가능하다. ③ 온천지역 및 대부분 관광지 버스 이동으로 환승이 필요없어 추가 교통비를 절약할 수 있다. ④ 규슈횡단버스 이용가능 ⑤ 후쿠오카공항국제선을 경유하는 고속버스를 이용하면 공항 도착후 직행으로 이동가능
단점	① JR 이외 교통수단 이용은 추가 교통비가 발생 ② 패스교환 전 열차예약이 가능하지만 유료이다.(성인 ¥1,000, 어린이 ¥500) ③ 기타큐슈이동시 신칸센 이용이 불가능하다.	① 교통사정에 따라 지연이 잦다. ② 환승정보 및 안내판 부족으로 일본 여행 초보자라면 헤맬 수 있다. ③ 열차에 비해 이동시간이 길다. ④ 어린이 요금은 따로 없다
적합한 여행지	구마모토, 나가사키 등 장거리여행, 유후인노모리 등 관광열차여행	우레시노온천, 오바마·운젠·시마바라온천, 구로카와온천, 야마가온천 등
적합한 여행자	① 장거리여행이 많고 열차를 좋아하는 열차 마니아 ② 유후인, 벳푸여행시 유후인노모리 열차를 탑승하고자 하는 여행자 ③ 이동 시간을 절약하고자 하는 여행자	① 공항에서부터 관광지까지 한 번에 이동하여 추가 교통비 및 시간을 절약하고자 하는 여행자 ② 여행 출발 전, 인터넷을 통해 고속버스를 예약해 놓고자 하는 여행자

후쿠오카부터 기타큐슈까지 여행을 계획한다면

JR큐슈레일패스 모바일패스(후쿠오카와이드)

앞서 JR큐슈레일패스와 산큐패스에 대해 살펴보았다. 하지만 후쿠오카와 기타큐슈지역만을 여행할 계획이라면 이 두 패스는 효율적이라고 볼 수 없다. JR큐슈레일패스는 비용대비 비효율적이고, 산큐패스는 버스로 기타큐슈까지 이동해야 하므로 이동시간이 1시간 반이나 소요되어 효율적이지 않다.

공식홈페이지
jrkyushu.co.jp/korean/railpass

이에 적합한 패스가 바로 'JR큐슈레일 모바일패스(후쿠오카와이드)'이다. 이 패스는 외국인 여행자를 위해 특별히 JR하카타역에서 모지코역, JR하카타역에서 구루메역 구간을 이용할 수 있도록 만들어진 모바일패스이다. 연속하여 2일간 이용할 수 있고, 신칸센을 제외한 보통열차 및 특급열차의 자유석을 이용할 수 있다. 버스로 이동하면 1시간 30분 거리를 특급열차 소닉으로 40여 분 만에 도착할 수 있어 시간절약은 물론 열차 왕복요금보다 더 저렴하므로 패스를 구매하는 것이 금전적으로도 이득이다. 패스는 성인 ￥3,500, 소인 ￥1,750이며 공식홈페이지이나 여행사를 통해서 사전에 구입할 수 있다. 참고로 하카타~고쿠라역 편도열차 가격은 ￥1,910이다.

하카타역

구루메역 앞

모지코역

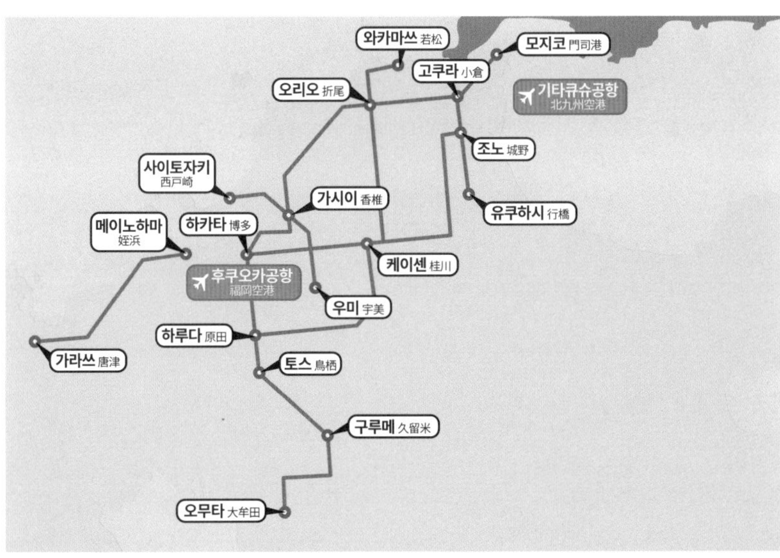

JR큐슈레일 모바일패스(후쿠오카와이드) 이용가능 지역

지역별 유용한 패스

JR큐슈레일패스, 산큐패스와 같은 광역권 패스 이외에도 규슈 각 지방에서는 지역 교통에 특화된 패스를 자체적으로 판매하고 있다. 여기서는 기타큐슈, 벳푸, 나가사키에서 유용하게 사용할 수 있는 패스를 소개한다. 한 지역에 오래 머물면서 집중적으로 여행하기를 선호하는 여행자라면 고려해보자.

구분	기타큐슈	벳푸	나가사키
패스명	기타큐슈도시권 1일 자유승차권 (北九州都市圏 1日フリー乗車券)	마이벳푸 자유승차권 (My別府フリー乗車券)	전차 1일 승차권(電車一日乗車)
요금	성인 ¥1,200, 소인 ¥600	[미니 1일] 성인 ¥1,100, 학생 ¥900, 소인 ¥550 [미니 2일] 성인 ¥1,700, 소인 ¥850 [와이드 1일] 성인 ¥1,800, 소인 ¥900 [와이드 2일] 성인 ¥2,800, 소인 ¥1,400	성인 ¥600, 소인 ¥300
내용	기타큐슈 버스 자유승차권	[미니] 벳푸 시내버스 자유승차권 [와이드] 벳푸~유후인버스 자유승차권 ※ 카메노이버스만 탑승가능, 오이타교통 버스는 탑승불가	나가사키 노면전차 자유승차권
혜택	동반 어린이 1명 무료승차	지옥순례관광 공통입장권을 비롯한 관광 시설 할인 및 혜택제공	-
구매처	고쿠라역 버스센터안내소, 버스 차내 등	벳푸 키타하마버스센터, 칸나와 버스정류장, 유후인 버스센터 (카메노이버스) 등	나가사키역 종합관광안내소, 노면전차 주변호텔 등 ※ 전차 내 구입불가

FUKUOKA

Section 06

규슈지역 렌터카로 여행하기

규슈의 숨어있는 여행지까지 둘러보려면 대중교통만으로 한계가 있다. 렌터카 예약은 의외로 쉽고 편리하다. 다음 내용을 참조하여 렌터카 예약을 성공적으로 마치고 곳곳에 숨은 규슈의 명소를 찾아가보자.

예약 전 알아두면 좋은 렌터카 용어와 확인사항

볼거리가 다양한 규슈는 곳곳에 숨은 여행지가 가득하다. 대중교통으로 가기 힘든 명소를 렌터카를 이용한다면 시간과 장소에 구애받지 않고 자유롭게 여행이 가능하다. 다음의 몇 가지 사항만 알아두면 렌터카 이용은 어렵지 않으니 용기 내어 도전해보자.

구분	중요도	설명
국제운전면허증	★★★	일본에서 렌터카를 대여하기 위해서는 반드시 국제운전면허증과 여권을 소지하여야 한다. 국제운전면허증은 가까운 경찰서 또는 도로교통공단 운전면허시험장에서 당일 발급이 가능하니 미리 신청하자. 이미 발급받았다면, 발급 유효기간이 지나지 않았는지 꼭 체크하자. 국제운전면허증의 발급 유효기간은 발급일로부터 1년이다.
ETC (Electronic Toll Collection System)	★★☆	한국의 하이패스와 같은 후불정산카드이며, 징수된 요금은 렌터카 반납 시 정산하면 된다. 톨게이트 통과시마다 통행료를 지불해야 하는 번거로움을 피할 수 있고, 토~일요일, 공휴일, 심야시간대에는 통행요금을 할인받을 수 있는 장점도 있다. 대여 점포마다 ETC카드 가능여부가 다를 수 있으므로 예약 시 픽업점포와 반납점포에서 ETC대여가 가능한지 확인하자.
KEP (Kyushu Expressway Pass)	★★☆	일본 여행객을 대상으로 판매하는 규슈 고속도로 정액권이다. 정액권은 2일권부터 10일권까지 있으며 구매 일수 동안 적용도로를 무제한 이용할 수 있다. 후쿠오카에서 벳푸까지 왕복요금이 2일권 구매금액을 초과하므로 장거리여행 시 KEP를 구매하는 것이 이득이다. 참고로 KEP 이용을 위해서는 ETC가 있어야 한다.
NOC (Non Operation Charge)	★★★	고객 부주의로 인해 차량사고가 발생했을 경우, 수리기간 동안 영업손실이 발생한다. 이것을 NOC라고 하며 NOC보험이란 영업 손실에 따른 손해비용을 보장하는 보험을 말한다. 렌터카 보험가입 시 NOC 풀커버로 가입할 것을 권한다.
카시트	★★★	어린이 동반 여행객이라면 꼭 알아야 하는 사항으로, 일본에서는 만 6세 미만의 어린이가 동승할 경우 카시트장착은 필수이다. 일반적으로 카시트 대여비용은 무료이며, 나이, 신장, 체중에 따라 주니어/차일드/베이비시트로 나뉜다.
내비게이션	★☆☆	렌터카 예약 시 한국어 내비게이션 여부를 선택할 수 있다. 최근 렌터카 차량에는 한국어 내비게이션 및 음성안내가 대부분 설치되어 있어 언어로 인한 걱정이 줄어들었다. 목적지 검색은 영어로 지명을 검색하거나, 전화번호 또는 맵코드로 찾아 볼 수 있다. [참고] 맵코드 검색사이트 japanmapcode.com/ko

렌터카 이용방법

렌터카여행을 마음먹었다면 출국 전 국내외 여행사를 통해 렌터카예약을 하고 떠나는 것을 추천한다. 현지에 도착해서 급하게 렌터카를 알아보려면 원하는 차량이 없거나 언어소통에 문제가 발생할 수 있고, 프로모션 요금이 없는 정규요금으로 대여해야 하기 때문에 오히려 비용이 더 비싸다. 렌터카를 이용할 때 다음 몇 가지 과정만 잘 숙지해둔다면 성공적인 렌터카여행을 즐길 수 있다.

렌터카 예약하기

❶ 렌터카 예약사이트에 접속한다. 대표적으로 도요타렌터카(www.toyotarent.co.kr), 타임즈 카렌탈(www.timescar-rental.com/ko), 라쿠텐트레블렌터카(travel.rakuten.com/cars/default/ko-kr) 등이 있다.

❷ 이용일자 및 시간, 차량 종류, 보험여부, 카시트여부, 흡연여부 등을 선택한다.

❸ 픽업점포 및 반납점포를 정확히 기입한다.

❹ 예약 시에는 실제 운전자명을 기입할 것을 권한다.(렌터카카운터에서 실제 운전자를 체크하기 때문에 예약자와 동일인이 아니라면 추가설명이 필요하다.)

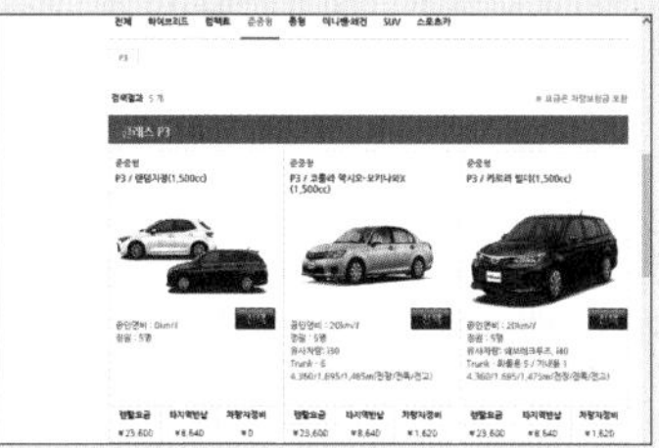

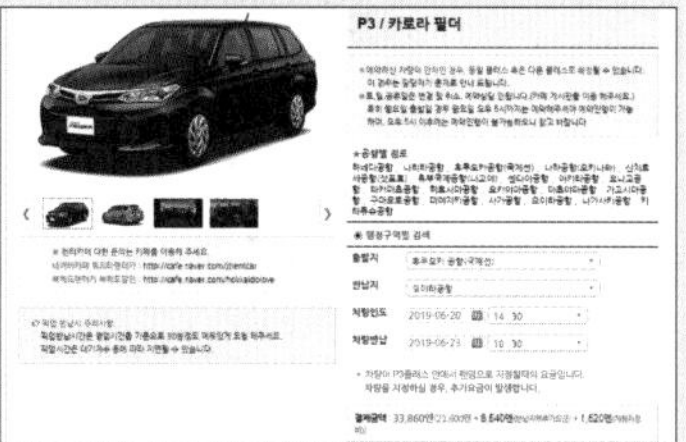

❺ 한국어 내비게이션, ETC/KEP 희망 시 추가요청을 한다. 참고로 토요타렌터카에서는 KEP(규슈고속도로정액권) 신청이 중지되었으므로 예약 시 주의하자.

렌터카 이용하기

❶ 렌터카카운터에서 예약확인서와 함께 국제운전면허증·여권을 제시한다.(보통 공항 도착로비 주변에 렌터카카운터가 위치한다)

❷ ETC/KEP/보험 신청여부를 확인하고 이용방법을 안내받는다.

❸ 직원을 통해 렌터카 이용 시 주의사항 및 문제발생 시 대응방법 등을 안내받는다.

❹ 차량 인도 시 차량의 상태를 확인하고 문제의 여지가 있을 듯한 부분은 꼭 사진으로 찍어두어 만약의 사항에 대비해둔다.

❺ 차량에 문제가 없다면 서명 후 차량을 인도 받는다.

렌터카 반납하기

❶ 지정된 시간에 반납 점포로 차량을 반납한다.(내비게이션에 맵코드 및 전화번호를 찍고 가면 된다)

❷ 반납 전에 연료를 가득 채워 반납하는데, 만약 주유소에 들르지 못했다면 반납 점포에서 연료 금액을 지불하면 된다.(일반 시세보다 비쌀 수 있으니 가능하다면 주유소에서 연료를 넣어둘 것을 권한다)

❸ 분실물 신고가 많으므로 차량 안에 분실물이 없는지 잘 확인후 반납하도록 한다.

고속도로 요금 조회방법과 KEP 구매결정

앞서 렌터카 용어편에서도 언급했듯 KEP[Kyushu Expressway Pass]는 규슈고속도로 정액권을 말한다. KEP가 필요여부는 여행일정상 고속도로요금을 미리 조회하여 KEP 정액권과 비교해봐야 한다. 조회는 일본 고속도로요금 조회사이트를 이용하는데 고속도로회사인 NEXCO를 먼저 알아보겠다. 규슈지역이 속해있는 NEXCO 서일본페이지에 접속(search.w-nexco.co.jp)하여 고속도로 및 루트검색을 선택한 후, 출발 IC와 도착 IC를 입력하고 [검색] 버튼을 누른다. 예시 이미지는 후쿠오카에서 모지까지의 구간을 승용차로 이동할 때 조건이다. 이렇게 일정의 이동 구간의 요금을 비교하여 KEP 구매여부를 결정하면 된다.

IC	모지				
후쿠오카	¥2,010(68.3km)	후쿠오카			
다자이후	¥2,330(80.0km)	¥480(11.7km)	다자이후		
구마모토	¥4,320(171.2km)	¥2,930(102.9km)	¥2,630(91.2km)	구마모토	
벳푸	¥3,460(109.2km)	¥3,670(139.6km)	¥3,440(127.9km)	¥4,640(127.9km)	벳푸
유후인	¥3,720(118.7km)	¥3,190(115.7km)	¥2,950(104.0km)	¥4,150(163.2km)	¥810(23.9km)

주요 IC간 통행료와 거리

IC	2일권	3일권	4일권	5일권	6일권	7일권	8일권	9일권	10일권
요금	¥6,200	¥8,400	¥10,600	¥12,800	¥15,000	¥17,200	¥19,400	¥21,600	¥23,800

※ ① KEP는 ETC카드가 있어야 이용가능하다. ② 렌터카 픽업 및 반납점포에서 KEP를 취급해야 한다.
③ 구매 후 이용기간연장 및 환불은 불가능하다. ④ 일반 승용차에서만 이용가능하다.

KEP 요금표와 주의사항

만약 후쿠오카~벳푸여행을 1박 2일로 결정했다면 적어도 ¥7,670(3,670×왕복)의 통행료가 발생한다. 하지만 KEP 2일권을 구매하면 ¥6,200으로 그 구간 외에도 무제한 이용가능하기 때문에 KEP 구매가 이득이다. 한편, 주말 및 공휴일, 심야시간대에는 ETC카드만 있어도 통행요금을 할인받을 수 있으므로 구매 시 잘 따져보도록 하자.

FUKUOKA

Section 07

규슈여행에서 놓치면 안 되는 것들

규슈에서는 지역별로 다양한 매력이 있는 만큼 먹을거리도, 살거리도 참 많다. 여기서는 욕심 많은 여행자들을 위해 규슈의 먹거리, 쇼핑거리를 요점 정리하고 규슈의 이모저모를 소개하였다. 바쁠수록 돌아가라 하건만 그래도 시간이 부족하다면 여기 정리된 내용을 참고하도록 하자.

규슈의 먹거리 제대로 즐기기

천혜의 자연환경을 지닌 규슈에서는 각종 산해진미로 가득한 맛집이 많아 무엇부터 먹어야 할지 고민스러울 정도이다. 하나도 놓치고 싶지 않은 욕심 많은 미식여행자를 위해 규슈의 먹거리를 제대로 알아보자. 다음 표를 참고하여 해당 지역 여행 시 취향대로 골라서 먹자.

면류 튀김류 초밥/덮밥 육류 국/전골 찜요리 지역특산품 인기간식 대표맛집

후쿠오카(기타큐슈 ★표시)

명란젓_멘타이코
明太子 P. 162

수플레팬케이크
スフレパンケーキ P. 112 P. 142

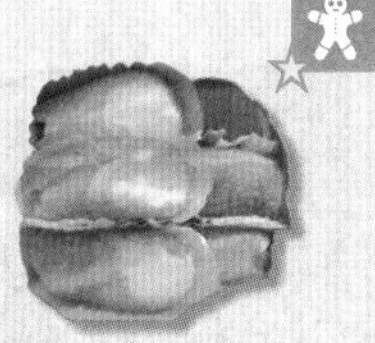
시로야베이커리
シロヤベーカリ P. 177

키와미야
極味や P. 95

벳푸·유후인

벳푸냉면
別府冷麵

닭튀김_토리텐
とり天 P. 234

해산물덮밥
海鮮丼

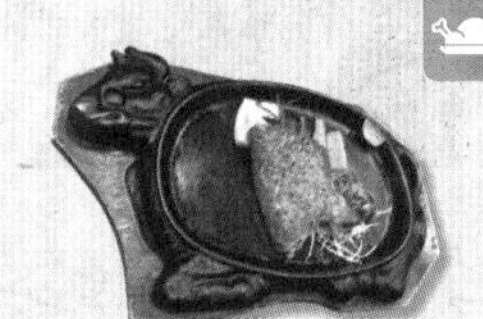
분고규스테이크
豊後牛ステーキ P. 235

수제비_단고지루
団子汁 P. 234

지고쿠무시
地獄蒸し P. 236

카보스
かぼす

금상고로케
金賞コロッケ P. 214

바쿠단야키
ばくだん焼き P. 214

푸딩
プディング P. 216, 238

토요츠네
とよ常 P. 234

나가사키

짬뽕/사라우동
長崎ちゃんぽん/長崎皿うどん P. 276

시마바라 로쿠베
島原六兵衛 P. 300

시마바라 소멘
島原そうめん

튀김_덴푸라
天ぷら

토루코라이스
トルコライス

운젠 하야시라이스
雲仙ハヤシライス P. 297, 298

사세보 레몬스테이크
佐世保レモンステーキ P. 280

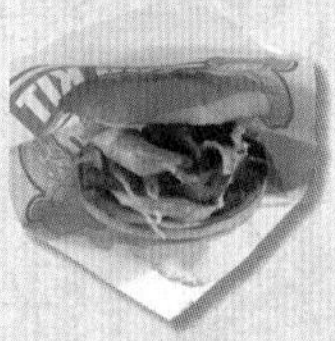

사세보 버거
佐世保バーガー P. 280

시마바라 구조니
島原具雑煮 P. 299

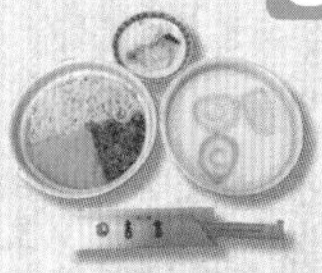

계란찜_차완무시
茶碗蒸し P. 277

자몽
ザボン

카스텔라
カステラ P. 275

코잔로
江山楼 P. 276

우레시노·다케오(사가 ★ 표시)

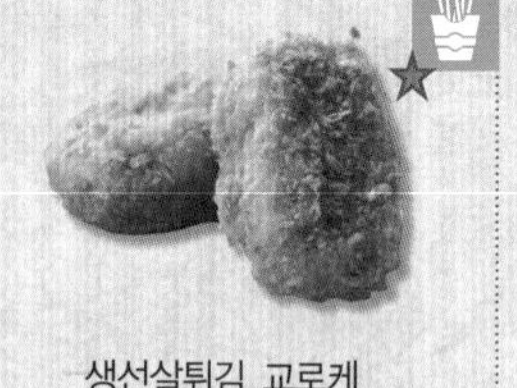

생선살튀김_교로케
魚ロッケ

시시리안라이스
シシリアンライス

이마리규
伊万里牛

온천탕두부
温泉湯豆腐 P. 311

말차
抹茶 P. 311

다케오버거
武雄バーガー P. 314

소안요코쵸
宗庵よこ長 P. 311

구마모토

타이피엔
太平燕 P. 328

구마모토라멘
熊本ラーメン P. 327

돈카츠
豚カツ P. 327

갓비빔밥_타카나메시
高菜めし

말고기회_바사시
馬刺し P. 328

아카규덮밥
あか牛丼 P. 329

수제비_다고지루
だご汁

겨자연근_카라시렌곤
辛子蓮根 P. 332

고구마팥경단_이키나리단고
いきなり団子

카츠레이테이
勝烈亭 P. 327

후쿠오카의 라멘문화

현재는 일본을 대표하는 라멘이 된 하카타라멘은 후쿠오카 현지인들의 소울푸드로 널리 사랑받고 있다. 3대 하카타라멘으로 꼽히는 이치란(一蘭), 잇푸도(一風堂), 잇코샤(一幸舎)의 라멘은 일본을 넘어 전 세계로 뻗어나고 있다. 여기서는 하카타라멘이 발전하면서 동시에 자리 잡은 후쿠오카만의 라멘문화에 대해 살펴보겠다.

이치란라멘

잇푸도라멘

잇코샤라멘

- **하카타라멘은 면발의 딱딱함 정도를 선택할 수 있다.**

  면발의 딱딱함을 선택할 수 있는 것은 하카타라멘의 특징이다. 가장 딱딱한 것을 바리카타(ばりかた), 보통보다는 살짝 딱딱한 것을 카타(かた), 보통 굵기는 후츠(ふつう), 부드러운 것을 야와(やわ), 가장 부드러운 것을 바리야와(ばりやわ)라고 표현한다. 따라서 주문을 할 때 면발의 굵기는 어떻게 할 것인지 질문을 받는다면 당황하지 말고 원하는 굵기를 말하면 된다.

- **면이 부족하다면 면만 추가할 수 있다.**

  카에다마(替え玉)는 우리말로 추가 면사리를 의미한다. 하카타라멘은 일반적으로 얇은 면이 특징이다. 이는 단시간에 면을 익혀서 손님에게 빨리 내줄 수 있도록 하기 위함이다. 하지만 얇은 면은 라멘을 먹는 동안 쉽게 불기 마련이다. 그래서 하카타에서는 라멘을 주문할 때 한 번에 많은 양을 주문하기보다는 소량으로 면을 추가해가면서 마지막까지 맛있게 라멘을 먹는 문화가 발달하게 되었다. 혹시나 라멘을 주문했는데 양이 부족할 경우 '카에다마'라고 말하면 면을 추가해준다.

규슈에서 쇼핑 제대로 즐기기

규슈지역은 둘러볼 곳도 많고 살 것도 많은데 시간이 부족한 여행자를 위해 규슈의 쇼핑아이템과 쇼핑지를 정리해봤다. 먼저 인기 쇼핑아이템을 확인하여 그것을 구매할 수 있는 상점이 있는지 알아봐야 한다. 다음 내용을 규슈여행에서 놓치면 안 되는 대표적인 지역별 쇼핑아이템들이다.

후쿠오카(기타큐슈 ★표시)

하카타 토오리몬
博多通りもん P. 102

병아리빵 히요코
ひよ子 P. 102

명란과자 멘베이
めんべい P. 162

이치란라멘
一蘭ラーメン

우마갓창라멘(카라시타카나)
うまかっちゃん博多からし高菜風味

야키카레
焼きカレー

벳푸・유후인

입욕제 유노하나
湯の花 P. 228

자비에르
ざびえる

벚꽃우산
桜雨傘 P. 220

오르골
オルゴール P. 220

나가사키

카스텔라
カステラ P. 275

쿠르스
クルス

나가사키짬뽕
長崎ちゃんぽん

나가사키사라우동
長崎皿うどん

우레시노・다케오

우레시노녹차
嬉野緑茶 P. 311, 312

녹차비누
緑茶石けん

히젠요시다도자기
肥前吉田焼 P. 310

구마모토

지역 전통주
熊本焼酒 P. 341

쿠마몽굿즈
くまモン グッズ P. 326

카라시렌곤
辛子蓮根 P. 332

딱히 쇼핑 아이템을 정하지 못했더라도 쇼핑센터와 쇼핑아케이드가 위치한 곳으로 가서 무작정 아이쇼핑을 즐기다보면 눈에 띄는 상품이 들어올 것이다. 지역을 대표하는 쇼핑지 리스트를 참고하여 불필요한 시간낭비를 줄이고, 즐거운 쇼핑이 되길 바란다.

구분	후쿠오카 (기타큐슈 ☆표시)	벳푸·유후인	나가사키	우레시노·다케오	구마모토
쇼핑센터/ 쇼핑거리	캐널시티하카타 (キャナルシティ博多) 리버워크 (リバーウォーク)☆ 챠챠타운 (チャチャタウン)☆	유메타운벳푸 (ゆめタウン別府) 유후인 유노츠보거리 (由布院湯の坪街道)	아뮤플라자 (アミュプラザ) 유메타운 유메사이토점 (ゆめタウン夢彩都店)	–	시모도오리 아케이드 (下通アーケード) 구마모토성 사쿠라노 바바죠사이엔 (熊本城桜の馬場城彩苑) 사쿠라마치구마모토 (SAKURAMACHI Kumamoto)
디스카운트 샵/ 드러그 스토어	돈키호테(ドン・キホーテ) 미스터맥스(MrMax) 다이소(ダイソー) 마츠모토키요시 (マツモトキヨシ)	에이쿱(A–Coop) 코스모스(コスモス)	돈키호테 (ドン・キホーテ) 코코카라파인 (ココカラファイン)	드러그스토어모리 (ドラッグストアモリ)	돈키호테 (ドン・キホーテ) 마츠모토키요시 (マツモトキヨシ)
로컬시장	야나기바시연합시장 (柳橋市場) 탄가시장(旦過市場)☆	벳푸역시장 (べっぷ駅市場)	신치차이나타운 (新地中華街)	미유키노사토 (みゆきの里)	–
브랜드 관련	한큐백화점(阪急百貨店) 아뮤플라자 (アミュプラザ)☆ 이즈츠야백화점 (井筒屋百貨店)☆	토키와백화점 (常盤百貨店)	하마야백화점 (浜屋百貨店)	–	츠루야백화점 (鶴屋百貨店)
키즈 관련	산리오갤러리 (サンリオギャラリー) 아카짱혼포 (赤ちゃん本舗)☆	도토리의 숲 (どんぐりの森)	미키하우스 (ミキハウス)	–	키디랜드 KIDDY LAND (キデイランド)
주방용품 관련	쓰리비포터스 (B.B.B Potters, スリービーポッターズ)	옴블루카페 (Homme Blue Cafe) 아틀리에토키 (アトリエとき)	RyuC	224 Shop	프랑프랑(Francfranc) 무지(MUJI)
생활/ 잡화 관련	핸즈하카타 (ハンズ博多) 텐진로프트(天神ロフト) 무지(MUJI)	유메구라(夢蔵)	나가사키노네코 (長崎の猫)	키하코(KiHaKo)	핸즈구마모토 (ハンズ熊本)
애니메이션 관련	만다라케(まんだらけ) 아루아루시티 (あるあるCity)☆	–	혼다라케 (ほんだらけ)	–	애니메이트 구마모토 (アニメイト熊本)
전자제품 관련	요도바시카메라 (ヨドバシカメラ) 빅카메라(ビックカメラ) 애플(Apple, アップル)	야마다덴키 벳푸점 (ヤマダ電機別府店) 에디온 벳푸점 (エディオン別府店)	베스트덴키 (ベスト電器)	베스트덴키 (ベスト電器)	베스트덴키 (ベスト電器)

후쿠오카의 벚꽃과 단풍 제대로 즐기기

벚꽃명소 1 마이즈루공원(舞鶴公園)

후쿠오카성터에 봄이 오면 1,000여 그루의 벚나무가 한꺼번에 꽃을 피워 공원을 온통 분홍빛으로 물들인다. 후쿠오카성 벚꽃축제기간 동안에는 길 양옆으로 포장마차가 늘어서고 다양한 행사와 이벤트가 진행된다. 특히 야간에는 아름답게 조명까지 밝히면 축제 분위기를 더욱 돋는다.

주소 福岡県 福岡市 中央区 城内1 입장료 무료(라이트업기간 일부 유료) 개화시기 3월 하순~4월 상순 벚나무 수 1,000여 그루(왕벚나무, 수양벚나무) 라이트업 18:00~22:00 찾아가기 시영지하철 오호리공원(大濠公園)역에서 도보 8분 거리

벚꽃명소 2 니시공원(西公園)

일본의 벚꽃명소 100선에도 선정된 곳으로 봄이 되면 1,300여 그루의 벚꽃이 니시공원의 구릉지대를 아름답게 장식한다. 니시공원 전망대에 오르면 하카타만을 한눈에 조망할 수 있다. 벚꽃시즌 중에는 조명을 밤늦게까지 밝히므로 밤에도 화려하게 변신한 벚꽃을 감상할 수 있다.

주소 福岡県 福岡市 中央区 西公園 입장료 무료 개화시기 3월 하순~4월 상순 벚나무 수 1,300여 그루(왕벚나무, 수양벚꽃) 라이트업 18:00~22:00(일부 지역) 찾아가기 시영지하철 오호리공원(大濠公園)역에서 도보 15분 거리

단풍명소 1 모미지하치만구(紅葉八幡宮)

신사이름 그대로 가을에는 울긋불긋 단풍이 신사 경내를 온통 화려하게 물들인다. 신사가 위치한 모미지산은 단풍이 아름답기로 유명한 곳으로 가을에는 단풍축제를 개최한다. 축제기간 중에는 일몰에서 오후 9시경까지 수령 200년이 넘는 큰 단풍나무를 중심으로 경내를 조명으로 밝힌다.

주소 福岡県 福岡市 早良区 高取1-26-55 입장료 무료 단풍시기 11월 하순~12월 초순 라이트업 일몰~21:00 찾아가기 시영지하철 후지사키(藤崎)역에서 도보 8분 거리

단풍명소 2 유센테이공원(友泉亭公園)

후쿠오카시 지정명승지로 중앙에 큰 연못을 중심으로 조성된 지천회유식(池泉回遊式) 일본정원이다. 연못주변을 따라 조성된 산책로에는 약 150여 그루의 단풍나무가 심어져 있어 아름다운 경치가 펼쳐진다. 연못 위에 마련된 정자에 앉아 정원을 감상하며 말차 한 잔을 즐기기에 좋은 곳이다.

주소 福岡県 福岡市 城南区 友泉亭1-46 운영시간 09:00~17:00 휴무 매주 월요일 입장료 성인 ¥200, 중학생 이하 ¥100 단풍시기 11월 중순~12월 중순 단풍나무 수 150여 그루 찾아가기 하카타 또는 텐진에서 니시테츠 12번 버스를 탑승하여 유센테이(友泉亭) 정류장에서 하차 후 도보 5분 거리이다.

FUKUOKA

Section 08

온천여행 제대로 즐기기

규슈지역에는 일본 전역에서 일부러 찾아올 정도로 유명한 온천이 유후인, 벳푸, 구로카와, 우레시노, 운젠 등지에 분포해 있다. 겉으로는 온천이 다 비슷해 보이지만 수질과 효능은 제각각이다. 이번 섹션에서는 체질별로 맞춤 온천을 선택하는 방법과 올바른 온천 입욕법 등 온천여행에 필요한 다양한 정보를 살펴보자.

알고 즐겨야 하는 온천 입욕방법

온천은 몸을 데워 체온을 상승시키는 효과뿐만 아니라 몸에 유해한 독소를 빼내 건강한 몸을 유지하고, 피부미용과 스트레스해소 등 치유의 탕으로 알려져 있다. 하지만 아무리 좋은 온천이라도 입욕방법을 제대로 모르면 건강을 해칠 수도 있다. 즐거운 온천여행을 위해 다음 내용 정도는 숙지하고 있는 것이 좋다.

온천욕은 아침과 저녁 중 어느 쪽이 건강에 좋을까?

결론부터 말하면 체질별로 다르다. 하지만 종합적으로 보았을 때에는 저녁온천이 건강에 좋다고 할 수 있다. 수면 전 입욕에 따른 긴장완화 효과를 충분히 얻을 수 있기 때문이다. 수면 90분 전에 온천욕을 하면 몸의 긴장이 풀리고 편안한 밤을 맞이할 수 있다. 하지만 온천 후 한기를 느끼는 사람은 감기에 걸릴 수도 있기 때문에 저녁보다는 아침온천이 좋다고 볼 수 있다. 아침에 온천을 하면, 머리가 맑아지고 교감신경이 자극되면서 상쾌한 기분을 느낄 수 있어 좋다. 참고로 아침과 저녁에는 온천온도를 다르게 하는 것이 좋은데, 아침 온천을 할 경우 따듯하다고 느끼는 온도가 적당하며, 저녁에는 이완효과를 위해 미지근한 온도가 적정하다. 일반적으로 미지근하다고 알려진 온도는 41도 이하이다.

수분섭취 타이밍과 온천 후 어떤 음료가 건강에 좋을까?

온천 후에는 교감신경이 활발해져 탈수증상이 나타날 수 있다. 따라서 온천 전에 충분히 수분을 섭취하는 것이 좋고, 입욕 15분마다 몸에서 빠져나간 수분을 섭취해주는 것이 필요하다. 특히 따뜻한 녹차를 입욕 전에 마시는 것이 건강에 좋다고 알려져 있는데, 녹차의 카데킨Catechin 성분이 체내지방을 연소하고 노화방지 효과에 도움을 주는 한편, 온천이 녹차의 카데킨 성분을 흡수하는데 효과적이라고 한다. 녹차 외에도 우유가 좋은데, 우유의 단백질 성분이 탈수를 예방하고 체내수분을 유지해주며, 편안한 수면을 유도하는 효과를 준다고 한다.

온천은 식사 전이 좋을까? 식후가 좋을까?

식사 전이 좋다고 할 수 있다. 온천은 위장의 기능을 활발히 하기 때문에 식후 입욕을 하게 되면 위장에 과도한 부담을 줄 수 있다. 따라서 온천은 식사 전에 즐기는 것을 권장하며, 온천 후에는 30여 분 휴식을 취한 후 식사를 하는 것이 좋다.

입욕시간은 어느 정도가 적당할까?

이는 온천성분과 체질에 따라 다르다. 온천은 체온을 상승시키기 때문에 심장이 약한 사람은 무리가 올 수 있다. 특히 유황과 식염 성분이 많은 온천은 체온을 빨리 상승시키기 때문에 1회당 10분 내외가 적당하다. 미지근한 온도(40도 정도)라면 최대 20분까지가 적정시간으로 알려져 있다. 참고로 온천에 들어가는 횟수도 하루에 4회까지가 적정한도라고 한다.

임신 중에 온천을 해도 될까?

결론부터 말해 임상시험에 따르면 문제가 없다고 한다. 다만 임신초기와 만삭인 경우에는 피하는 것이 좋다. 온천 후 분비되는 자궁수축호르몬 옥시토신Oxytocin 성분이 분만을 위한 진통제 역할을 하여 산모건강에 좋다고 한다. 참고로 생리 중에는 온천입욕을 권장하지 않는다. 온천이 빈혈을 초래할 수도 있으며, 온천에 함유된 잡균이 감염을 일으킬 수도 있기 때문이다.

온천성분에 따른 효능과 규슈지역 온천 추천

온천에 가면 성분분석표에 유황온천, 탄산수소염온천, 단순온천 등 온천의 성분을 표시하고 있다. 모처럼 온천여행을 즐겼음에도 온천성분과 그 효능을 모르고 단순히 '촉감이 부드러웠다', '약간 짠맛이 났다', '유황냄새가 느껴졌다'라고 만 온천경험을 설명하는 것은 너무나도 아쉽다. 우레시노온천이 왜 미인온천이라 알려져 있는지, 왜 피부를 매끄럽게 하는지, 궁금증을 풀고 싶다면 온천성분에 대해서 공부를 해야 한다.

단순천으로 유명한 벳푸온천

탄산수소염천인 우레시노온천

염화물천인 간나와온천

일본에서는 크게 온천성분을 10가지로 분류하는데 이렇게 다양한 성분이 나타나는 것은 지리적 환경에 따른 영향이 크다. 산악지역에는 화산분화에 따른 유황과 유산 등의 성분이 많아 화산성온천을 만들게 되고, 바닷가 쪽에는 염화물이 다량 함유되는 해안성온천이 생성되는 것이다. 여기서는 규슈지역의 온천에서 만날 수 있는 6가지의 온천성분을 정리하였다. 이 페이지에 정리한 온천성분과 효능을 잘 알아둔다면 자신에게 적합한 온천을 찾는데 도움이 될 것이다.

황산염천인 구로카와온천

유황천인 운젠온천

이산화탄산천인 나가유온천

온천성분	특징	효능	대표 온천
단순천 (単純泉)	가장 많이 볼 수 있는 온천성분으로 무색무취의 부드러운 온천이다. 온천 후 부작용이 거의 없기 때문에 어린이부터 노인까지 안심하고 즐길 수 있다. 단순천에 포함된 적당한 알칼리성분이 산성화된 신체를 중화해 주는 작용을 하여 만성위염을 개선할 수 있다. 또한 단순천에 포함된 미네랄성분이 피로회복에 도움을 준다.	동맥경화, 위염개선 및 피로회복, 건강증진 등	벳푸온천(別府温泉) 유후인온천(由布院温泉) 다케오온천(武雄温泉) 야마가온천(山鹿温泉)
탄산수소염천 (炭酸水素塩泉)	다른 말로 탄산수소나트륨이라고 할 수 있는 탄산수소염천은 약한 알칼리성분을 가지고 있어 피부를 부드럽게 하고 미용에 효과적이다. 그래서 탄산수소염천을 보통 미인온천이라고 하는데, 일본 3대 미인온천인 우레시노온천은 나트륨성분이 다량 함유되어 온천수가 매우 부들부들하다. 알칼리성 성질이 산성화된 신체를 중화하여 통풍이나 위염개선에 효과적이며, 탄산기포에 청량감이 있어 여름에도 온천을 즐기기 좋다.	피부미용, 위염개선, 통풍에 효과	우레시노온천(嬉野温泉) 시마바라온천(島原温泉) 나가유온천(長湯温泉)
염화물천 (塩化物泉)	온천에 함유된 염분성분이 세포를 자극하여 뇌의 체온조절기능을 활성화시켜 체내온도가 상승하고 몸을 따뜻하게 하는 온천이다. 보온효과가 높기 때문에 수족냉증이 있거나 혈액순환이 잘 되지 않는 사람에게 좋다. 단순천 다음으로 일본에 많은 온천이다.	수족냉증 및 혈액순환개선	오바마온천(小浜温泉) 간나와온천(鉄輪温泉)
황산염천 (硫酸塩泉)	예로부터 피부재생에 효과가 있어 화상과 상처에 효능이 좋은 온천으로 알려져 있다. 또한 황산에 포함된 음이온이 체내에 들어가면 화학변화로 혈관을 확장시키고 혈압을 내린다. 황산에 마그네슘이 많이 포함되어 있으면 고혈압과 동맥경화 예방효과가 있고, 칼슘성분이 많으면 소화를 촉진시켜 이뇨와 변비에 효과적이다. 황산칼슘은 기분을 안정시키기도 한다.	고혈압, 동맥경화, 뇌졸증 예방, 피부재생, 변비개선, 우울증해소	구로카와온천(黒川温泉)
유황천 (硫黄泉)	화산이 많은 일본지역에서 보기 쉬운 온천으로 계란이 썩은 듯한 냄새가 나는 것이 특징이다. 유황천은 모세혈관을 확장하여 세포활성화에 도움을 주고 혈액순환과 신진대사를 촉진한다. 또한 해독과 살균작용을 하여 피부염에도 도움을 주는 것으로 알려져 있다. 하지만 유황에는 독성성분이 있어 너무 많이 유황천에 노출되면 좋지 않으므로 주의해야 한다. 관광지 중 유황성분이 많은 곳에는 출입금지를 표시해놓은 것은 이와 같은 이유 때문이다.	아토피성피부염, 만성습진, 동맥경화증 개선	운젠온천(雲仙温泉) 묘반온천(明礬温泉)
이산화탄소천 (二酸化炭素泉)	탄산수와 같은 상쾌한 수질을 가지고 있어 탄산천이라 부르기도 한다. 일본에서는 극히 드문 온천으로 온천수에 포함된 이산화탄소는 혈관확장에 도움을 주어 혈압을 내리는데 효과가 있는데 무엇보다도 심장에 부담이 가지 않는 것이 특징이다. 이산화탄소천은 입욕 시 탄산기포가 피부에 달라붙어 상쾌한 느낌이 드는데 고온에서 분해되는 성질이 있어 저온에서 즐기는 것이 좋다. 저온이라도 신진대사를 좋게 하여 체내보온효과가 있어 손발이 찬 사람에게 추천하는 온천이다.	고혈압개선, 수족냉증, 부종완화	나가유온천(長湯温泉)

Part 02

후쿠오카

Chapter 01

하카타

博多

Hakata

하카타는 후쿠오카에 도착하면 가장 먼저 방문하는 곳으로 후쿠오카 최대 중심지이다. 하카타는 교통, 쇼핑, 맛집, 숙소 등이 총망라되어 있으며 모든 정보가 모이는 곳이다. 후쿠오카 여행을 어디에서 시작해야 할지 모르겠다면 하카타에서부터 시작하는 것이 정답이다. 하카타역 인근에 숙소를 정한 후 짐을 맡겨두고 나와 하카타역에서 일정을 시작하자.

하카타를 이어주는 교통편

- 후쿠오카공항 국제선에서 출발할 경우, 시내버스를 타고 바로 이동하는 것이 편하다. 국제선 1층을 나오면 바로 정면에 관광안내소가 보인다. 관광안내소를 지나 6•7번 노선버스 승차장에서 하카타행 시내버스를 타면 된다. 지하철을 이용할 경우 셔틀버스를 타고 국내선으로 이동해야 하므로 버스를 이용하는 것이 편하다.(하카타 약 15~20분 소요)
- 하카타역은 후쿠오카의 거점도시로 JR전철(신칸센), 지하철, 시내버스, 고속버스 등 모든 교통수단이 연결되므로 시 외곽 여행도 불편함이 없다.

하카타에서 이것만은 꼭 해보자

- 원조 하카타라멘과 후쿠오카 명물 모츠나베를 먹어보자.
- 라쿠스이엔에서 말차체험을 하고 스미요시신사에서 느긋이 산책을 즐기자.
- 하카타 근교에 있는 라라포트에 방문하여 건담 실물을 직접 눈으로 보고 건담 쇼도 즐겨보자.

사진으로 미리 살펴보는 하카타 베스트코스(예상 소요시간 8시간 이상)

하카타에서는 ¥150 버스를 이용하면 대부분의 관광지를 돌아볼 수 있다. 하지만 하카타를 제대로 즐기고 싶다면 버스 이용보다는 도보여행이 좋다. 다음 제시된 코스를 걷다 보면 낯선 골목골목에서 꾸미지 않은 현지인들의 모습을 만날 수 있다. 일정은 여행자가 몰리지 않는 오전 시간대에 라쿠스이엔을 방문하여 다도체험으로 긴장을 푼 후, 스미요시신사로 이동하여 느긋이 산책을 즐겨보자. 배가 출출해지면 야나기바시연합시장으로 이동하자. 시장에서 파는 어묵햄버거, 해산물덮밥 등 산해진미뿐만 아니라 볼거리도 풍족할 것이다. 이후에는 버스로 이동하여 하카타 근교의 라라포트에 방문하여 건담 실물도 만나보자. 24.8m의 압도적인 스케일에 놀랄 것이다. 다시 하카타역으로 돌아와 쇼핑을 즐기다가 저녁식사로 키와미야함바그를 먹어보자. 키와미야함바그는 항상 대기줄이 긴 곳으로 혼잡한 시간을 피해 방문할 것을 추천한다.

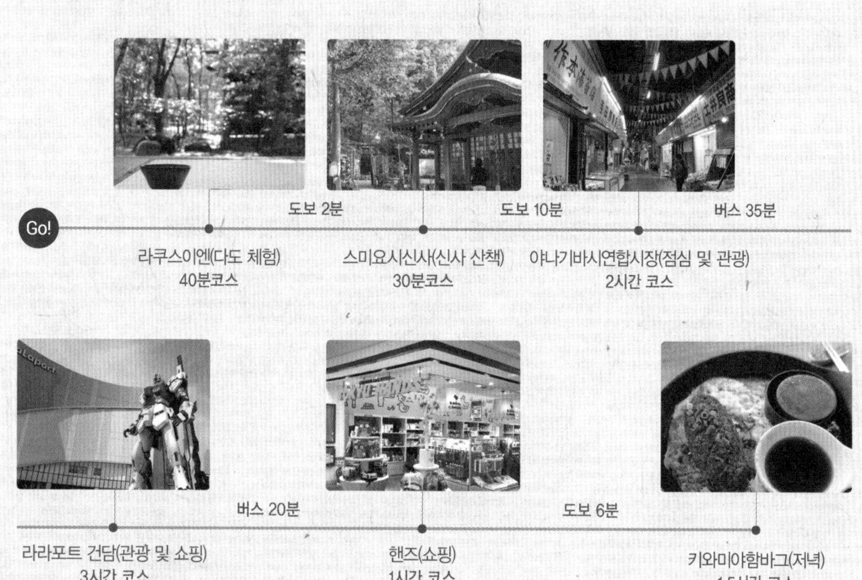

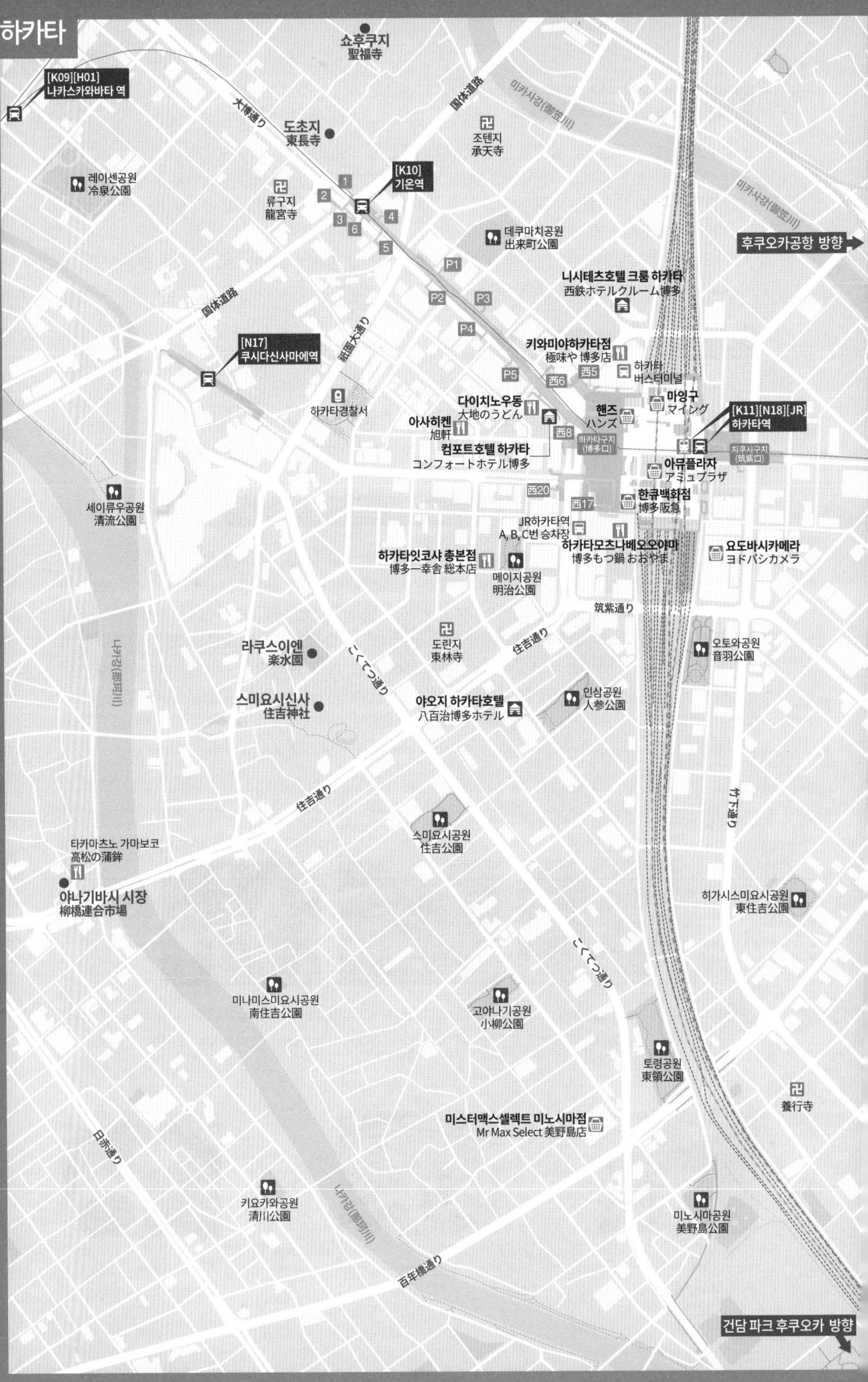
하카타
[K09][H01]
나카스카와바타 역
쇼후쿠지
聖福寺
大博通り
도초지
東長寺
国体道路
미카사강(御笠川)
조텐지
承天寺
레이센공원
冷泉公園
류구지
龍宮寺
[K10]
기온역
데쿠마치공원
出来町公園
후쿠오카공항 방향
니시테츠호텔 크룸 하카타
西鉄ホテルクルーム博多
国体道路
[N17]
쿠시다신사마에역
祇園大通り
키와미야하카타점
極味や 博多店
하카타 버스터미널
하카타경찰서
다이치노우동
大地のうどん
마잉구
マイング
햇즈
ハンズ
[K11][N18][JR]
하카타역
아사히켄
旭軒
컴포트호텔 하카타
コンフォートホテル博多
하카타구치 (博多口)
치쿠시구치 (筑紫口)
아뮤플라자
アミュプラザ
세이류우공원
清流公園
한큐백화점
博多阪急
JR하카타역 A, B, C번 승차장
하카타모츠나베오오야마
博多もつ鍋 おおやま
요도바시카메라
ヨドバシカメラ
하카타잇코사 총본점
博多一幸舎 総本店
메이지공원
明治公園
筑紫通り
도린지
東林寺
住吉通り
오토와공원
音羽公園
라쿠스이엔
楽水園
나카강(那珂川)
くくてつ通り
스미요시신사
住吉神社
야오지 하카타호텔
八百治博多ホテル
인삼공원
人参公園
住吉通り
竹下通り
스미요시공원
住吉公園
타카마츠노 가마보코
高松の蒲鉾
야나기바시 시장
柳橋連合市場
히가시스미요시공원
東住吉公園
くくてつ通り
미나미스미요시공원
南住吉公園
고야나기공원
小柳公園
토령공원
東領公園
養行寺
미스터맥스셀렉트 미노시마점
Mr Max Select 美野島店
日赤通り
키요카와공원
清川公園
나카강(那珂川)
미노시마공원
美野島公園
百年橋通り
건담 파크 후쿠오카 방향

Section 01

HAKATA

하카타에서 반드시 둘러봐야 할 명소

하카타의 관광포인트는 라쿠스이엔 다도체험과 스미요시신사 산책, 야나기바시연합시장 관광 등이다. 하카타는 교통시설이 잘 되어 있어 버스와 지하철로 어디든 연결되지만, 웬만한 명소는 대부분 걸어서 이동이 가능하다. 구석구석, 골목골목을 다녀보며 하카타의 숨은 매력을 찾아보자.

도심 속 일본정원에서 다도의 시간을 ★★★★☆

라쿠스이엔 楽水園

추천

한적한 주택가에 위치한 라쿠스이엔은 도심 속 작은 정원으로 메이지시대에 세워진 상인 하카타博多의 별장을 새로 정비한 곳이다. 작은 정원이기 때문에 정원만을 생각하고 방문한다면 기대에 미치지 못해 아쉬울 수 있다. 하지만 라쿠스이엔의 진짜 매력은 별채 정원에 마련된 다실에서 다도를 체험해보는 것이다. 다다미방에 앉아 작은 폭포에서 떨어지는 물소리를 들으며 고요히 즐기는 차 한잔은 여행준비로 번잡했던 마음까지 평온케 한다.

정원을 둘러볼 때는 손님용으로 준비된 조리草履를 신고 별채 정원을 천천히 걸어보는 것도 추천한다. 시간대별로 여행자가 다소 몰리기도 하므로, 오전 중이나 한적한 시간대에 방문하여 정원 속 말차체험을 하며 여유로운 시간을 보내보자. 근처에 스미요시신사, 캐널시티 쇼핑센터가 있으니 이와 함께 일정을 묶어도 좋다.

주소 福岡市 博多区 住吉 2-10-7 문의 092-262-6665 운영시간 09:00~17:00 휴무 매주 화요일 및 연말연시 입장료 성인 ¥100, 초등생 ¥50 귀띔 한마디 고요한 다실에서 다도체험(요금 ¥500)을 통해 내면의 시간을 가져보는 것도 색다른 경험이다. 찾아가기 JR하카타(博多)역 A버스정류장에서 6번, 6-1번, 100번 버스를 탑승하여 TVQ 앞에서 하차하면 도보 2분 거리이다. 또는 하카타역에서부터 걷는다면 도보 12분 거리이다. 홈페이지 rakusuien.fukuoka-teien.com

붉은 빛 색채가 눈에 띄는 도심 속 고대 신사 ★★★★☆

스미요시신사 住吉神社

스미요시신사는 스미요시삼신住吉三神인 소코쓰쓰노오노미코토底筒男命・나카쓰쓰노오노미코토中筒男命・우와쓰쓰노오노미코토表筒男命 세 명의 신을 모시는 신사로 전국 2,000여 개 스미요시신사 중 가장 오랜 역사를 지닌 유서 깊은 곳이다. 독특한 고대건축양식으로 일본 국가중요문화재로 지정되어 있지만 오래 역사라는 말이 무색하게 경내 건축물들은 화려한 붉은 빛 색채가 먼저 눈에 띈다.

신사 내에는 행운을 부르는 신과 항해안전 및 선박 수호의 신에게 소원을 빌 수 있는데, 소원이 많은 사람은 각각 하나씩 모두 빌어도 된다. 소원을 비는 방법은 동전을 넣고 두 번 절하고 두 번 박수 후, 이루어졌으면 하는 소원을 빈다. 그리고 마지막에 다시 한 번 절을 하는 형식이다(二礼二拍手一礼). 꼭 기원의 목적이 아니더라도 넓은 경내 건축물을 구경하며 산책하고, 사진을 찍으며 찬찬히 둘러보기에 좋은 곳이므로 캐널시티쇼핑센터와 라쿠스이엔을 방문할 예정이라면 함께 둘러볼 것을 추천한다.

주소 福岡市 博多区 住吉 3-1-51 문의 092-291-2670 운영시간 09:00~17:00 귀띔 한마디 아기자기 예쁘고 재미있는 부적 또한 하나의 볼거리이다. 찾아가기 JR하카타(博多)역 B번 승차장에서 스미요시(住吉)행 버스를 타고, 하차 후 도보 2분 거리이다. 하카타역에서부터 걷는다면 도보 10분 거리이다. 홈페이지 nihondaiichisumiyoshigu.jp

하카타의 주방 ★★★★☆

야나기바시연합시장 柳橋連合市場

와타나베도오리渡辺通り역에서 5분 정도 걷다 보면 '하카타의 주방'으로 불리는 야나기바시연합시장을 만날 수 있다. 이 연합시장은 쇼와시대 초기 아베아키라阿部明라고 하는 상인이 근처 어시장에서 사온 생선을 리어카에 올려놓고 판매한 후 성황을 이루자 점차 상인들이 하

나 둘 모여 아키라시장明市場이 형성되었고, 이후 야나기바시연합시장으로 발전했다.

현재 100여 미터 남짓한 길이에 40여 개의 점포가 늘어서 있는데 수산물 외에도 과일, 야채, 육류, 생화, 제과 등 산해진미가 모여 있다. 이곳을 방문한다면 후쿠오카의 명물, 명란젓은 꼭 맛보길 추천한다. 인심 좋은 상인들이 시식을 권유하므로 사양 말고 여러 곳의 명란젓을 맛보자. 또한 배가 출출하다면 코가센교古賀鮮魚에서 신선한 해산물덮밥을 즐겨보길 바란다. 눈과 입이 즐거운 시간이 될 것이다.

주소 福岡市 中央区 春吉 1-5-1 柳橋連合市場協同組合 문의 092-761-5717 운영시간 08:00~18:00(점포마다 다름) 휴무 매주 일요일 및 공휴일 찾아가기 버스이용 시, JR 하카타(博多)역 A 또는 B번 승차장에서 9번, 11번, 15번, 16번, 50번, 58번 등의 버스를 타고, 야나기바시(柳橋) 정류장 하차 후 도보 1분 거리이다. 시영지하철 이용 시 텐진미나미(天神南)역에서 와타나베도오리(渡辺通り)역 하차 후 2번 출구에서 도보 5분 거리이다.

일본에서 가장 큰 대불을 만날 수 있는 ★★★☆☆
도초지 東長寺

일본 불교 여러 종파 중 진언종真言宗 사원으로 규슈 지역 진언종 교단의 거점 사원(별격 본산)이다. 진언종의 창시자 홍법대사 쿠카이空海가 견당사로 파견되어 당나라에서 귀국한 후, 하카타에 머물며 창건한 것으로 알려져 있다. 사찰 입구에는 벚나무들이 줄지어 있어 봄에는 벚꽃놀이 장소로도 제격이다. 도초지에서 가장 유명한 것은 대불전 2층의 후쿠오카 대불로 높이가 10.8m, 무게 30t에 이르는 목조좌불인데, 일본에서 가장 큰 대불로 1992년에 모셔졌다. 불상 뒤쪽 벽면에는 5,000좌에 이르는 작은 불상들이 모셔져 있는데 그 위엄이 대단하다. 그밖에도 후쿠오카 시문화재로 등록된 육각당六角堂이

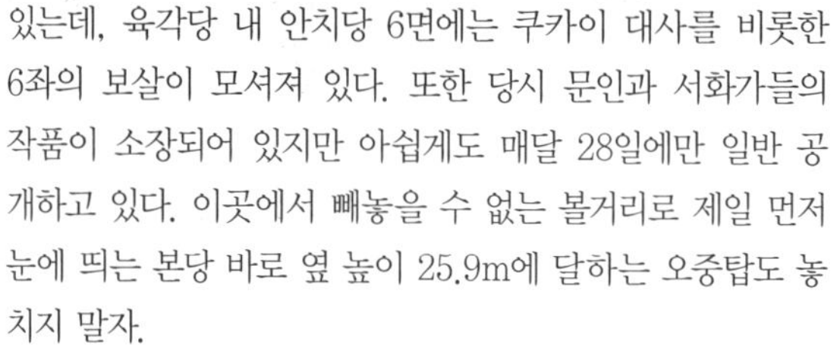

있는데, 육각당 내 안치당 6면에는 쿠카이 대사를 비롯한 6좌의 보살이 모셔져 있다. 또한 당시 문인과 서화가들의 작품이 소장되어 있지만 아쉽게도 매달 28일에만 일반 공개하고 있다. 이곳에서 빼놓을 수 없는 볼거리로 제일 먼저 눈에 띄는 본당 바로 옆 높이 25.9m에 달하는 오중탑도 놓치지 말자.

주소 福岡市 博多区 御供所町 2-4 문의 092-291-4459 운영시간 09:00~16:45(후쿠오카대불) 휴무 연중무휴 입장료 대불전 ¥50 찾아가기 JR하카타(博多)역 하카타출구(博多口)에서 도보 10분. 후쿠오카 시영지하철을 이용할 경우, 기온(祇園)역 하차 후 1번 출구로 나오면 바로 있다. 홈페이지 tochoji.net

정원에서 잠시 휴식을 취할 수 있는 ★★★☆☆

쇼후쿠지 聖福寺

1195년에 창건된 일본 최초의 선종 사찰禪寺로 국가 사적 및 국보로 지정되어 있다. 꼭 사찰 관광이 목적이 아니더라도 도심 속 조용하고 한적하게 시간을 보낼 수 있는 곳이다. 녹음이 짙은 정원과 연못의 풍경이 마음까지 차분해지는 느낌이다. 어떻게 알았는지 고양이들도 이곳에서 세상 평화롭게 낮잠을 즐길 정도이다. 만약 관심이 있다면 〈관음경〉이나 〈반야심경〉 등의 불경을 직접 써보는 사경寫經체험을 권한다. 매일 오전 8시~오후 3시 30분 사이에 접수하는데 30분에서 1시간 정도 소요된다. 한 글자씩 정성을 다해 적다보면 몸과 마음까지 정화되는 시간이 될 것이다. 도초지와 인접해 있어 함께 둘러보기에 좋다.

주소 福岡市 博多区 御供所町 6-1 문의 092-291-0775 운영시간 연중무휴 요금 사경체험 ¥1,500 찾아가기 JR하카타(博多)역 하카타출구(博多口)에서 도보 12분 거리. 후쿠오카 시영지하철을 이용할 경우, 기온(祇園)역 하차 후 1번 출구에서 도보 3분 거리이다. 홈페이지 shofukuji.or.jp

추천

실물 사이즈의 건담을 만나자! ★★★★☆

건담파크 후쿠오카 ガンダムパーク福岡

2022년 4월 오픈한 미쓰이쇼핑파크 라라포토 후쿠오카ららぽーと福岡 앞 광장에는 건담파크가 조성되어 있다. 오픈 전부터 화제가 될 정도로 관심이 높았는데, 건물 6층 높이인 25m의 RX-93ff 뉴(ν) 건담을 바로 눈앞에서 볼 수 있다. 시간대에 따라 건담 쇼를 진행하는데, 낮 시간대에는 건담의 섬세한 움직임을 감상할 수 있고, 저녁 시간대에는 특별 영상과 레이저쇼를 볼 수 있다. 건담 쇼 진행 시간은 공식홈페이지에서 확인할 수 있다. 그밖에도 건담파크 후쿠오카는 쇼핑구역인 GUNDAM SIDE-F를 중심으로 버라이어티 스포츠구역인 VS PARK WITH G와 게임구역인 Namco 등으로 구성된 복합엔터테인먼트 시설이다. GUNDAM SIDE-F에서는 후쿠오카 한정 기념품을 구매할 수 있으니 건담 팬이라면 꼭 둘러보자. 근처 후쿠오카 장난감 미술관도 함께 둘러보기에 좋다.

주소 福岡市 博多区 那珂六丁目 351番地 문의 092-707-9820 운영시간 10:00~21:00 휴무 비정기 입장료 무료 귀띔 한마디 방문 전 공식홈페이지에서 건담 쇼시간대를 확인하여 맞춰 가자. 저녁에는 조명과 어우러진 멋진 건담을 볼 수도 있다. 찾아가기 버스를 이용할 경우 하카타역 13번 승차장에서 44 또는 45번 버스를 탑승한 후 나가고쵸메(那珂五丁目) 정류장에서 하차하면 바로 보인다. JR을 이용할 경우, 다케시타(竹下)역 동쪽출구에서 도보 10분 거리이다. 홈페이지 **건담파크** gundampark.net **건담입상** rx93ff-gundam-statue.jp

Section 02

HAKATA

하카타에서 반드시 먹어봐야 할 먹거리

후쿠오카의 거점도시로 많은 회사들이 밀집해 있는 하카타에는 직장인들이 퇴근 후 부담 없이 즐길 수 있는 음식점들이 몰려있다. 후쿠오카의 명물, 하카타라멘과 모츠나베 등을 먹어보고 맛있는 디저트도 놓치지 말자. 또 현지인들의 밥상을 책임지는 야나기바시연합시장에 들러 구경도 하고 간식거리도 구매해보자.

진한 돈코츠국물과 칼칼한 타카나가 조화로운 ★★★★★

하카타 잇코샤 총본점 博多一幸舎 総本店

일명 하카타 3대 라멘집으로 꼽히는 대형 라멘체인 중 한 곳인 하카타 잇코샤는 여행객보다 현지인들이 많이 찾는 곳으로 현지인 맛집으로 추천한다. 입구를 들어서자마자 진하게 풍기는 돈코츠향이 취향에 따라 식욕이 돋을 수도, 부담스러울 수도 있지만 걱정 말고 바로 주문해보자. 주문방법은 입구 앞 자동판매기를 이용하여 식권을 뽑아 카운터 직원에게 건네면 된다. 카드는 받지 않으므로 반드시 현금을 지참하자. 주문할 때는 면 종류도 선택할 수 있으니 기호에 맞게 요청하자. 이 집의 매력은 크림거품처럼 진한 돈코츠육수와 고추기름으로 맛을 낸 칼칼한 타카나高菜, 갓의 조화이다. 자칫 느끼할 수도 있는 돈코츠라멘을 타카나와 함께 먹으면 진하지만 깔끔한 맛을 느낄 수 있다. 개인적으로는 테이블에 놓여있는 참깨를 함께 넣어 먹는 것도 한결 맛이 좋아 팁으로 추천한다. 총본점 외에도 하카타역과 나카스역 주변에 지점을 두고 있다.

주소 福岡市 博多区 博多駅前 3-23-12(총본점) 문의 092-432-1190(총본점) 운영시간 총본점 월~토요일 11:00~23:00(L.O. 22:30), 일요일 11:00~21:00(L.O. 20:30) 베스트메뉴 아지타마라멘(味玉ラーメン, 맛계란라멘) ¥1,100, 귀띔 한마디 양이 조금 부족하다 싶으면 면만 더 추가해서 먹어도 된다. 면 추가를 카에타마(替え玉)라 하며 ¥150이다. 찾아가기 하카타(博多)역 하카타구치에서 도보 5분 거리이다. 홈페이지 www.ikkousha.com

고소하고 쫄깃한 일품 모츠나베 ★★★★☆

하카타 모츠나베 오오야마 博多もつ鍋 おおやま

모츠나베는 일본식 곱창전골로 후쿠오카 여행자라면 꼭 맛봐야 할 이 지역 3대 요리 중 하나이다. 모츠나베 오오야마는 후쿠오카에서 접근성이 좋은 곳에 자리한 모츠나베 전문체인점으로 하카타시내에만 7개의 점포를 운영하고 있어 언제라도 모츠나베가 생각난다면 오오야마 매장을 어렵지 않게 찾을 수 있다.

오오야마 모츠나베는 된장, 간장, 닭육수 중 입맛대로 선택하면 되는데 된장맛이 인기가 높다. 뽀얀 육수와 쫄깃한 곱창이 큰 특징으로 부추, 양배추 등의 채소와 어우러지면서 느끼하지 않고 고소한 맛이다. 곱창을 다 먹고 난 후 우동사리를 추가하여 먹으면 부족한 배까지 채울 수 있다. 참고로 고소하면서도 짭조름한 모츠나베는 시원한 생맥주와 최고의 궁합이므로 한 잔을 시켜 함께 즐겨보자. 여행의 피로감을 날려 버리는데 이만한 것이 없다.

주소 福岡市 博多区 博多駅 中央街 9-1 KITTE博多 9F(KITTE점)/B1F(KITTE 카운터점) 문의 092-260-6303(KITTE점) 운영시간 11:00~23:00(L.O 22:30) 휴무 부정기적으로 KITTE 휴무일에 준한다 베스트메뉴 된장맛 모츠나베 ¥1,980 귀띔 한마디 보통 모츠나베는 2인분부터 주문이 가능하지만 지하 1층 KITTE 카운점은 1인분도 주문이 가능하다. 찾아가기 JR하카타(博多)역 하카타구치에서 도보 3분 거리(KITTE 9층, B1층)이다. 홈페이지 www.motu-ooyama.com

사계절 내내 대기줄이 끊이지 않는 함바그스테이크전문점 ★★★★★

키와미야 하카타점 極味や 博多店

하카타에서 맛집을 찾는다면 현지인들도 추천하는 키와미야로 가보자. 하카타점과 텐진점 2곳이 있으며, 영업시작부터 마감까지 항상 줄이 길게 늘어서는 후쿠오카 대표 맛집이다. 이 집은 규슈 지역 특산품인 사가현 이마리시에서 공급된 최상급 소고기 이마리규伊万里牛 만을 사용해 부드러우면서도 식감이 좋고, 한 입만 베어도 입안에서 육즙이 넓게 퍼져나간다. 함바그ハンバーグ는 굽는 방법에 따라 숯불구이와

철판구이로 나뉜다. 함바그가 나오면 적당량을 떼어 돌판에 직접 구워먹으면 되는데, 기름이 튈 수 있으므로 조심하자. 소스는 취향에 따라 8가지 중 한 가지를 선택할 수 있다. 필자는 기본 키와미야소스에 추가로 계란소스를 추천하는데, 간간하면서도 달달한 맛을 느낄 수 있다. 늦은 밤까지 대기줄이 길어 마음먹고 가야 하는 곳이지만, 불편을 감수하더라도 권할 만하다. 다만 혼잡한 점심 및 저녁 시간대는 피하는 것이 시간을 절약하는 방법이다.

주소 福岡市 博多区 博多駅中央街 2-1 문의 092-292-9295 운영시간 11:00~22:00(혼잡 시 L.O 20:30) 베스트메뉴 함바그스테이크(M) ¥1,518(공기밥, 샐러드 등은 별도 주문이다.) 귀띔 한마디 대기시간을 조금이라도 절약하고 싶다면, 무조건 저녁 늦게 방문하는 것을 추천한다. 찾아가기 하카타버스터미널(博多バスターミナル)에서 도보 1분 거리이다. 홈페이지 kiwamiya.com

오리지널 야나기바시버거를 맛볼 수 있는 ★★★★☆

타카마츠노 가마보코 高松の蒲鉾

후쿠오카의 주방이라고 불리는 야나기바시연합시장에 어묵버거로 유명한 상점이 있다. 아직까지 많이 알려지지 않았지만, 현지에서는 지역명물로 자리 잡은 어묵전문점 타카마츠노 가마보코이다. 이 가게에서 독자적으로 개발한 야나기바시버거는 독특한 패티 모양부터가 눈길을 끈다. 일명 교로케魚ロッケ라고도 불리는 어묵튀김인데 모양이 고로케 같아 붙은 이름이다. 세 가지 흰살생선을 으깬 어육에 빵가루를 고루 입혀 튀겨낸 고로케는 어묵 특유의 쫄깃하면서도 튀긴 맛이 아주 좋다.

버거는 들어간 패티 양에 따라 싱글과 더블 중에 골라먹을 수 있고 주문과 동시에 바로 튀기기 때문에 바삭함 그대로를 즐길 수 있다. 패티만큼이나 신경을 쓰는 것이 빵인데, 얇으면서도 식감이 좋은 빵을 사용한다. 여기에 감칠맛 나는 소스, 신선한 양상추를 얹기 때문에 깔끔하면서도 아삭한 맛이 좋아 연령대에 관계없이 사랑을 받고 있다.

주소 福岡市 中央区 春吉 1-3-6 문의 092-761-0722 운영시간 06:00~17:00(11~12월 05:00~18:00) 휴무 매주 일요일 및 공휴일 베스트메뉴 야나기바시버거 싱글 ¥350, 더블 ¥450 귀띔 한마디 한정

수량으로 판매하기 때문에 늦게 가면 맛보지 못할 수 있다. 찾아가기 버스이용 시, JR하카타(博多)역 A 또는 B번 승차장에서 9번, 11번, 15번, 16번, 50번, 58번 등의 버스를 타고, 야나기바시(柳橋)정류장 하차 후 도보 1분 거리이다. 시영지하철이용 시 텐진미나미(天神南)역에서 와타나베도오리(渡辺通り)역 하차 후 2번 출구에서 도보 5분 거리이다.

고기우엉튀김우동으로 유명한 ★★★★★

다이치노 우동 大地のうどん 博多駅地下店

하카타에서 이색 우동을 맛보고 싶다면 다이치노 우동을 추천한다. 하카타역 선플라자 지하 레스토랑가에 위치하는데, 점심시간대에는 후쿠오카 현지인들로 문정성시를 이루는 곳이다. 이 시간대에 가면 기다리는 것이 기본이므로 시간대를 잘 피해서 가자. 수십 가지의 우동 종류가 있지만 이 중에서 꼭 맛보아야 할 메뉴로는 고기우엉튀김肉ごぼう天 우동이 있다. 고기우엉튀김우동은 인심 좋게 고기도 많이 넣어 주는데 육수와 어우러져 맛이 좋다. 무엇보다 면발이 쫄면 같은 반투명 면발인데 찰기가 있어 씹는 맛이 일품이다. 입맛에 따라 고춧가루를 뿌려 먹어도 좋다.

주문은 입구 앞 자동판매기에서 원하는 메뉴를 발매한 후 카운터 직원에게 제출하면 된다. 자판기는 일본어만 지원되므로 메뉴명을 미리 일본어로 확인해두면 편하지만 대표적인 우동 메뉴는 일러스트로 한글 표기와 함께 주문 번호까지 표시되어 있으므로 그 중에서 선택해도 된다. 참고로 매장이 그리 넓지 않아 다른 손님들과 합석을 해야 될 수도 있다.

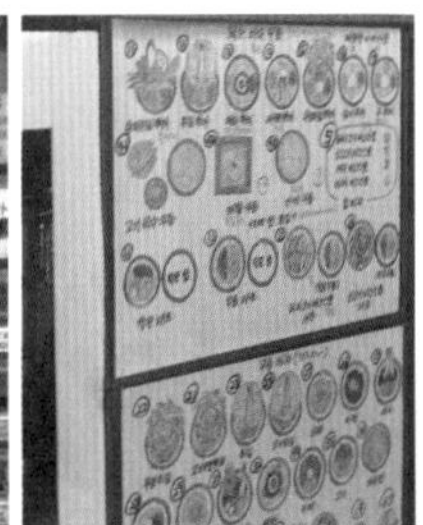

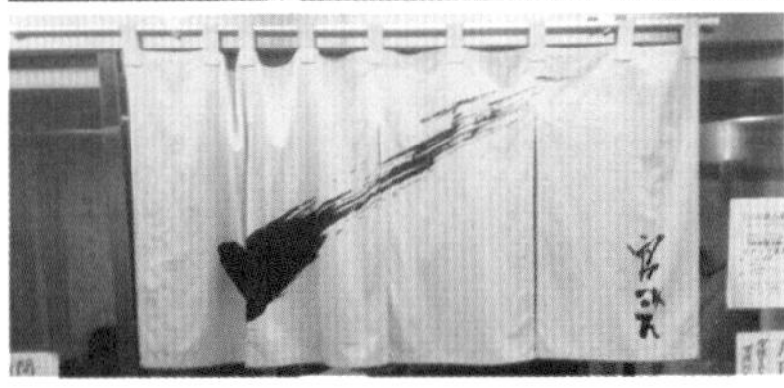

주소 福岡市 博多区 博多駅前 2-1-1 B2 문의 092-481-1644 운영시간 11:00~16:00, 17:00~21:00 휴무 연말연시 베스트메뉴 니쿠고보텐우동(肉ごぼう天うどん, 고기우엉튀김우동) ¥750 귀띔 한마디 고기우엉튀김우동은 21번 메뉴이니 주문 시 참고하자. 찾아가기 하카타역 선플라자 지하 2층 하카타우마카몬도오리 지하 2층 홈페이지 daichinoudon.com

한입 교자를 맛보자 ★★★★☆

아사히켄 旭軒

후쿠오카에서 라면 다음으로 꼭 먹어 보아야할 것이 교자이다. 교자餃子란 우리말로 만두를 뜻하는데 일반적으로 구운 것은 야키교자焼餃子, 튀긴 것은 아게교자揚げ餃子, 물만두는 스이교자水餃子라고 한다. 주문할 때 필요한 일본어이니 외어두자. 아사히켄은 1954년 작은 포장마차로 시작하여 현지인들에게 입소문이 나면서 지금은 하루 5,000개의 만두를 빚는 전문점이 되었다.

이 집에서 맛봐야 할 메뉴로는 군만두와 닭날개튀김 테바사키手羽先가 있다. 군만두는 한입 크기인데 1인분에 10개로 겉은 바삭하고 속은 육즙으로 촉촉하다. 배불리 먹고 싶다면 2인분 이상을 주문하거나 닭날개튀김도 함께 주문하자. 한국의 치킨만큼 일본에서는 테바사키도 유명하다. 맥주를 부르는 짭조름한 튀김옷이 과히 중독적이다. 테이크아웃도 가능하니 늦은 시간대라면 숙소에서 하루를 마감하며 먹어도 좋다.

주소 福岡市 博多区 博多駅前 2-15-22 문의 092-451-7896 운영시간 15:00~24:00(L.O.23:30) 휴무 매주 일요일 베스트메뉴 야키교자¥400, 스이교자 ¥400, 테바사키 ¥100 귀띔 한마디 아쉽게도 메뉴는 한글로 제공되지 않으므로 일본어 메뉴명을 적어가자. 찾아가기 JR하카타역 하카타구치(博多口)에서 도보 3분 거리이다.

Section 03

HAKATA

하카타에서 놓치면 후회하는 쇼핑거리

하카타에서 쇼핑은 대부분 하카타역 내 JR하카타시티에서 모두 해결할 수 있다. 대체 얼마나 크면 '시티'를 붙였을까 싶은데 핸즈, 아뮤플라자하카타, 한큐백화점과 같은 굵직굵직한 쇼핑센터뿐만 아니라 입점한 브랜드만 200여 곳이 넘을 정도로 많아서 하루를 모두 투자해도 다 둘러보기 어렵다. 여기서는 놓치면 후회할 매장들만 쏙쏙 뽑아 소개한다.

일상생활에 창의를 부여하다 ★★★★☆

핸즈 ハンズ

JR하카타시티 1층에서부터 5층까지를 사용하는 핸즈는 일상생활에 창의를 부여하는 아이디어상품으로 가득한 곳이다. 여행용품부터 문구류, 인테리어상품, 주방용품 등 디자인과 실용성을 모두 갖춘 상상이상의 상품을 판매한다. 필자의 취향이기는 하지만 개인적으로 갖고 있는 것만으로도 즐거운 문구류 쇼핑을 추천하고 싶다. 문구류는 핸즈 5층에 위치해 있다.

주소 福岡県 福岡市 博多区 博多駅 中央街 1-1 JR博多シティ 1~5F 문의 092-481-3109 운영시간 10:00~20:00 찾아가기 JR하카타(博多)역과 바로 연결된다.(JR하카타시티 1~5층) 홈페이지 info.hands.net/ko/list/hakata

무작정 쇼핑하고 싶다면 ★★★★☆

아뮤플라자 하카타 アミュプラザ博多

JR하카타시티 지하 1층에서 지상 10층까지 인기 쇼핑브랜드를 비롯하여 유명 맛집과 휴식공간을 모두 한곳에 모아놓은 곳이다. 특히 한국여행자에게는 포켓몬센터(8층), 디즈니스토어(5층), 무인양품(6층) 등이 유명하다. 정신없이 둘러보다 보면 어느새 배가 고파진다. 이때는 9층과 10층에 자리한 식당가 시티다이닝쿠텐博多シティくうてん으로 이동하여 후쿠오카 명물요리를 포함한 다양한 요리 중 취향에 따라 골라 먹으면 된다.

코인락커의 경우 식당을 이용하면 3시간 동안 무료로 이용할 수 있다. 일반 코인락커처럼 ¥100을 주입하여 잠근 후, 3시간 이내 찾아가면 돈이 반환된다. 코인락커의 크기는 비행기를 탑승할 때 들고 탈 수 있는 크기 정도이므로 참고하자. 쇼핑 중 잠시 쉬고 싶다면 옥상에 마련된 츠바메노모리광장으로 향하자. 하카타의 도심경치도 구경하면서 잠시 휴식을 취할 수 있다.

주소 福岡県 福岡市 博多区 博多駅 中央街 1-1 JR博多シティ B1~RF 문의 092-431-8484 운영시간 10:00~20:00(레스토랑 11:00~22:00, 옥상정원 10:00~22:00) 찾아가기 JR하카타(博多)역과 바로 연결된다.(JR하카타시티 B1~10층) 홈페이지 www.jrhakatacity.com/translation

브랜드 쇼핑과 고급 과자를 찾는다면 ★★☆☆☆

한큐백화점 博多阪急

JR하카타시티 지하 1층부터 지상 8층까지 사용하는 하카타 한큐백화점은 간사이関西 한큐백화점이 규슈 지역에 첫 진출한 지점이다. 1층에는 명품 및 화장품브랜드, 2층에는 남성브랜드, 3층에는 액세서리 및 패션잡화, 4~8층에는 여성브랜드가 입점해있으며, 그밖에도 스포츠 및 유아브랜드도 판매하고 있다. 한큐백화점에서는 한국보다 저렴하게 구입할 수 있는 손수건, 스카프, 명품속옷, 명품키홀더 등을 관심 있게 둘러보면 좋다. 지하 식료품매장에서는 제빵회사 몽쉘Mon cher의 생크림 롤케이크인 도지마롤堂島ロール과 튀김옷을 입히지 않고 튀겨서 차게 먹는 유메유메도리努努鶏 냉치킨 등이 유명하며, 선물용 과자도 많이 판매되고 있다.

주소 福岡県 福岡市 博多区 博多駅 中央街 1-1 JR博多シティ B1~8F 문의 092-461-1381 운영시간 10:00~20:00 찾아가기 JR하카타(博多)역과 바로 연결된다.(JR하카타시티 지하 1층~지상 8층) 귀띔한마디 1층 인포메이션센터에서 여권을 제시하면 5% 할인 게스트쿠폰을 받을 수 있다. 홈페이지 www.hankyu-dept.co.jp/hakata

디지털기기 쇼핑몰 ★★★★☆

요도바시 하카타 ヨドバシ博多

JR하카타역 치쿠시구치筑紫口로 나오면 바로 마주하게 되는 요도바시 하카타는 일본 5대 규모의 디지털기기 판매체인점이다. 지하 1층부터 지상 3층까지는 디지털 카메라, 스마트폰, 게임기 같은 전자제품을 판매하며, 4층부터는 오락시설 및 식당가이다. 여행 중 급하게 충전기 및 어댑터, 유심칩, 카메라 관련 상품이 필요하다면 여기서 구매하자.

특히 3층에 위치한 장난감코너는 어린아이들이 좋아할만 한 캐릭터 관련 상품을 다양하게 취급하고 있다. 캐릭터샵을 방문하기 전 먼저 요도바시 하카타에서 관련 상품을 체크해두면 시간을 절약할 수 있다. 그밖에도 ABC마트와 유니클로의 새브랜드 GU도 입점해 있다.

주소 福岡県 福岡市 博多区 博多駅 中央街 6-12 문의 092-471-1010 운영시간 09:30~22:00(4층 식당가 11:00~23:00) 찾아가기 JR하카타(博多)역 치쿠시구치(筑紫口)에서 도보 1분 거리이다. 홈페이지 www.yodobashi-hakata.com

디스카운트 스토어 ★★★☆☆

미스터맥스셀렉트 미노시마점 Mr Max Select 美野島店

미스터맥스는 후쿠오카에 거점을 두고 있는 디스카운트 스토어이다. 맥스란 최고, 최대를 뜻하는 영어 Maximum에서 이름을 따왔다고 한다. 저렴한 가격에 인기식품부터 화장품, 의약품, 주방용품 등을 저렴하게 구매할 수 있어 현지인들에게 사랑받고 있다. 넓은 부지에 깔끔하게 진열되어 있어 쾌적한 쇼핑이 가능하며, ¥5,500 이상 구매 시 하카타역 인근의 호텔까지 ¥550에 당일 배달 서비스도 제공한다. 배송은 하루 3번 진행하며 시간지정도 가능하다. 실내에서는 무료 WIFI 서비스를 이용할 수도 있다.

주소 福岡県 福岡市 博多区 美野島 2-5-6 문의 092-451-2010 운영시간 09:00~24:00 찾아가기 JR하카타(博多)역에서 도보 17분 거리이다. 홈페이지 mrmax.co.jp

여행선물 쇼핑은 여기서 한방에! ★★★☆☆

마잉구 マイング Ming

하카타역에 위치한 상점가로 지역 명물과자, 명란세트, 기념품 잡화 등 여행선물을 한 곳에서 구입할 수 있는 곳이다. 가장 인기 있는 상품은 후쿠오카 대표 명물과자 하카타 토오리몬博多通りもん과 히요코ひよ子이다. 하카타 토오리몬은 빵 안에 부드럽고 촉촉한 하얀 앙금이 가득 차 있는데, 한 입 베어 물면 버터와 우유향이 입 안 가득 퍼진다. 히요코는 일명 병아리빵이라고 부르는데 귀여운 병아리 모양 빵 안에 달달한 앙금이 들어있다. 둘다 오랜 시간 사랑 받아온 후쿠오카 명물로 기회가 되면 꼭 사가자.

또한 후쿠오카 하면 빼 놓을 수 없는 명란젓 코너도 둘러보자. 가져가기 좋도록 냉동포장도 되어 있고 짜먹을 수 있는 튜브타입도 있다. 접근성이 매우 좋아 하카타역을 오가며 편리하게 이용할 수 있으니 쇼핑할 시간이 없다면 이곳에서 한 번에 해결하도록 하자.

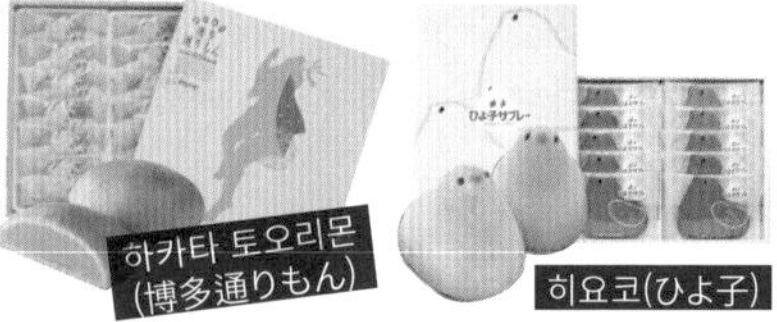

하카타 토오리몬(博多通りもん)

히요코(ひよ子)

주소 福岡市 博多区 博多駅中央街 1-1 문의 092-431-1125 운영시간 09:00~21:00 찾아가기 JR하카타(博多)역 1층 직결 홈페이지 www.ming.or.jp

Chapter 02

텐진&다이묘

天神&大名

Tenjin&Daimyo

 ★★★☆☆

 ★★★★★

★★★★★

텐진은 후쿠오카 최고의 번화가로 쇼핑의 천국이라는 별명이 있을 정도로 복합쇼핑몰과 인기 맛집 등이 즐비한 곳이다. 후쿠오카의 인기는 텐진에서 시작된다는 말도 과언이 아닐 정도로 다채로운 상업시설이 서로 경쟁하듯 새로운 유행을 선도한다. 하지만 번화함 속에서도 역사적인 건축물과 휴식할 수 있는 신사와 공원이 공존하고 있다는 점도 텐진의 특색이다.

텐진을 이어주는 교통편

- 후쿠오카공항 국제선에서 출발할 경우, 직행버스가 없어 셔틀버스를 타고 국내선 터미널으로 이동해야 하는 번거로움이 있다. 국내선 터미널에서는 지하철을 이용하여 이동한다.(텐진까지 약 20~30분 소요)
- 텐진(天神)역은 후쿠오카의 상업도시로 지하철, 시내버스, 고속버스 등 다양한 대중교통이 연결되므로 편하다.

텐진에서 이것만은 꼭 해보자

- 쇼핑의 천국 텐진에서 마음껏 쇼핑을 즐겨 보자.
- 라멘, 스시, 팬케이크 등 인기 맛집 투어를 해보자.
- 아크로스 후쿠오카와 텐진중앙공원에서 휴식의 시간을 가져보자.

사진으로 미리 살펴보는 텐진 베스트코스(예상 소요시간 7시간 이상)

텐진여행의 시작은 중심가 케고신사에서 시작한다. 현대적인 건축물에 둘러싸인 신사의 모습이 이색적으로 보일 것이다. 이후 돈키호테, 파르코 등 쇼핑을 제대로 즐겨보자. 점심식사는 텐진 최고의 맛집 라멘이나 스시를 추천한다. 휴식이 필요하다면 근처 카페에서 티타임을 갖는 것도 좋다. 오후쯤에는 나카스 근처의 아카렌가문화관, 아크로스산책으로 일정을 마무리한다.

텐진&다이묘
S
N
마이즈루공원
舞鶴公園
大正通り
国体道路
[K07]
아카사카역
那の津通り
昭和通り
大名中央通り
만다라케
まんだらけ
나가하마공원
長浜公園
코마야
駒屋
수요일의 앨리스
水曜日のアリス
잇푸도 다이묘본점
一風堂 大名本店
親不孝通り
규카츠 모토무라
牛かつもと村
카페델솔
Cafe del Sol
애플 후쿠오카
Apple 福岡
돈키호테 텐진본점
ドン・キホーテ福岡天神本店
渡辺北通り
효탄스시
ひょうたん寿司
빅카메라 텐진2호점
ビックカメラ天神2号館
파르코
福岡PARCO
텐진 로프트
天神ロフト
켄고공원
警固公園
관광안내소
[K08]
텐진역
텐진지하상점가
天神地下街
케고신사
警固神社
이마이즈미공원
今泉公園
[T01]
니시테츠후쿠오카(텐진)역
빅카메라 텐진1호점
ビックカメラ天神1号館
멘야카네토라 텐진본점
麺や兼虎 天神本店
스이쿄텐만구
水鏡天満宮
후쿠오카현
중앙경찰서
후쿠오카시 아카렌가문화관
福岡市赤煉瓦文化館
[N16]
텐진미나미역
아크로스 후쿠오카
アクロス福岡
텐진중앙공원
天神中央公園
エル通り
[N15]
와타나베도리역
사쿠라쥬후쿠오카병원
桜十字福岡病院
텐진중앙공원
天神中央公園(西中洲エリア)
히로세병원
広瀬病院
春吉渡辺通線
후쿠하쿠 만남의 다리
福博であい橋
国体道路
나카강(那珂川)
[H01][K09]
나카스카와바타역
하루요시공원
春吉公園

Section 04

텐진&다이묘에서 반드시 둘러봐야 할 명소

텐진은 후쿠오카의 대표적인 번화가임에도 역사적인 건축물과 휴식을 취할 수 있는 신사와 공원이 공존하는 이색적인 곳이다. 유럽의 건축양식을 볼 수 있는 아카렌가문화관부터 케고신사, 스이쿄텐만구, 아크로스까지 천천히 도보로 산책하며 텐진의 숨겨진 볼거리를 찾아보자.

유럽 건축양식에 흥미가 있다면 ★★★☆☆

후쿠오카시 아카렌가문화관

福岡市赤煉瓦文化館

아카렌가문화관은 도쿄역을 설계한 메이지 시대 대표건축가 다쓰노긴고辰野金吾와 가타오카야스시片岡安가 1909년 일본생명보험 규슈지점 건물로 디자인한 것이다. 우리말로 '붉은벽돌문화관'이라 할 수 있는데 외벽에 붉은벽돌과 화강암을 사용하였으며 화려한 첨탑과 돔이 그 위를 장식하고 있다. 이는 19세기 말 영국에서 유행하던 퀸앤양식Queen Anne Style으로, 당시 런던에서 유학하던 다쓰노긴고가 응용한 것이라고 한다.

초창기 영국과 독일의 문물을 적극 도입한 흔적이 건축물 곳곳에 남아 있어 일본 국가중요문화재로 지정되어 있다. 입구에는 대리석이 아름답게 장식되어 있고 조명기구, 계단의 장식 등이 아르누보양식Art Nouveau Style으로 제작되었다. 1층은 후쿠오카 출신 문학가들의 작품전시와 살롱공간으로, 2층은 유료 회의실로 사용되고 있다. 저녁이 되면 아름다운 조명이 건물 외관을 비추는데 이 시간대를 맞춰 야경을 보는 것도 좋다.

주소 福岡市 中央区 天神 1-15-30 문의 092-722-4666 운영시간 09:00~22:00 휴관 매주 월요일(공휴일인 경우 화요일), 연말연시 귀띔 한마디 건축양식에 관심이 있다면 구 후쿠오카현 공회당(舊福岡縣公會堂寶館)과 비교해보는 것도 좋다. 야간조명은 오후 6시 이후 시작된다. 찾아가기 시영지하철 텐진(天神)역 12번 출구에서 도보 5분 거리이다 홈페이지 gofukuoka.jp/ko/spots/detail/26950

화려한 도심 속 함께 공존하는 신사 ★★☆☆☆

케고신사 警固神社

다자이후太宰府 도심 방위시설이었던 케고쇼警固所에서 이름을 딴 신사로 후쿠오카 역대 번주들의 수호신을 모신 곳이다. 시간의 흐름이 고스란히 밴 신전이 백화점과 오피스빌딩들을 배경으로 서 있어 마치 과거와 현재가 공존하는 느낌이다. 케고신사는 원래 케고마을 산 정상(현재 후쿠오카성 텐슈카쿠天守閣 터) 부분에 있었는데 후쿠오카성 축성 당시 초대 번주였던 구로다나가마사黒田長政에 의해 현 자리로 옮겨졌다. 인접한 케고공원은 시민들 휴식처로 계절별로 온갖 꽃을 볼 수 있으며 겨울에는 화려한 조명으로 치장하는 일루미네이션도 볼 수 있다.

주소 福岡市 中央区 天神 2-2-20 문의 092-771-8551 운영시간 09:00~19:00 입장료 무료 귀띔 한마디 케고공원의 일루미네이션 기간은 보통 11월말에서 다음 해 1월초까지 이어진다. 찾아가기 니시테츠후쿠오카(西鉄福岡)역 남쪽출구(南口)에서 도보 1분 거리 또는 시영지하철 텐진(天神)역에서 도보 3분 거리이다. 홈페이지 kegojinja.or.jp

스가와라노 미치자네의 이야기가 전해지는 ★★☆☆☆

스이쿄텐만구 水鏡天満宮

텐진이라는 지명은 스이쿄텐만구의 수호신 천신天神에서 유래된 지명이다. 천둥과 농경의 신 스가와라노 미치자네菅原道真는 헤이안시대 최고 학자로 누명을 쓰고 죽은 후 신이 되었다. 대학자로서 추앙받던 인물이라 학문의 신이라고도 부르며, 그를 모신 텐만구는 합격을 기원하거나 수험생을 둔 부모들이 많이 찾는다.

스이쿄텐만구의 스이쿄水鏡(수면에 비친 모습)는 역모의 누명을 쓰고 다자이후로 좌천된 그가 현 이마이즈미今泉 지역을 지나다 강물四十川에 비친 초췌한 자신을 보며 크게 한탄했다고 한다. 후에 이러한 뜻을 담아 신전을 세우고 스이쿄텐만구라 하였다고 한다. 원래 이마이즈미에 있었으나 후쿠오카성 초대 번주 구로다나가마사黒田長政가 후쿠오카성 동쪽으로 이전하였다.

주소 福岡市 中央区 天神 1-15-4 문의 092-741-8754 운영시간 07:00~19:00 입장료 무료 귀띔 한마디 참고로 야쿠인(薬院)역을 흐르는 강가 주변에 스가타미하시(姿見橋) 라고 하는 다리가 있는데, 그 주변에서 자신의 모습을 보았을 걸로 추측하고 있다. 찾아가기 시영지하철 텐진(天神)역 12번 출구에서 도보 5분 거리이다.

자연의 일부가 된 친환경 건축물 ★★★☆☆

아크로스 후쿠오카 アクロス福岡

텐진에서 나카스로 넘어가는 끝자락에는 독특한 외관으로 눈길을 끄는 건축물이 있다. 친환경 디자인으로 알려진 아크로스 후쿠오카는 국제문화정보교류를 위해 아르헨티나 건축가 에밀리오암바즈Emilio Ambasz가 설계했고 이벤트홀, 전시장 등을 갖춘 복합문화시설이다. 도심 속 자연을 슬로건으로 만들어진 이 건물의 필수코스는 바로 계단식 정원인 스텝가든이다. 맞은편 텐진중앙공원天神中央公園에서 바라보면 건물 전체가 녹색식물로 덮여 마치 숲처럼 보인다. 실제 아크로스산アクロス山이라고도 부르는데 4만 그루의 나무가 식재되어 있고 직접 오를 수도 있다. 주말 및 공휴일에는 옥상전망대를 개방하는데, 후쿠오카 시내 일대를 한눈에 조망할 수 있다. 텐진중앙공원과 함께 도심 속 휴식처로서 이곳을 방문해보기 바란다.

주소 福岡市 中央区 天神 1-1-1 문의 092-725-9111 운영시간 09:00~17:00 (아크로스 스텝가든) 귀띔 한마디 옥상전망대는 주말 및 공휴일에만 10:00~16:00 사이에 이용가능하다. 찾아가기 시영지하철 텐진(天神)역 16번 출구에서 도보 5분 거리이다. 홈페이지 www.acros.or.jp

현지인들의 도심 속 휴식처 ★★★☆☆

텐진중앙공원 天神中央公園

텐진의 중앙에 위치한 광활한 잔디광장이다. 텐진에서 나카강那珂川을 건너 나카스쪽 공원일대까지 포함된다. 공원 내에 계단 모양 건축물로 유명한 아크로스 후쿠오카가 위치해 있으

며, 그밖에도 가로수길과 분수광장 등이 조성되어 있어 도심 속 휴식처로서 현지인들에게 사랑 받고 있다. 봄, 가을에는 각종 이벤트가 열리는데 특히 봄에는 벚꽃명소로서 야간조명까지 이어지는 벚꽃축제와 다양한 먹거리 등을 즐길 수 있다. 나카스쪽 공원일대에는 볼거리로 과거 귀빈들을 접대하던 구 후쿠오카현 공회당귀빈관도 있다. 프랑스 건축양식으로 지어진 일본 중요문화재로 건물 내부에 카페도 있으니 여유가 되면 방문해보자.

주소 福岡市 中央区 天神 1-1 문의 092-716-6730 운영시간 24시간 찾아가기 시영지하철 텐진(天神)역 16번 출구에서 도보 5분 거리이다. 홈페이지 tenjin-central-park.jp

유럽 상점가를 쇼핑하듯 걷는 ★★★☆☆

텐진 지하상점가 天神地下街

텐진역 지하를 남북으로 관통하는 600여 미터의 지하도 양쪽에 늘어선 상점가이다. 패션, 먹거리, 서적 등 150여 개의 점포가 자리해 있어 쇼핑의 재미가 있다. 지하상점가라고 해서 얕보면 큰 오산이다. 지하미술관てんちか美術館이라 불릴 정도로 19세기 유럽의 종교화 풍으로 그려진 스테인드글라스와 아기 자기한 조각품들을 곳곳에서 만날 수 있다. 또한 아라비아풍의 천장 디자인은 물론 바닥도 마치 유럽의 구도심을 걷는 듯한 착각이 들 정도로 깔끔하게 바닥돌로 꾸며져 있다. 특히 인포메이션광장의 가라쿠리시계からくり時計는 30분 마다 샹송의 대가 클레망 잔캥Clément Janequin의 곡에 맞춰 춤추는 인형도 볼 수 있다. 고풍스러운 상점가 답게 화장실도 왕비별장, 여류소설가의 서재, 고급 부띠끄 등을 콘셉트로 꾸며져 있다.

주소 福岡市 中央区 天神 2丁目 문의 092-711-1903 운영시간 상점 10:00~20:00, 음식점 10:00~21:00(점포에 따라 다름) 찾아가기 시영지하철 텐진(天神)역 또는 니시테츠 후쿠오카텐진역(福岡天神)과 바로 연결된다. 홈페이지 tenchika.com

Section 05

텐진&다이묘에서 반드시 먹어봐야 할 먹거리

인기 맛집이 즐비한 텐진에서는 무엇을 먹어야 할지 고민된다면 우선 라멘을 섭렵하자. 진한 돈코츠라멘, 생선베이스의 츠케멘은 반드시 먹어보아야 한다. 스시가 먹고싶다면 여기서 소개하는 스시 맛집도 고려해보자. 사실 텐진에는 먹거리가 넘쳐나므로 입맛 대로 어디를 가든 후회하지 않을 것이다. 식사 후에는 쇼핑으로 지친 몸도 쉴 겸 근처 카페에서 시간을 갖는 것도 좋다.

진한 돈코츠라멘을 맛보자 ★★★☆☆

잇푸도 다이묘본점 一風堂 大名本店

후쿠오카 3대 돈코츠라멘 전문체인 중 한 곳인 잇푸도는 30여 년 전 텐진다이묘에서 처음 오픈하여 지금은 일본은 물론 세계적으로도 유명한 라멘집이다. 잇푸도는 시대 흐름에 맞춰 끊임없이 레시피를 연구하고 개선하는데 점포마다 제공하는 메뉴가 다른 것이 특징이다.

다이묘 본점은 크게 돈코츠라멘과 쇼유라멘(간장라면)이 있지만 뭐니 뭐니 해도 14시간 동안 우려낸 진한 육수의 돈코츠라멘을 추천한다. 부드러우면서도 진한 육수가 한 번 맛보면 중독되는 맛이다. 면발은 취향에 따라 4가지 중 하나를 선택할 수 있는데 가장 질긴 것이 바리카타バリカタ, 다음이 하리가네ハリガネ, 카타カタ, 후츠우ふつう 순이므로 살짝 쫄깃한 게 좋다면 카타를 선택하자. 처음 돈코츠라멘을 먹는다면 다소 느끼할 수 있는데 이때는 매운 된장, 카라미소辛みそ를 추가하면 육수가 칼칼해진다. 후쿠오카에는 다이묘본점 외에도 하카타역점과 마리노아시티점에서 잇푸도 라멘을 즐길 수 있다.

주소 福岡市 中央区 大名 1-13-14 문의 0570-031-206 운영시간 11:00~22:00 베스트메뉴 시로마루 모토아지(원조 돈코츠라멘) ¥850, 하카타 쇼유라멘 ¥950(계란 및 토핑은 추가요금) 귀띔 한마디 잇푸도 하카타역점에서는 매운맛 키와미 카라카멘(極からか麺)을 맛볼 수 있다. 매운맛을 좋아하는 사람이라면 하카타역점도 방문해보자. 찾아가기 니시테츠후쿠오카(西鉄福岡)역 또는 시영지하철 텐진(天神)역 2번 출구에서 도보 4분 거리이다. 홈페이지 www.ippudo.com

생선베이스의 깔끔한 맛을 내는 츠케멘 ★★★★☆

멘야카네토라 텐진본점 麺や兼虎 天神本店

추천

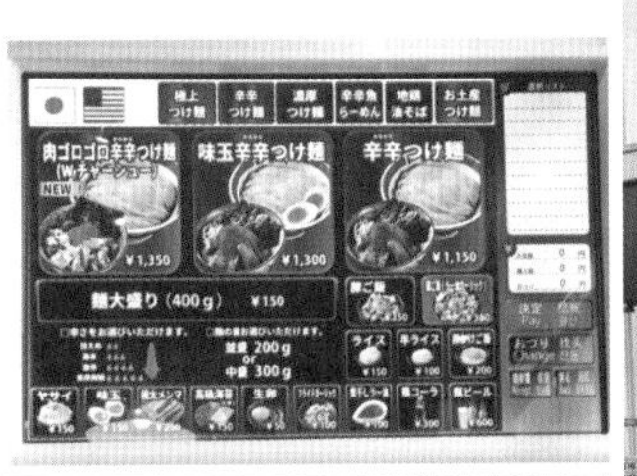

후쿠오카에서 츠케멘つけ麺이 먹고 싶다면 멘야카네토라를 추천한다. 츠케멘은 삶은 면을 츠케지루付けけ汁에 찍어 먹는 요리인데, 멘야카네토라의 경우 진한 츠케지루에 고운 생선가루魚粉를 넣어 걸쭉하면서도 깔끔한 맛이 일품이다. 보통 혼자 오는 현지인들이 많아 혼밥하기에도 좋은 곳이다.

주문은 입구 앞 자판기를 이용하면 되는데, 메뉴에 사진이 있어 일본어를 몰라도 걱정할 필요가 없다. 주문 시 면의 양을 선택하는데, 보통인 나미모리(並盛, 200g)부터 츄모리(中盛, 300g)까지는 추가요금 없이 선택할 수 있으므로 츄모리를 선택하면 된다. 면발은 윤기가 흐르고 탄력이 있어서 츠케지루의 농후한 맛과 잘 어울리는데, 취향에 따라 테이블에 놓인 마늘이나 고춧가루를 넣어먹으면 다양하게 츠케멘을 즐길 수 있다. 츠케지루가 짜다고 느껴진다면 간이 약한 육수 스프와리スープ割り를 부탁해서 간을 맞춰도 된다.

주소 福岡県 福岡市 中央区 渡辺通 4-9-18 福酒ビル 1F 문의 092-726-6700 운영시간 10:00~22:00(연중무휴) 베스트메뉴 아지타마노코츠케멘(味玉濃厚つけ麺) ¥1,350, 아지타마카라카라츠케멘(味玉辛辛つけ麺) ¥1,400 귀띔 한마디 식사시간대에는 대기줄이 30분 이상 길어질 수 있으니 일정계획 시 참고하자. 찾아가기 니시테츠후쿠오카(西鉄福岡)역 남쪽출구(南口)에서 도보 1분 거리(텐진지하가 西12b, c번 출구)이다. 홈페이지 www.kanetora.co.jp

부담스럽지 않게 신선한 스시를 맛보고 싶다면 ★★★☆☆

효탄스시 ひょうたん寿司

솔라리아스테이지ソラリアステージ 뒤편에는 언제나 긴 줄로 명성이 자자한 스시의 명가 효탄스시가 있다. 영업시간 전부터 긴 줄이 늘어서기 때문에 일찍 가서 기다리는 것은 기본이다. 긴 대기시간이 지나면 자리를 안내받는데, 카운터석에 앉으면 바

로 눈앞에서 스시장인이 조물조물 정성스럽게 니기리즈시握り寿司를 만들어 준다. 흥미로운 점은 접시 대신 바나나 잎에 스시를 놓아주는데 스시가 더욱 신선해 보인다.

효탄스시는 정식세트나 단품으로 주문할 수 있는데, 일본어를 몰라도 한국어 메뉴판이 있으니 걱정하지 않아도 된다. 정식세트를 시키면 스시 장인이 알아서 만들어 준다. 단품을 추가로 주문할 수도 있는데, 활보리새우活車えび와 전복스시ひとくちアワビのおどり를 추천한다. 너무 신선해서 살아 움직이기도 하므로 움찔하지만, 그 맛은 일품이다. 대게크림고로케かにクリームコロッケ도 이 집의 명물이니 꼭 먹어보자.

정식세트(定食セット)

활보리새우(活車えび)

대게크림고로케 (かにクリ-ムコロッケ)

전복스시 (ひとくちアワビのおどり)

주소 福岡県 福岡市 中央区 天神 2-10-20 新大閣ビル 2~3F 문의 092-722-0010 운영시간 11:30~14:30, 17:00~20:30 베스트메뉴 효탄정식 ¥1,430(주말 및 공휴일은 ¥110 추가) 귀띔 한마디 솔라리아스테이지 지하 2층에는 효탄 회전스시 분점이 있다. 효탄스시의 긴 대기줄을 피하고 싶다면 분점을 이용해도 된다. 찾아가기 니시테츠후쿠오카(西鉄福岡)역 북쪽출구(北口)에서 도보 2분 거리 또는 시영지하철 텐진(天神)역 6번 출구에서 도보 3분 거리이다.

푹신푹신한 팬케이크를 맛볼 수 있는 ★★★☆☆

카페델솔 カフェデルソル, Cafe del Sol

일본에 팬케이크 열풍이 불면서 가게마다 독자적인 메뉴를 개발하여 고객을 유혹하고 있다. 카페델솔 역시 텐진다이묘 지역 유명 카페로 현지인은 물론 관광객들에게도 사랑 받는다. 이 집의 팬케이크는 푹신푹신하면서도 계란향이 은은하게 퍼지는 수플레Souffle가 특징이다. 기본은 클래식 팬케이크로 2개의 팬케이크 위에 고소한 견과류를 뿌리고, 생크림, 바닐라 아이스크림, 크림치즈 등을 곁들여 내온다. 클래식 메뉴 외에도 취향에 따라 카라멜, 초콜릿, 녹차 맛 등을 선택할 수 있고 계절에 따라 과일 팬케이크를 즐길 수도 있다. 팬케이크만큼이나 유명한 것이 바로 라테아트인데, 팬케이크에 ¥330만 추가하면 음료도 마실 수 있다.

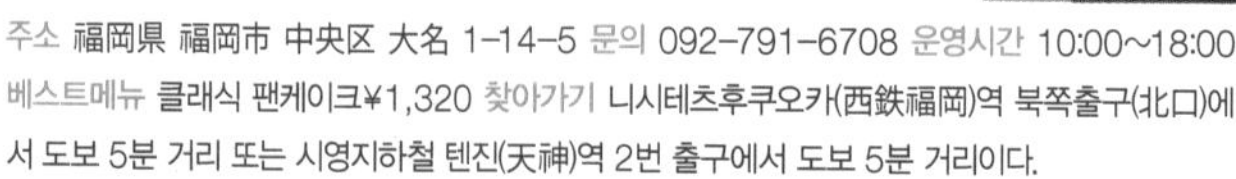
주소 福岡県 福岡市 中央区 大名 1-14-5 문의 092-791-6708 운영시간 10:00~18:00 베스트메뉴 클래식 팬케이크¥1,320 찾아가기 니시테츠후쿠오카(西鉄福岡)역 북쪽출구(北口)에서 도보 5분 거리 또는 시영지하철 텐진(天神)역 2번 출구에서 도보 5분 거리이다.

80년 이상 한자리를 지켜온 화과자 노포 ★★★☆☆

코마야 駒屋

후쿠오카에서 가장 번화한 다이묘에서 거의 한 세기 동안 한자리를 지켜온 화과자 노포이다. 멀리서도 초록색 간판이 먼저 시선을 잡아채는데 2대째 이어오는 전통과자점으로 이 집의 대표과자는 찹쌀떡과 비슷한 마메다이후쿠豆大福이다. 마메다이후쿠 속 팥고물은 달달한 홋카이도산 팥이고, 찹쌀은 규슈산을 사용하여 쫄깃한 식감을 살렸다고 한다. 저렴한 가격으로 예나 지금이나 변함없는 맛을 유지하고 있어 현지인들의 사랑을 받고 있다. 만약 다이묘 주변을 여행 중이라면 코마야에서 추억의 맛을 느껴보는 것도 추천할 만하다.

주소 福岡県 福岡市 中央区 大名 1-11-25 문의 092-741-6488 운영시간 09:00~17:30(재고 소진 시 마감) 휴무 매주 일요일 및 공휴일 베스트메뉴 마메다이후쿠(豆大福) ¥150 찾아가기 시영지하철 아카사카(赤坂)역 5번 출구 또는 니시테츠후쿠오카(西鉄福岡)역에서 도보 7분 거리이다.

화로에 구워 먹는 규카츠 전문점 ★★★☆☆

규카츠 모토무라 牛かつもと村 福岡天神西通り店

돈카츠とんかつ와 비슷한 규가츠牛カツ도 일본에서 꼭 먹어볼 음식으로 돼지고기 대신 소고기를 빵가루에 묻혀 기름에 튀긴 일본식 커틀릿Cutlet 요리이다. 모토무라는 후쿠오카에서도 가장 유명한 규카츠 전문체인점이다. 주문은 커틀릿 양에 따라 선택하는데 보통 한 덩어리가 130g이고 1.5덩어리가 195g, 두 덩어리가 260g이다. 먹는 방법은 미디엄 레어로 튀겨나온 규카츠를 개인 화로에 구워 먹는데, 처음에는 와사비를 얹어 간장에 찍어 먹어보고, 그 다음에는 야마와사비소스나 소금에 찍어 먹어본다. 먹다가 화로불이 꺼지면 교체를 요청하자. 같이 나온 양배추는 테이블에 놓여진 유자 드레싱을 뿌려 먹으면 맛이 좋다. 공깃밥은 1회에 한해 무료 리필이 가능하다.

주소 福岡市 中央区 大名 1-14-5 문의 050-1722-1549 운영시간 11:00~22:00(LO 21:00) 베스트메뉴 규카츠정식(130g)¥1,930 귀띔 한마디 오픈 전부터 대기줄이 생길 정도로 인기가 많으니 시간대를 잘 잡아서 가도록 하자. 찾아가기 니시테츠후쿠오카(西鉄福岡)역 솔라리아출구(ソラリア口出口)에서 도보 4분 거리 또는 텐진역 2번 출구에서 도보 5분 거리. 홈페이지 gyukatsu-motomura.com

Section 06

TENJIN&DAIMYO

텐진&다이묘에서 놓치면 후회하는 쇼핑거리

쇼핑의 천국 텐진은 구입하고 싶은 아이템들이 넘쳐나는 곳이다. 캐릭터스토어 등 인기매장으로 가득한 파르코부터 디스카운트스토어, 잡화점, 만화체인점, 대형양판점 등 하루 종일 쇼핑하더라도 시간이 모자랄 것이다. 다음에 소개하는 매장들을 참고하여 후회 없는 알찬 쇼핑을 즐겨보자.

인기 있는 매장들이 모두 한곳에 모여 있는 ★★★★☆

파르코 福岡, PARCO

파르코는 쇼핑의 천국 텐진의 필수 쇼핑몰로 패션, 잡화, 요식, 코스메틱 등 요즘 인기 있는 매장들이 모여 있는 곳이다. 파르코는 본관과 신관으로 나누어져 있는데 210여 개의 다양한 매장이 입점해 있어 이곳에서만 시간을 보내더라도 하루 일정이 다갈 정도이다. 그 중에서 여행자들에게 인기 있는 매장 몇 곳을 소개한다.

캐릭터 관련 매장의 경우, 원피스 팬이라면 놓칠 수 없는 본관 7층 무기와라스토어麦わらストア를 비롯해 본관 지하1층 디즈니스토어, 본관 8층에서는 스누피와 리락쿠마リラックマ를 한 자리에서 만날 수 있는 텐진캬라파크天神キャラパーク가 있다. 유명 음식점을 찾는다면 본관 지하 1층 함바그전문점 키와미야極味や, 신관 지하 1층 모츠나베전문점 오오야마大山, 신관 지하 2층 규카츠전문점 모토무라牛かつ もと村를 체크해보자. 그밖에도 본관 5층 프랑프랑Francfranc에서 잡화를, 본관 6층 타워레코드에서 음반을 구매할 수 있다.

❶ 디즈니스토어 ❷ 스누피 ❸ 무기와라 ❹ 프랑프랑

주소 福岡県 福岡市 中央区 天神 2-11-1 문의 092-235-7000 운영시간 10:00~20:30 귀띔 한마디 전관 모두에서 와이파이를 사용할 수 있다. 찾아가기 시영지하철 텐진(天神)역 서쪽(西口) 7번 출구와 바로 연결된다. 후쿠오카텐진(天神)역 북쪽출구(北口)로 나오면 바로 보인다. 홈페이지 fukuoka.parco.jp

이상한 나라의 앨리스를 콘셉트로한 예쁜 잡화점 ★★★★☆

수요일의 앨리스 水曜日のアリス, Alice on Wednesday

한국의 가로수길을 연상시키는 세련된 거리 다이묘에는 참신하고 독특한 콘셉트의 잡화점이 있다. 바로 이상한 나라의 앨리스를 콘셉트로 하여 관련 소품을 판매하는 잡화점이다. 수요일의 앨리스는 일주일 중 가장 지루하고 피곤하게 느껴지는 수요일을 가장 특별한 날로 만들고 싶다는 생각으로 지어낸 이름이라고 한다. 누구나 작은 입구를 통과하는 순간부터 동화 속 앨리스의 나라로 빠져들 수 있다. 이곳에서는 앨리스 관련 액세서리, 잡화, 디저트 등의 상품을 취급하는데, 자꾸 보게 되면 간직해야 할 것만 같은 쇼핑 충동이 올 수 있다. 마음 가는대로 쇼핑할 경우 지갑이 무방비 상태가 될 수 있으므로 주의가 필요하다.

주소 福岡県 福岡市 中央区 大名 1-3-3 NEO大名II 1F 문의 092-406-8038 운영시간 11:00~19:00 휴무 연말연시 찾아가기 시영지하철 텐진(天神)역 2번 출구 또는 아카사카(赤坂)역 5번 출구에서 도보 10분 거리이다. 홈페이지 aliceonwednesday.jp

일본 애니메이션 마니아들의 성지 ★★☆☆☆

만다라케 まんだらけ

일본 애니메이션 마니아라면 꼭 방문하는 성지가 있다. 바로 텐진에 위치한 만화왕국 만다라케이다. 만다라케는 중고 만화책은 물론 피겨, 애니메이션 관련 상품 등을 망라하여 판매한다. 비록 시작은 만화전문 고서점이었지만 지금은 일본 전역은 물론 세계적으로도 체인점을 확대해 가고 있다. 최신상품은 물론 다양한 중고상품를 취급하는데, 이곳이 인기 있는 이유는 구하기 힘든 단종된 희귀 상품도 구매할 수 있기 때문이다. 운이 좋다면 질 좋은 중고상품을 저렴하게 구입할 수 있는데 방문시기마다 취급하는 상품이 다르므로 텐진에 방문했다면 가벼운 마음으로 들러보자.

주소 福岡市 中央区 大名 2-9-5 グランドビル 문의 092-716-7774 운영시간 12:00~20:00(연중무휴) 귀띔 한마디 공식홈페이지를 통해 새로 들어온 상품을 확인할 수도 있지만 인기 상품의 경우 빨리 매진되므로 사전에 문의하는 것이 좋다. 찾아가기 시영지하철 텐진(天神)역 1번 출구에서 도보 2분 거리 또는 아카사카(赤坂)역 3번 출구에서 도보 1분 거리이다. 홈페이지 mandarake.co.jp/dir/fko

없는 것 빼고 다 있다! ★★★☆☆

돈키호테 텐진본점 ドン・キホーテ福岡天神本店

‘일본 쇼핑리스트 = 돈키호테 쇼핑리스트’라는 공식이 적용될 만큼 한국여행자들에게 사랑 받는 곳으로 가공식품, 생필품, 화장품, 의약품, 주류, 전자제품, 브랜드상품 등 셀 수 없이 다양한 상품을 취급하는 할인잡화점이다. 후쿠오카에는 텐진본점과 나카스점이 있는데, 텐진본점이 규모도 크고 쾌적한 쇼핑이 가능하다.

돈키호테의 매력은 구매금액이 ¥5,500을 넘으면 10% 면세가 가능하다는 점인데, 면세를 받으려면 여권을 반드시 지참해야 한다. 참고로 홈페이지에서 할인쿠폰을 핸드폰으로 다운받아 바로 사용할 수 있으므로 면세와 할인혜택을 잘 활용하여 알찬 쇼핑을 즐기도록 하자.

주소 福岡県 福岡市 中央区 今泉 1-20-17 문의 0570-079-711 운영시간 24시간(연중무휴) 귀띔 한마디 신용카드를 이용하여 면세구입 시 여권의 영문이름과 카드 영문이름이 일치해야 한다. 찾아가기 니시테츠후쿠오카(西鉄福岡)역 남쪽출구에서 도보 5분 거리이다. 홈페이지 www.donki-global.com/kr

구경하는 재미가 쏠쏠한 가전제품 양판점 ★★☆☆☆

빅카메라 텐진1, 2호점 ビックカメラ天神1号館, 2号館

빅카메라는 군마현群馬県에서 창업하여 초기에는 카메라관련 상품을 주로 판매하였지만 지금은 최신 전자기기를 비롯하여 한 품목까지 취급하는 일본 3대 가전제품 양판점이다. 일여 개가 넘는 점포가 있고 후쿠오카 시내에도 2곳의 점다. 두 곳 모두 텐진 중심가에 위치하고 있어 편리한데서 더 넓고 쾌적한 편이다. 여행할 때 필요한 충전기 및 어댑터, 유심칩, 카메라 관련 상품 등을 급하게 구매해야 할 때 이용하면 유용하다. 방문 전에 인터넷을 통해 상품의 재고확인 및 사전예약이 가능하므로 구매하고 싶은 상품이 있을 경우 먼저 체크해보자.

2호관

1호관

주소 福岡県 福岡市 中央区 天神 2-4-5 문의 092-732-1112(1호점), 092-732-1111(2호점) 운영시간 10:00~21:00 귀띔 한마디 인터넷에서 잘 찾아보면 여행자를 대상으로 한 할인쿠폰을 찾을 수 있다. 여행 전 미리 체크해보고 가자. 찾아가기 니시테츠후쿠오카(西鉄福岡)역 남쪽출구에서 도보 1분 거리(1호점), 중앙출구에서 도보 4분 거리(2호점)이다. 홈페이지 www.biccamera.com/bc/main

스타일리시한 문구류를 찾는다면 ★★★☆☆

텐진 로프트 天神ロフト

문구류을 좋아한다면 꼭 방문해야 할 쇼핑코스이다. 로프트는 새롭고 감각적인 문구류와 생활잡화 등을 취급하는 대형 잡화전문체인점이다. 창업당시 미국 뉴욕의 젊고 감각적인 아티스트가 이끄는 문화에 반해, 세련되고 창조적인 스타일의 가게를 만들겠다는 의지로 이름 붙였다고 한다. 로프트의 특이점은 아이들 감성과 취향을 가진 어른들을 타깃으로 하는 키덜트Kidult 쇼핑몰이라는 점이다. 그래서 다른 곳에서는 보기 어려운 화제의 장난감을 만날 수 있고, 유명 디자이너와 콜라보레이션한 로프트 한정상품도 눈여겨 볼만하다. 또한 일본풍의 독특한 감성과 편리성까지 반영된 상품들이 많아 선물 용품을 구입하기에도 좋다.

주소 福岡県 福岡市 中央区 渡辺通 4-9-25 문의 092-724-6210 운영시간 10:00~20:00(연중무휴) 찾아가기 니시테츠후쿠오카(西鉄福岡)역 남쪽 출구에서 도보 1분 거리이다. 홈페이지 www.loft.co.jp

애플의 신상품을 체험해볼 수 있는 ★★☆☆☆

애플 후쿠오카 Apple 福岡

애플직영 후쿠오카 스토어로 멀리서도 매장이 훤히 보이는 높은 유리창과 대나무정원이 외관부터 멋지게 장식하고 있다. 애플에서 신상품을 출시할 때면 항상 긴 줄이 늘어서는 곳이다. 매장 내 Today at Apple 프로그램에서는 애플제품의 사용법이나 사진, 음악, 비디오, 프로그래밍 등의 다양한 세션교육을 무료로 개최하므로 관심이 있다면 공식홈페이지에서 예약하면 된다. 꼭 상품을 구매할 목적이 아니더라도 깔끔하고 쾌적한 매장에서 애플의 신상품을 구경하기 좋으므로 아이쇼핑 장소로 추천한다.

주소 福岡市 中央区 天神 2-5-19 문의 092-778-0200 운영시간 10:00~21:00 귀띔 한마디 아쉽게도 면세구매는 종료되었으므로 이용에 참고하자. 찾아가기 시영지하철 텐진(天神)역 2번 출구 에서 도보 7분 거리이다. 홈페이지 www.apple.com/jp/retail/fukuoka

Chapter 03

나카스

中洲

Nakasu

두 얼굴의 도시 나카스는 밤이 되면 후쿠오카에서 가장 화려한 곳으로 바뀐다. 하카타강(博多川)과 나카강(那珂川)을 따라 포장마차가 들어서고 곳곳에 네온사인이 켜지면 삼삼오오 샐러리맨들이 나카스거리로 밀려든다. 나카스를 빼놓고 후쿠오카의 밤을 이야기할 수는 없지만 날이 밝으면 세련된 쇼핑센터와 박물관, 전통연극장, 미술관, 신사 등 밤과는 다른 나카스를 만날 수 있다.

나카스를 이어주는 교통편

- 나카스는 지하철을 이용할 경우 공항선과 하코자키선(箱崎線)이 지나는 나카스카와바타(中洲川端)역에서 하차하면 대부분의 명소를 도보로 이동할 수 있다.
- 버스를 이용할 경우에는 하카타와 텐진 구간을 순회하는 ¥150 버스를 통해 나카스정류장에서 하차한 후 이동하면 된다.

나카스에서 이것만은 꼭 해보자

- 하카타마치야 후루사토관에서 하카타상인들의 생활상을 살펴보자.
- 나카스 명물 단팥죽 젠자이를 호호 불며 먹어보자.
- 구후쿠오카현 귀빈관에서 우아하게 커피 한잔을 즐겨보자.
- 모던한 분위기의 스즈카케에서 전통 화과자를 맛보자.

사진으로 미리 살펴보는 나카스 베스트코스(예상 소요시간 8시간 이상)

나카스는 카와바타도오리 상점가를 중심으로 둘러보면 좋다. 일정은 하카타상인들의 생활상을 체험할 수 있는 하카타마치야 후루사토관에서 시작한다. 그리고 산책을 겸해 쿠시다신사를 둘러본 후 배가 출출해지면 카와바타도오리 상점가 내 니쿠니쿠우동으로 에너지를 보충한다. 양이 부족하다면 나카스의 명물 젠자이도 맛보자. 밤과 달리 한낮의 나카스는 오히려 고풍스러운 느낌인데, 후쿠오카 아시아미술관과 구후쿠오카현 공회당귀빈관에 들러 아시아의 예술과 옛 건축의 미를 느껴보자. 시간이 남는다면 돈키호테에서 쇼핑을 즐기다 어두워지면 나카스 포장마차거리로 이동하여 하카타 현지인들과 한데 어울려 낭만이 가득한 저녁식사로 하루를 마친다.

나카스

大博通り
昭和通り
横町筋
土居通り
蔵本通り
西門通り
[H02] 고후쿠마치역
초콜릿샵
チョコレートショップ本店
昭和通り
大博通り
土居通り
冷泉公園通り
冷泉通り
후쿠오카 아시아미술관
福岡アジア美術館
후쿠오카 호빵맨 어린이뮤지엄
福岡アンパンマンこどもミュージアム
하카타리버레인몰
博多リバレインモール
하카타 스즈카케본점
博多鈴懸本店
레이센공원
冷泉公園
[K10] 기온역 방향
하카타아카초코베
博多あかちょこべ
[H01] [K09] 나카스카와바타역
돈키호테나카스점
ドン・キホーテ 中洲店
하카타강(博多川)
카와바타도오리상점가
川端通商店街
하카타마치야 후루사토관
博多町家ふるさと館
쿠시다신사
櫛田神社
国体道路
니쿠니쿠우동
肉肉うどん
하나호스텔 후쿠오카
福岡花宿
요시즈카우나기야
吉塚うなぎ屋
ロマン通り
나카스젠자이
中洲ぜんざい
텐진중앙공원
天神中央公園(西中洲エリア)
후쿠하쿠 만남의 다리
福博であい橋
구 후쿠오카현공회당귀빈관
旧福岡県公会堂貴賓館
나카강(那珂川)
国体道路
[N17] 쿠시다진자마에역
간소 하카타멘타이쥬
元祖博多めんたい重
春吉橋
하루요시바시
나카스 포장마차거리
中洲屋台
텐진중앙공원
天神中央公園
그랜드하얏트 후쿠오카
Grand Hyatt Fukuoka
캐널시티하카타
キャナルシティ博多
国体道路
[N16] 텐진미나미역 방향
나카강(那珂川)
住吉春吉線
灘の川橋
나다노가와바시
六軒屋公園
롯켄야 공원

Section 07

NAKASU

나카스에서 반드시 둘러봐야 할 명소&쇼핑

한낮의 나카스는 밤과 달리 조용하고 고풍스러운 옛 정취를 즐기기 좋다. 취향에 따라 하카타상인들의 생활상을 엿볼 수 있는 하카타마치야 후루사토관, 아시아 예술에 관심이 있다면 후쿠오카 아시아미술관, 아이와 함께라면 호빵맨 어린이박물관, 유럽 건축양식에 흥미가 있다면 구후쿠오카현 공회당귀빈관을 방문해볼 것을 추천한다. 또한 나카스에는 캐널시티 하카타와 하카타리버레인몰, 돈키호테 등이 있어 쇼핑하기에도 좋다.

운하를 중심으로 볼거리가 가득한 복합문화쇼핑몰 ★★★☆☆

캐널시티하카타 キャナルシティ博多

영어로 운하(Canal)를 뜻하는 캐널시티 하카타는 인공운하를 중심으로 쇼핑몰, 영화관, 레스토랑, 호텔 등의 다양한 시설을 갖춘 복합문화플레이스이다. 쇼핑몰을 구경하는 것만으로도 하루가 모자랄 정도로 다양한 매장이 입점해있으며, 그 중에서도 무인양품의 플래그십스토어와 건담, 원피스, 스튜디오지브리, 헬로키티 등 캐릭터숍 등이 인기가 높다. 쇼핑거리 외에도 전국 각 지역을 대표하는 라멘을 한자리에서 골라먹을 수 있는 라멘스타디움과 카페 및 디저트전문점 등 먹거리도 풍부하다. 매일 저녁 운하주변에서는 분수쇼와 마술쇼 등 다양한 볼거리가 제공된다.

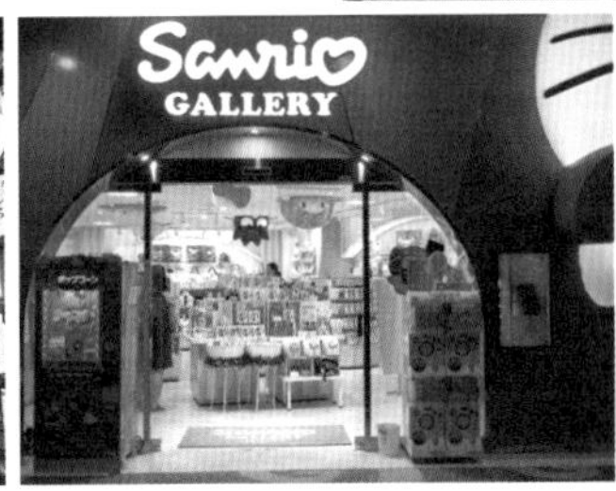

주소 福岡市 博多区 住吉 1-2 문의 092-282-2525 운영시간 숍 10:00~21:00 레스토랑 11:00~23:00(점포마다 다르다) 귀띔 한마디 〈GLOBAL TAX FREE〉 붙은 가맹점은 면세카운터에서, 〈TAX FREE〉는 점포 내 계산대에서 ¥5,500 이상 구매시 면세가 가능하다. 찾아가기 시영지하철 나카스카와바타(中洲川端)역 5번 출구에서 도보 7분 거리 또는 하카타역(博多駅) 버스정류장A에서 캐널시티라인 버스를 탑승한 후 캐널시티하카타앞(キャナルシティ博多前) 정류장에서 하차하면 바로 보인다. 홈페이지 canalcity.co.jp

하카타 상인들의 구심점 역할을 하는 ★★★★☆

카와바타도오리상점가 川端通商店街

나카스카와바타역에서 쿠시다신사까지 이어지는 400여 미터의 아케이드 구간에 늘어선 상점가이다. 카와바타상점가는 130년 이상 역사를 이어오며 하카타상인들의 구심점 역할을 해온 곳이다. 하루 만여 명 이상이 찾는 상점가로 다양한 점포가 나란히 이어지는데 민속축제 하카타기온야마카사博多祇園山笠와 관련 상품을 판매하는 점포와 라멘, 카레 맛집 등을 찾아 볼 수 있다. 매주 금~일요일 이벤트광장에서는 하카타의 명물 단팥죽 카와바타젠자이川端ぜんざい도 맛볼 수 있다. 매년 7월 1일부터 15일까지는 하카타 지역 최대 축제인 하카타기온야마카사 마츠리가 열리면서 휘황찬란한 장관이 펼쳐진다. 근처 쿠시다신사, 캐널시티하카타와 함께 둘러보면 된다.

주소 福岡県 福岡市 博多区 上川端町 10 문의 092-281-6223 운영시간 11:00~20:00(점포마다 다름) 휴무 연말연시 귀띔한마디 상점가 내에서는 프리와이파이 'Fukuoka City Wi-Fi'를 이용할 수 있다. 찾아가기 시영지하철 나카스카와바타(中洲川端)역 5번 출구에서 나오면 바로 보인다. 홈페이지 kawabatadori.com

하카타상인들의 옛 모습을 살펴볼 수 있는 ★★★★★ 추천

하카타마치야 후루사토관 博多町家ふるさと館

하카타마치야 후루사토관은 메이지시대부터 쇼와시대까지 하카타상인들의 생활상을 재현해 놓은 역사자료관이다. 단지 유물만을 전시하는 딱딱한 역사자료관이라고 생각하면 오산이다. 이곳은 메이지시대 상인이 살던 목

타문화가 생성되던 시기로 시간이동을 할 수 있다. 전시동 2층에서는 하루 두 번 장인들이 직접 만드는 하카타 인형과 직물 공예품을 만날 수 있는데, 그 시절 장인의 생활상을 간접 체험하며 기념사진도 찍고, 공예품도 구매할 수 있다. 근처 쿠시다신사와 일정을 묶어서 방문하기 좋은 곳으로 추천한다.

주소 福岡市 博多区 冷泉町 6-10 문의 092-281-7761 운영시간 10:00~18:00(입장마감 17:30) 휴무 연말연시 입장료 성인 ¥200, 초중학생 무료 귀띔 한마디 주거동에서 직접 직물체험을 해보자. 찾아가기 시영지하철 기온(祇園)역 3번 출구에서 도보 5분 거리 또는 버스로 이동 시 캐널시티하카타마에(キャナルシティ博多前) 정류장 하차 후 도보 3분 거리이다. 홈페이지 www.hakatamachiya.com

아시아미술이 삶에 친근하게 스며드는 공간 ★★★★★ 추천

후쿠오카 아시아미술관 福岡アジア美術館

하카타리버레인博多リバレイン 7~8층에 위치한 후쿠오카 아시아미술관은 아시아 23개국 작가들의 근현대미술작품 2,800여 점을 관람할 수 있는 곳이다. 강렬한 색채감이 인상적인 아시아 작가들의 작품을 감상할 수 있는데, 미술에 문외한이거나 작품에 대해 잘 몰라도 작품마다 QR코드(한국어 지원)로 해설을 살펴볼 수 있어 부담 없이 즐길 수 있다.

이 미술관은 아이와 함께 방문해도 좋은데, 체험형 아트와 색칠놀이를 통해 만지고 그리면서 상상력을 키울 수 있다. 관람 후에는 어린이 코너에서 그림책을 가지고 놀이를 즐길 수 있으며, 아트카페에서는 약 1만여 권의 예술서적을 보며 커피 한잔의 여유를 누릴 수도 있다. 나카스 일정 중간에 꼭 넣어 방문해 보길 권유하고 싶은 곳이다.

주소 福岡市 博多区 下川端町 3-1 リバレインセンタービル 7~8F 문의 092-263-1100 운영시간 09:30~18:00(금요일 및 주말 ~20:00) 휴무 매주 수요일 및 연말연시 입장료 아시아갤러리 성인 ¥200, 학생 ¥150, 중학생 이하 무료 귀띔 한마디 락커룸을 무료로 이용할 수 있다. 찾아가기 시영지하철 나카스카와바타(中洲川端)역 6번 출구에서 도보 1분 거리이다. 홈페이지 faam.city.fukuoka.lg.jp

아이들이 마음껏 뛰놀고 꿈을 펼치는 공간 ★★★★☆

후쿠오카 호빵맨어린이박물관 福岡アンパンマンこどもミュージアム

하카타리버레인博多リバレイン 5~6층에 위치한 호빵맨(앙팡맨) 어린이박물관은 아이를 동반한 여행자들의 필수코스이다. 물론 아이가 없더라도 호빵맨에 대한 추억이 있다면 방문해 보아도 좋다. 입장료가 다소 비싼 편이지만, 함박웃음을 지으며 마음껏 뛰놀고, 조물조물 만지고 하는 아이의 모습에서 방문하기를 잘했다는 생각이 들 것이다. 입장할 때 포토존에서 촬영을 해주는데, 이 사진은 무료로 현상해주므로 꼭 찍고 가자.

호빵맨과 그 친구들을 만나고 싶다면 오전 중에 가는 것이 좋고, 미리 홈페이지를 통해 스케줄을 확인하여 동선을 구상해 두는 것이 좋다. 주의해야 할 곳이 있다면 바로 호빵맨 관련 상품과 식품코너이다. 아기자기한 상품과 캐릭터 빵이 아이들을 떼쓰게 만들어 지갑을 자꾸 열게 하므로 적당한 선에서 타협이 필요하다.

주소 福岡市 博多区 下川端町 3-1 リバレインセンタービル 5~6F 문의 092-291-8855 운영시간 10:00~17:00(입장마감 16:00) 휴무 1/1 입장료 만 1세 이상 ¥2,000~2,200(일자에 따라 다르며, 입장하는 어린이에게 작은 선물을 준다.) 귀띔 한마디 당일에 한해 재입장이 가능하므로, 중간에 퇴장한 후 스탬프를 제시하면 다시 입장할 수 있다. 찾아가기 시영지하철 나카스카와바타(中洲川端)역 6번 출구에서 도보 1분 거리이다. 홈페이지 www.fukuoka-anpanman.jp/kr

잠시 쉬었다 가기 좋은 곳 ★★★☆☆

후쿠하쿠 만남의 다리 福博であい橋

나카강을 가로지르는 길이 78.2m의 다리로 한가로이 풍경을 즐기기 좋은 산책로로 사랑을 받고 있다. 다리 이름은 강을 사이에 두고 나누어진 예전 무사의 거리 후쿠오카福岡와 상인의 거리 하카타博多가 연결되는 장소라는 뜻에서 각각 한 글자씩 따서 지어졌다고 한다. 실제로 현지인들은 이곳을 만남의 장소로 활용하고 있다.

풍광이 좋아 다리 곳곳에는 파라솔과 벤치 등이 있어 휴식을 취하기에 좋다. 밤이 되면 악기를 연주하는 사람이나 퍼포먼스를 뽐내는 사람들이 몰려 활기찬 분위기를 연출한다. 영화 〈너의 췌장을 먹고 싶어〉에도 등장하는 다리이다. 구 후쿠오카현 공회당귀빈관과 함께 일정을 묶어 둘러보기에 좋다.

주소 福岡市 中央区 西中洲 6 운영시간 24시간(연중무휴) 찾아가기 시영지하철 나카스카와바타(中洲川端)역 1번 출구에서 도보 2분 거리이다. 홈페이지 yokanavi.com/spot/86414

후쿠오카 근대화를 상징하는 르네상스풍 건축물 ★★★☆☆

구 후쿠오카현 공회당귀빈관

旧福岡県公会堂貴賓館

텐진중앙공원天神中央公園 동쪽에는 페퍼민트 그린으로 포인트를 준 서양식 건축물 구 후쿠오카현공화당귀빈관이 있다. 고풍스럽고 우아한 분위기를 자아내는 이 건축물은 1910년 규슈•오키나와 물산박람회 기간 중 내빈접대소를 겸해 지어졌다. 당시에는 보기 드문 프랑스 르네상스풍의 목조건축물로 후쿠오카 근대화를 상징한다는 면에서 일본 국가중요문화재로 지정되어 있다.

건축물 외관은 돌출된 돌기둥 현관과 모르타르 외벽, 팔각탑으로 설계되었고, 내부로 들어서면 좌우대칭으로 균형을 맞춘 중후한 나무계단이 먼저 눈에 띈다. 1층에는 당시 사용했던 식당, 응접실 등이 있고 관련 자료와 유물 등이 전시되어 있다. 2층으로 올라가는 계단 난간에는 아칸서스Acanthus 잎모양으로 장식을 했는데, 설계자의 섬세함이 느껴진다. 이 외에도 귀빈실, 침실, 화장실, 응접실 곳곳에서 화려하게 꾸며진 디자인을 즐길 수 있다. 또한 내부에는 복고풍 카페도 운영하고 있어 우아한 분위기 속에서 티타임도 가질 수 있다.

주소 福岡市 中央区 西中洲 6-29 문의 092-751-4416 운영시간 09:00~18:00 휴관 매주 월요일(공휴일일 경우 화요일) 및 연말연시 입장료 성인 ¥200, 15세 미만 ¥100 강력추천 건축양식에 흥미가 있다면 아카렌가문화관의 영국건축양식과 비교해보는 것도 좋다. 귀띔 한마디 당시 레트로한 의상체험도 해볼 수 있다.(¥2,000~3000 유료) 찾아가기 시영지하철 나카스카와바타(中洲川端)역에서 도보 5분 거리 또는 텐진(天神)역에서 도보 8분 거리이다. 홈페이지 fukuokaken-kihinkan.jp

명성황후의 비극을 상기할 수밖에 없는 ★★☆☆☆

쿠시다신사 櫛田神社

쿠시다신사 야마카사

셋신잉에 있는 명성황후를 기리는 석상

757년 하카타의 수호신사로 건립된 쿠시다신사는 현지인들에게는 '오쿠시다상お櫛田さん'이라는 애칭으로도 불린다. 후쿠오카를 대표하는 3대 축제 하카타기온야마카사博多祇園山笠, 하카타오쿤치博多おくんち, 하카타돈타쿠博多どんたく의 구심점으로 축제의 피날레를 장식하는 초대형 가마가 출발하는 곳이다. 이처럼 일본인들에게는 수호와 번영을 의미하는 신사이지만, 우리에게는 뼈아픈 역사의 한 장면을 상기시키는 곳이다.

1895년 을미사변으로 명성황후는 일본 낭인들의 칼에 비참한 최후를 맞는다. 당시 낭인 중 토오카츠아키藤勝顯는 끔찍한 그날을 되뇌며 '시해할 때 그 눈빛을 지울 수 없다. 다시는 이런 칼이 세상에 나와서는 안 된다.'라며 명성황후를 살해한 히젠도肥前刀를 쇼후쿠지聖福寺 내 셋신잉節信院에 맡기려 했다. 하지만 절에 피 묻은 칼을 보관할 수 없다며 대신 명성황후를 기리는 청동관음상(현재는 석상)을 세우고 그 칼은 '조선왕비를 이 칼로 베었다.'라고 적은 문서와 함께 인근의 쿠시다신사에서 보관하게 되었다. 히젠도 칼집에는 '한순간 번개처럼 늙은 여우를 베었다(一瞬電光刺老狐).'라는 치욕적인 문구가 새겨져 있다. 현재 우리나라 문화재 제자리 찾기 본부에서 히젠도 폐기를 강력하게 요구하고 있으며, 쿠시다신사에서는 이에 응하지 않고 있으며, 일반 공개도 하지 않고 있다.

주소 福岡市 博多区 上川端 1-41 문의 092-291-2951 운영시간 하카타역사관 10:00~17:00(입장 ~16:30) 휴무 매주 월요일 입장료 하카타역사관 성인 ¥300 찾아가기 시영지하철 기온(祇園)역 2번 출구에서 도보 5분 거리이다.

나카스 중심에 위치한 라이프스타일 쇼핑몰 ★★★☆☆

하카타리버레인몰 博多リバレインモール

하카타리버레인몰은 쇼핑과 동시에 예술, 문화 엔터테인먼트를 즐길 수 있는 공간이다. 나카스카와바타역과 연결되어 있어 교통이 편리하며, 하카타 강변에 위치하고 있어 전망이 좋다. 쇼핑몰에는 세련된 잡화와 자연주의 인테리어소품전문점, 와인샵, 지역컬렉션샵 등 생활전반과 관련된 스토어가 입점해 있다. 함께 방문하면 좋은 시설로 후쿠오카아시아미술관, 호빵맨어린이박물관, 하카타좌博多座 등의 문화시설도 추천한다.

주소 福岡県 福岡市 博多区 下川端町 3-1 문의 092-271-5050 운영시간 10:00~19:00(점포마다 다르다) 휴무 연말연시 찾아가기 시영지하철 나카스카와바타(中洲川端)역 6번 출구와 바로 연결된다. 홈페이지 hakata-riverainmall.jp

MZ세대를 타깃으로 도키메키돈키를 띄운 ★★★☆☆

돈키호테 나카스점 ドン・キホーテ中洲店

후쿠오카 시내에서 돈키호테를 찾는다면 나카스점과 텐진본점 중 한 곳을 방문하게 된다. 나카스점은 본점이 오픈하기 이전부터 있었던 점포로 다소 오래되고 협소한 느낌이었지만 최근 리뉴얼을 통해 MZ세대를 타깃으로 한 도키메키돈키ときめきドンキ라는 슬로건을 붙여 1층 대부분의 상품을 화장품, 스킨케어, 캐릭터 상품 등 여성 위주의 상품으로 채워 놓았다.

참고로 본점에 비해 상품의 재고가 여유 있고, 금액도 더 저렴하다. 같은 돈키호테 매장이라도 점포마다 상품 금액이 다르므로 시간적 여유가 있다면 두 지점 모두를 방문해 비교해보고 구매하는 것이 좋다.

주소 福岡県 福岡市 博多区 中洲 3-7-24 문의 092-283-9711 운영시간 24시간(연중무휴) 귀띔 한마디 구매금액이 ¥5,500을 넘으면 면세가 가능하다. 면세는 상품을 모두 계산한 후, 면세카운터에서 신청하면 된다. 찾아가기 시영지하철 나카스카와바타(中洲川端)역 4번 출구로 나오면 바로 보인다(gate's 빌딩 2층). 홈페이지 donki-global.com/kr

NAKASU

Section 08

나카스에서 반드시 먹어봐야 할 먹거리

나카스는 먹거리가 넘쳐나는 곳으로 먹을 때마다 선택을 고민해야 될 정도이다. 그 중에서도 놓치면 안 될 먹거리가 나카스의 명물 단팥죽 나카스젠자이와 나카스 포장마차거리에서의 저녁식사이다. 그 외에도 덮밥류, 우동류, 디저트류 등 맛집 리스트를 작성해보고 그날 기분에 따라 맛집을 선택하자.

모두가 친구가 되는 곳 ★★★★☆

추천

나카스 포장마차거리 中洲屋台

나카스는 밤이 되면 화려한 네온사인으로 활기가 넘치는 환락의 도시로 바뀐다. 그 사이로 하루 일과를 마친 샐러리맨들이 삼삼오오 나카스강변 포장마차거리로 몰려든다. 웃고 울고 떠들고 인생의 희로애락이 한 잔의 술과 함께 포장마차를 중심으로 펼쳐진다. 나카스 강변을 따라 20여 채의 포장마차가 나란히 이어지는데, 하카타라멘을 비롯하여 어묵, 튀김만두, 닭꼬치구이, 명란요리, 해산물요리 등 술과 잘 맞는 메뉴들을 적당한 가격에 즐길 수 있다.

자리는 비록 협소하나 옹기종기 모여 앉다보면 옆의 손님이 말을 건네기도 하고 그래서 친구가 되기도 하는 곳이 이곳 포장마차이다. 나카스를 일부러 찾아가는 즐거움이 바로 이런 낭만에 대한 기대감이 아닐까 한다. 언어에 대한 두려움을 벗어 던지고 용기를 내어 천막을 비집고 안으로 들어가 현지인들의 일상 속에 어우러져 보자.

주소 福岡市 博多区 中洲 4-1 운영시간 18:00~03:00(업체마다 다름) 휴무 부정기적 귀띔 한마디 포장마차에 따라 한국어나 외국어 메뉴를 준비한 곳도 있으니 들어가기 전 확인하자. 찾아가기 시영지하철 나카스카와바타(中洲川端)역 1번 출구에서 도보 5분 거리이다. 홈페이지 yokanavi.com/ko/yatai/list

나카스 고기우동 맛집 ★★★★☆

니쿠니쿠우동 元祖肉肉うどん 川端店

추천

후쿠오카에서 가장 인상적인 우동집을 꼽으라면 고민 없이 바로 튀어나오는 고기우동집이다. 간판부터 흰 바탕에 검은 글씨로 니쿠니쿠우동(肉肉うどん)이라고 커다랗게 적혀 있어 멀리서 봐도 눈에 띈다. 또한 나카스카와바타 상점가 아케이드에 위치해 있어 찾아가기 어렵지 않다. 이 집의 추천메뉴로는 원조 니쿠니쿠우동肉肉うどん이다. 다진 고기가 많이 들어가 있고, 진한 국물에 통통하면서 납작한 면발이 특징이다. 기호에 따라 생강과 고춧가루를 뿌려 느끼할 수 있는 고기 맛을 잡을 수 있다. 토핑으로 우엉튀김이 들어간 메뉴를 먹어도 좋다. 기본 메뉴로도 양은 충분하지만, 혹시 조금 아쉽다 싶은 사람은 ¥220을 추가하여 우동면이나 소바면을 추가할 수 있다.

주소 福岡市 博多区 上川端町 5-106 문의 092-282-0966 운영시간 11:00~22:00(일요일 ~20:00) 휴무 2, 4째주 수요일 베스트메뉴 니쿠니쿠우동 ¥930 귀띔 한마디 일본 특유의 짭짤한 맛에 익숙하지 않다면 뜨거운 물을 요청해 간을 맞춰 먹으면 된다. 찾아가기 시영지하철 나카스카와바타(中洲川端)역 5번 출구에서 도보 5분 거리이다. 홈페이지 2929udon.co.jp

나카스의 명물 별미우동 ★★★★☆

하카타아카초코베 博多あかちょこべ

쿠시다신사를 방문했다면 근처 맛집으로 추천하고 싶은 개성 넘치는 우동집이다. 이 집의 대표메뉴는 원조키마카레우동元祖キーマカレーうどん과 즈보라우동ずぼらうどん이다. 키마카레우동은 되직하게 다져진 고기카레와 면을 비벼 먹는데, 가츠오부시かつおぶし 향이 나면서 칼칼한 맛이 별미이다. 처음에는 그냥 먹다가 나중에는 함께 나온 국물 츠유つゆ와 감칠맛 나는 새우튀김조각을 조금씩 넣어 먹으면 아주 일품이다.

그리고 주전자우동이라고도 불리는 즈보라우동은 주전자에 면이 담겨 나오는 이색 요리이다. 찍어 먹는 츠유 취향에 따라 낫또츠유, 모츠타레, 카메카레타레를 골라 먹는 재미가 있다. 개성 넘치는 메뉴만큼이나 건강 면에서도 신경을 쓴 면발은 밀배아를 배합하여 소화를 돕고 맛도 좋아 나카스명물로 많은 사랑을 받고 있다. 선물용으로도 판매하고 있다.

주소 福岡県 福岡市 博多区 冷泉町 7-10 문의 092-271-0102 운영시간 월~금요일 11:30~14:00, 18:00~23:00 토요일 및 공휴일 18:00~23:00 휴무 매주 일요일 베스트메뉴 원조키마카레우동 ¥940, 낫또즈보라우동 ¥720 찾아가기 시영지하철 기온(祇園)역 3번 출구에서 도보 5분 거리 또는 나카스카와바타(中洲川端)역 5번 출구에서 도보 7분 거리이다.

후쿠오카 명란덮밥의 원조 맛집 ★★★★☆

간소 하카타멘타이쥬 元祖博多めんたい重

나카스와 텐진을 가르는 나카강那珂川을 건너면 후쿠오카 명물 명란젓을 덮밥 형태로 파는 유명 맛집이 있다. 방송에도 소개된 적이 있어 손님들의 발길이 끊이지 않는 이곳은 대기시간이 기본 30분 이상이지만 한 번 맛을 보면 계속 찾을 수밖에 없는 집이다. 건물 외관부터 시선을 끄는 하카타멘타이쥬에서 꼭 먹어봐야 할 메뉴로는 명란덮밥めんたい重과 츠케멘めんたい煮こみつけ麺이 있는데, 두 메뉴 모두 놓칠 수 없다면 한멘세트飯麺セット를 주문하여 모두 즐겨보자.

명란덮밥은 갓 지은 흰쌀밥에 김을 골고루 뿌리고 그 위에 명란을 얹은 메뉴인데 특제장국인 타레タレ와 어우러져 맛이 좋다. 특제 타레의 맵기는 4단계로 선택할 수 있는데 맵기 정도가 적힌 나무패를 직원에게 제시하면 된다. 우리입맛에는 3단계도 맵지 않은 편이니 참고하자. 덮밥만큼이나 많은 사랑을 받는 츠케멘은 면발에 윤기가 흐르고 탱글탱글하다. 거기다 명란과 특제가루, 디핑소스가 훌륭한 조합을 이뤄 지금까지 먹어보지 못한 새로운 츠케멘을 맛볼 수 있다.

주소 福岡県 福岡市 中央区 西中洲 6-15 문의 092-725-7220 운영시간 07:00~22:30(LO 22:00) 베스트메뉴 명란덮밥 ¥1,848, 츠케멘 ¥1,848, 한멘세트 ¥ 3,168 귀띔 한마디 선물용으로도 판매한다. 찾아가기 시영지하철 나카스카와바타(中洲川端)역 1번 출구에서 도보 5분 거리 또는 텐진(天神)역 16번 출구에서 도보 5분 거리이다. 홈페이지 www.mentaiju.com

추천

전통 장어덮밥 전문점 ★★★★☆

요시즈카우나기야 博多名代 吉塚うなぎ屋

고풍스런 외관에서 알 수 있듯 메이지시대에 창업하여 150년 가까이 장어요리만을 고집해온 장어명가이다. 처음 요시즈카吉塚에서 창업한 후 나카스로 이전하여 오늘에 이른다. 이곳 장어는 통통하고 고소하며 윤기가 흐르는 것이 특징인데, 불맛을 더한 장어에 단맛과 감칠맛이 도는 소스가 어우러져 아주 맛이 좋다.

장어덮밥은 흰밥 위에 장어를 얹어주는 우나기동うなぎ丼과 장어와 밥을 따로 담아주는 우나쥬うな重로 나눌 수 있다. 우나쥬는 가격대가 높으므로 덮밥형태로 먹는 것이 좀더 저렴하다. 참고로 장어덮밥을 주문하면 장어의 간을 넣어 끓인 맑은 국 키모스이きも吸가 함께 나오는데 키모스이가 익숙하지 않다면 된장국으로 변경할 수도 있다. 가격대가 있어 지갑이 가벼운 여행자에게는 부담스러울 수 있지만 이 집은 맛이 좋아 재방문율이 높은 곳이다. 현금결제만 가능하니 참고하자.

주소 福岡市 博多区 中洲 2-8-27 문의 092-271-0700 운영시간 10:30~21:00 휴무 매주 수요일, 연말연시 베스트메뉴 우나기동 ¥2,150, 우나쥬 ¥3,570 귀띔 한마디 인기 맛집이지만 120명을 수용할 수 있는 규모라 대기시간이 길지 않다. 찾아가기 시영지하철 나카스카와바타(中洲川端)역 5번 출구에서 도보 3분 거리이다. 홈페이지 yoshizukaunagi.com

나카스의 명물 단팥죽 전문점 ★★★★☆

나카스젠자이 中洲ぜんざい

쿠시다신사 뒤쪽에 자리한 나카스젠자이는 나카스 지역 명물로 70년 이상 변하지 않는 추억의 단팥죽 맛을 이어오고 있다. 이 집의 대표메뉴 젠자이(단팥죽)는 홋카이도 도카치산의 달달한 팥고물에 사가현 햅쌀로 고소하게 구운 떡을 넣은 간식거리이다. 단팥죽과 함께 나오는 짭조름한 다시마조림 콘부こんぶ와 함께 먹으면 단짠단짠 최고의 궁합이다. 여름철에는 녹차맛 팥빙수도 별미로 인기가 많다.

주소 福岡市 博多区 上川端町 3-15 문의 092-291-6350 운영시간 11:00~17:00 휴무 매주 수요일, 일요일 및 공휴일 베스트메뉴 단팥죽 ¥600 귀띔 한마디 팥도 맛있지만, 구수하게 구운 떡이 별미이다. 찾아가기 시영지하철 나카스카와바타(中洲川端)역 5번 출구에서 도보 7분 거리이다.

모던하고 예쁜 전통 화과자 ★★★★☆

하카타 스즈카케본점 博多鈴懸本店

1923년 오픈한 이후 오늘날까지 사랑을 받는 화과자 전문점이다. 전통 화과자라고 하면 투박한 이미지를 떠올리는데 스즈카게의 화과자는 한입에 먹기 아까울 정도로 예쁘게 만들어져 남녀노소 가리지 않고 좋아한다. 가게 이름의 스즈(鈴)가 의미하는 방울모양 화과자나 모나카, 팥빵, 찹쌀떡 등 전통과자가 주를 이루지만 젊은 사람들에게도 인기가 높다. 또한 화과자를 판매하는 코너 옆 모던하고 심플한 느낌의 카페에서는 바로 만들어진 화과자를 음료와 함께 즐길 수 있다. 인기메뉴는 방울파르페로 방울모양으로 된 화과자와 아이스크림이 모양도 귀엽고 맛도 좋다. 디저트 외에도 식사 메뉴도 제공하고 있다.

주소 福岡市 博多区 上川端町 12番 20号 ふくぎん博多ビル 1階 문의 092-291-0050 운영시간 09:00~19:00, 카페 11:00~19:00 휴무 신정연휴(1/1~2) 베스트메뉴 방울파르페 ¥1,080 귀띔 한마디 방울파르페는 여러 가지 아이스크림 중에서 고를 수 있는데 바닐라, 캬라멜, 말차, 검은참깨맛 중에서 고르면 된다. 찾아가기 시영지하철 나카스카와바타(中洲川端)역 5번 출구에서 도보 1분 거리이다. 홈페이지 www.suzukake.co.jp

수제 초콜릿가게 ★★★☆☆

초콜릿샵 チョコレートショップ本店

수제 초콜릿가게라고 하기에는 규모가 너무 커서 초콜릿 백화점이라고 부르는 것이 더 어울릴 것 같은 곳으로, 1942년 초콜릿이 아직 익숙하지 않던 시절에 오픈하였다. 창업자 사노겐사쿠佐野源作는 십대시절 호텔견습생으로 일하면서 트리플초콜릿을 처음 맛본 후 그 맛에 반해 유럽으로 초콜릿 유학까지 다녀왔다고 한다. 현재는 대를 이어 기술이 발전하면서 세계 각국의 다양한 초콜릿까지 선보이고 있다. 그 중에서도 꼭 먹어봐야 할 것은 하카타노이시타미博多の石畳 케이크로 네모반듯하게 잘라진 생초콜릿 케이크를 입에 넣는 순간 바로 사르르 녹는 부드러운 맛이다. 현지인들이 인정하는 초콜릿 전문점인만큼 달달한 스위트를 즐기는 여행자라면 꼭 방문해보자.

주소 福岡市 博多区 綱場町 3-17 문의 092-281-1826 운영시간 10:00~19:00 휴무 매주 화요일 베스트메뉴 하카타노이시타미(소) ¥594 찾아가기 시영지하철 나카스카와바타(中洲川端)역에서 도보 5분 거리이다. 홈페이지 www.chocolateshop.jp

Chapter 04

이마이즈미& 야쿠인

今泉&薬院

Imaizumi&Yakuin

★★★★☆
★★★★★
★★★★☆

이마이즈미 지역은 감각적인 카페와 개성 있는 편집샵, 아기자기한 잡화점, 숨겨진 맛집 등이 몰려있는 곳으로 텐진을 방문한 후 산책 겸 들러보기 좋다. 시끌벅적하고 화려한 텐진과는 달리 차분하고 여유로운 시간을 보낼 수 있어 후쿠오카 여행마니아가 다시 찾을 때는 이마이즈미에서 대부분의 시간을 보낸다. 이 책에 소개된 곳들을 하나하나 찾아보며 이마이즈미의 매력을 알아보자.

이마이즈미&야쿠인을 이어주는 교통편

- 이마이즈미/야쿠인 지역은 지하철 전노선이 지나는 텐진(天神)역이나 나나쿠마선이 지나는 야쿠인(薬院)역과 야쿠인오도리(薬院大通)역에서 도보로 이동할 수 있으며 대부분 여행지를 도보로 이동할 수 있다.
- 버스를 이용할 경우 텐진행 버스를 탑승한 후 텐진케고신사(今泉一丁目)·텐진미나미(天神南)·야쿠인역앞(薬院駅前)·이마이즈미1쵸메(今泉一丁目) 주변에서 하차하면 된다. 대부분 도보로 이동이 가능하기 때문에 지하철이나 버스 중 편한 교통수단을 이용하면 된다.

이마이즈미&야쿠인에서 이것만은 꼭 해보자

- 일본식 정원 쇼후엔을 산책한 후 말차체험을 해보자.
- 쁘띠쥬르에서 유럽의 전통수플레를 맛보자.
- 이마이즈미 골목골목을 돌아보며 아기자기한 잡화와 숨겨진 맛집투어를 즐겨보자.

사진으로 미리 살펴보는 이마이즈미&야쿠인 베스트코스(예상 소요시간 4시간 이상)

이마이즈미 여행의 시작은 히라오에서 시작한다. 히라오는 한적한 분위기의 고급 주택가인데, 이곳에 일본식 정원 쇼후엔이 있다. 쇼후엔은 도심 소음에서 벗어나 조용히 시간을 보내기 좋지만, 역에서 떨어져 있고 언덕 위에 위치하고 있어 교통이 다소 불편하다. 따라서 택시를 통해 이동하는 것도 괜찮다. 쇼후엔에서 여유로운 시간을 보낸 후에는 천천히 거닐며 죠스이거리와 이마이즈미거리를 산책한다. 곳곳에 예쁜 카페와 디저트가게, 잡화점, 편집샵이 많으므로 베스트코스를 따라 이동하며 구경하자.

이마이즈미&야쿠인

텐진지하상점가
天神地下街
텐진중앙공원
天神中央公園
니시테츠후쿠오카역 북출구(西鉄福岡駅)
[T01] 니시테츠후쿠오카(텐진)역
[N16] 텐진미나미역
관광안내소
케고공원
警固公園
이와타야백화점본점
岩田屋本店
昭和通り
親不孝通り
[K07] 아카사카역
大名中央通り
大正通り
빅카메라 텐진2호점
ビックカメラ天神2号館
마이즈루공원
舞鶴公園
애플 후쿠오카
Apple 福岡
수요일의 앨리스
水曜日のアリス
国体道路
츠치야가방제작소
土屋鞄製造所
이마이즈미공원
今泉公園
하카타로바타 피시맨
博多炉端・魚男, FISHMAN
혼죠유
本庄湯
코모에스이마이즈미
コモエス今泉
후쿠오카시립케고초등학교
福岡市立警固小学校
야쿠인기념공원
薬院記念公園
北出口
[T02] [N14] 야쿠인역
南出口
뻬띠쥬르
Petit Jour
무츠카도
パン屋 むつか堂 薬院本店
쓰리비포터스
B·B·B POTTERS
아카사카공원
赤坂公園
사이코오지
西光寺
桜坂谷原線
[N13] 야쿠인오도리역
사쿠라자카공원
桜坂公園
야쿠인공원
薬院公園
浄水通り
프랑스과자 16구
フランス菓子16区
[N12] 사쿠라자카역
노커피
NO COFFEE
현립후쿠오카중앙고등학교
福岡県立福岡中央高等学校
미나미공원
南公園
후쿠오카후타바고등학교
福岡雙葉高等学校
쇼후엔
松風園
도우부츠엔마에정류장
動物園前
후쿠오카시동식물원
福岡市動植物園
히라오 공원
山荘公園
히라오산장공원
平尾山荘公園
히라오산장
平尾山荘
山荘通り
筑肥新道
후쿠오카시식물원
福岡市植物園
장미공원
バラ園

Section 09

IMAIZUMI&YAKUIN

이마이즈미&야쿠인에서 반드시 둘러봐야 할 명소&쇼핑

이마이즈미&야쿠인은 텐진 남쪽에 위치한 거리로 골목골목에 아기자기한 상점들이 많다. 따라서 볼거리를 찾는다면 히라오 지역으로 이동하는 것이 낫다. 일본식 정원인 쇼후엔과 히라오산장을 묶어 죠스이거리를 산책하거나 아이가 있다면 후쿠오카시동식물원에서 자연과 어울리는 시간을 가져보자. 개성 있는 잡화와 감각적인 편집샵이 곳곳에 숨어있어 보물찾기 하듯 쇼핑하기에도 좋다.

도심 소음이 차단된 아름다운 일본식 정원 ★★★★★

쇼후엔 松風園

추천

야쿠인오도리역薬院大通駅에서 15분 정도 걷다 보면 한적한 분위기의 고급 주택가가 이어지는 죠스이거리浄水通이다. 이곳에는 잘 알려지지 않은 일본식 정원 쇼후엔이 있다. 쇼후엔은 원래 후쿠오카 최초의 백화점 후쿠오카타마야福岡玉屋를 세운 다나카마루젠파치田中丸善八의 개인저택이었는데, 이를 리뉴얼하여 2007년부터 일반 공개하고 있다. 쇼후엔 입구까지는 돌계단을 올라가야 하는데 마치 산속을 유유자적 산책하는 듯한 느낌이다. 정원 내에는 커다란 노송과 사계절 아름다운 풀꽃들이 잘 관리되고 있다. 걷다 힘들면 정자에서 휴식을 취할 수도 있고, ¥500을 지불하면 말차체험도 가능하다. 쇼후엔 주변에는 후쿠오카시동식물원福岡市動植物園과 히라오산장平尾山荘이 있어 함께 둘러볼만 하므로, 도심 속 소음에서 탈출하여 마음이 정화되는 여유의 시간을 누려보자.

주소 福岡市 中央区 平尾 3-28 문의 092-524-8264 운영시간 09:00~17:00 휴무 화요일(공휴일인 경우 익일 휴무) 및 연말연시 입장료 성인 ¥100, 15세 미만 ¥50 귀띔 한마디 말차체험 요금 ¥500 찾아가기 버스를 이용할 경우, 하카타역 버스정류장B에서 58번 버스 탑승하여 쿄카이마에(教会前)에서 하차 후 도보 15분 거리. 지하철을 이용할 경우, 야쿠인오오도리역(薬院大通) 동식물원 출구에서 도보 15분 거리 홈페이지 shofuen.fukuoka-teien.com

여류시인의 산장 ★★★☆☆

히라오산장 平尾山荘

일본 막부말기의 여류시인이자 비구니였던 노무라 모토니野村望東尼가 20년간 은거하며 학문을 닦았던 곳이다. 노무라모토니(1806~1867)는 54세 되던 해, 남편이 죽자 출가하여 비구니가 되었는데 이때부터 그녀의 새로운 인생이 시작되었다. 그녀는 막부에 대항했던 존왕파 지사들에게 영향을 미쳤던 여류시인으로 혈기왕성한 젊은 지사들이 그녀의 가르침을 얻기 위해 히라오산장을 찾아왔다고 한다. 히라오산장은 막부말 격동의 시기 다카스기신사쿠高杉晋作 등 많은 유신 지사들을 비호한 곳이기도 했다. 현재는 당시의 암자를 복원하여 건물 안을 견학할 수 있는데, 쇼후엔이나 죠스이거리를 방문한다면 산책을 겸해 둘러보기 좋다.

주소 福岡市 中央区 平尾 5-2-28 문의 092-711-4666 운영시간 09:00~17:00 입장료 무료 찾아가기 하카타역 버스정류장 C에서 69, 69-1번 버스를 탑승한 후 산소도오리(山荘通) 정류장에서 하차 후 도보 5분 거리. 지하철을 이용할 경우, 니시테츠히라오(西鉄平尾)역 히라오빌딩출구에서 도보 15분 거리이다.

쇼와시대 욕탕문화를 체험할 수 있는 ★★★☆☆

혼죠유 本庄湯

세련된 카페와 상점들이 늘어선 이마이즈미에는 쇼와시대 모습 그대로를 간직한 목욕탕 혼죠유가 있다. 세련된 지역 분위기와 다소 어울리지 않지만, 입구에서 풍기는 예스러움은 한 번쯤 들어가보고 싶은 생각이 들게 한다. 안에는 여탕과 남탕이 칸막이로 분리되어 있고 그 사이 카운터에서 나이 지긋한 어르신이 손님을 반긴다.
시간의 흐름이 느껴지는 목재사물함과 아날로그 체중계, 수도꼭지 등 모든 것이 옛것 그대로라 마치 시간을 거슬러 온 듯한 느낌이다. 목욕탕에는 작은 욕조와 샤워시설이 있는데 성인 대여섯 명 정도가 들어갈 수 있는 규모이다. 내부에는 세면용품이 없으므로 미리 준비해야 한다. 물온도는 40도 정도로 따뜻하고 시기에 따라서 이벤트 탕을 즐길 수도 있다.

주소 福岡市 中央区 今泉 1-3-10 문의 092-741-0709 운영시간 16:00~24:00 휴무 매주 수요일 입장료 성인 ¥480, 학생 ¥200 귀띔 한마디 카운터에서 타월과 비누를 구입할 수 있다. 찾아가기 니시테츠야쿠인(西鉄薬院駅)역 북쪽출구에서 도보 5분 거리이다. 홈페이지 fukuoka1010.com/fukuoka/honjyouyu

가족과 함께 방문하면 좋은 ★★★☆☆

후쿠오카시동식물원 福岡市動植物園

죠스이거리에서 조금 떨어진 미나미공원南公園 내 자리한 후쿠오카시동식물원은 현지인들의 사랑을 꾸준히 받는 곳이다. 이곳의 매력은 바로 초식동물부터 맹수, 조류 등 110여 종의 동물을 가까이에서 볼 수 있으며, 동시에 식물원에서 2,600여 종의 다양한 식물을 감상할 수 있다는 점이다. 식물원에는 테마별로 수생식물, 허브정원, 일본정원 등으로 구분하였는데 그 중에서도 장미정원이 가장 인기가 높다. 동식물원 내에는 다양한 체험 코너도 있어 동물에 대한 지식을 놀이처럼 배울 수 있고 관람차, 회전목마와 같은 놀이기구도 준비되어 있어 어린이들이 마음껏 즐겁게 뛰놀 수 있다.

주소 福岡市 中央区 南公園 1-1 문의 092-531-1968 운영시간 09:00~17:00 휴무 매주 월요일 및 연말연시 입장료 성인 ¥600, 고교생 ¥300, 중학생 이하 무료 귀띔 한마디 동물원에서 식물원으로 이동할 때는 무료 슬로프카를 이용하면 된다. 찾아가기 하카타역 버스정류장B에서 58번 버스를 탑승한 후 도우부츠엔마에(動物園前) 정류장에서 하차하면 바로 보인다. 홈페이지 zoo.city.fukuoka.lg.jp

수공예 가죽가방 전문제작소 ★★★★☆

츠치야가방제작소 土屋鞄製造所

비밀정원 같은 멋스러운 복합상업시설 토키리큐季離宮에는 일본 가죽가방 브랜드 츠치야가방제작소가 있다. 츠치야가방제작소는 1965년 어린이를 위한 가방 란도셀ランドセル부터 성인용 가방, 지갑, 명함케이스 등을 모두 수공예로 제작하고 있다. 본사는 도쿄에 있으며 일본 10여 개 지점 중 규슈에는 후쿠오카점밖에 없다.

이 브랜드의 매력은 질 좋은 가죽과 깔끔하고 심플한 디자인으로 세월이 흘러도 멋스러움을 풍기는 것인데, 성인용 란도셀을 출시하며 큰 화제를 몰기도 했다. 츠치야를 나와 토키리큐 안쪽으로 이동하면, 어린이가방을 전문으로 취급하는 동구점童具店이 있다. 란도셀을 비롯한 아동용품을 판매하는데, 작은 놀이터까지 갖추고 있어 아이가 놀이터에서 노는 동안 천천히 둘러볼 수 있다.

주소 福岡市 中央区 今泉 1-18-25 季離宮 문의 092-791-1563 운영시간 11:00~19:00 휴무 매주 화요일 및 연말연시(비정기 휴무) 귀띔 한마디 란도셀을 비롯한 일부 가방은 사전 예약이 필요하니 참고하자. 찾아가기 니시테츠후쿠오카텐진(西鉄福岡天神)역 남쪽출구에서 도보 8분 거리 또는 시영지하철 야쿠인(薬院)역 1번 출구에서 도보 8분 거리이다. 홈페이지 www.tsuchiya-kaban.jp

실용적이면서도 예쁜 생활용품 편집샵 ★★★★☆

쓰리비포터스 B• B• B POTTERS

주방용품을 포함한 생활용품을 마음껏 구경할 수 있는 잡화편집샵이다. 상호명의 B•B•B는 Brew(차를 달이다), Bake(빵이나 케이크를 굽다), Boil(음식을 삶다)의 영문약자로 일상적인 주방의 모습을 표현한 것이고, POTTERS는 도공을 뜻하는 것으로 식기나 도기를 만드는 사람들에게 경의를 표하는 마음에서 이름 지었다고 한다.

상호명에서 알 수 있듯 처음에는 주방용품 위주였으나 점차 가드닝, 욕실, 인테리어 등 생활전반에 유용한 용품들로 확장하였다. 2층에는 이이호시 유미코いい星由美子 등 유명작가의 수공예품을 모아 놓았고, 카페포터스カフェポッターズ에서 차와 함께 프랑스 갈레트와 디저트 등을 맛볼 수 있다.

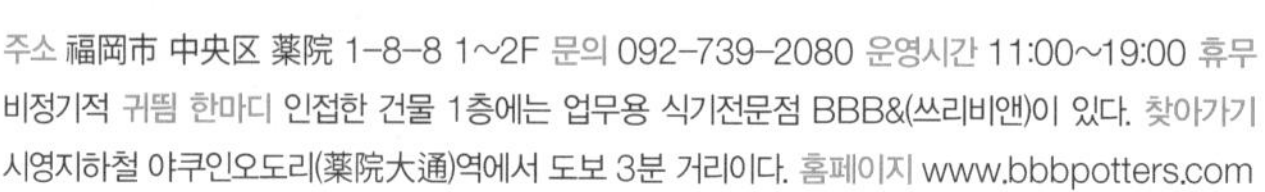

주소 福岡市 中央区 薬院 1-8-8 1~2F 문의 092-739-2080 운영시간 11:00~19:00 휴무 비정기적 귀띔 한마디 인접한 건물 1층에는 업무용 식기전문점 BBB&(쓰리비앤)이 있다. 찾아가기 시영지하철 야쿠인오도리(薬院大通)역에서 도보 3분 거리이다. 홈페이지 www.bbbpotters.com

Section 10

IMAIZUMI&YAKUIN

이마이즈미&야쿠인에서 반드시 먹어봐야 할 먹거리

이마이즈미&야쿠인쪽에는 숨은 맛집과 아기자기한 카페, 디저트 가게가 넘쳐나 한 집 건너 한 집마다 유혹의 연속이다. 여행의 목적이 맛집투어라면 이마이즈미를 방문하는 날 아침에는 식사를 가볍게 하고, 여기서 소개하는 맛집 리스트를 참고하여 나만의 맛집투어를 제대로 즐겨보자.

독특하고 참신한 시푸드를 즐길 수 있는 ★★★★☆

하카타로바타 피시맨 博多炉端・魚男 FISHMAN

이마이즈미 골목 안쪽으로 들어서면 상점 입구를 가리는 가림막에 'I ♥ FISH'라고 쓴 노렌이 눈에 띄는 집이 있다. 이곳이 바로 해산물을 이용한 창작요리전문점 피시맨이다. TV 예능프로그램 〈원나잇 푸드트립〉에서 일명 계단스시라 불리는 간소 카이단사시미 모리아와세元祖!階段刺身盛り合わせ가 소개되면서 유명해진 맛집이다. 내부는 세련되고 감각적인 분위기인데, 이 집의 베스트메뉴는 무려 7계단의 사시미와 회덮밥을 함께 즐길 수 있는 더·하카타돈ザ・博多丼과 수량 한정 특선 런치이다. 양식메뉴로는 연어를 사용한 마구로노 레아토로함바그マグロのレアとろハンバーグ를 추천한다. 시푸드를 이용한 참신하고 독특한 발상에 감탄하게 되고, 눈으로 보기에도 즐겁고 맛까지 좋아 잊지 못할 추억이 될 것이다. 저녁시간대에는 이자카야로 분위기가 바뀐다. 부담스럽지 않은 가격에 시푸드를 즐길 수 있는 피시맨을 꼭 방문해보길 권한다.

하카타정식(명란+회세트)

마구로노 레아토로함바그

더・하카타돈

주소 福岡市 中央区 今泉 1-4-23 문의 080-4358-3875 운영시간 런치 11:00~14:30, 디너 17:00~23:00 휴무 비정기적 베스트메뉴 더하카타돈 ¥2,980, 마구로레아토로함바그 ¥1,080, 귀띔 한마디 상점 입구를 가려주는 가림막을 일본어로 노렌(暖簾)이라고 하는데, 이 노렌의 문구와 이미지는 변경될 수 있다. 찾아가기 시영지하철 야쿠인(薬院)역 중앙출구에서 도보 5분 거리이다. 홈페이지 sakanaotoko.com

유럽식 전통수플레 전문점 ★★★★★

뽀띠쥬르 プティジュール, Petit Jour

추천

건물외관을 둘러싼 넝쿨과 빛바랜 입간판이 가게의 역사를 말해주는 이 집은 연세 지긋한 셰프가 1993년 오픈한 디저트전문점이다. 전통수플레를 고집하는 곳으로 내부의 클래식한 인테리어가 마음까지 편안하게 해준다. 이 집의 수플레는 주문 후 30분 정도 기다려야 하므로 시간을 넉넉하게 잡고 오는 것이 좋다. 완성된 수플레는 셰프가 직접 가져다주는데 생각보다 크기도 크고 먹음직스럽게 보인다. 바삭하게 구워진 수플레의 윗부분을 살짝 들어내면 계란찜처럼 부드러운데, 단맛과 짭조름한 맛이 환상적인 조화를 이룬다. 최고의 수플레를 만날 수 있는 기회를 놓치지 말자.

주소 福岡市 中央区 薬院 1-12-19 문의 092-751-0105 운영시간 화~토요일 11:30~21:30 일요일 및 공휴일 11:30~20:30 휴무 매주 월요일(공휴일인 경우 익일) 베스트메뉴 수플레 ¥1,300, 수플레세트 ¥1,750 귀띔 한마디 계절별 한정메뉴도 판매하니 참고하자. 찾아가기 시영지하철 야쿠인(薬院)역 중앙출구에서 도보 3분 거리이다. 홈페이지 petitjour1993.com

켄지즈도넛을 맛볼 수 있는 느낌 좋은 카페 ★★★★☆

코모에스이마이즈미 コモエス今泉

추천

이마이즈미 좁은 골목에는 오래된 가옥을 개조한 하얀 외관에 빨간 대문이 눈에 띄는 집이 있다. 문을 들어서면 2만 장이 넘는 레코드판과 DJ부스가 아련한 추억을 소환한다. 1층은 카페, 2층은 이벤트공간으로 활용되는데 부정기적으로 연주회도 개최하는 등 음악과 다양한 문화가 조화를 이루는 곳이다. 이 카페에서 꼭 맛봐야 할 것은 수제도넛으로 유명한 켄지즈도넛Canezees Doughnut이다. 켄지즈도넛은 비건도넛으로도 유명한데, 계란과 유제품을 사용하지 않고 식물성 기름으로 튀긴 도넛이라 알레르기가 있는 사람도 부담 없이 즐길 수 있다. 음악이 흐르는 분위기 좋은 카페에서 핸드드립 커피와 건강에 좋은 도넛을 즐겨보자.

주소 福岡市 中央区 今泉 2-1-75 문의 092-516-3996 운영시간 11:00~18:00(주말 및 휴일 11:00~19:00) 휴무 매주 화요일 가격 도넛 ¥250~, 커피 ¥550~ 찾아가기 시영지하철 야쿠인(薬院)역 중앙출구에서 도보 6분 거리이다. 홈페이지 www.instagram.com/como_es_imaizumi

맛있는 식빵을 먹고 싶다면 ★★★★☆

무츠카도 パン屋 むつか堂 薬院本店

후쿠오카에서 맛있는 식빵을 찾는다면 무츠카도를 빼놓고 이야기할 수 없다. 무츠카도는 일반 베이커리와 달리 식빵을 전문적으로 취급하는 곳이다. 그레이톤 외벽 곡선을 따라 넓은 통유리가 설치되어 있어 내부에서 빵 굽는 모습이 밖에서도 훤히 보인다. 내부로 들어서면 작은 카운터 진열장에 먹음직스런 식빵들이 종류별로 진열되어 있다.

이 집의 식빵은 쫄깃하면서도 촉촉한 식감이 특징으로 한 점 한 점 뜯어 먹기에 좋다. 식빵의 종류가 다양해서 무엇을 선택해야 할지 모르겠다면 시식용 식빵부터 먹어본 후 입맛에 맞는 식빵을 주문하면 된다. 인기메뉴는 사각식빵角型食パン과 오렌지식빵オレンジ食パン이며 반 덩어리만 구입하거나 슬라이스 조각으로 구입해서 먹어도 된다.

주소 福岡市 中央区 薬院 2-15-2 ルミエール薬院 1F 문의 092-726-6079 운영시간 10:00~20:00 휴무 매주 일요일 베스트메뉴 사각식빵(반 덩어리) ¥432, 오렌지식빵(반 덩어리) ¥378 귀띔 한마디 하카타아뮤플라자 5층에도 무츠카도카페가 있다. 찾아가기 시영지하철 야쿠인오도리(薬院大通)역 2번 출구에서 도보 3분 거리이다. 홈페이지 mutsukado.jp

원조 다쿠아즈를 맛볼 수 있는 양과자점 ★★★★☆

프랑스과자 16구 フランス菓子16区

프랑스과자로 알고 있던 다쿠아즈ダックワーズ가 사실 후쿠오카출신 일본인 파티시에 미시마타카오三嶋隆夫가 개발했다는 사실을 아는 사람은 많지 않다. 그는 프랑스 파리 고급주택가 16구에 있는 양과자점

에서 근무했었는데 당시 전통적인 케이크 형태의 다쿠아즈를 한입 크기의 타원형으로 만들어 큰 인기를 끌었다. 그가 고향으로 돌아와 죠스이거리에 오픈한 과자점이 바로 프랑스과자 16구이다. 전 세계 다쿠아즈 팬들은 일본식 다쿠아즈를 맛보러 이곳까지 일부러 찾아온다. 이곳은 1층이 매장, 2층이 카페로 이루어져 있다. 다쿠아즈뿐만 아니라 신선한 재료와 전통 프랑스식 방법으로 만들어진 제철 디저트도 먹어볼 만하다.

주소 福岡市 中央区 薬院 4-20-10 문의 092-531-3011 운영시간 10:00~18:00(카페 ~17:00) 휴무 매주 월요일(카페 월요일 및 목요일 휴무) 베스트메뉴 다쿠아즈(2개입) ¥486 찾아가기 시영지하철 야쿠인오도리(薬院大通)역 1번 출구에서 도보 4분 거리이다. 홈페이지 www.16ku.jp

시크한 소품들이 인상적인 카페 ★★★☆☆

노커피 NO COFFEE

커피마니아에게 커피 없는 삶은 상상하기도 어려울 것이다. 카페 노커피는 그런 사람들과 생각을 같이 하는 곳으로 'Life with Good Coffee'라는 캐치프레이즈로 커피와 함께 하는 삶을 추구한다. 야쿠인 중심에서 다소 떨어져 있고, 간판도 따로 없는 카페라 자칫 그냥 지나칠 수 있다. 또한 내부에는 별도 테이블이 없이 대여섯 명 정도 앉을 수 있는 협소한 자리밖에 없지만, 시크한 소품과 카페 분위기, 자체 제작한 상품들이 인기가 좋아 알음알음 알려지면서 여행자들이 찾고 있다. 전체적으로 조용한 분위기라 혼자서도 시간을 보내기 좋다. 노커피까지 왔다면 근처에 위치한 일본 전통정원 쇼후엔을 함께 둘러보자.

주소 福岡市 中央区 平尾 3-17-12 문의 092-791-4515 운영시간 11:00~18:00 휴무 매주 월요일 베스트메뉴 블랙라테 ¥600, 말차티라테 with 에스프레소 ¥600, niko쿠키 ¥160 귀띔 한마디 심플한 디자인의 오리지널 상품도 인기아이템 중 하나이다. 찾아가기 시영지하철 야쿠인오도리(薬院大通)역 1번 출구에서 도보 10분 거리이다. 홈페이지 www.nocoffee.jp

Chapter 05

니시진&오호리공원

西新&大濠公園

Nishijin&Ohori Park

니시진&오호리공원 주변은 하카타 시내와 다소 떨어진 지역으로 번잡한 도심에서 벗어나 자연과 어울리는 시간을 갖기에 좋은 곳이다. 후쿠오카타워에 오르면 후쿠오카 시내를 내려다볼 수 있고 오호리공원은 아름다운 연못을 중심으로 사계절 아름다운 꽃을 감상하며 산책을 즐길 수 있다. 시간적 여유가 있다면, 반나절 정도는 이 지역에 투자하여 둘러볼 것을 추천한다.

니시진&오호리공원을 이어주는 교통편

- 후쿠오카타워 및 모모치해변 쪽은 지하철이 연결되어 있지 않아 버스로 이동해야 한다. 버스는 하카타 또는 텐진버스터미널에서 후쿠오카타워(福岡タワー)행 버스를 탑승하면 된다.
- 오호리공원의 경우 지하철과 버스 모두 편하게 연결된다. 지하철을 이용할 경우 오오호리코엔(大濠公園)역에서 하차 후 이동하면 되고, 버스를 탄다면 오오호리(大濠) 정류장에서 하차 후 도보로 이동하면 된다.
- 니시진 중앙상점가는 지하철 공항선을 이용하여 니시진(西新)역에 하차 후 이동하는 것이 편하다.

니시진&오호리공원에서 이것만은 꼭 해보자

- 노을이 지는 어둑한 시간대에 후쿠오카타워 전망대에 올라 후쿠오카 시내야경을 즐겨보자.
- 시나리우동에서 붓카케우동을 맛보자.
- 오호리공원과 일본정원의 풍경을 감상하고 스타벅스 오호리공원점에서 커피 한잔의 여유를 가져보자.
- 오호리공원을 산책한 후, 파티시에 자크에서 전통 프랑스식 디저트를 즐겨보자.

사진으로 미리 살펴보는 니시진&오호리공원 베스트코스(예상 소요시간 5시간 이상)

니시진&오호리공원 지역은 한나절 정도를 투자하여 공원 산책 후 후쿠오카타워에 올라 야경을 감상하면 좋다. 일정의 시작은 후쿠오카성터에서 시작한다. 후쿠오카성터는 폐번치현 이후 예전에 남아 있는 망루를 볼 수 있는데 마이즈루공원 내에 있어 산책을 겸해 방문하기 좋은 곳이다. 주변에는 고로칸터 전시관과 고코쿠신사가 있어 오호리공원까지 걸어서 함께 둘러보기 좋다. 공원 주변의 붓카케우동 맛집 시나리우동은 오픈 전부터 대기줄이 늘어서는 인기 맛집으로 이곳에서 이른 점심을 먹도록 하자. 오호리공원에서는 수변 경치와 일본정원을 감상하고 시간적 여유가 있다면 스타벅스 오호리공원점에서 커피 한잔과 디저트도 함께 즐기도록 하자. 어느 정도 휴식을 가졌다면 후쿠오카시미술관에서 근현대 예술작품을 감상하고 노을이 지기 전 후쿠오카타워로 이동하여 후쿠오카 야경을 전망하며 하루 일정을 마치자.

후지사키역방향
모모치중앙공원
百道中央公園
후쿠오카타워
福岡タワー
마리존
マリゾン
시사이드 모모치해변공원
シーサイドももち海浜公園
후쿠오카시박물관
福岡市博物館
모모치해변
ももち浜
明治通り
세이난학원대학교
西南学院大学
サザエさん通り
후쿠오카현립 슈유칸고등학교
福岡県立修猷館高等学校
市道地行百道線
니욜커피
NIYOL COFFEE
세이난학원대학박물관
西南学院大学博物館
세이난학원 중·고등학교
西南学院中学校·高等学校
サザエさん通り
よかトピア通り
히이강(樋井川)
니시진중앙상점가
西新中央商店街
[K04]
니시진역
국립병원기구 규슈의료센터
国立病院機構 九州医療センター
후쿠오카페이페이돔
福岡PayPayドーム
후쿠오카기념병원
福岡記念病院
国体道路
地行鳥飼七隈線
히이강(樋井川)
明治通り
후쿠하마공원
福浜公園
よかトピア通り
니시마치공원
西町公園
市道唐人町草ヶ江線
젠류지
善龍寺
후쿠오카시립 미나미토닌초등학교
福岡市立南当仁小学校
[K05]
도진마치역
도진마치공원
唐人町公園
黒門川通り
国体道路
후쿠오카대부속 와카바고등학교
福岡大学附属若葉高等学校
파티시에자크
Patisserie Jacques
니시공원
西公園
오호리연못(大濠池)
앤로컬스 오호리공원
アンドローカルズ 大濠公園
오호리공원
大濠公園
明治通り
[K06] 오호리공원
(후쿠오카시미술관입구)역
오호리공원 일본정원
大濠公園 日本庭園
스타벅스 오호리공원점
STARBUCKS 大濠公園店
후쿠오카시미술관
福岡市美術館
카모메광장
かもめ広場
사누키우동 시나리
讃岐うどん 志成
마이즈루공원
舞鶴公園
후쿠오카시영 헤이와다이 육상경기장
福岡市営平和台陸上競技場
후쿠자키공원
福崎公園
아라츠대교
荒津大橋
후쿠오카성터
福岡城跡
고로칸터 전시관
鴻臚館跡展示館
아카사카역방향
S N
니시진& 오호리공원

Section 11

니시진&오호리공원에서 반드시 둘러봐야 할 명소

니시진&오호리공원 주변은 후쿠오카타워와 오호리공원이 주요 볼거리로 차분히 산책하며 휴식하기 좋은 곳이다. 오호리공원 주변에는 후쿠오카성터와 고로칸터전시관이 있어 후쿠오카 역사에 관심이 있다면 한 번 방문해볼 만하며 미술에 관심이 있다면 후쿠오카시미술관도 추천한다. 또한 니시진중앙상점가에는 지금도 남아 있는 리어카 판매상을 만나볼 수 있다.

후쿠오카를 대표하는 랜드마크 ★★★☆☆

후쿠오카타워 福岡タワー

후쿠오카의 상징인 후쿠오카타워는 시사이드 모모치해변공원シーサイドももち海浜公園에 위치하여 멋진 장관을 자랑한다. 높이 234m로 해변에 위치한 타워로는 일본에서 가장 높으며 지상 123m에 있는 전망대까지 약 70초 만에 오를 수 있다. 고속엘리베이터 내부는 투명유리라 올라갈 때는 발밑으로 내려다보이는 아찔한 전망도 즐길 수 있다. 전체적으로 타워외관은 8,000장의 반투명거울로 둘러싸여 있어 미러세일Mirror Sail이라는 별칭도 붙어 있다.

전망대에서는 드넓은 하카타만과 후쿠오카의 절경을 360도 파노라마로 조망할 수 있다. 엔터테인먼트도 많은데, VR로 공중산책을 체험할 수 있는 VR SKY Walk123과 ¥500을 넣고 뽑기를 할 수 있는 스카이가챠SKY ガチャ, ¥100으로 운세(한글 지원)를 점쳐보는 오미쿠지핀볼おみくじピンボール 등이 준비되어 있다. 후쿠오카타워는 연인들의 성지로 선정된 인기 데이트 장소로 연인과 함께 사랑의 자물쇠와 하트빛 포토존을 체험해볼 수 있다. 전망대에는 스카이카페 다이닝 레스토랑이 있어 전망과 함께 브런치나 식사, 디저트메뉴 등을 즐길 수 있다. 노을이 지는 저녁에는 아름다운 일몰과 해변의 풍경을 배경으로 멋진 인생사진을 남겨보는 것도 좋다.

주소 福岡市 早良区 百道浜 2-3-26 문의 092-823-0234 운영시간 09:30~22:00(최종입장 21:30) 휴무 비정기적 입장료 성인 ¥800, 초중학생 ¥500, 유아¥200 귀띔 한마디 생일(전후 3일)에 방문하면 전망대 이용이 무료이다.(여권 등 생일확인 증명서 필요) 찾아가기 **하카타버스터미널** 6번 탑승장에서 니시테츠버스 306번 탑승 **텐진고속버스터미널** 1A탑승장에서 302, W1번 버스를 탑승하여 후쿠오카타워(福岡タワー) 정류장 하차 후 도보 2분 거리이다. 홈페이지 www.fukuokatower.co.jp

스카이가챠(SKY ガチャ)

오미쿠지핀볼(おみくじピンボール)

연인의 성지(恋人の聖地)

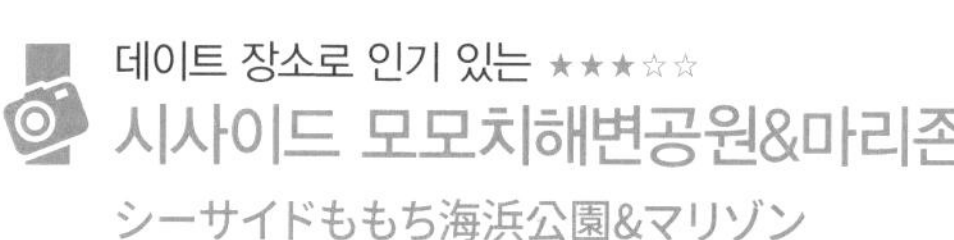

데이트 장소로 인기 있는 ★★★☆☆

시사이드 모모치해변공원&마리존

シーサイドももち海浜公園&マリゾン

후쿠오카타워까지 왔다면 시사이드 모모치해변공원과 마리존도 방문해보자. 모모치해변공원은 후쿠오카타워 북쪽에 조성된 동서 2,500m의 인공해수욕장이다. 도심 속 바다경관을 배경으로 산책해도 좋고, 여름에는 비치발리볼, 윈드서핑 등 해양스포츠를 즐길 수도 있다. 모모치해변을 걷다보면 고급스럽고 이국적인 시설이 한 곳 눈에 띄는데, 바로 마리존이다. 마리존은 지중해식 리조트를 연상시키는 복합상업시설로 세련된 레스토랑 및 쇼핑시설이 자리하고 있고, 로맨틱한 경치가 아름다워 웨딩아일랜드로 소문이 나

면서 현재 일본여성들이 결혼식을 올리고 싶어 하는 대표적인 명소로도 꼽힌다. 해 질 녘이 가장 아름다우므로 근처 후쿠오카타워와 함께 일정을 묶어 시간대를 잘 맞춰 방문해보자.

주소 福岡市 早良区 百道浜 2丁目902-1 문의 092-822-8141 운영시간 10:00~23:00(마리존) 찾아가기 하카타버스터미널 출발 6번 탑승장에서 니시테츠버스 306번 탑승, 텐진고속버스터미널 출발 1A탑승장에서 W1번 버스를 탑승하여 힐튼후쿠오카시호크앞(ヒルトン福岡シーホーク前) 정류장 하차 후 도보 2분 거리이다. 홈페이지 www.marizon-kankyo.jp

도심에서 수변경치를 감상할 수 있는 ★★★★☆

오호리공원과 일본정원 大濠公園&日本庭園

후쿠오카에서 여유시간이 있다면 오호리공원을 꼭 방문하자. 둘레가 2km 정도인 큰 연못을 따라 조성된 산책로를 걷다 보면 연못 안 3개의 섬과 섬을 연결하는 아치형다리, 사계절 아름다운 자연과 이름 모를 수많은 철새를 만날 수 있다. 아름다운 수변풍경 덕분에 일본 국가등록기념물로도 지정되어 있다. 저녁에는 섬에서 조명을 비치면서 수면 위로 몽환적인 풍경이 펼쳐진다.

한편 공원주변에는 후쿠오카시미술관, 일본정원이 있어 함께 둘러보기에 좋다. 특히 일본정원은 아다치미술관足立美術館, 케이슈엔慧洲園 등의 작품을 남긴 일본을 대표하는 조경사 나카네 긴사쿠中根金作가 조성한 아름다운 지천회유식정원(池泉回遊式庭園:중앙에 위치한 연못을 중심으

로 주위를 둘러볼 수 있는 형태의 정원)으로 산책하며 사진 찍기에 그만이다. 그밖에도 스타벅스, 레스토랑, 보트대여점 등의 시설도 즐길거리이다.

주소 福岡市 中央区 大濠公園 1-2 문의 092-741-2004 운영시간 일본정원 09:00~17:00(5~9월 ~18:00) 휴무 일본정원 매주 월요일 및 연말연시 입장료 일본정원 성인 ¥250, 15세 미만 ¥120 귀띔 한마디 3~11월 초순에는 보트를 대여하여 뱃놀이를 즐겨도 좋다. 오리배 30분 ¥1,200(성인 2인 기준), 노젓는 배(성인 3인 기준) 30분 ¥800 찾아가기 시영지하철 오오호리코엔(大濠公園)역 3번 출구에서 도보 3분 거리이다. 홈페이지 www.ohorikouen.jp

서일본 근대기 회화작품을 감상할 수 있는 ★★★☆☆

후쿠오카시미술관 福岡市美術館

오호리공원 주변에 자리하고 있으므로 산책 중 가볍게 들러볼 수 있는 미술관이다. 적갈색 외벽이 인상적인 이곳은 일본 근대건축의 거장 마에카와 구니오前川國男가 설계하였다. 후쿠오카시미술관에서는 20세기 이후의 근현대 미술작품과 에도시대 이전의 고미술을 함께 즐길 수 있다. 입구로 들어서면 구사마 야요이草間彌生의 노란호박 조각품이 먼저 맞아준다. 작품 컬렉션에는 호안미로Joan Miro, 살바도르달리Salvador Dali, 앤디워홀Andy Warhol을 비롯한 20세기의 인기 작가들의 작품을 전시하고 있다. 동양미술작품도 고대부터 근세에 이르기까지의 약 16,000점의 다양한 컬렉션을 감상할 수 있다. 미술관 내에는 미술정보코너, 어린이공간, 카페, 레스토랑 등의 편의시설이 마련되어 있으며, 미술관소장품을 모티브로한 오리지널상품과 하카타 공예품을 구매할 수 있는 뮤지엄숍도 자리하고 있다.

주소 福岡市 中央区 大濠公園 1-6 문의 092-714-6051 운영시간 09:30~17:30(7~10월 중 금~토요일 ~20:00) 휴무 매주 월요일 및 연말연시 입장료 성인 ¥200, 고등 및 대학생 ¥150, 중학생 이하 무료 찾아가기 시영지하철 오오호리코엔(大濠公園)역 3번 출구 또는 롯뽄마츠(六本松)역 2번 출구에서 도보 10분 거리이다. 홈페이지 www.fukuoka-art-museum.jp

후쿠오카성 벚꽃축제가 열리는 ★★☆☆☆

후쿠오카성터 福岡城跡

후쿠오카 초대 영주였던 구로다나가마사黒田長政가 1607년 준공한 후쿠오카성이 있던 자리이다. 아쉽게도 메이지시대 행정개혁과 폐번치현廃藩置県에 따라 지방통치를 담당하던 번을 폐지하면서 후쿠오카성은 해체되었다. 현재 후쿠오카성터에는 천수대天守台와 약 50곳의 망루만 남아 있다. 당시 후쿠오카성은 총면적 80만㎡로 규슈 지역 최대의 거성이었으며 하카타만에서 바라 본 성의 모습이 하늘을 나는 두루미와 같다하여 마이즈루성舞鶴城이라는 별칭이 붙기도 하였다.

현재 후쿠오카성터는 마이즈루공원으로 재정비되었는데, 매년 봄에는 천여 그루의 벚꽃이 만개하여 벚꽃축제가 열리는 인기명소이다. 후쿠오카성터에 대해 자세히 알고 싶다면 역사체험시설 후쿠오카성무카시탐방관福岡城むかし探訪館을 방문해보자.

주소 福岡県 福岡市 中央区 城内 1 문의 092-732-4801 운영시간 후쿠오카성터 상시개방 후쿠오카성무카시탐방관 09:00~17:00(연말연시 휴무) 입장료 무료 귀띔 한마디 후쿠오카성 벚꽃축제는 매년 3월 말~4월초에 열리며 저녁에는 조명까지 비춰 아름답다. 찾아가기 시영지하철 아카사카(赤坂)역 2번 출구 또는 오호리코엔(大濠公園)역 5번 출구에서 도보 10분 거리이다. 홈페이지 fukuokajyo.com

헤이안시대의 외교사적 ★★☆☆☆

고로칸터 전시관 鴻臚館跡展示館

고로칸은 헤이안시대(平安時代, 794~1185년) 외국사절 접대를 위한 영빈관으로 당나라와 신라 등에 외교사절단을 보내기 위한 준비기관으로 활용됐다. 고로칸은 당시 수도였던 교토와 오사카, 후쿠오카 3곳에 설치되었으나 현재 후쿠오카의 고로칸만이 당시의 모습이 남아 있어 역사적 의미가 깊은 곳이다. 고로칸은 7세기 후반부터 11세기까지 약 400년간 중국과 신라 등의 사절단과 상인들이 이용했던 것으로 알려졌는데, 1987년 발굴조사 당시, 신라 및 고려 도자기와 이슬람권 도기 등이 출토되었다고 한다.

재밌는 사실은 고로칸에서 발견된 화장실의 기생충알과 음식찌꺼기를 분석한 결과 육식을 즐기는 외국인과 쌀을 주식으로 하는 일본인이 각각 다른 화장실을 사용했을 가능성이 높다고 한다. 이와 같이 당시의 재미있는 이야기와 유적, 대륙의 교사, 교역품 등을 확인할 수 있다. 고로칸터 전시관 역시 후쿠오카성터와 함께 일본 국가사적으로 지정되어 있다.

주소 福岡県 福岡市 中央区 城内 1 문의 092-721-0282 운영시간 09:00~17:00 휴무 연말연시 입장료 무료 찾아가기 시영지하철 아카사카(赤坂)역 2번 출구 또는 오호리코엔(大濠公園)역 5번 출구에서 도보 10분 거리이다. 홈페이지 fukuokajyo.com/kourokan

리어카부대의 역사가 이어지는 ★★★☆☆

니시진중앙상점가 西新中央商店街

니시진시장은 시영지하철 니시진역에서 후지사키역藤崎駅까지 동서로 약 1.5km에 달하는 5개의 상가거리를 이른다. 그 중에서도 유명한 것은 일명 리어카부대가 늘어서는 중앙상점가이다. 리어카부대는 전후 1950년대부터 노점상을 연 아주머니들이 하나둘 모여들며 시작됐는데 그 수가 많을 때에는 100대가 넘기도 했다고 한다. 현재는 고령화나 후계자 문제로 그 수가 계속 감소하여 10대 정도가 줄지어 영업하고 있다. 보통 월~토요일 오후 1시부터 7시 사이 보행자도로의 차량을 통제한 후 도로 중앙에 들어서는데, 주로 야채와 과일, 해산물, 떡, 꽃 등을 판매한다. 이제는 할머니가 된 리어카부대이지만 정감있는 대화가 오가는 현지 분위기가 여행의 묘미를 느끼게 한다.

니시진시장에서 놓치면 안되는 먹거리 중 하나가 호라쿠만쥬蜂楽饅頭이다. 팥이나 밤 앙금에 벌꿀을 넣어 부드러우면서도 깊은 맛이 나는 만쥬로 니시진시장 본점에서 50년 이상 사랑 받는 대표 간식거리이다. 현지 분위기를 경험해보고자하는 여행자라면 니시진중앙상점가를 방문해볼 것을 추천한다.

주소 福岡市 早良区 西新 4丁目 문의 092-851-9962 운영시간 점포마다 다름 귀띔 한마디 호라쿠만쥬(니시진점)는 10:00~18:00까지 운영하며, 매주 화요일은 쉰다. 만쥬는 개당 ¥110이다. 찾아가기 시영지하철 니시진(西新)역 4번 출구를 나오면 바로 보인다. 홈페이지 yokanavi.com/ko/spot/26955

Section 12

니시진&오호리공원에서 반드시 먹어봐야 할 먹거리

오호리공원 근처에는 조용히 식사하기 좋은 곳이 많다. 그 중에서도 여행자들이 많이 찾는 유명 맛집은 붓카케우동 전문점 시나리우동과 디저트전문점 파티시에 자크이다. 시간적 여유가 있다면 스타벅스 콘셉트스토어 오호리공원점에서 커피 한잔의 여유를 갖는 것도 좋다.

붓카케우동 맛집 ★★★★☆

사누키우동 시나리 讃岐うどん 志成

영업시작 전부터 대기줄이 늘어서는 붓카케우동ぶっかけうどん 맛집이다. 카운터석과 테이블 3~4개 정도가 전부인 작은 가게이지만, 2019년 미슐랭가이드북에도 소개되었으며 항상 손님들로 붐비는 곳이다. 카운터석에 앉으면 투명유리 너머로 맛있는 우동이 요리되는 과정도 지켜볼 수 있다. 이 집의 인기메뉴는 텐모리카케우동天盛かけうどん인데, 붓카케우동에 왕새우와 야채 등 6가지 튀김 모두를 즐길 수 있는 메뉴이다. 붓카케우동이란 통통한 우동면발에 감칠맛 나는 츠유를 끼얹어 먹는 냉우동을 말하는데, 면은 사누키우동면으로 탱탱하면서 쫄깃한 것이 특징이다. 만약 찬 게 싫다면 따뜻한 온우동을 선택해도 된다. 또한 이 집 튀김은 바삭하게 갓 튀겨 내오는데 느끼하지 않고 맛이 좋다. 후식으로 명란떡튀김이라고 할 수 있는 아게모치揚げ餅를 추천한다. 아게모치는 시나리우동에서만 맛 볼 수 있는 별미이다.

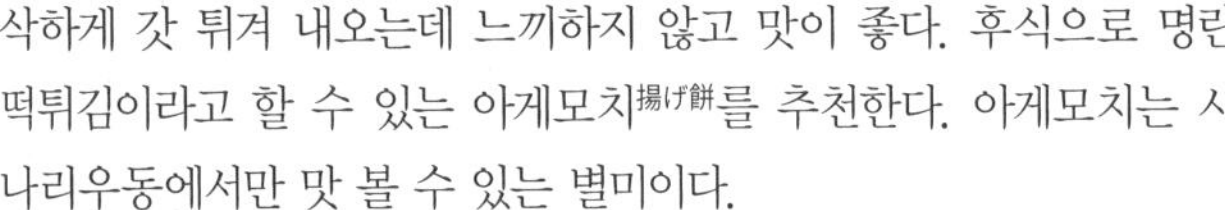

주소 福岡市 中央区 大手門 3-3-24 小金丸ビル 1F 北側 문의 092-724-3946 운영시간 화~금요일 11:00~15:00, 주말 및 공휴일 11:00~16:00 휴무 매주 월요일 베스트메뉴 텐모리카케우동(天盛かけうどん) ¥1,320, 시나리 붓카케우동(志成ぶっかけうどん)¥930, 아게모치(揚げ餅) ¥220 귀띔 한마디 대기시간을 줄이려면 오픈시각에 맞춰 방문하자. 찾아가기 시영지하철 오오호리코엔(大濠公園)역 4번 출구에서 도보 5분 거리이다. 홈페이지 nstagram.com/shinariudon_

바삭한 돈카츠와 함께하는 특별한 한 끼 ★★★★☆

돈카츠 아카리 とんかつ光 西新店

바삭한 튀김옷과 부드러운 육질의 조화가 일품인 돈카츠 전문점이다. 가게 안으로 들어가면 고소한 튀김 향이 미각을 자극한다. 특히 돼지고기는 3가지 품종의 돼지를 교배해 만든 브랜드, 이토시마 삼원돈糸島三元豚만을 엄선해 사용한다. 고기는 부드러우면서도 탄력이 있고, 한 입 베어 물 때마다 깊은 풍미와 풍성한 육즙이 입안을 가득 채운다. 인기 메뉴는 기본 돈카츠정식과 함께 카레소스를 곁들인 돈카츠카레로, 카레의 매콤한 맛이 돈카츠와 완벽하게 어우러진다. 사이드 메뉴로 제공되는 양배추 샐러드와 된장국도 맛을 한층 풍성하게 해준다. 일본의 정통돈카츠를 맛보고 싶다면 들러보자.

주소 福岡市 早良区 西新 4-8-42 문의 092-834-6796 운영시간 11:30~15:00/17:00~23:00 휴무 1, 3주 목요일 가격 등심돈카츠카레 ¥1,628, 등심돈카츠정식 ¥1,540, 안심돈카츠정식 ¥1,650 귀띔 한마디 한국어 메뉴판이 있어 주문이 어렵지 않다. 찾아가기 시영지하철 니시진(西新)역 4-B 출구로 나와 도보 1분 거리이다. 홈페이지 tonkatsu-akari.com

전통 프랑스식 디저트전문점 ★★★★☆

파티시에자크 パティシエ ジャック, Patisserie Jacques

후쿠오카 스위츠Sweets 부분에서 항상 상위랭킹을 놓치지 않는 유명 디저트전문점이다. 자크라는 상호명은 오너 파티시에 오츠카요시나리大塚義成가 프랑스에서 수학했던 베이커리 이름을 따온 것이다. 파티시에의 이력 또한 화려한데, 프랑스 파티시에 국제협회 르네데세르Relais Desserts를 통과한 5명의 아시아인 중 유일한 후쿠오카 출신이다. 그는 프랑스시절 배운 전통디저트를 나름대로 재해석하여 케이크, 빵, 쿠키 등 20여 가지의 스위츠를 개발해 제공하고 있다.

자크의 브랜드메뉴는 직사각형의 심플한 모양이지만 단면을 보면 바닐라향이 감도는 캐러멜무스 사이에 벌꿀로 조린 서양배무스가 들어가 층을 이룬다. 맛은 심플하지만 깊은 풍미가 돌며 촉촉한 느낌이다. 보통 테이크아웃으로 구매하지만 내부에 15석 정도의 테이블이 있어 잠시 쉬어갈 수도 있다.

주소 福岡市 中央区 荒戸 3-2-1 문의 092-762-7700 운영시간 10:00~12:20, 13:40~17:00 휴무 월~화요일(비정기적이므로 홈페이지에서 사전체크) 베스트메뉴 자크 ¥590 귀띔 한마디 1인 1메뉴 주문이 원칙이므로 참고하자. 찾아가기 시영지하철 오오호리코엔(大濠公園)역 1번 출구에서 도보 6분 거리이다. 홈페이지 jacques-fukuoka.jp

자연 속에서 마시는 커피 한잔의 여유 ★★★★☆

스타벅스 오호리공원점 STARBUCKS 大濠公園店

오호리공원 내 위치한 스타벅스 콘셉트 스토어로 친환경점포 1호점이다. 오호리 공원은 후쿠오카시민들이 조깅과 산책을 즐기는 곳인데, 그 산책로 중간쯤에 스타벅스가 위치하고 있다. 이곳의 인테리어는 친환경 설계를 도입하여 자연광만으로도 밝고 따스함을 주도록 창을 크게 만들었고 각종 시설물들은 최대한 지역 목재를 활용하여 운송 시 발생하는 이산화탄소까지 최소화하였다. 또한 커피를 만들고 남은 원두는 퇴비로 재활용하는 등 환경보호를 위한 노력을 하고 있다. 건물 밖 테라스에서는 공원경치를 즐기며 차를 마실 수 있으므로 자연 속에서 커피 한잔의 여유를 누려보자.

주소 福岡市 中央区 大濠公園 1-8 문의 092-717-2880 운영시간 07:00~21:00 휴무 비정기적 찾아가기 시영지하철 오오호리코엔(大濠公園)역 3번 출구에서 도보 6분 거리이다. 홈페이지 www.starbucks.co.jp

규슈지역 식재료를 건강하게 즐길 수 있는 ★★★★☆

앤 로컬스 &LOCALS, アンドローカルズ 大濠公園

규슈지역의 좋은 식재료를 알릴 목적으로 만들어진 카페 겸 식료품점으로 오호리공원의 아름다운 경관을 전망하며 평화로운 한때를 보내기 좋은 곳이다. 2층짜리 목조건물로 1층은 셀렉트숍, 2층은 카페로 운영하고 있다. '생산자와 소비자를 직접 연결'하는 것을 콘셉트로 하여 후쿠오카 현이 자랑하는 야메차八女茶 음료부터 규슈의 식재료를 사용한 음식과 디저트를 제공하고 있다.

시간대에 따라 모닝메뉴와 런치메뉴를 즐길 수 있다. 가볍게 즐기고 싶다면, 찹쌀로 얇게 구운 과자 사이에 팥소를 넣어 만든 화과자 모나카もなか와 야

메차를 함께 즐길 수 있는 모나카&야메차 세트를 선택하자. 살짝 허기가 진다면 사탕처럼 포장된 유부초밥도 추천한다. 계절 식재료를 사용한 다양한 맛의 유부초밥을 먹어볼 수 있다.

주소 福岡市 中央区 大濠公園 1-9 문의 092-401-0275 운영시간 09:00~18:30 휴무 매주 월요일 베스트메뉴 모나카&야메차 세트 ¥850 찾아가기 시영지하철 롯본마츠(六本松)역 2번 출구에서 도보 10분 또는 오오호리코엔(大濠公園)역 3번 출구에서 도보 15분 거리이다. 홈페이지 andlocals.jp

마스터가 직접 로스팅한 커피 ★★★★☆

니욜커피 NIYOL COFFEE

니시진 상점가에 위치한 작은 규모의 카페이다. 가게 담벽을 부겐빌레아 꽃들이 멋지게 덮고 있고, 세련된 영어간판이 인상적이다. 가게 이름 니욜NIYOL은 아메리카 원주민 나바호족 언어로 '바람'이라는 뜻인데, 부드러운 바람처럼 기분이 좋아지는 커피를 만들고 싶다는 뜻에서 붙였다고 한다. 이 카페에서는 마스터가 직접 로스팅한 커피와 감각적인 디저트를 맛볼 수 있는데, 개별적 커피 취향에 따라 원두의 로스팅 정도와 신맛 정도를 조절해준다. 커피와 함께 즐길 수 있는 베스트 디저트는 푸딩인데 달달하면서 푸딩 밑의 캐러멜 소스와의 궁합도 좋다. 푸딩 위에 듬뿍 올려진 생크림과 드라이 오렌지가 맛을 더한다. 커피를 좋아하는 사람이라면 꼭 방문해보길 추천한다.

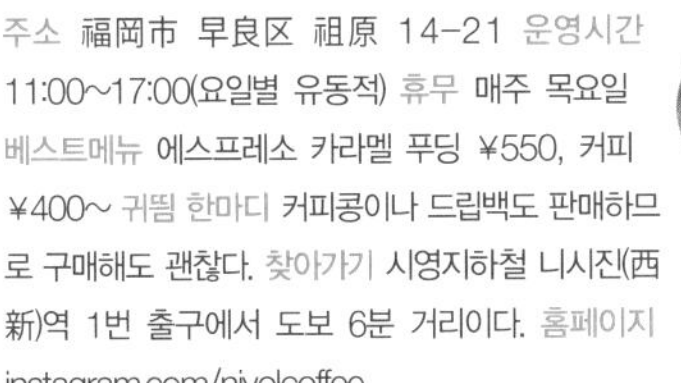

주소 福岡市 早良区 祖原 14-21 운영시간 11:00~17:00(요일별 유동적) 휴무 매주 목요일 베스트메뉴 에스프레소 카라멜 푸딩 ¥550, 커피 ¥400~ 귀띔 한마디 커피콩이나 드립백도 판매하므로 구매해도 괜찮다. 찾아가기 시영지하철 니시진(西新)역 1번 출구에서 도보 6분 거리이다. 홈페이지 instagram.com/niyolcoffee

Special 02

열차를 이용한 후쿠오카 근교여행(다자이후•야나가와)

조금 더 깊이 후쿠오카 매력에 빠져보고 싶다면 후쿠오카 근교여행을 떠나보자. 니시테츠 전철을 이용하여 당일치기로 떠날 수 있는 야나가와와 다자이후 여행을 소개한다. 아름다운 수변마을 야나가와에서는 뱃놀이를 체험해보고, 학문의 신사 다자이후에서는 스가와라 미치자네와 연관된 매화떡 이야기를 알아보자. 니시테츠 전철에서 발행하는 다자이후•야나가와 관광티켓을 이용하면 두 곳 모두 한번에 둘러볼 수 있으니 참고하자.

야나가와에서 즐길거리

후쿠오카현 남쪽에 위치하는 야나가와(柳川)는 지명에서도 알 수 있듯 시내에 유유히 흐르는 강을 따라 뱃놀이를 즐길 수 있는 아름다운 수변마을이다. 일본 국가명승지로 지정된 야나가와 번주 타치바나(立花里子)의 별장을 방문해보고, 천혜 자연산 장어찜요리 우나기노세이로무시(鰻のせいろ蒸し)를 맛보자.

야나가와 뱃놀이 체험해보기(다자이후•야나가와 관광티켓 이용가능)

야나가와(柳川)는 물의 고장이라고 불릴 정도로 여기 사람들은 오랜 세월 물과 함께 살아왔다. 이곳은 예로부터 크고 작은 물길에 도랑을 파고 수로를 정비하며 강물을 생활용수나 농업용수로 이용해 왔다. 야나가와 가와쿠다리(柳川の川下り)라고 부르는 이곳의 명물 뱃놀이는 돈코부네(どんこ舟)라는 작은 나룻배를 타고 사공의 뱃노래를 들으며 야나가와의 정취를 즐기는 것이다. 수로를 따라 유유히 떠내려가며 사시사철 아름다운 수변마을 풍경을 감상할 수 있는데, 다리가 낮은 곳은 아슬아슬 빠져나가는 스릴도 덤으로 즐길 수 있다.

뱃놀이를 제대로 즐기려면 맨 앞에 앉는 것이 중요하다. 그래야 바로 눈앞에서 펼쳐지는 모든 풍광을 담을 수 있다. 햇빛이 강한 날은 삿갓처럼 생긴 밧쵸카사(ばっちょ笠)를 대여하여 쓰고, 겨울에는 온열기능이 가능한 코타츠부네(こたつ舟)를 탈 수 있어 일 년 내내 뱃놀이를 즐길 수 있다. 뱃놀이코스는 쇼게츠승선장(松月乗船場)에서 오키노하타(沖端)까지의 4.5km 구간을 1시간여 동안 즐길 수 있다. 배는 편도로만 운항되므로 되돌아갈 때는 무료셔틀버스를 이용하거나 노선버스, 택시를 이용하면 된다.

주소 福岡県 柳川市 三橋町 高畑 329 문의 094-472-6177 운영시간 09:30~14:30(연중무휴) 입장료 성인 ¥1,900, 어린이(6~11세) ¥950, 유아 무료(다자이후•야나가와관광티켓 이용 시 티켓에 뱃놀이요금 포함됨) 귀띔 한마디 30분 간격으로 출발한다.(09:40, 10:10, 10:40, 11:10, 11:40, 12:10, 12:40, 13:10, 13:40, 14:10, 14:40) 찾아가기 니시테츠야나가와(西鉄柳川)역에서 무료셔틀버스를 이용하여 쇼게츠승선장(松月乗船場)까지 이동한다. 홈페이지 www.yanagawakk.co.jp

야나가와 번주 타치바나의 별장, 오하나(御花) 구경하기

에도시대 야나가와 번주였던 타치바나(立花)의 별장으로 그가 가족과 시간을 함께했던 곳이다. 별장 오하나(御花)는 일본 국가 지정명승지이며, 바다를 표현한 280그루의 소나무와 1,500개의 정원석으로 바위섬을 조성한 정원, 쇼토엔(松濤園)이 100년 전 모습 그대로 보존되어 있다. 전통적인 일본가옥들 사이에 눈에 띄는 건물은 귀빈접대를 위한 2층짜리 목조건물 서양관이다. 오하나사료관에는 일본의 다이묘문화와 역대 번주의 갑옷과 혼례가구, 전통놀이기구 등 5천여 점의 공예품이 전시되어 있다. 또한 요정 슈케이테이(集景亭)를 운영하고 있어 쇼토엔의 전망을 즐기며 야나가와의 명물 장어찜밥 우나기노세이로무시(鰻のせいろ蒸し)도 맛볼 수 있고, 필요하다면 숙박도 가능하다.

주소 福岡県 柳川市 新外町 1 문의 094-473-2189 운영시간 10:00~16:00 입장료 성인 ¥1,000, 고교생 ¥500, 초중학생 ¥400 귀띔 한마디 세이로무시 가격 ¥3,630~이며 사전예약이 필요하다. 찾아가기 니시테츠 야나가와(西鉄柳川)역에서 6번 버스 탑승 후 오하나마에(御花前) 정류장에서 하차한다. 홈페이지 www.ohana.co.jp

장어찜요리, 우나기노세이로무시 먹어보기

야나가와는 야베강(矢部川)과 치쿠고강(筑後川)이 만나는 삼각주에 위치한다. 이곳은 강물과 바닷물이 섞이면서 풍부한 영양분을 먹고 자란 천연장어가 많이 잡힌다. 그래서 장어찜요리 우나기노세이로무시(鰻のせいろ蒸し)가 향토요리로 발달하였다. 처음 장어요리는 서민의 음식으로 사랑받았는데 현재는 어획량 감소로 고급요리의 대명사가 된 것이 아이러니하다.

보통 장어요리라 하면 구운 장어에 소스를 발라 밥 위에 얹어 먹는 덮밥형태이지만 야나가와의 장어찜요리는 쪄서 먹는 것이 특징이다. 야나가와 시내에는 수십 개가 넘는 장어전문점이 있는데 각 점포마다 독특한 조리법과 창업 당시부터 이어져온 비법 소스를 가지고 있다. 대표적으로 간쇼모토요시야(元祖本吉屋)와 와카마츠야(若松屋)가 인기 맛집이며, 다자이후 • 야나가와 관광티켓을 소유하고 있다면 롯큐(六騎)에서 ¥100을 할인받을 수 있다.

간쇼모토요시야 외관과 장어찜요리

와카마츠야 외관과 장어찜요리

롯큐 외관과 장어찜요리

- **간쇼모토요시야(元祖 本吉屋)** 주소 福岡県 柳川市 旭町 69 문의 094-472-6155 운영시간 10:30~20:00 휴무 매주 월요일 가격 ¥4,800~ 홈페이지 www.motoyoshiya.jp
- **와카마츠야(若松屋)** 주소 福岡県 柳川市 沖端町 26 문의 094-472-3163 운영시간 11:00~20:00 휴무 매주 수요일, 3째주 화요일 가격 ¥3,600~ 홈페이지 wakamatuya.com
- **롯큐(六騎)** 주소 福岡県 柳川市 沖端町 28 문의 0944-72-0069 운영시간 11:00~16:00 휴무 매주 화요일 가격 ¥2,000~ 홈페이지 yanagawakk.co.jp/rokkyu.html

족욕을 하며 잠시 쉬어가기

한번에 70여 명이 이용할 수 있는 노천족욕탕이다. 키타하라하쿠슈(北原白秋)와 단카즈오(檀一雄), 하세겐(長谷健) 등 야나가와(柳川)와 연고가 있는 7명의 문인 작품과 에피소드를 패널로 전시하고 있어 문인의 족욕탕(からたち文人の足湯)이라고도 부른다. 야나가와 뱃놀이 하차장 근처에 있으므로 마을 산책 후 야나가와의 풍류를 느끼며 잠시 쉬어가기 좋다. 족욕탕은 야나가와의 천연온천을 사용하고 있고 신경통과 냉증, 피로회복에 효과가 있다고 알려져 있다. 뜨겁지 않아 발을 담그고 오순도순 대화를 나누며 오래 즐길 수 있다. 족욕 후 따로 발을 닦을 수 있는 타올이 비치되지 않았으므로 손수건 등 개별 타올을 별도 지참해야 한다. 야나가와 마을 산책 후 휴식하는 장소로 추천한다.

주소 福岡県 柳川市 弥四郎町 9 문의 094-473-8111 운영시간 11:00~15:00 입장료 무료 찾아가기 야나가와뱃놀이 하차장에서 도보 5분 또는 오하나(御花)에서 도보 10분 거리이다.

다자이후에서 즐길거리

다자이후(太宰府)는 약 1,300여 년 전 규슈 지역을 통치하던 관청으로 규슈 지역의 중심이 되었던 곳이다. 학문의 신 스가와라 미치자네(菅原道真)가 모셔진 배경과 이곳이 학문신사로 이름을 알리게 된 유래를 알아보고, 다자이후에서 꼭 먹어봐야 할 전통음식과 구입하기 좋은 기념품 등을 소개한다.

다자이후 텐만구에서 산책하기

학문의 신, 스가와라 미치자네(菅原道真)를 모시는 신사로 전국 텐만구(天満宮) 신사의 총본산이다. 스가와라 미치자네는 10세기경인 헤이안시대 학자로 요직을 역임하였으나 중상모략으로 다자이후(太宰府)로 좌천당한 후 생을 마감했다. 스가와라 미치자네가 병사한 후

그의 시신을 묻으려고 옮기던 중 소가 자리에서 꼼짝하지 않아 하는 수 없이 그 자리에 유해를 묻고 사당을 세웠다는 이야기가 전해진다. 다자이후 텐만구 내에는 주저앉아 웅크리고 있는 소동상을 발견할 수 있는데 바로 이 전설에 따른 것이다. 이 소의 머리를 만지면 병이 낫고 지혜를 얻는다고 알려지면서 학문신사로서 수험시즌에는 많은 인파가 몰리기도 한다.

다자이후 텐만구는 매화의 명소로도 유명한데, 신사 내에는 6,000그루의 매화나무가 심어져 있어 다른 지역보다 빠른 2월이면 만개한 매화를 볼 수 있다. 다자이후역에서 신사로 올라가는 참배로 양 옆에는 상가들이 즐비하여 구경하는 재미도 있으니 천천히 산책하며 하나하나 구경해보자.

주소 福岡県 太宰府市 宰府 4-7-1 문의 092-922-8225 운영시간 06:30~19:00(금~토요일 ~20:30, 계절마다 시간변동 있음) 입장료 무료 귀띔 한마디 학문의 신을 모신 신사인 만큼 수험기간에는 합격을 기원하는 사람들로 북새통을 이룬다. 찾아가기 니시테츠다자이후(西鉄太宰府)역에서 도보 10분 거리이다. 홈페이지 www.dazaifutenmangu.or.jp

다자이후 스타벅스에서 티타임 즐기기

다자이후 텐만구 참배길인 오모테산도(表参道)를 걷다 보면 약 2,000여 그루의 삼나무를 활용한 독특한 외관의 스타벅스 콘셉트스토어를 만날 수 있다. 이는 자연주의 건축가 쿠마 켄고(隈研吾)가 설계한 것으로 그는 자연소재를 활용해 전통과 현대적 미가 융합된 건축물을 짓고 있다. 굉장히 모던하고 기하학적인 디자인이지만 나무만이 낼 수 있는 분위기가 다자이후의 거리풍경과 조화를 잘 이루고 있다.

특히 건축물의 골조를 만들 때 못 등을 사용하지 않고 나무와 나무끼리 끼워 맞추는 공법을 사용해 마치 나무에 둘러싸인 듯한 특별한 느

낌을 준다. 또한 매장 안쪽에는 다자이후 텐만구의 상징인 매화나무를 심은 작은 정원도 있다. 스타벅스 다자이후점에서 나무의 온기와 커피의 향이 어우러지는 시간을 가져보자.

주소 福岡県 太宰府市 宰府 3-2-43 문의 092-919-5690 운영시간 08:00~20:00 휴무 부정기적 찾아가기 니시테츠다자이후(西鉄太宰府)역에서 도보 4분 거리이다. 홈페이지 www.starbucks.co.jp

매화떡 우메가에모치 맛보기

다자이후와 매화는 관계가 매우 깊다. 스가와라노미치자네가 정쟁으로 다자이후로 좌천될 당시 자택에 심어져 있던 매화나무가 그를 흠모하여 다자이후까지 따라왔다는 전설이 있는가 하면, 좌천 이후 연금으로 식사마저 여의치 않자 이를 안타깝게 여긴 이웃 노파가 매화가지 끝에 찹쌀떡을 꽂아주었다는 이야기도 전해진다. 이후 다자이후에서는 매화가지떡이라는 뜻의 우에가에모치(梅が枝餅)가 탄생했고 텐만구로 가는 참배길 곳곳에서 이 떡을 판매하고 있다.

우메가에모치는 팥소가 들어간 찹살떡인데 겉부분을 구워내어 바삭한 식감이 있다. 떡 안에 따로 매화가지가 들어가지는 않고 떡살로 매화 문양을 찍어낼 뿐이다. 이 떡을 먹으면 병마를 물리치고 정신이 맑아진다고 하니 참배길 올라가는 도중에 한 번 사먹어 보자.

운영시간 09:00~18:00(상점마다 다름) 가격 개당 ¥150 귀띔 한마디 텐만구 참배길 곳곳에서 우메가에모치 상점을 발견할 수 있다. 맛은 거의 대동소이하니 마음이 끌리는 곳에서 사먹어 보자.

후쿠오카 대표명물 명란관련 선물 사기

명란이 유명한 후쿠오카에서는 명란과 관련된 상품을 다양하게 만날 수 있다. 다자이후 오모테산도 곳곳에서도 명란 관련 상품을 판매하므로 시간을 가지고 천천히 살펴보자. 다자이후 지역에서 추천할 만한 점포는 후쿠야(ふくや)와 후쿠타로(福太郎 太宰府店)이다. 특히 후쿠야에서는 여러 종류의 명란을 흰쌀밥과 함께 무료로 시식해볼 수도 있다. 또한 명란전병으로 유명한 멘베이의 명란과자 역시 선물용으로 추천한다.

후쿠야(ふくや) 주소 福岡県 太宰府市 宰府 3-2-47 문의 092-929-2981 운영시간 09:30~17:30 찾아가기 니시테츠다자이후(西鉄太宰府)역에서 도보로 2분 거리이다.

후쿠타로(福太郎 太宰府店) 주소 福岡県 太宰府市 宰府 1-14-28 문의 092-924-0088 운영시간 09:00~17:00 휴무 연말연시 찾아가기 니시테츠다자이후(西鉄太宰府)역에서 도보로 3분 거리이다.

다자이후·야나가와 관광티켓(太宰府·柳川観光きっぷ)이란?

무료셔틀버스

다자이후 • 야나가와 관광티켓

풍류의 고장 다자이후와 물의 고장 야나가와 두 곳 모두를 한 번에 즐길 수 있는 관광티켓으로 니시테츠후쿠오카(西鉄福岡)역부터 두 관광지까지의 왕복승차권과 야나가와 뱃놀이승선권, 할인쿠폰 등이 포함된 티켓이다. 여행은 후쿠오카 → 야나가와 → 다자이후 순서로 하는 것이 시간을 절약하는 방법이다.

관광티켓이 없는 경우 니시테츠후쿠오카(西鉄福岡)역에서 니시테츠야나가와(西鉄柳川)역까지 ¥870, 야나가와 승선권 ¥1,900, 야나가와에서 다자이후(太宰府)역까지 ¥690, 다자이후에서 다시 니시테츠후쿠오카역까지 돌아오는데 ¥420으로 교통비만 총합 ¥3,880이 발생한다. 관광티켓의 정규금액이 ¥3,340(디지털티켓은 ¥3,210)인 것에 비하면 단순 계산해도 ¥540 저렴하고, 할인쿠폰까지 이용할 수 있으니 관광티켓을 이용하는 것이 훨씬 이득이다. 티켓은 니시테츠후쿠오카(西鉄福岡)역, 니시테츠야쿠인(西鉄薬院駅)역에서 구입할 수 있으며, 유효기간은 이용 시작일을 포함하여 2일간이다.

추천 일정

출발	도착	내용
09:00	09:50	니시테츠후쿠오카(西鉄福岡)역에서 니시테츠텐진오무타선(西鉄天神大牟田線) 특급을 이용하여 니시테츠야나가와(柳川)역으로 이동
09:50	–	니시테츠야나가와(柳川)역에서 셔틀버스를 타고 뱃놀이 승선장으로 이동(야나가와역 2층 개찰구 옆 안내소(西鉄柳川駅案内所) 집합 또는 동쪽출구 주변에서 버스탑승) ※ 변동될 수 있으니 사전 확인 필수
10:10	11:20	야나가와 뱃놀이 즐기기
11:20	12:00	오하나(御花) 구경하기
12:00	13:00	우나기노세이로무시(鰻のせいろ蒸し) 맛보기
13:00	14:50	기타하라하쿠슈(北原白秋) 생가, 상점 구경, 족욕, 야나가와 커피숍 등에서 휴식
15:00	–	오하나 하선장에서 니시테츠야나가와역까지 셔틀버스로 이동
15:36	16:16	니시테츠야나가와역에서 다자이후(太宰府)역까지 이동, 후츠카이치(二日市)역에서 환승
16:16	18:20	다자이후 참배길 상점구경, 우에가에모치(梅が枝餅) 먹어보기, 다자이후 텐만구(天満宮) 관광
18:29	18:56	다자이후(太宰府)역에서 니시테츠후쿠오카(西鉄福岡)역으로 이동, 후츠카이치(二日市)역에서 환승

※ 현지 교통사정에 따라 시간표는 달라 질 수 있으니 사전에 확인 필요(www.nishitetsu.jp/train)

다자이후·야나가와 할인 특전

다자이후	야나가와
• 다자이후(太宰府)역 자전거 대여 ¥100 할인	• 카메노이호텔 입욕료 ¥100 할인
• 다자이후 텐만구 보물전 입장료 할인	• 기타하라하쿠슈 생가 입장료 ¥50 할인
• 사찰 칸제온지(観世音寺) 입장료 할인	• 쿠루메 니시테츠 택시 ¥50 할인
• 다자이후 유원지 입장료 ¥100 할인	• 장어찜요리 전문점 ¥100 할인(롯큐)
• 코가신(古賀新) 기모노관 1일 기모노 ¥100 할인	• 아리아케(有明) 츠케혼포 특전 교환
• YUZU PREMIUM JAPAN 다자이후점 특전 교환	• 코가신 기모노관 1일 기모노 대여 ¥100 할인

Part 03

기타큐슈

Chapter 06

고쿠라

小倉

Kokura

★★★★☆
★★★★★
★★★☆☆

고쿠라는 공업과 무역으로 성장한 도시이지만 예술문화에 대한 관심이 높았는데 특히 만화분야에서 마쓰모토레이지를 비롯한 유명한 만화가를 많이 배출한 곳이다. 기타큐슈시 만화뮤지엄이나 아루아루시티를 방문한다면 만화세상에 흠뻑 빠지게 될지도 모른다. 또한 공업도시로 노동자가 많이 살았던 탓에 스태미나 음식이 발달하였으며, 맛있는 교자를 맛볼 수 있는 곳이기도 하다.

고쿠라를 이어주는 교통편

- **하카타역에서 출발할 경우** JR열차(신칸센, 특급열차, 쾌속열차 등)를 타고, 하카타역에서 고쿠라역으로 이동한다.(16분~1시간 5분 소요, 요금 ¥1,310~2,160 자유석 기준) 고속버스의 경우 텐진버스터미널에서 출발하여 고쿠라역앞(小倉駅前)에서 하차한다.(1시간 25분 소요, 요금 ¥1,350)
- **기타큐슈공항**에서 출발할 경우 버스편을 이용해 고쿠라역으로 이동한다. 버스는 1번 승차장에서 탑승하며 소요시간은 50분, 요금은 ¥710이다.

고쿠라에서 이것만은 꼭 해보자

- 고쿠라성을 산책하고 고쿠라성 정원에서 다도예법을 배우며 말차체험을 해보자.
- 100년 이상의 역사를 가진 탄가시장을 방문해보자.
- 만화뮤지엄을 방문하여 기타큐슈의 만화역사를 알아보자.
- 고쿠라의 소울푸드 철판교자를 맛보자.

사진으로 미리 살펴보는 고쿠라 베스트코스(예상 소요시간 6시간 이상)

고쿠라 여행은 이 지역 랜드마크인 고쿠라성에서 시작한다. 고쿠라성 주변에는 고쿠라성정원, 야사카신사, 리버워크쇼핑몰 등 볼거리가 많으므로 산책을 겸해 천천히 둘러보자. 고쿠라성정원에서는 다도예법을 배우며 말차체험을 해볼 수도 있다. 산책 후 배가 출출하다면 100년 이상의 역사를 가진 탄가시장으로 이동하여 점심도 해결하고 시장구경도 해보자. 이후에는 말차디저트전문점 츠즈리차호에서 티타임을 갖고, 기타큐슈시 만화뮤지엄까지 도보로 이동하자. 쇼핑은 챠챠타운에서 하면 되는데 많은 상점이 입점한 것은 아니기 때문에 큰 기대는 하지 말자. 저녁식사는 고쿠라의 소울푸드 철판교자를 맛봐야 하는데 이때 맥주를 곁들이면 최고의 저녁식사가 될 것이다.

고쿠라

北口
[JA27] 니시고쿠라역
南口
무라사키가와대교
紫川大橋
컴포트호텔 고쿠라
コンフォートホテル小倉
다마고모노가타리 에그스토리
玉子物語 エッグストーリー
JR큐슈호텔 고쿠라
JR九州ホテル小倉
室町1号線
고쿠라역 모노레일출구
(小倉駅モノレール口)
무라사키강(紫川)
清張通り
리버워크 기타큐슈
リバーウォーク北九州
카츠야마교
勝山橋
Murasaki River
시로야 베이커리
シロヤベーカリー
츠지리차호 쿄마치본점
辻利茶舗 京町本店
요스코노부타만
揚子江の豚まん
우오마치 상점가
魚町銀天街
헤이와 거리
고쿠라성
小倉城
고쿠라성정원
小倉城庭園
이즈츠야
井筒屋
츠지리차호 고쿠라성점
辻利茶舗 小倉城店
오가이다리
鷗外橋
마츠모토세이초기념관
北九州市立 松本清張記念館
[02]모노레일 헤이와도리역
北口
北口
로손
ローソン
스케상우동 우오마치점
資さんうどん 魚町店
기타큐슈 시청
北九州市役所
고쿠라 테츠나베 총본점
小倉鉄なべ 総本店
北口
南口
南口
메르카토 삼번가
メルカート三番街
로손
ローソン
南口
南口
츠지리차호 우오마치점
辻利茶舗 魚町店
나카노교
中の橋
무인양품
無印良品 井筒屋小倉店
가쓰야마공원
勝山公園
로손
ローソン
小文字通り
고쿠라 쇼와관
小倉昭和館
탄가시장
旦過市場
[03]모노레일 탄가역
西口
東口
무라사키교
紫川橋
紫川さくら通り
아트호텔 고쿠라뉴타가와
アートホテル小倉 ニュータガワ
일본정원
日本庭園
北九州高速1号線
무라사키강(紫川)
나카지마공원
中島公園
中島4号線
秋月街道
大手町馬借1号線

리가로얄호텔 고쿠라
リーガロイヤルホテル小倉

JR고쿠라역 신칸센출구
(JR小倉駅新幹線口/北口)

아루아루시티
あるあるCITY

기타큐슈시 만화뮤지엄
北九州市漫画ミュージアム

末広1号線

[01]모노레일
고쿠라역

[JA28]
고쿠라역

JR큐슈스테이션호텔 고쿠라
JR九州 ステーションホテル小倉

JR고쿠라역 고쿠라성출구
JR小倉駅小倉城口/南口)

浅野31号線

토요코인 고쿠라역신칸센출구
東横INN小倉駅新幹線口

고쿠라역 버스센터
小倉駅バスセンター

무인양품
無印良品

토요코인 고쿠라역남쪽출구
東横INN小倉駅南口

요네마치공원
米町公園

니시테츠 인 고쿠라
西鉄イン小倉

砂津京町1号線

勝山通り

차차타운 고쿠라
チャチャタウン小倉

ABC마트
ABC-Mart

勝山通り

勝山通り

모리오가이 옛집
森鴎外旧居

샤브젠 고쿠라점
しゃぶ禅小倉店

니시테츠 스나츠 버스센터
西鉄砂津バスセンター

浅香通り

사카이쵸공원
堺町公園

기타큐슈시립 오구라중앙초등학교
北九州市立小倉中央小学校

스나츠분센공원
砂津ぶんせん公園

小文字通り

후루후나바공원
古船場公園

니카쓰구치공원
中津口公園

浅香通り

우사쵸공원
宇佐町公園

돈키호테 고쿠라점
ドン・キホーテ小倉店

Section 01

KOKURA

고쿠라에서 반드시 둘러봐야 할 명소&쇼핑

고쿠라 여행은 고쿠라성부터 시작한다. 고쿠라성 정원에서는 다도예법을 배우고 말차체험을 해보자. 그리고 100년 이상의 역사를 지닌 탄가시장과 만화의 세계에 흠뻑 빠질 수 있는 기타큐슈시 만화뮤지엄, 메이지시대 문호인 모리오가이 옛집도 천천히 거닐며 돌아보기에 좋다. 또한 쇼핑몰, 백화점이 많아 쇼핑도 제대로 즐길 수 있다. 리버워크 기타큐슈나 이즈츠야백화점, 차차타운 등이 그것이다.

고쿠라번의 거성, 독특한 천수각이 인상적인 ★★★★☆

고쿠라성 小倉城

고쿠라성의 최초 축성연대는 정확하게 전해오지 않지만, 현재의 형태로 지어진 것은 1602년 호소카와타다오키細川忠興가 기존 성곽에 덴슈카쿠天守閣, 천수각을 건설하면서부터이다. 호소카와타다오키는 세키가하라전투関ヶ原の戦い에서 공을 세워 고쿠라번의 영주가 되었다. 그는 이 시기 성하마을城下町도 정비하였고, 보랏빛 강이라 불리는 무라사키가와紫川를 양분해 서쪽에는 사찰, 동쪽에는 상공업자와 무사마을을 조성하여 마을을 발전시켰다고 한다.

고쿠라성은 그가 만든 천수각인데, 당나라 건축양식을 도용한 일명 카라즈쿠리唐造로 천수각 4층과 5층 사이에 지붕의 차양이 없고 5층이 더 크다. 이는 당시 일본 건축에서는 찾아보기 힘든 독특한 설계방법이었다. 현재 천수각 내부는 역사자료관으로 꾸며져 있으며 전망대에서는 리버워크와 무라사키강, 시청 등을 한눈에 조망할 수 있다. 매년 3월 하순에서 4월 초까지는 성 주변에서 벚꽃놀이를 즐길 수 있으며 10월 중하순에는 고쿠라성축제가 열리기도 한다.

성내 매점

주소 福岡県 北九州市 小倉北区 城内 2-1 문의 093-561-1210 운영시간 4~10월 09:00~20:00 11~3월 09:00~19:00(연중무휴) 입장료 성인 ¥350, 중고생 ¥200, 초등생 ¥100 귀띔 한마디 일몰 후 밤 10시까지는 천수각 야경을 즐길 수 있다. 찾아가기 JR고쿠라(小倉)역 고쿠라성출구에서 도보 20분 또는 JR니시고쿠라(西小倉)역 남쪽출구에서 도보 10분 거리이다. 버스이용 시 고쿠라역 버스센터에서 27·28번 버스 탑승한 후 기타큐슈시야쿠쇼마에(北九州市役所前) 정류장에 하차하거나, 8·9·36·43·45·46·110·138번 버스를 탑승하여 무로마치리버워크(室町・リバーウォーク) 정류장에서 하차 후 도보 5분 거리이다. 홈페이지 www.kokura-castle.jp

오가사와라 가문의 별장을 재현한 ★★★★☆

고쿠라성 정원 小倉城庭園

고쿠라성 동쪽에는 예쁜 정원이 있다. 이곳은 고쿠라성을 세운 호소카와 가문細川氏의 뒤를 이어 234년간 성주를 맡은 오가사와라 가문小笠原氏의 별장이 있던 곳이었다. 오가사와라회관이라 부르는 것도 이와 관련이 있다. 고쿠라성 정원은 다이묘정원大名庭園과 에도시대 무사서원을 재현하였으며, 다실과 전시실 등을 갖추었다. 그 중에서도 추천할 만한 곳은 서원동書院棟인데, 에도시대 건축양식인 쇼인즈쿠리書院造 양식으로 지어졌다. 이곳은 서재 겸 접객실로 사용되던 목조건물로 독립된 다다미방이 있고 햇살이 내리비치는 넓은 툇마루에 앉아 연못과 정원을 관망하기 좋다.

서원을 둘러본 후에는 차를 마실 수 있는 류레이세키立礼席로 이동하자. 이곳에서는 기모노차림의 강사로부터 다도예법을 배우며 말차체험을 해볼 수 있다. 전시실과 라이브러리에서는 일본 전통예법과 다도예법에 관한 자료를 확인할 수 있으니 관심이 있다면 들러보자. 고쿠라성과 고쿠라성 정원을 모두 방문할 예정이라면 매표소에서 통합입장권을 구매하는 것이 좋다.

주소 福岡県 北九州市 小倉北区 城内 1-2 문의 093-582-2747 운영시간 4~10월 09:00~20:00 11~3월 09:00~19:00(연중무휴) 입장료 성인 ¥350, 중고생 ¥200, 초등생 ¥100(고쿠라성+고쿠라성 정원 통합입장권 성인 ¥560, 중고생 ¥320, 초등생 ¥160) 귀띔 한마디 말차체험은 10:00~16:00이며 비용은 ¥1,200이다. 찾아가기 JR고쿠라(小倉)역에서 도보 20분 거리 또는 JR니시고쿠라(西小倉)역에서 도보 10분 거리이다. 고쿠라성 바로 앞에 위치한다. 홈페이지 kokura-castle.jp/kokura-garden

기타큐슈를 대표하는 재래시장 ★★★☆☆

탄가시장 旦過市場

탄가시장은 다이쇼시대부터 100년 이상의 역사를 이어온 기타큐슈시를 대표하는 시장이다. 생선, 과일, 정육, 반찬 등을 파는 수십여 개의 점포와 유명 맛집이 오래된 상가 아케이드를 따라 늘어 서있다. 2022년 화재 이후에도 꿋꿋하게 명맥을 유지하고 있다. 상점들의 낡은 간판은 시장의 역사를 말해주는 듯 앤티크한 멋스러움이 풍기고, 신선한 식재료를 찾는 많은 지역주민들의 활기찬 발걸음에서 역동적인 분위가 느껴진다. 허기가 진다면 탄가시장 명물인 우동이나 어묵류, 아기돼지 푸딩 등을 추천한다. 이전 탄가시장의 얼굴이었던 대학당大学堂은 화재 이후 모지코 지역으로 자리를 옮겼지만, 탄가시장은 여전히 기타큐슈를 대표하는 재래시장으로서 활기를 이어가고 있다.

카마보코 옥수수튀김

타코야키 맛집

탄가우동

아기돼지 푸딩

주소 福岡県 北九州市 小倉北区 魚町 4-2-18 문의 093-521-4140 운영시간 10:00~18:00(점포마다 다름) 찾아가기 JR고쿠라(小倉)역 고쿠라성 출구에서 도보 10분 거리 또는 기타큐슈모노레일 탄가(旦過)역 서쪽출구에서 도보 3분 거리이다. 홈페이지 tangaichiba.jp

건물 전체가 오타쿠들의 세상 ★★★☆☆

아루아루시티 あるあるCITY

도쿄에 아키하바라秋葉原가 있다면, 기타큐슈에는 아루아루시티가 있다. JR고쿠라역과 육교로 바로 연결되어 접근성이 뛰어나고, 지하 1층에서 지상 7층까지 건물전체가 애니메이션, 피규어, 코스프레, 게임, 아이돌 등 서브컬처에 특화된 아이템들이 모두 모인 규슈 지역 오타쿠들의 성지이다.

특히 5~6층에는 기타큐슈시 만화뮤지엄이 있는데 '은하철도 999' 팬이라면 꼭 방문해볼 만하다. 그밖에도 7층에는 일본 최초로 홀로그램극장 겸 라이브공간을 설치하여 좋아하는 연예인의 홀로그램공연을 즐길 수도 있다. 1층의 메이드카페 메이드리민Maidreamin과 4층 만화전문점 만다라케まんだらけ 등도 인기 있으며 주말에는 성우와 아이돌의 이벤트 행사가 종종 열린다.

마치아소비카페

만다라케

주소 福岡県 北九州市 小倉北区 浅野 2-14-5 문의 093-512-9566 운영시간 11:00~20:00(매장마다 다름) 찾아가기 JR고쿠라(小倉)역에서 도보 2분 거리(신칸센 출입구에서 육교로 바로 연결)이다. 홈페이지 aruarucity.com

만화의 세계에 흠뻑 빠질 수 있는 ★★★★☆

기타큐슈시 만화뮤지엄 北九州市漫画ミュージアム

예로부터 기타큐슈지역은 공업과 무역으로 경제가 발전하고 다양한 문화가 유입되면서 예술문화에 대한 관심이 높았다. 특히 만화 분야에서 큰 두각을 나타냈는데 마쓰모토 레이지松本零士는 이러한 배경 속에 '은하철도 999', '천년여왕', '우주전함 야마토' 등의 작품을 남겼다. 기타큐슈시 만화뮤지엄은 이 지역출신의 만화가 작품을 중심으로 전시 및 해설은 물론 만화 열람, 게임플레이 등 만화 세계를 다양하게 즐길 수 있다.

뮤지엄 내에는 마쓰모토레이지의 성장과정과 인터뷰영상, 애니메이션 등을 볼 수 있는 '기타큐슈에서 출발하는 은하여행' 코너가 있고, 실제 작가가 사용했던 책상과 함께 만화가 완성되기까지의 과정과 구조를 소개하는 '만화의 7대 불가사의' 코너 등을 운영하고 있다. 그밖에도 5만 권의 만화단행본을 자유롭게 열람할 수 있는 코너와 만화전문가로부터 만화를 추천받을 수 있는 코너도 마련되어 있다.

주소 福岡県 北九州市 小倉北区 浅野 2-14-5 あるあるCity 5~6F 문의 093-512-5077 운영시간 11:00~19:00(최종입장 18:30) 휴무 매주 화요일, 연말연시 입장료 성인 ¥480, 중고생 ¥240, 초등생 ¥120 찾아가기 JR고쿠라(小倉)역에서 도보 2분 거리로 아루아루시티 5~6층에 자리한다. 홈페이지 www.ktqmm.jp

일본 근대문학의 산실 ★★☆☆☆

모리오가이 옛집 森鴎外旧居

메이지시대 대문호 모리오가이森鴎外가 군의관시절 고쿠라에 부임하면서 살았던 집을 복원한 곳이다. 모리오가이는 의사가문에서 태어났으며, 어려서부터 학식이 뛰어나 신동으로 알려졌다. 그는 군의관 생활을 하면서도 동시에 소설가로서 나쓰메소세키夏目漱石와 함께 일본 근대문학에 커다란 발자취를 남긴 인물이다.

모리오가이 옛집 내부는 작은 문학관처럼 꾸며져 있는데, 그의 유언장을 비롯하여 여러 자료들이 보관되어 있으며, 소박한 정원이 당시 모습대로 잘 보존되어 있다. 그의 소설『닭(鷄), 1909년』이 바로 이 집을 무대로 서사를 전개하였다. 한편 고쿠라에는 모리오가이문학비, 오가이다리鴎外橋, 오가이거리 등 그와 관련된 장소가 곳곳에 지명으로 남아 있다.

주소 福岡県 北九州市 小倉北区 鍛冶町 1-7-2 문의 093-531-1604 운영시간 10:00~16:00 휴무 매주 월요일, 셋째 주 목요일 및 연말연시 입장료 무료 귀띔 한마디 마쓰모토세이초는 일본의 대표적인 문학상 아쿠타가와상(芥川賞)을 수상하였는데, 그 작품이『어느 '고쿠라 일기' 전(或る小倉日記傳)』으로 모리오가이의 소실된 '고쿠라 일기'를 추적하는 추리소설이다. 찾아가기 JR고쿠라(小倉)역 남쪽출구에서 도보 10분 거리 또는 기타큐슈 모노레일 헤이와도오리(平和通)역 북쪽출구에서 도보 3분 거리이다.

산책코스로도 좋은 쇼핑몰 ★★★☆☆

리버워크 기타큐슈 リバーウォーク北九州

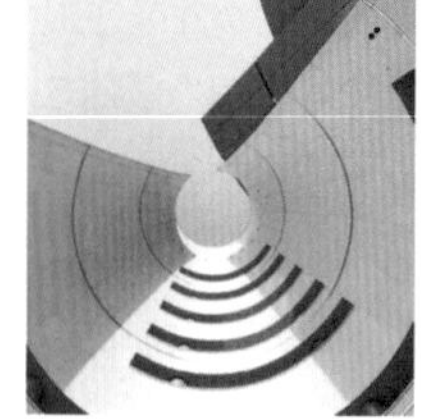

고쿠라성과 무라사키강紫川 근처에 위치한 대형복합시설로 쇼핑센터 외에 미술관, 영화관, 방송국, 예식장 등이 입점해 있다. 외관은 언뜻 보기에 형태가 다른 5개의 건물로 보이지만 이는 다채롭게 보이게 지어졌을 뿐 내부는 하나로 연결되어 있다. 이 건물은 캐널시티 하카타를 건축한 미국의 건축가 존저드Jon Jerde가 디자인했으며, 외관에 사용된 갈색, 검은색, 흰색, 빨간색, 노란색은 전통적인 일본의 5가지 색상이다.

리버워크는 지하 1층부터 지상 4층까지 유명매장들이 입점해있다. 유아용품을 찾는다면 1층 갭키즈Gap Kids, 잡화는 2층 치쿠치

쿠チクチク와 하이드앤시크ハイド・アンド・シーク, ¥100샵은 지하 1층의 다이소와 2층 캔두Can★Do를 이용하자. 4층에는 푸드코트와 레스토랑이 있는데 고쿠라성을 바라보며 식사를 즐길 수 있다. 5층의 루프트가든은 전망명소로 고쿠라성을 한눈에 조망할 수 있다. 무라사키강이 흐르고 카츠야마공원勝山公園과 인접하여 고쿠라성과 일정을 묶어 산책코스로 방문하기 좋은 쇼핑몰이다.

주소 福岡県 北九州市 小倉北区 室町 1-1-1 문의 093-573-1500 운영시간 10:00~20:00(점포마다 다름) 찾아가기 JR니시고쿠라(西小倉)역 남쪽출구에서 도보 5분 거리 또는 JR고쿠라(小倉)역 고쿠라성 출구에서 도보 10분 거리이다. 홈페이지 riverwalk.co.jp

고쿠라 지역기반의 백화점 ★★★☆☆

이즈츠야 井筒屋

이즈츠야백화점은 규슈지역에서 1935년에 오픈한 백화점으로 이곳 고쿠라가 본점이다. 백화점은 본관과 신관으로 나뉘며 1, 5, 8층은 구름다리로 연결되어 있어 두 건물을 넘나들 수 있다. 본관에는 수입 부티크와 고급 화장품, 의류, 자기류 등을 취급하며, 신관에는 영패션 브랜드와 스포츠, 액세서리용품 등이 모여 있다. 지하 1층부터 지상 9층까지 다양한 브랜드가 입점되어 있어 복잡하므로 1층 종합안내소에서 층별 안내책자를 받아 쇼핑에 참고하자.

본관 지하 1층 식품관에서는 군것질 거리는 물론 선물용 과자도 지역별로 다양하게 구분되어 있어 취향대로 구입할 수 있다. 참고로 하얀 앙금이 맛좋은 이즈츠야만쥬いづつや饅頭가 이 백화점의 명물이다. 레스토랑은 본관과 신관 8층에 위치하며, 쇼핑 중 잠시 쉬고 싶다면 신관 1층의 애프터눈티카페アフタヌーンティー・ティールーム를 이용하자. 면세대상 상품 중 구매금액이 ¥5,500 이상일 경우 신관 8층 면세카운터에서 면세신청도 가능하다.

이즈츠야만쥬(いづつや饅頭)

주소 福岡県 北九州市 小倉北区 船場町 1-1 문의 093-522-3111 운영시간 10:00~19:00 귀띔 한마디 이즈츠야만쥬는 1개당 ¥40이다. 찾아가기 JR고쿠라(小倉)역 고쿠라성 출구에서 도보 8분 거리로 리버워크 기타큐슈 근처에 있다. 홈페이지 www.izutsuya.co.jp/storelist/kokura

빨간 대관람차가 상징인 쇼핑몰 ★★★☆☆

챠챠타운 고쿠라 チャチャタウン小倉

멀리서도 눈에 띄는 거대한 빨간 대관람차와 입구부터 마치 테마파크에 놀러온 듯한 느낌을 주는 쇼핑몰이다. 챠챠타운이라는 이름부터가 경쾌한 느낌이 드는데, 챠챠는 기타큐슈 방언으로 어미에 자주 쓰이는 챠ちゃ가 연속됨으로써 즐거운 기분상태를 나타낸다고 한다.

챠챠타운에는 ABC마트, 다이소, 잡화점, 푸드코트, 게임센터 등이 입점해 있다. 저녁에는 관람차를 따라 주변시설에 조명이 밝혀지며, 화려한 일루미네이션이 눈을 즐겁게 한다. 참고로 산큐패스 소지자는 관람차를 무료로 탑승할 수 있으니 놓치지 말자.

게임센터 / 드럭스토어 / 아동복매장 / 아이스크림매장 / 잡화점 / 푸드코트

주소 福岡県 北九州市 小倉北区 砂津 3-1-1 문의 093-513-6363 운영시간 **상점** 10:00~20:00(매장마다 다름) **관람차** 11:00~21:00(화요일 휴무) **관람차요금** 초등학생 이상 ¥300 찾아가기 JR고쿠라(小倉)역 고쿠라성 출구에서 도보 10분 거리이다. 홈페이지 www.chachatown.com

Section 02

KOKURA

고쿠라에서 반드시 먹어봐야 할 먹거리

고쿠라는 먹거리로 가득한 도시이다. 먼저 시로야베이커리에서 한입 크기 오믈렛빵을 맛보자. 스태미나 음식의 대표주자인 철판교자는 고쿠라에서 빠질 수 없는 명물이다. 그밖에도 우엉튀김우동이나 오므라이스, 말차디저트 등 고쿠라에서만 맛볼 수 있는 인기 먹거리도 놓치지 말자.

기타큐슈를 대표하는 빵집 ★★★★★

시로야베이커리 シロヤベーカリー

JR고쿠라역 앞에 위치한 오래된 빵집으로 70년 가까이 현지인들의 사랑을 받고 있다. 빵, 샌드위치, 케이크 등이 진열장에 먹음직스럽게 정렬되어 있는데, 대부분 원코인(¥100) 이하로 즐길 수 있는 가격대이다. 저렴하면서도 맛있는 이 집은 아침 출근시간대나 점심시간대에는 항상 붐비지만 테이크아웃이라 오래 기다리지 않아도 된다.

꼭 먹어봐야 할 빵으로 오믈렛빵オムレット과 사니빵サニーパン이 있다. 오믈렛빵은 한입 크기의 카스텔라빵에 생크림이 들어가 있어 달콤하면서 부드러운 맛 때문에 중독성이 있다. 또한 사니빵은 프랑스빵에 달콤한 연유가 가득 들어 있어 남녀노소 누구나 좋아하는 인기 상품이다. 소박하지만 오랫동안 현지인들의 사랑을 받아온 시로야빵은 꼭 한 번 맛보기를 추천한다.

주소 福岡県 北九州市 小倉北区 京町 2-6-14 문의 093-521-4688 운영시간 10:00~18:00(재료소진 시 종료) 베스트메뉴 오믈렛빵(5개) ¥290, 사니빵 ¥140 귀띔 한마디 시로야베이커리 본점은 쿠로사키(黒崎)역에서 도보 5분 거리에 있는 쿠로사키점이다. 찾아가기 JR고쿠라(小倉)역 고쿠라성 출구에서 도보 2분 거리이다. 홈페이지 shiroya-pan.com

철판교자 전문점 ★★★★☆

고쿠라 테츠나베 총본점 小倉鉄なべ 総本店

고쿠라에서 시작된 철판교자 맛집이다. 한입 크기 교자가 뜨거운 팬에 구워진 채로 나와 호호 불어가며 먹을 수 있다. 공업도시로 노동자가 많았던 고쿠라에서는 교자 같은 스태미나 음식이 발달하였다. 크기가 작으면서도 소가 많이 들어

있고, 뜨거운 철판에 그대로 나오는 것이 전통적인 고쿠라식 교자이다. 노릇노릇 구워진 교자를 한입 베어 물면 바삭한 소리가 나면서 육즙이 흘러나와 한껏 식욕을 돋는다. 여기에 시원한 맥주 한잔을 더하면 여행의 피로까지 말끔하게 씻어줄 최고의 한 끼 식사가 된다. 점심시간대 방문하면 밥과 된장국이 포함된 런치메뉴가 있어 저렴하게 배불리 먹을 수 있다. 한국어 메뉴판이 별도로 준비되어 있혼자 방문해도 주문 가능하고, 테이크아웃 포장도 가능하다.

주소 福岡県 北九州市 小倉北区 魚町 2-3-12 문의 093-513-8033 운영시간 11:00~23:00 베스트메뉴 테츠나베 교자(8개) ¥680 귀띔 한마디 고쿠라역 신칸선 상가에 에키나카분점이 있다. 찾아가기 JR고쿠라(小倉)역 고쿠라성 출구에서 도보 7분 거리, 또는 기타큐슈모노레일 헤이와도오리(平和通)역 남쪽출구에서 도보 2분 거리이다. 홈페이지 tetsunabe-g.com

폭신폭신한 계란오므라이스 ★★★★☆

다마고모노가타리 에그스토리 玉子物語 エッグストーリー

고쿠라역에서 다소 떨어진 곳에 있지만 점심시간대에는 현지인들이 몰려 기다려야 하는 오므라이스 전문점이다. 흰 바탕 간판에는 닭과 병아리 그리고 오므라이스 일러스트가 귀엽게 그려져 있다. 1996년 오픈한 이후 하나둘씩 메뉴를 추가하면서 현재 8가지 오므라이스 메뉴를 제공하고 있다.

이 집의 인기메뉴는 연어마요 오므라이스サケマヨオムライス와 명란마요 오므라이스めんたいマヨオムライス이다. 폭신폭신한 계란옷 안에는 연어볶음밥과 후쿠오카 명물 명란을 넣었는데 뿌려먹는 소스로 데미글라스Demi-glace, 카레, 화이트소스 중에서 선택할 수 있다. 보통 짭조름한 명란마요 오므라이스에는 부드러운 화이트소스를 많이 선택하는데 우리 입맛에는 다소 느끼할 수 있어 카레나 데미글라스 소스를 추천한다. 추가요금을 지불하면 소시지, 치즈, 시푸드믹스 등을 토핑으로 추가할 수 있다.

주소 福岡県 北九州市 小倉北区 浅野 2-1-34 문의 093-533-6088 운영시간 **런치**11:30~15:00 **디너** 18:00~21:00 휴무 매주 일요일, 셋째 주 월요일 베스트메뉴 런치세트 ¥1,500 귀띔 한마디 런치타임 방문 시 샐러드와 스프가 포함된 세트메뉴를 먹어볼 수 있다. 찾아가기 JR고쿠라(小倉)역 북쪽출구에서 도보 7분 거리이다.

말차 디저트전문점 ★★★★☆

츠지리차호 辻利茶舗

말차디저트를 가볍게 즐길 수 있는 전문점이다. 원래 츠지리는 1860년대 창업자 츠지리에몬辻利右衛門이 교토에서 시작했는데 현재는 일본은 물론 해외에도 지점을 확대하면서 여러 브랜드를 운영하고 있다. 그 중 츠지리차호는 1923년 오픈한 규슈지점으로 고쿠라에 정착하면서 전통을 이어오고 있다. 100여 년간 말차를 전문으로 했으며, 현재 말차중심의 스위츠도 즐길 수 있는 카페로 발전하였다. 세련된 인테리어에 일본식 정원을 설치하여 편안한 분위기에서 차를 즐길 수 있다. 인기메뉴는 말차빙수抹茶氷水, 말차파르페抹茶パフェ, 말차플로트抹茶フロート 등이 있다. 현재 고쿠라 내 3개의 점포를 운영하는데, 그 중 우오마치점魚町店은 탄가시장과 위치적으로 가까워 탄가시장에서 식사를 한 후, 디저트를 즐기기 안성맞춤이다.

주소 福岡県 北九州市 小倉北区 魚町 3-2-19(우오마치점) 문의 093-521-3117 운영시간 10:00~18:00 가격 ¥350~ 귀띔 한마디 쿄우마치 본점은 JR고쿠라역에서 도보 5분거리, 고쿠라성점은 도보 12분 거리에 위치한다. 찾아가기 기타큐슈모노레일 헤이와도오리(平和通)역 남쪽출구에서 도보 5분 거리이다. 홈페이지 www.tsujiri.co.jp

24시간 즐길 수 있는 우엉튀김우동 맛집 ★★★★☆

스케상우동 우오마치점 資さんうどん 魚町店

고쿠라 우오마치상점가에 위치한 우동집으로 우엉튀김우동이 유명하다. 24시간 운영하므로 언제든 먹을 수 있어 좋다. 입구에 진연된 다양한 샘플을 보면 무엇을 먹어야 할지 고민스러워진다. 더군다나 주방 쪽에 어묵코너도 있어 어묵부터 먹고 싶은 유혹에 빠지게 된다. 하지만 여기까지 찾아왔다면 유혹을 떨치고 고기우엉튀김우동肉ゴボ天うどん을 주문하자. 우동 국물은 짭조름한 불고기전골 맛인데 간이 잘 밴 고기고명과 우엉향이 향긋한 튀김이 잘 어울린다. 게다가 우동면발은 관서지방 특유의 찰지면서도 퍼진 면이라 부드럽고 식감이 좋다. 테이블 위 간장이나 고춧가루, 튀김 부스러기인 텐카스天かす, 다시마 콘부コンブ 등을 입맛에 따라 추가해 먹으면 더욱 맛있게 먹을 수 있다.

주소 福岡県 北九州市 小倉北区 魚町 2-6-1 문의 093-513-1110 운영시간 24시간 영업 베스트메뉴 니쿠고보텐우동(肉ゴボ天うどん) ¥770 귀띔 한마디 우동 외에 소바(そば), 야키소바(焼きそば) 등도 즐길 수 있다. 찾아가기 기타큐슈 모노레일 헤이와도오리(平和通)역 북쪽출구 에서 도보 2분 거리이다. 홈페이지 sukesanudon.com

육즙이 가득한 왕만두 전문점 ★★★☆☆

요스코노부타만 揚子江の豚まん 小倉駅前店

요스코노부타만은 기타큐슈에서 50년 이상의 전통을 이어온 왕만두 전문점으로 바로 고쿠라역에 위치해 있다. 이곳 고기만두의 특징은 주먹보다 큰 크기에 샤오롱바오小籠包처럼 육즙이 가득하다는 것이다. 맛의 비결은 돼지고기와 다진 양파를 가득 넣어 저온에서 20분 이상 푹 쪄내기 때문이라고 한다. 주의할 점은 육즙이 많아 만두 밑에 깔린 종이를 뗄 때 흘러내릴 수 있으므로 종이껍질을 위로 하고 조심스럽게 떼어야 한다. 먹을 때에는 반을 갈라 간장과 겨자를 조금씩 넣어 먹으면 된다. 크기가 커서 고기만두 한 개로도 배가 부르지만 만약 부족하다면 크기는 좀 작지만 새우살을 첨가한 미니부타만ミニ豚まん도 맛보길 추천한다.

주소 福岡県 北九州市 小倉北区 魚町 2-7-3 문의 080-1789-2020 운영시간 10:00~17:30 베스트메뉴 부타만(豚まん) 1개 ¥260, 미니만(ミニまん) 6개 ¥570 귀띔 한마디 일본의 관동지역에서 일반적으로 고기만두를 '니쿠만'이라고 부르는 것과 달리 관서지역에서는 '부타만'이라고 하는데, 이는 관서지역에서 니쿠(肉)는 소고기만을 의미하며, 돼지고기는 부타(豚)라고 구분해서 부른다. 찾아가기 JR고쿠라(小倉)역 고쿠라성 출구에서 도보 2보 거리이다. 홈페이지 yousukou.com

샤브샤브와 스키야키를 배불리 먹을 수 있는 맛집 ★★★☆☆

샤브젠 고쿠라점 しゃぶ禅 小倉店

샤브샤브와 스키야키すき焼き를 양껏 먹을 수 있는 맛집이다. 샤브샤브しゃぶしゃぶ란 얇게 썬 돼지고기 또는 쇠고기와 각종 채소류를 육수에 살짝 익혀 먹는 요리이다. 샤브젠에서 제공하는 고기는 쇠고기와 흑돼지로 육질이 부드럽고 맛이 좋은데 무한리필로 즐길 수 있어 이 지역 전골요리의 대표 주자이다. 스키야키는 일본인들이 겨울철이면 꼭 먹는다는 국민전골요리로 일반적으로 쇠고기와 채소류, 두부 등을 간장과 설탕을 자작하게 졸여내 달걀 소스에 찍어먹는다. 간장의 짭조름한 맛과 달걀노른자의 고소한 맛이 잘 어울린다. 두 메뉴 모두 남은 육수에 칼국수면 같은 납작한 키시멘きし麺을 넣어 마무리로 먹는다. 샤브젠에서는 고쿠라 시내야경을 내려다보면 분위기 있게 식사할 수 있는 자리도 있으므로 조용히 즐기고 싶다면 미리 예약하는 것이 좋다.

주소 福岡県 北九州市 小倉北区 鍛冶町 1-10-10 大同生命北九州ビル11F 문의 050-5484-2153 운영시간 11:30~15:00, 17:00~22:00 베스트메뉴 흑돼지 샤브샤브 ¥3,500, 흑돼지 샤브샤브 및 스키야키(무한리필) ¥7,300 찾아가기 기타큐슈모노레일 헤이와도오리(平和通)역 남쪽출구에서 도보 5분 거리이다. 홈페이지 www.shabuzen.jp/kokura

Chapter 07

모지코

門司港

Mojiko

모지코는 메이지시대 무역항으로 이국적 문화가 흘러든 번성한 도시였다. 지금도 예전 모습을 연상케 하는 서양식 건축물과 복고풍 거리가 남아 있어 이국적인 분위기를 느낄 수 있다. 모지코에서는 당시 현지인들이 즐겨 입던 하카마를 입어보고 인력거도 경험해보자. 또한 서양의 음식이었던 카레가 일본에서 현지화된 야키카레도 꼭 먹어 볼 것을 권한다.

모지코를 이어주는 교통편

- JR열차를 이용하여 고쿠라역에서 모지코역으로 이동한다.(소요시간 15분, 요금 ¥280)

모지코에서 이것만은 꼭 해보자

- 모지코레트로를 산책하며 복고풍 매력에 빠져보자.
- 매일 6번, 수면에서 60도 각도로 세워지는 도개교, 블루윙모지를 만나보자
- 모지코레트로전망실에서 칸몬해협과 모지코레트로 거리를 조망해보자.
- 바나나맨과 함께 모지코 인증샷을 찍어보자.
- 카리혼포에서 시푸드야키카레를 맛보자.

사진으로 미리 살펴보는 모지코 베스트코스(예상 소요시간 5시간 이상)

모지코레트로 지구는 대부분 도보로 둘러볼 수 있다. 동선을 생각하여 모지코 여행 첫 일정은 규슈철도기념관에서 시작한다. 이어 다양한 고구마를 맛볼 수 있는 고구마전설에서 간단히 간식을 즐기고 아인슈타인도 머물렀던 구모지미츠이구락부를 방문하여 근세 일본에 도입된 유럽건축양식을 살펴보자. 구모지미츠이구락부 외에도 주변에는 근대건축유산이 많아 볼거리가 풍부하다. 허기가 진다면 시푸드야키카레로 유명한 카리혼포에서 구운 카레를 맛보고 그 매력에 빠져 보자. 칸몬해협과 모지코레트로 거리를 한눈에 조망할 수 있는 모지코레트로전망실에 오르는 것도 추천한다. 시간적 여유가 있다면 모지전기통신레트로관도 들러보자. 일정의 마지막은 해협플라자로 돌아와서 즐거운 쇼핑으로 마무리한다.

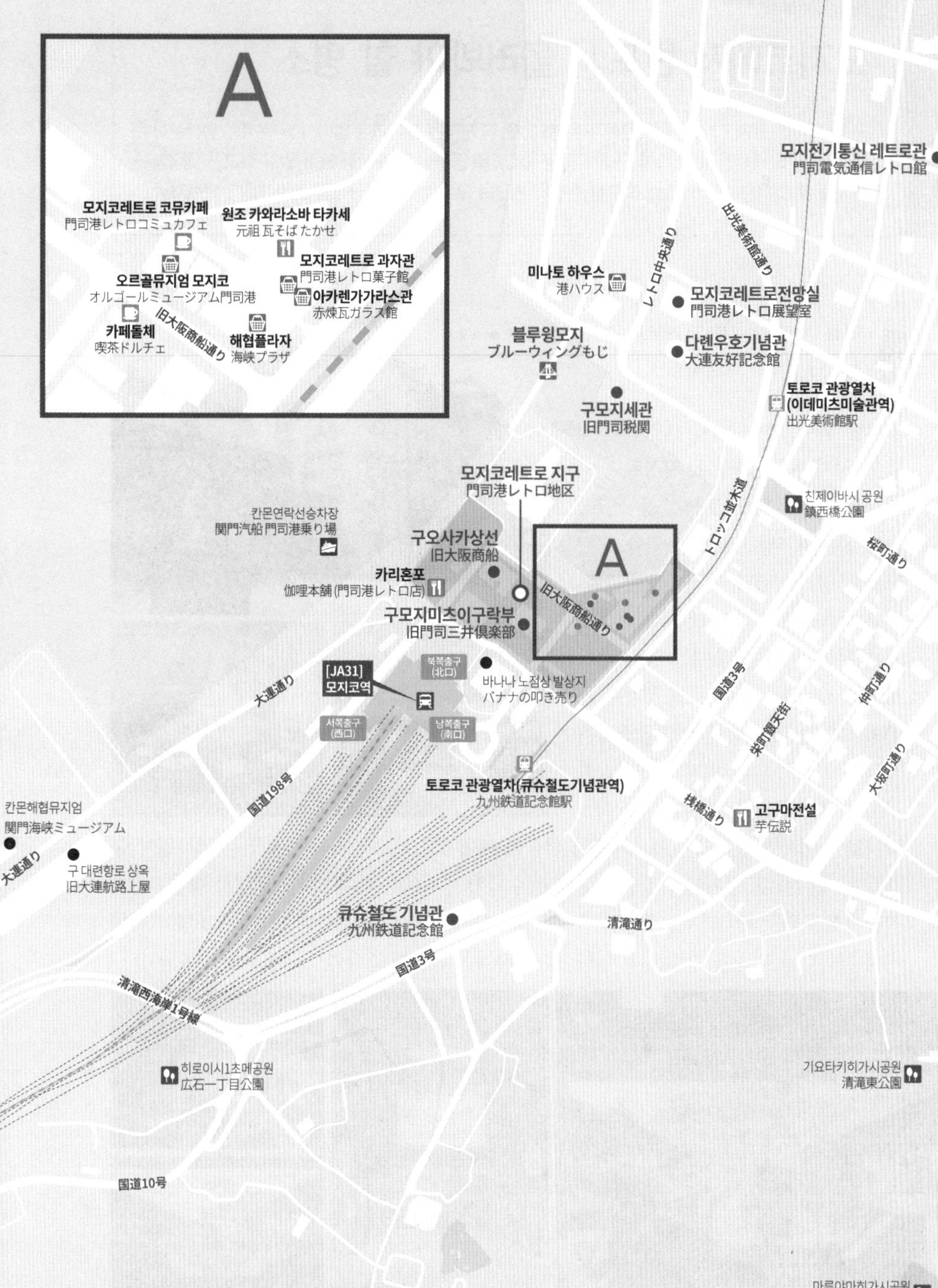
A
모지코레트로 코뮤카페
門司港レトロコミュカフェ
원조 카와라소바 타카세
元祖 瓦そば たかせ
모지코레트로 과자관
門司港レトロ菓子館
오르골뮤지엄 모지코
オルゴールミュージアム門司港
아카렌가가라스관
赤煉瓦ガラス館
카페돌체
喫茶ドルチェ
旧大阪商船通り
해협플라자
海峡プラザ
모지전기통신 레트로관
門司電気通信レトロ館
出光美術館通り
レトロ中央通り
미나토 하우스
港ハウス
모지코레트로전망실
門司港レトロ展望室
블루윙모지
ブルーウィングもじ
다롄우호기념관
大連友好記念館
토로코 관광열차
(이데미츠미술관역)
出光美術館駅
구모지세관
旧門司税関
모지코레트로 지구
門司港レトロ地区
トロッコ並木道
친제이바시 공원
鎮西橋公園
칸몬연락선승차장
関門汽船 門司港乗り場
구오사카상선
旧大阪商船
桜町通り
카리혼포
伽哩本舗 (門司港レトロ店)
구모지미츠이구락부
旧門司三井倶楽部
[JA31]
모지코역
북쪽출구
(北口)
바나나 노점상 발상지
バナナの叩き売り
大連通り
国道3号
서쪽출구
(西口)
남쪽출구
(南口)
栄町銀天街
仲町通り
大坂町通り
토로코 관광열차(큐슈철도기념관역)
九州鉄道記念館駅
国道198号
칸몬해협뮤지엄
関門海峡ミュージアム
桟橋通り
고구마전설
芋伝説
구 대련항로 상옥
旧大連航路上屋
큐슈철도 기념관
九州鉄道記念館
清滝通り
国道3号
清滝西海岸1号線
히로이시1초메공원
広石一丁目公園
기요타키히가시공원
清滝東公園
国道10号
기요타키3초메공원
清滝三丁目公園
마루야마히가시공원
丸山東公園
기요타키공원
清滝公園

Section 03

MOJIKO

모지코에서 반드시 둘러봐야 할 명소

국제무역항으로서 다양한 이국문화가 유입되었던 모지항은 볼거리가 많다. 서양문화와 일본문화가 융합된 이색적인 풍경 속에 근대 유럽양식의 건축물들이 고스란히 남아 있어 복고풍 매력에 빠져들 수 있다. 모지코레트로 지구를 천천히 거닐며 모지코만의 이국적인 분위기를 느껴보자.

역에 내리는 순간부터 레트로 감성이 샘솟는 ★★★★☆

모지코역 門司港駅

1914년 다이쇼大正시대에 세워진 역사驛舍로 일본 국가중요문화재로 지정된 곳이다. 역사는 서양식 네오르네상스풍 목조건물로 로마의 테르미니Termini역을 모티브로 하여 지어졌다. 2019년 3월 노후된 시설들을 복원하여 옛 모습 그대로를 재현했다. 역사 1층에는 양식 레스토랑과 레트로 느낌이 물씬 풍기는 스타벅스가 있고, 2층에는 고급스러운 샹들리에와 중후한 벽지가 인상적인 구 귀빈실을 둘러볼 수 있다.

역사로 들어서면 앤티크한 목조지붕과 기둥이 이어지고 복고풍 유니폼을 입은 역무원이 승객들을 맞이한다. 심지어 화장실조차 옛날 수세식 방식이라 마치 다이쇼시대로 타임슬립한 착각마저 든다. 역앞 레트로광장에는 시원하게 내뿜는 분수가 있는데, 밤에는 조명이 더해지며 아름다운 경관을 자랑한다. 역사 1층에 자리한 복고풍 스타벅스도 모지코역 명물이다.

주소 福岡県 北九州市 門司区 西海岸 1-5-31 문의 093-321-8843 귀띔 한마디 현재 사용중인 일본 역사 중에서 국가 중요문화재로 지정된 것은 모지코역과 도쿄역 두 곳 뿐이다. 찾아가기 JR모지코(門司港)역에 내리면 된다.

복고풍 매력이 가득한 ★★★★★

모지코레트로 지구 門司港レトロ地区

메이지시대 외국무역항으로 지정된 모지코는 고베, 요코하마를 잇는 일본의 3대 항구로 발전하면서 이국문화가 실시간으로 유입되는 번성한 도시였다. 당시 곳곳에는 모던하고 세련된 서양문화가 유행하고 인력거와 전차가 드나들며 마치 런던거리를 연상시키듯 각종 관공서가 서양식으로 지어졌다. 당시 모습을 지금도 잘 보존하고 있어 모지코만의 레트로한 감성으로 기타큐슈를 대표하는 관광지가 되었다.

모지코레트로지구는 모지코역부터 시작되는데 모두 걸어서 돌아볼 수 있다. 일본 최초로 국가지정중요문화재로 등록된 레오르네상스양식의 철도역부터 아인슈타인이 머물렀던 구모지미츠이구락부旧門司三井倶楽部, 쇼와시대까지 세관으로 이용됐던 세관청사 등 일본 근대시대에 지어진 건축물들로 가득하다. 또한 좌판에 바나나를 놓고 재밌게 판매하는 바나나타키우리バナナ叩き売り가 시작된 곳으로 모지코 한가운데에 세워진 바나나맨 앞에서 사진을 찍는 것은 모지코 여행의 필수코스가 되었다. 한편 지역 명물인 야키카레를 맛볼 수 있는 맛집과 카페, 아기자기한 잡화점 등이 많아 데이트코스로도 많이 알려져 있다.

주소 福岡県 北九州市 門司区 문의 093-321-4151(모지코레트로 종합인포메이션) 찾아가기 JR모지코(門司港)역 귀띔 한마디 매년 겨울철에는 레트로일루미네이션을 볼 수 있다. 홈페이지 www.mojiko.info

모지코레트로 관광열차 시오카제호 門司港レトロ観光列車 潮風号

모지코의 레트로한 분위기와 칸몬해협 바다 풍경을 즐기며 토롯코열차(トロッコ列車)를 한번쯤 체험해보고 싶다면, 모지코 관광열차 시오카제호(潮風号)를 추천한다. 시오카제는 바닷바람을 뜻하는 말로 이름처럼 이 열차는 해안선을 따라 규슈철도기념관(九州鉄道記念館)역을 출발해 칸몬해협메카리(関門海峡めかり)역까지 달린다. 약 10분간 총 4개 역을 지나는데, 차창을 통해 바다 향기가 그윽하게 풍겨져 오는 것이 이 열차의 매력이다.

홈페이지 福岡県北九州市 門司区 西海岸1-7-1 **문의** 093-331-1065 **운영시간** 10:00~17:00(40분 간격 11편 운행)/주말 및 공휴일 운영 **요금** 성인 ¥300(편도), 초등생¥150(편도) **귀띔 한마디** 좁고 어두운 터널을 지날 때 열차 천장에 펼쳐지는 연출도 놓칠 수 없는 포인트이다. **찾아가기** JR모지코(門司港)역 동쪽 출구(東口)에서 도보 3분 거리로 규슈철도기념관(九州鉄道記念館)역에서 출발한다. **홈페이지** retro-line.net

철도마니아라면 꼭 방문해야 할 ★★★★☆

규슈철도기념관 九州鉄道記念館

철도마니아라면 꼭 들러봐야 하는 모지코 필수코스이다. 메이지시대 모지코는 규슈철도의 거점으로 1891년에 규슈철도본사가 세워졌던 곳이다. 붉은 벽돌이 인상적인 옛 건물에는 메이지시대부터 쇼와시대까지 사용됐던 열차와 관련시설물을 전시하고 있으며, 철도와 관련된 체험활동도 해볼 수 있다. 입구 차량전시장에는 증기기관차, 전기기관차, 침대차 등 역대 차량들이 전시되어 있는데 안에 들어가서 만져보고 앉아보고 사진도 찍을 수 있다.

본관에는 규슈철도의 역사와 설비에 대해 다양한 정보를 제공하는 전시코너와 체험코너가 마련되어 있다. 특히 811계전차 운전시뮬레이션 코너에서는 1회 ¥100으로 모지코역에서 고쿠라역까지 시뮬레이션으로 운전을 체험해 볼 수 있다. 차창 밖으로 풍경이 지나가는 듯하여 정말로 운전을 하는 듯한 기분이 든다. 시뮬레이션 후에는 운행점수가 나오는데 일행이 있다면 내기를 해도 좋다. 2층에는 당시 사용했던 티켓, 간판, 시간표, 승무원 유니폼 등이 실물로 전시되어 있는데 구경하는 재미가 있다. 한편 본관에는 키즈룸도 마련되어 있어 성인뿐만 아니라 아이들도 놀이를 하며 즐길 수 있다.

주소 福岡県 北九州市 門司区 清滝 2-3-29 문의 093-322-1006 운영시간 09:00~17:00 휴무 부정기적 입장료 성인 ¥300, 초중생 ¥150 귀띔 한마디 JR큐슈레일패스 소지 시 입장료 20%가 할인된다. 찾아가기 JR모지코(門司港)역 동쪽출구(東口)에서 도보 3분 거리이다. 홈페이지 www.k-rhm.jp

아인슈타인도 머물고 간 사교장 ★★★★☆

구모지미츠이구락부 旧門司三井倶楽部

1921년 미츠이물산이 사교클럽 용도로 지었으며, 숙박시설까지 갖추고 있다. 일본의 근대산업유산으로 중요문화재로 지정되어 있다. 건물 외관은 기둥과 들보를 나무로 세우고 그 사이를 흙이나 벽돌로 채우는 하프팀버양식Half-timber Style이며, 외벽에 나무 기둥이 드러나는 반목조건물이다. 내부는 객실마다 벽난로가 설치되어 있고 문틀, 창틀, 계단기둥 등에는 아르데코Art déco 장식이 새겨져 있어 모던하면서도 아름답다.

1922년 아인슈타인Albert Einstein박사는 강연 차 일본을 방문했을 때 이곳 2층에서 숙박했으며 그가 묵었던 방은 '아인슈타인 메모리얼룸'으로 복원하여 전시실로 사용하고 있다. 1층은 해산물 야키카레와 복어요리가 유명한 레스토랑이다. 이곳 역시 일본 중요문화재 중 한 곳이다.

주소 福岡県 北九州市 門司区 港町 7-1 문의 093-321-4151 운영시간 09:00~17:00(연중무휴) 입장료 2층 관람 성인 ¥150, 초중생 ¥70 찾아가기 JR모지코(門司港)역 북쪽출구(北口)에서 도보 3분 거리이다. 홈페이지 www.mitsui-club.com

선명한 오렌지색 외관이 인상적인 ★★★☆☆

구오사카상선 旧大阪商船

1917년에 지어진 해운회사 구오사카상선의 모지지점을 복원한 것으로 선명한 오렌지색 외벽과 팔각형 첨탑이 특징적인 건물이다. 이 빌딩은 당시 모지에서 가장 높은 건물로 지역의 랜드마크와 같은 역할을 하였고, 바로 옆 모지항을 통해 오사카상선 여객선들이 중국, 인도, 유럽 등으로 향하였다. 이 건물은 오사카상선이 미츠이선박에 합병된 이후에도 그대로 이용되다가 1991년 기타큐슈시가 매입하였다. 현재는 기타큐슈 출신의 유명 만화가 와타세 세이조渡瀬政造 갤러리를 운영 중이며, 건물 내에는 오픈 타입으로 운영되는 카페 '마티에르MATIÈRE/マチエール'가 있어 차 한잔의 여유도 가질 수 있다.

주소 福岡県 北九州市 門司区 港町 7-18 문의 093-321-4151 운영시간 09:00~17:00 휴무 연중무휴 입장료 무료 / 와타세세이조갤러리 성인 ¥150, 초중생 ¥70 찾아가기 JR모지코(門司港)역 북쪽출구(北口)에서 도보 4분 거리이다. 홈페이지 www.mojiko.info/spot/osaka.html

모지항의 영광을 함께한 세관 ★★☆☆☆

구모지세관 旧門司税関

1912년에 지어진 건물로 쇼와시대 초기까지 세관청사로 사용되었다. 처음 모지세관은 나카사키세관의 출장소였으나 국가특별무역항이었던 모지항이 점차 수출입세가 증가하면서 분리독립하였다. 이후 모지세관청은 일본의 7대 세관으로 성장하였고, 현재 건물은 전시 및 편의시설로 이용되고 있다. 1층은 휴게실, 세관홍보코너, 카페 등이 있고, 3층은 칸몬해협을 한눈에 내려다볼 수 있는 전망실이다.

주소 福岡県 北九州市 門司区 港町 1-24 문의 093-321-4151 운영시간 09:00~17:00 휴무 연중무휴 입장료 무료 찾아가기 JR모지코(門司港)역 북쪽출구(北口)에서 도보 8분 거리이다. 홈페이지 www.mojiko.info/spot/zeikan.html

칸몬해협과 모지코레트로 거리가 한눈에 들어오는 ★★★★☆

모지코레트로전망실 門司港レトロ展望室

보행자전용 도개교인 블루윙모지ブルーウィングもじ 건너편에는 103m 높이의 높게 솟은 빌딩이 있다. 이 건축물은 일본의 대표건축가 구로카와 기쇼黒川紀章가 설계한 고층아파트로 최상층에 칸몬해협과 모지코레트로 거리를 한눈에 살펴볼 수 있는 전망실이 마련되어 있다. 전망실은 주거부분과 분리된 관람자 전용엘리베이터를 통해 45초면 바로 최상층인 31층까지 이동할 수 있다.

유리전망대에서 모지항레트로거리와 칸몬해협関門海峡, 관문다리는 물론 저 멀리 시모노세키 앞바다까지 조망할 수 있다. 특히 해 질 녘에는 모지항의 로맨틱한 야경까지 즐길 수 있어 연인들의 데이트장소로도 손꼽히는 곳이다. 그밖에도 내부에는 지역에 대한 역사문화정보를 전시하고 있으며, 카메라를 원격으로 조작하는 디지털망원경과 차 한잔 즐기며 쉬어갈 수 있는 전망카페도 있다.

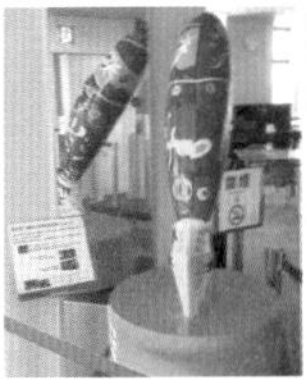

주소 福岡県 北九州市 門司区 港町 1-32 문의 093-321-4151 운영시간 10:00~22:00(최종입장 ~21:30) 휴무 부정기적 입장료 성인 ¥300, 초중생 ¥150 찾아가기 JR모지코(門司港)역 북쪽출구(北口)에서 도보 8분 거리이다. 홈페이지 www.mojiko.info/spot/tenbo.html

연인들의 성지 ★★★☆☆

블루윙모지 ブルーウィングもじ

일본에서 유일하게 걸어서 건널 수 있는 도개교로 길이는 108미터이다. 배가 지나갈 때에는 다리가 수면으로부터 60도 정도로 세워진다. 도개는 하루 6번으로 정해져 있으므로 방문하려면 시간표를 참고하자. 다리가 세워졌다가 다시 연결된 후 처음 건너간 커플은 평생 헤어지지 않는다는 이야기가 전해지면서 이곳은 연인들의 성지로 인기가 많다. 저녁에는 다리 일대에 조명시설이 비치면서 운치 있는 분위기를 만들고, 바닷바람도 선선해 산책을 즐기기에도 좋다.

주소 福岡県 北九州市 門司区 港町4-1 문의 093-321-4151 귀띔 한마디 도개 시간은 10:00, 11:00, 13:00, 14:00, 15:00, 16:00이며, 20분 후 다시 원래대로 연결된다. 찾아가기 JR모지코(門司港)역 북쪽출구(北口)에서 도보 8분 거리이다. 홈페이지 www.mojiko.info/spot/bluewing.html

일본 전신 • 전화의 역사를 한눈에 살펴볼 수 있는 ★★★★☆

모지전기통신 레트로관 門司電気通信レトロ館

1924년 다이쇼시대에 모지전보전화국으로 설립되어 NTT 모지영업소로 사용됐던 건물이다. 건물외관은 포물선과 아치형태가 결합되었는데, 이 지역 최초로 지어진 철근콘크리트 건물로 주목을 받았다. 현재는 일본 전신•전화의 변천사를 한눈에 살펴볼 수 있는 박물관으로 사용되고 있다. 모스전신부터 최초의 전화기, 공중전화, 모바일기기까지 일본의 전신전화 관련 전시물들을 한곳에서 만나볼 수 있다. 특히 교환원이 있어 전화선을 일일이 연결해주던 최초의 전화기 시스템과 현재는 사라진 다이얼전화기 등을 직접 손으로 만져보고 기념사진도 찍을 수 있어 어른들에게는 추억여행이 되고, 아이들에게는 전화의 발전사를 학습할 수 있는 시간이 된다.

주소 福岡県 北九州市 門司区 浜町 4-1 문의 093-321-1199 운영시간 09:00~17:00 휴무 매주 월요일 및 연말연시 입장료 무료 찾아가기 JR모지코(門司港)역 북쪽출구(北口)에서 도보 15분 거리이다. 홈페이지 www.ntt-west.co.jp/kyushu/moji

중국 다롄시와의 교역사를 알 수 있는 ★★☆☆☆

다롄우호기념관 大連友好記念館

예로부터 시모노세키항은 우리나라 부산항과 연결되고, 모지항은 중국의 랴오닝성 다롄大连과 연결되는 국제정기항로가 있어 활발히 교류를 해왔다. 현재 기타큐슈시와 다롄시는 우호도시로 체결되어 있으며, 15주년이 되던 1995년 다롄우호기념관을 세웠다. 건물의 디자인은 러시아가 다롄에 세운 동청철도東清鉄道 건물을 복제한 것으로 거의 흡사하게 지어졌다. 다롄우호기념관은 인근의 다른 역사유적과는 달리 근래에 지어진 건축물로 1층은 중화레스토랑, 2층은 다롄시 소개코너 및 모지코레트로 교류공간, 3층은 지역커뮤니케이션 공간으로 활용되고 있다.

주소 福岡県 北九州市 門司区 東港町 1-12 문의 093-321-4151 운영시간 09:00~17:00 입장료 무료 귀띔 한마디 1층 중화레스토랑 다롄아카시아(大蓮あかしあ)는 런치 11:00~16:00, 디너 17:00~21:00의 시간대에 운영된다. 찾아가기 JR모지코(門司港)역 북쪽출구(北口)에서 도보 8분 거리이다. 홈페이지 www.mojiko.info/spot/kokusai.html

Section 04

MOJIKO

모지코에서 반드시 먹어봐야 할 먹거리

다양한 서양문화가 유입되면서 모지항은 특히 야키카레가 발달하였다. 야키카레는 구운 카레를 말하는데 현재 모지항 주변에는 20여 개 이상의 점포가 성업 중이며, 야키카레맵이 따로 제작될 정도로 모두 인기가 높다. 그 중에서 맛집 두 곳을 추천하며 그밖에도 먹어볼만한 모지코 먹거리를 알아본다.

해산물이 가득한 돌솥커리 전문점 ★★★★★

카리혼포 伽哩本舗 門司港レトロ店

추천

구오사카상선에서 모지코항 방면으로 횡단보도를 하나 건너면 바로 앞에 작은 건물이 하나 보이는데, 그 건물 좁은 계단을 오르면 2층에 해산물카레로 유명한 맛집 카리혼포가 있다. 1955년에 창업한 야키카레 맛집으로 카레를 굽는 방식으로 요리해 특허까지 가지고 있는 곳이다. 이 집 추천메뉴로는 시푸드 야키카레シーフードの焼きカレー인데, 유럽풍 카레에 새우, 오징어, 홍합 등의 해산물을 가득 넣고 그 위에 계란을 얹어 오븐에서 구워낸 카레이다. 돌솥비빔밥처럼 냄비에 구워진 해산물과 계란토핑, 살짝 탄 듯한 카레를 비벼먹으면 맛이 일품이며 땀이 날정도로 마지막까지 따뜻하게 먹을 수 있다. 매운맛의 정도는 중간 정도인데 좀 더 칼칼하게 먹고 싶다면 테이블 위에 놓인 특제 카레향 라유ラー油를 넣어 먹는 것도 괜찮다.

주소 福岡県 北九州市 門司区 港町 9-2 阿波屋ビル 2F 문의 093-331-8839 운영시간 11:00~20:00 휴무 부정기적 베스트메뉴 시푸드야키카레S ¥1,500 귀띔 한마디 대기줄이 길다면, 1층의 자매점 M'S CAFE에서도 야키카레를 맛볼 수 있다. 찾아가기 JR 모지코(門司港)역 북쪽출구(北口)에서 도보 3분 거리이다. 홈페이지 curry-honpo.com

다양한 스위츠와 야키카레가 맛있는 ★★★★☆

돌체 焼きカレー&スウィーツ ドルチェ

야키카레와 스위츠를 동시에 즐길 수 있는 카페이다. 단층짜리 가게에는 야키카레焼きカレー라고 적힌 투박한 초록색 간판이 눈에 띄고, 맞붙어 있는 현대식 2층짜리 건물에도 동일한 간판이 걸려 있다. 안으로 들어서면 진열장에 정성스레 구워낸 예쁜 케이크들이 진열되어 있고, 그 옆으로 인기메뉴인 야키도넛과 쿠키들이 입맛을 돋운다.

이 카페는 스위츠 외에도 3일 이상 진득하게 끓여 치즈를 얹힌 야키카레도 인기 있으며 양을 반으로 줄인 하프야키카레와 케이크를 함께 즐길 수 있는 세트도 선보인다.

주소 福岡県 北九州市 小倉北区 港町 6–12 문의 093–331–1373 운영시간 09:00~18:00 휴무 매주 화요일, 둘째 주 수요일 베스트메뉴 하프야키카레와 케이크세트 ¥1,450 찾아가기 JR모지코(門司港)역 북쪽출구(北口)에서 도보 2분 거리이다. 홈페이지 mojikodolce.shopinfo.jp

기왓장에 내오는 소바 ★★★☆☆

원조 카와라소바 타카세 元祖 瓦そば たかせ門司港レトロ店

카와라소바는 칸몬해협 시모노세키에서 시작된 요리로 기왓장 위에 소바면, 고기, 계란 지단, 김 등을 올려 구워먹는 요리이다. 기왓장 위에 올린 것부터 이색적이며, 바삭하게 구워진 소바의 식감은 독특하면서도 맛이 좋다. 특히 소바면은 교토에서 유명한 녹차 우지차宇治茶를 반죽에 사용하여 향과 맛이 좋다. 먹을 때는 야끼소바처럼 면이 익으면 고기, 계란, 김

등의 고명과 함께 가츠오부시 츠유かつおぶし つゆ에 찍어 먹거나 그냥 먹으면 된다. 고명으로 얹어진 레몬은 츠유에 담가 먹으면 입안을 상큼하게 마무리할 수 있다.

주소 福岡県 北九州市 門司区 港町 5-1 海峡プラザ 西館 2F 문의 093-322-3001 운영시간 11:00~20:00 휴무 부정기적 베스트메뉴 카와라소바 ¥1,430 찾아가기 JR모지코(門司港)역 북쪽출구(北口)에서 도보 5분 거리이다. 귀띔 한마디 타카세 본점은 카와타나온천마을에 위치한다. 홈페이지 www.kawarasoba.jp/mojiko.php

다양한 고구마를 맛볼 수 있는 ★★★☆☆

고구마전설 芋伝説

모지코역 근처 사카에쵸긴텐가이栄町銀天街 입구에 위치한 작은 고구마 판매점으로 1991년 오픈한 이래 맛있는 고구마만을 엄선하여 판매하는 곳이다. 이곳에서는 일본 전역의 다양한 품종의 고구마를 맛볼 수 있어 지역별 차이를 비교해볼 수 있다. 고구마 품종이 이렇게 많았나 싶을 정도로 다양한데, 인기메뉴는 군고구마와 스위트포테이토, 고구마맛탕 등이다. 오후가 되면 인기메뉴들은 대부분 소진되기 때문에 너무 늦지 않은 시간대에 방문하는 것이 좋다. 여행 중 잠시 들러 고구마로 출출한 배를 채우고 주변 상점가를 둘러보기에 좋다.

주소 福岡県 北九州市 小倉北区 栄町 7-22 문의 093-332-2471 운영시간 10:00~20:00 휴무 부정기적 베스트메뉴 스위트포테이토 ¥250, 고구마맛탕 ¥350 귀띔 한마디 늦지 않은 시간대에 방문해야 다양한 고구마 품종을 골라 맛볼 수 있다. 찾아가기 JR모지코(門司港)역 동쪽출구(東口)에서 도보 7분 거리이다.

쿠크다스 아이스크림 맛집 ★★★★☆

모지코레트로 코뮤카페 門司港レトロコミュカフェ

크레미아 아이스크림을 맛볼 수 있는 카페로 콘 부분이 쿠크다스맛과 비슷해서 한국에서는 쿠크다스 아이스크림으로 알려져 있다. 실제 란구도샤ラングドシャ라고 하는 부드러운 쿠키를 사용하여 소프트크림과 맛이 잘 어울린다. 또한 홋카이도산 생크림을 사용하여 쫀득하면서도 우유와 치즈향이 감돈다. 아이스크림 종류는 플레인, 초콜릿, 믹스, 말차 등이 있으며, 테이크아웃도 가능하다. 한편 쫀득한 식감의 크레이프 메뉴도 인기가 좋다.

주소 福岡県 北九州市 小倉北区 港町 5-5 門司港レトロ 海峡プラザ 문의 093-332-5050 운영시간 11:00~22:00 베스트메뉴 크레미아 아이스크림 ¥550~ 찾아가기 JR모지코(門司港)역 북쪽출구(北口)에서 도보 5분 거리로 해협플라자 1층에 자리한다. 홈페이지 instagram.com/mojikoretrocommucafe

제철과일 파르페 맛집 ★★★★☆

프루츠팩토리 문드레트로 Fruits Factory Mooon de Retro

밝고 환한 실내분위기가 인상적인 이곳은 과일전문점에서 운영하는 제철과일 파르페 전문카페이다. 들어서면서부터 달콤 상큼한 과일향이 코끝을 자극하며 오감을 깨운다. 멜론, 사과, 딸기, 수박 등 제철과일을 조화롭게 장식한 파르페를 맛볼 수 있다. 바나나가 일본에 전해진 곳이 모지코인 만큼 이 가게에서도 빠지지 않는 과일이고, 바나나를 특화한 메뉴 구운 바나나파르페焼きバナナパルフェ를 선보인다. 살짝 그을린 바나나와 초콜릿이 가미된 아이스크림이 잘 어우러져 색다른 맛을 낸다. 탁 트인 바다 전망 창가나 블루윙모지 전망 테라스에 앉아 달콤한 디저트를 즐겨보자.

주소 福岡県 北九州市 門司区 東港町 1-24 北九州市旧門司税関 1F 문의 093-321-1003 운영시간 11:00~17:00 휴무 비정기적 베스트메뉴 야키바나나파르페 ¥880, 믹스파르페 ¥1,100 귀띔 한마디 모지코역 총본점, 고쿠라 지역에도 분점(리버워크점, 오테마치점)이 2곳에 있다. 찾아가기 JR모지코(門司港)역 북쪽출구(北口)에서 도보 7분 거리이다. 홈페이지 ff-mooon.com

Section 05

MOJIKO

모지코에서 놓치면 후회하는 쇼핑거리

모지코는 기념품가게들이 한곳에 모여 있어 쇼핑을 하기가 매우 편리하다. 특히 해협플라자는 모지코를 대표하는 상업시설로 쇼핑은 물론 식사까지 한 곳에서 해결 할 수 있어 좋다. 해협플라자 내에는 오르골뮤지엄, 과자관, 가라스관 등이 인기가 높다. 그밖에도 모지코레트로전망실 근처에는 미나토하우스가 있어 지역 특산물도 구경할 수 있다.

식사와 쇼핑을 한번에 해결할 수 있는 ★★★☆☆

해협플라자 海峡プラザ

모지코레트로 중심에 위치한 복합상업시설로 바나나맨 동상을 중심으로 동관과 서관으로 나뉘어져 있다. 인기 있는 맛집들과 아기자기한 잡화점, 선물용 과자나 기념품을 살 수 있는 가게 등이 있다. 1층 기념품점에서는 모지코 명물 바나나를 소재로한 카스텔라와 과자 등이 인기가 좋다. 무엇을 사야하고 무엇을 먹어야 할지 모르겠다면 우선 해협플라자부터 방문하자. 먹거리와 쇼핑거리, 즐길거리로 넘쳐나므로 천천히 둘러보면서 결정해도 된다. 참고로 모지코 레트로항에서 출항하는 크루즈 접수처도 이곳에 자리하고 있다.

주소 福岡県 北九州市 門司区 港町 5-1 문의 093-332-3121 운영시간 상점 10:00~20:00(점포마다 다름), 레스토랑 11:00~22:00(점포마다 다름) 찾아가기 JR모지코(門司港)역 북쪽출구(北口)에서 도보 5분 거리이다. 홈페이지 www.kaikyo-plaza.com

다양한 모양의 오르골을 만날 수 있는 ★★★★☆

오르골뮤지엄 모지코 オルゴールミュージアム門司港

해협플라자 서관에 위치한 기타큐슈 유일의 오르골박물관으로 100여 년 전 제작된 유럽풍 앤티크 오르골 30여 점을 비롯하여 지브리시리즈, 테디베어오르골, 주전자오르골 등 다양한 모양의 오르골들을 전시 및 판매하고 있다. 가격대도 다양하므로 마음에 드는 오르골을 천천히 찾아보면서 여행의 추억을 오르골과 함께 간직해보자. 2층에는 오르골공방이 있는데 본체 디자인 및 선곡 등을 직접 지정할 수 있어 세상에 하나뿐인 나만의 오리지널 오르골을 만들어 볼 수도 있다.

주소 福岡県 北九州市 門司区 港町 1-12 문의 093-322-3008 운영시간 10:00~19:00 귀띔 한마디 오르골만들기 체험비용은 ¥3,000부터이며, 소요시간은 30분~1시간 정도이다. 체험 가능시간은 10:00~16:00(주말 및 공휴일 ~17:30)이다. 찾아가기 JR모지코(門司港)역 북쪽출구(北口)에서 도보 3분 거리로 해협플라자 서관 1~2층에 자리한다. 홈페이지 instagram.com/orgel_mojiko

모지코의 유명 과자들이 모인 곳 ★★★☆☆

모지코 레트로과자관 門司港レトロ菓子館

해협플라자 서관에는 모지코에서 유명한 선물용 과자를 한 곳에서 살 수 있는 과자관이 있다. 특히 모지코의 상징 바나나를 소재로 한 카스텔라, 파이, 케이크 등이 인기 품목이다. 그밖에도 모지코호텔의 오리지널 레토르트식품인 야키카레, 공업도시였던 기타큐슈를 상징으로 한 네지초코NEJI CHOCO 등 지역특성을 재밌게 표현한 상품들이 모여 있다. 모지코의 지역특성을 살린 선물용 과자를 찾는다면 이곳이 제격이다.

주소 福岡県 北九州市 門司区 港町 5-1 문의 093-322-2165 운영시간 10:00~20:00 찾아가기 JR모지코(門司港)역 북쪽출구(北口)에서 도보 3분 거리로 해협플라자 서관 1층에 자리한다. 홈페이지 kaikyo-plaza.com/floor-guide/mojikoretrokashikan

보석 같은 유리공예전문점 ★★★☆☆

아카렌가 가라스관 赤煉瓦ガラス館

세계 각국의 유리제품을 전시 및 판매하는 유리공예전문점으로 해협플라자 서관에 위치한다. 일본전통 키리코切子, 류큐가라스琉球ガラス 작품들을 비롯하여 유럽의 매력적인 아르누보양식의 장식들과 현대적인 아르데코 공예품도 찾아볼 수 있다. 또한 스테인드글라스와 오일램프의 은은한 등불 등도 취급하고 있다. 보석 같이 아름다운 빛을 발하는 유리공예의 세계에 빠져들 수 있으며, 만일 유리공예에 관심이 있다면 직접 유리공예 체험도 해볼 수 있다.

주소 福岡県 北九州市 門司区 港町 5-1 문의 093-322-3311 운영시간 10:00~20:00 귀띔 한마디 유리공예 체험비용은 ¥1,320부터이며, 소요시간은 1시간 정도이다. 체험 가능시간은 10:00~17:00이다. 찾아가기 JR모지코(門司港)역 북쪽출구(北口)에서 도보 3분 거리로 해협플라자 서관 1층에 자리한다. 홈페이지 instagram.com/akarenga.glass.mojiko

지역 특산물을 판매하는 관광물산관 ★★★☆☆

미나토하우스 港ハウス

모지코레트로 관광물산관으로 블루윙모지 건너편에 위치한다. 1층에는 기타큐슈시와 시모노세키시의 신선한 해산물 등을 판매하는 관광시장과 기타큐슈의 특산품을 취급하는 기념품코너, 지역명물 음식을 포장해갈 수 있는 테이크아웃코너 등이 있으며, 2층은 이벤트나 기획전 등의 다목적홀로 사용되고 있다. 기타큐슈기념품관北九州おみやげ館은 기타큐슈관광컨벤션협회에서 직영으로 운영하는데, 지역 과자와 술, 두꺼운 무명직물인 고쿠라오리小倉織り 등을 취급하고 있다. 지역 특산품을 만날 수 있으므로 한번쯤 방문해 볼 것을 추천한다.

주소 福岡県 北九州市 門司区 東港町 6-72 문의 093-321-4151 운영시간 10:00~18:00(점포마다 다름) 찾아가기 JR모지코(門司港)역 북쪽출구(北口)에서 도보 8분 거리이다. 홈페이지 www.mojiko.info/spot/minato.html

Special 03

모지코 근교여행, 시모노세키

만약 모지코에서 1박을 예정하고 있다면 칸몬해협을 건너 시모노세키에 들러보자. 시모노세키는 야마구치현에 위치한 항구도시인데 모지코와 맞은편에 위치해 있어 배편으로 5분이면 도착한다. 칸몬해협 클로버티켓(関門海峡クローバーきっぷ)을 이용하면 모지코와 시모노세키를 연결하는 배편칸몬페리(関門フェリー)뿐만 아니라, 모지코레트로관광열차 시오카제호(門司港レトロ観光列車 潮風号)와 시모노세키 버스도 포함되어 있어 이득이다.

시모노세키 여행에 필요한 칸몬해협 클로버티켓 関門海峡クローバーきっぷ

1장의 티켓으로 모지코레트로관광열차 시오카제호(門司港レトロ観光列車 潮風号)와 모지항과 시모노세키 카라토를 연결하는 칸몬페리(関門汽船), 카라토와 칸몬터널을 연결하는 선데이버스(サンデンバス)를 각각 1회씩 탑승할 수 있는 주유티켓이다. 시오카제호가 운행하지 않는 날(평일 등)에는 니시테츠버스를 대신 탑승하여 모지항까지 이동할 수 있다.

티켓판매처 **큐슈철도기념관역, 모지코역관광안내소, 칸몬해협메카리역** 요금 **성인 ¥800, 소인 ¥400**

시모노세키에서 즐길거리

규슈 최북단 모지코에서 혼슈 최남단 시모노세키(下関)로 넘어온 것을 축하한다. 당일치기로 시모노세키를 즐기고자 한다면 핵심 여행지 가라토(唐戸)를 만끽해보자. 가라토는 그 이름대로 중국唐 등 세계의 관문 역할을 했던 역사적인 항구도시로 조선통신사 상륙기념비도 남겨져 있는 곳이며 신선한 해산물, 그 중에서도 복어의 성지로도 알려져 있다.

가라토시장에서 신선한 스시 즐기기

신선한 도소매 해산물이 모이는 가라토시장(唐戸市場)에서 빼놓을 수 없는 것이 바로 주말에 열리는 스시시장 이키이키바칸가이(活きいき馬関街)이다. 통통하고 큼지막한 스시를 각 점포마다 낱개 단위로 저렴하게 판매하고 있어 골라 먹는 재미가 있다. 구매한 스시는 포장하여 인근 부둣가 근처 경치 좋은 곳에 자리 잡고 바다내음

맡으며 즐기는 것도 괜찮다. 참고로 점포에서는 현금만 이용 가능하고, 오후 3시 정도에 판매가 종료되므로 일찍 찾아가야 한다.

주소 **山口県 下関市 唐戸町 5-50** 문의 **083-231-0001** 운영시간 **평일/토요일 05:00~15:00, 일요일 및 공휴일 08:00~15:00(점포마다 상이)** 휴무 **매주 수요일, 8월 15일, 연초** 찾아가기 **칸몬페리 카라토터미널(唐戸ターミナル)에서 도보 5분 거리이다.** 홈페이지 **karatoichiba.com**

아카마신궁과 조선통신사 상륙기념비

1185년 미나모토(源)와 다이라(平) 두 가문이 격전을 벌인 단노우라전투(壇ノ浦の戦い)에서 죽음을 맞이한 어린 일왕 안토쿠(安徳)을 모시는 신사이다. 칸몬해협이 내려다보이는 붉은 누문이 멀리서도 눈에 먼저 띈다. 비파를 연주하는 귀 없는 호이치(耳なし芳一) 조각상 등 볼거리가 많다. 아카마신궁(赤間神宮)은 임진왜란 이후 조선과 일본의 우호평화를 위해 파견된 조선통신사가 대마도를 건너 혼슈로 들어오는 첫 방문지이자 숙소였으며 이러한 역사적 배경으로 2001년 조선통신사 상륙기념비(朝鮮通信使上陸淹留之地)가 세워졌다.

귀 없는 호이치(耳なし芳一)

주소 **山口県 下関市 阿弥陀寺町 4-1** 문의 **083-231-4138** 운영시간 **보물전 9:00~16:30** 찾아가기 **칸몬페리 카라토터미널(唐戸ターミナル)에서 도보 12분 거리이다.** 홈페이지 **akama-jingu.com**

Part 04

오이타

Chapter 08

유후인

由布院

Yufuin

유후인은 규슈를 대표하는 온천지역으로 온천뿐만 아니라 볼거리, 먹거리, 즐길거리가 풍성한 곳이다. 긴린호수를 중심으로 우뚝 솟은 일본의 스위스라 불리는 유후다케를 감상하고 유노츠보거리를 산책해보자. 산책 후에는 부드러운 온천수에 몸을 담가 여행으로 지친 몸과 마음의 피로를 풀어내자.

유후인을 이어주는 교통편

- **고속버스를 이용할 경우** 텐진고속버스터미널에서 출발하여 하카타버스터미널을 거쳐 후쿠오카공항 국제선을 지나가는 노선이므로, 공항에서 탑승하는 것이 시간절약에 좋다.(소요시간 2시간~2시간 30분, 요금 ¥3,250)
- **열차를 이용할 경우** 하카타역에서 JR열차 탑승 후 유후인(由布院)역으로 이동한다. 관광열차 유후인노모리(ゆふいんの森)는 환승 없이 한 번에 이동할 수 있으며, 일일 3편 운행된다.(하카타역 출발 09:17, 10:11, 14:38, 소요시간 2시간 20분, 요금 ¥5,690) 그밖에 시간대에는 특급 유후열차를 이용하여 환승 없이 이동할 수 있다.(소요시간 2시간 20분, 자유석 ¥4,660 / 지정석 ¥5,190)

유후인에서 이것만은 꼭 해보자

- 긴린호수를 배경으로 멋진 사진을 찍어보자.
- 유노츠보거리를 산책하며 맛집과 쇼핑을 즐겨보자.
- 부드러운 유후인온천에서 온천욕을 즐기고, 피부미인이 되어 보자.
- 골목마다 숨어 있는 갤러리를 찾아 작품을 감상해보자.

사진으로 미리 살펴보는 유후인 베스트코스(예상 소요시간 5시간 이상)

유후인 여행은 긴린호수에서 시작한다. 유후인(由布院)역에서 도보 20분 거리이며, 택시를 타면 5분 정도 걸린다. 긴린호수에서는 수려한 자연경관을 배경으로 멋진 사진을 남겨보자. 긴린호수 근처 카페라루체에 들러 호수를 풍경으로 느긋하게 커피를 즐기며 충분한 휴식을 취한 후 유노츠보거리로 향하자. 유노츠보거리 곳곳에 있는 상점가를 마음이 끌리는 대로 들어가 보고, 쇼와시대를 분위기를 느껴보고 싶다면 유후인 쇼와관을 방문해보자. 예술에 관심이 있다면 코미코아트뮤지엄도 좋다. 산책을 충분히 즐겼다면, 이제는 온천을 경험해보자. 료칸을 예약하지 않았더라도 당일온천이 가능하므로 스페셜 페이지에서 소개하는 온천리스트를 참고하자.

유후인

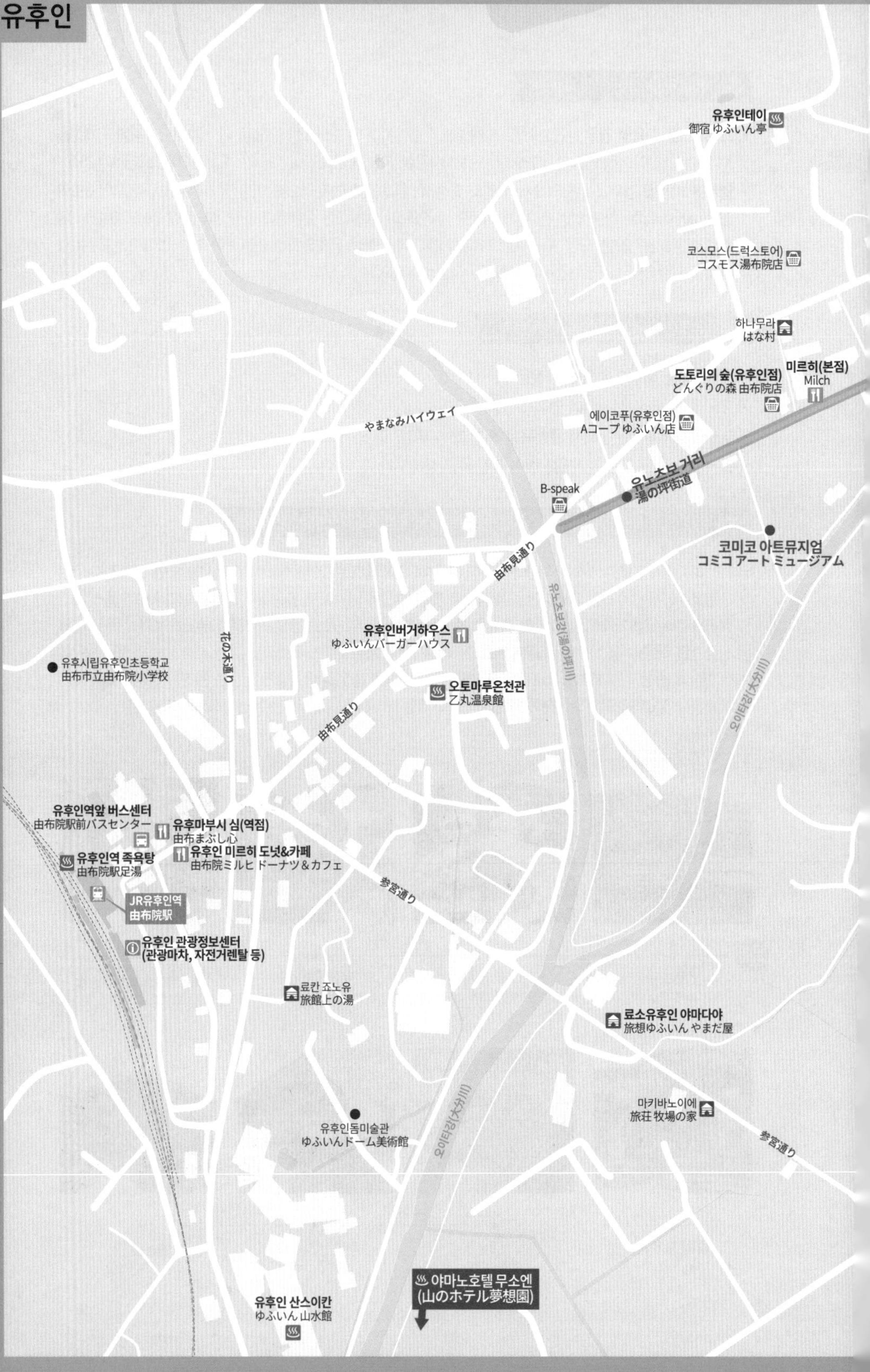

유후인테이
御宿 ゆふいん亭

코스모스(드럭스토어)
コスモス湯布院店

하나무라
はな村

도토리의 숲(유후인점)
どんぐりの森 由布院店

미르히(본점)
Milch

에이코푸(유후인점)
Aコープ ゆふいん店

やまなみハイウェイ

B-speak

유노츠보 거리
湯の坪街道

코미코 아트뮤지엄
コミコ アート ミュージアム

由布見通り

유노츠보강(湯の坪川)

花の木通り

유후인버거하우스
ゆふいんバーガーハウス

유후시립유후인초등학교
由布市立由布院小学校

오토마루온천관
乙丸温泉館

오이타강(大分川)

유후인역앞 버스센터
由布院駅前バスセンター

유후마부시 심(역점)
由布まぶし心

유후인 미르히 도넛&카페
由布院ミルヒ ドーナツ＆カフェ

유후인역 족욕탕
由布院駅足湯

JR유후인역
由布院駅

参宮通り

유후인 관광정보센터
(관광마차, 자전거렌탈 등)

료칸 죠노유
旅館上の湯

료소유후인 야마다야
旅想ゆふいん やまだ屋

마키바노이에
旅荘 牧場の家

유후인돔미술관
ゆふいんドーム美術館

야마노호텔 무소엔
(山のホテル夢想園)

유후인 산스이칸
ゆふいん 山水館

카페듀오
カフェデュオ
유후인야스하
(ゆふいん泰)
쇼와레트로파크 유후인쇼와관
昭和レトロパーク 湯布院昭和館
やまなみハイウェイ
슌사이로만
旬彩浪漫
유노츠보강(湯の坪川)
유후인 유리의 숲 & 오르골의 숲
由布院 ガラスの森＆オルゴールの森
비허니
BeeHoney
카라반커피(유후인점)
キャラバン珈琲由布院館
금상고로케
金賞コロッケ
갓파식당
かっぱ食堂
오야도 누루카와온천
御宿 ぬるかわ温泉
유노츠보 거리
湯の坪街道
やまなみハイウェイ
이나카안
田舎庵
유후인 플로랄빌리지
湯布院フローラルビレッジ
카페라루체
Cafe La Ruche
펠리체(기모노대여)
Felice(着物レンタル)
옴블루카페
HOMME BLUE CAFE
유후마부시 심(본점)
由布まぶし心
시탄유
下ん湯
유후인 바쿠단야키혼포
湯布院ばくだん焼本舗
스누피차야(유후인점)
SNOOPY 茶屋 由布院店
긴린코
金鱗湖
금상고로케 2호점
金賞コロッケ
타노쿠라 료칸
旅亭田乃倉
유노츠보온천
湯の坪温泉
유메구라
ゆふいん夢蔵
다케모토공원
岳本公園
오이타강(大分川)
티룸 니콜(타마노유 숙박자 한정)
ティールーム Nicol
호타루노야도 센도우
ほたるの宿 仙洞
카메노이 벳소
亀の井別荘
야와라기노사토 야도야
湯布院やわらぎの郷やどや
벳테이 이츠키
由布院 別邸・樹
아틀리에토키 디자인연구소
アトリエときデザイン研究所
도르도뉴 미술관
ドルドーニュ美術館
스에다 미술관
末田美術館
田園通り(アメニティロード)
오야도 덴리큐
御宿 田離宮
参宮通り
메바에소(めばえ荘)
바이엔
梅園

Section 01

유후인에서 반드시 둘러봐야 할 명소

긴린호수를 중심으로 알프스를 닮은 산 유후다케(由布岳, 1584m)가 마을 전체를 감싸고 있는 유후인은 수려한 자연경관과 풍부한 온천수로 많은 여행객을 불러들인다. 덕분에 유후인 곳곳에는 볼거리가 하나둘씩 생겨나고 여행객들의 인기명소가 되었다. 먼저 유후인에서 반드시 둘러봐야 할 명소들부터 살펴보자.

유후인을 대표하는 관광명소 ★★★★★

긴린코 金鱗湖

유후인을 대표하는 명소로 '호수(湖)에서 헤엄치는 물고기 비늘(鱗)이 석양에 비치면서 황금빛(金)을 이룬다'하여 긴린코金鱗湖라는 이름이 붙었다. 완만해 보이는 산 유후다케由布岳가 호수를 포근히 감싸고, 그 호수에 비친 반영 위로 쉴 새 없이 물고기와 물새가 뛰노는 자연풍경이 아름다운 곳이다. 호수 밑으로는 약 30℃의 온천수가 흐르고 있는데 일교차가 큰 가을과 겨울 이른 아침에는 호수 주변으로 물안개가 자욱하게 피어올라 신비로운 풍광을 연출하기도 한다. 호수 주변를 따라 산책로가 잘 정비되어 있고 세련된 카페와 레스토랑, 미술관 등이 자리하고 있어 느긋하게 산책을 즐기기 좋다. 또한 근처에는 무인 공중온천인 시탄유下ん湯가 있다.

주소 大分県 由布市 湯布院町 川上 1561-1 문의 0977-84-3111 귀띔 한마디 아침 산책코스로 긴린코 주변을 걸어볼 것을 추천한다. 물안개 피는 환상적인 분위기와 수려한 자연 속을 조용히 거닐어 볼 수 있다. 찾아가기 JR유후인(由布院)역에서 도보 20분 거리로 택시를 이용하면 5분 만에 갈 수 있다.

남녀노소 누구나 출입 가능한 무인 공중온천탕 ★★★☆☆

시탄유 下ん湯

시골 정취 가득한 초가지붕이 인상적인 공중온천탕이다. 재밌게도 입구에는 요금을 수납하는 사람이 없으므로 입구에 놓인 나무상자에 스스로 요금을 계산하고 들어가야 한다. 탈의실은 따로 없고 탕 옆에 준비된 보관함에 의류를 넣으면 된다. 허름할 것 같은 느낌과 달리 내부는 깔끔한 편이며 작은 정원이 딸린 노천탕도 있다. 하지만 이곳은 혼욕탕이기 때문에 이런 문화가 낯선 여행자들은 큰 용기를 내야 한다. 내부에 따로 세면용품과 수건 등을 대여해주는 사람이 없으므로 미리 개별적으로 준비해 가도록 하자. 한번쯤 특별한 온천욕을 체험해보고 싶은 여행자에게 추천한다. 단 내부에서 사진촬영은 금지되어 있으니 참고하자.

주소 大分県 由布市 湯布院町 川上 1585 문의 0977-84-3111 운영시간 10:00~20:00 입장료 ¥300 귀띔 한마디 늦은 저녁 한산한 시간대에 방문하는 것도 좋은 방법이다. 찾아가기 JR유후인(由布院)역에서 도보 20분 거리로 택시를 이용하면 5분 만에 갈 수 있다.

유후인에서 가장 붐비는 인기거리 ★★★★★

유노츠보거리 湯の坪街道

JR유후인역에서 긴린코까지 이어지는 거리로 먹거리, 쇼핑거리, 즐길거리로 가득하다. 유후인의 맛집과 쇼핑매장 대부분이 이 거리에 있다고 해도 과언이 아니다. 유명 먹거리로 고로케 맛집인 금상고로케金賞コロッケ, 치즈케이크와 푸딩이 맛있는 미르히Milch, 대왕타코야키로 알려진 바쿠탄야키혼포ばくだん焼本舗 등이 있으며 군것질만으로도 배가 부를 정도이다.

쇼핑거리로는 지브리스튜디오 캐릭터상품을 모아놓은 도토리의 숲(동그리노모리どんぐりの森)과 오르골과 유리공예전문점인 오르골의 숲(오르고르노모리オルゴールの森), 유리의 숲(가라스노모리ガラスの森) 등이 있어 구경하는 것만으로도 2~3시간이 족히 소요되기 때문에 일정을 여유 있게 잡고 움직여야 한다. 한편 당일온천이 가능한 료칸도 도중에 만날 수 있으니 온천욕도 놓치지 말자.

주소 大分県 由布市 湯布院町 川上湯の坪 문의 0977-84-3111 찾아가기 JR유후인(由布院)역에서 도보 10분 거리이다. 홈페이지 yunotubo.com

동화 속 마을을 거니는 듯한 테마빌리지 ★★★★☆

유후인 플로랄빌리지 湯布院フローラルビレッジ, Yufuin Floral Village

동화 속 세계가 현실로 튀어나온 듯한 이곳은 영화 〈해리포터〉에 나오는 마을 코츠월드Cotswold를 재현한 곳으로 잡화, 식품 등 다양한 샵들이 몰려 있다. 입구에서부터 둥글게 산책길이 나있고 길을 따라 양옆으로 아기자기한 가게들이 늘어서 있다. 특히 동화 〈피터래빗〉과 관련된 상품을 전문적으로 취급하는 '더 래빗(The Rabbit)'과 지브리 애니메이션 〈마녀 배달부 키키〉 속 검은 고양이 지지ジジ를 만날 수 있는 '키키 베이커리(Kiki's Bakery)', 귀여운 시바견을 만날 수 있는 '마메시바카페豆柴カフェ', 올빼미, 고양이와 교감하는 '올빼미의 숲フクロウの森', '체셔고양이의 숲チェシャ猫の森' 등 구경거리가 풍부하다. 마을 자체가 예쁘게 꾸며져 있어 어디를 찍던 동화 속 그림 같은 사진이 연출된다. 참고로 테마빌리지 내에는 온천시설을 갖춘 여성전용호텔도 운영하고 있다.

더 래빗(The Rabbit)

키키 베이커리(Kiki's Bakery)

체셔고양이의 숲(チェシャ猫の森)

주소 大分県 由布市 湯布院町 川上 1503-3 문의 0977-85-5132 운영시간 09:00~17:00(점포마다 다름) 입장료 **마메시바카페(원드링크 포함)** 성인 ¥1,000, 12세 이하 ¥700 **올빼미의 숲** 성인 ¥900, 12세 이하 ¥600 **체셔고양이의 숲** 성인 ¥900, 12세 이하 ¥600 찾아가기 긴린호수에서 도보 6분 거리로 금상고로케 본점 근처에 자리한다. 홈페이지 floral-village.com

주변풍광과 잘 어우러진 현대아트미술관 ★★★★☆

코미코아트뮤지엄 コミコ アート ミュージアム

주식회사 NHN JAPAN에서 수준 높은 문화예술과 사회공헌을 목적으로 설립한 현대아트미술관으로 일본의 저명한 아티스트 쿠사마 야요이草間彌生와 팝아트 디자이너 무라카미 타카시村上隆, 사진작가 스기모토 히로시杉本博司 등의 작품을 전시하고 있다. 현대미술

관하면 떠오르는 콘크리트 외벽이미지와는 달리 삼나무 자재를 사용하여 주변 마을풍경은 물론 유후다케의 산세와도 위화감 없이 잘 어우러진다. 나무의 질감과 온기가 그대로 전해지는 이 디자인은 일본 유명건축가 쿠마 켄고隈研吾가 설계하였다.

전시실 내 사진촬영은 가능하지만 다른 관람객에게 방해가 되지 않도록 주의하자. 작품뿐만 아니라 건축물 안팎에 펼쳐지는 경관도 아름다운데, 2층 라운지에 오르면 유후다케의 절경과 돌과 모래 등으로 산수를 표현한 가레산스이정원枯山水庭園을 볼 수 있으므로 꼭 방문해볼 것을 추천한다.

주소 大分県 由布市 湯布院町 川上 2995-1 문의 0977-76-8166 운영시간 09:30~17:00(최종입장 ~16:00) 휴무 격주 수요일 입장료 성인 ¥1,700, 대학생 ¥1,200, 중고생 ¥1000, 초등생 ¥700, 어린이 무료 귀띔 한마디 시간당 입장인원이 제한되므로 사전예약 해야 한다. 온라인 예약 시 ¥200을 할인받을 수 있다. 찾아가기 JR유후인(由布院)역에서 도보 15분 거리이다. 홈페이지 camy.oita.jp

미술관으로 변신한 옛 가옥 ★★★☆☆

도르도뉴미술관 ドルドーニュ美術館

긴린호수 남쪽에 위치한 개인미술관으로 관장이 소장했던 작품들을 전시하고 있다. 한적한 옛 가옥을 미술관으로 꾸며 내 집처럼 편안하게 작품을 감상할 수 있다. 연세 지긋한 관장님이 계시지만, 입장료를 직접 받지 않으므로 입구 테이블에 놓인 접시에 입장료를 지불하고 들어가면 된다. 관내에서는 신발을 벗어야 하는데, 각 다다미방에 전시된 작품을 감상하다 보면 연세 지긋한 관장님이 오셔서 이런저런 설명을 해주기도 한다.

작품 대부분은 우메야마 텟페이梅山鉄平를 비롯하여 규슈와 유후인 출신 작가들의 작품들이다. 관내에는 미술 관련 책들도 비치하고 있어 예술에 관한 지식을 접할 수 있으며 종종 이벤트를 진행하기도 한다. 미술관 이름의 도르도뉴는 유후인이 프랑스 도르도뉴Dordogne 지역과 비슷한 느낌이 들어 정했다고 한다.

주소 大分県 由布市 湯布院町 川上 1835-4 문의 0977-85-5088 운영시간 10:00~17:00 휴무 매주 수요일 입장료 성인 ¥600, 어린이 무료 찾아가기 긴린호수에서 도보 6분 거리이다. 홈페이지 www17.plala.or.jp/dordogne

쇼와시대로 떠나는 시간여행 ★★★☆☆

유후인쇼와관 湯布院昭和館

일본의 쇼와시대는 1926년부터 1989년까지로 이 시기에 도쿄타워가 완성됐고 신칸센이 개통됐으며, 도쿄올림픽을 개최하는 등 일본이 급성장했던 시기로 일본의 중년들에게는 특별한 향수가 있다. 쇼와레트로 파크 유후인쇼와관은 바로 그 당시의 모습을 재현한 곳으로 마치 쇼와시대(우리에게는 70~80년대)로 시간여행을 온 듯한 느낌을 받는다.

관내에는 당시 일반 가정에서 사용했던 가전제품, 당대 유명 영화와 배우의 포스터, 각종 간판은 물론 쇼와시대 학교교실의 모습까지 향수를 불러일으키기에 충분하다. 사진 촬영은 제한되지 않으므로 추억의 사진을 많이 남겨 보자.

주소 大分県 由布市 湯布院町 川上 1479-1 문의 0977-85-3788 운영시간 09:00~17:00 입장료 성인 ¥1,200, 중고생 ¥1,000, 초등생 이하 ¥600 찾아가기 긴린호수에서 도보 6분 거리이다. 홈페이지 showakan.jp/yufuin

Special 04

유후인에서 즐길 수 있는 당일치기 온천과 다양한 체험

유후인에서 느긋하게 머물며 온천도 즐기고 마을 구석구석도 둘러보면 좋겠지만, 시간 사정이 여의치 못하다면, 여기서 소개하는 당일치기 온천과 현지체험 추천리스트를 참고하자. 고급 료칸에 숙박하지 않더라도 훌륭한 온천을 즐기고, 유후인에서 특별한 추억을 만들 수 있다.

부들부들한 온천수로 유명한 오야도 누루카와온천 御宿 ぬるかわ温泉

긴린코에서 도보 3분 거리로 접근성이 좋은 료칸이다. 일일투어 등 제한적인 시간 내에 유후인관광과 온천욕을 즐기고 싶다면 적극 추천하는 곳이다. 미지근한 온천수로 대중탕과 더불어 다양한 타입의 전세탕을 제공하고 있어 취향에 따라 선택할 수 있다. 전세탕 타입은 내탕과 노천탕이 있으며 카운터에서 사진을 보며 선택할 수 있다. 탕 안에는 간단한 보디용품과 헤어드라이어 등이 구비되어 있지만 온천이용 시 수건은 별도로 구입해야 한다.

주소 大分県 由布市 湯布院町 川上岳本 1490-1 문의 0977-84-2869 운영시간 08:00~20:00 가격 **대중탕** 성인 ¥600, 초등생 이하 ¥300 **전세탕(내탕)** 1시간 ¥2,000(4인 기준) **전세탕(노천탕)** 1시간 ¥2,600(4인 기준) 찾아가기 긴린코에서 도보 3~5분 거리이다. 홈페이지 hpdsp.jp/nurukawa

최고의 전망과 넓은 노천탕을 갖춘 야마노호텔 무소엔 山のホテル夢想園

'유후인 당일온천'을 검색하면 항상 상위에 오르는 료칸이다. 넓은 노천탕에서 유후다케의 최고 전망까지 볼 수 있는데, 특히 여성전용 노천탕 쿠가이노유(空海の湯)는 성인 100여 명이 동시에 들어갈 정도로 넓다. 온천수는 에메랄드빛이 살짝 감돌며 수온은 따뜻하게 느껴지는 정도이다. 주의할 점은 요일에 따라 이용할 수 있는 탕이 제한적이기 때문에 미리 홈페이지에서 확인한 후 이용해야 한다. 보통 수요일에는 여성전용 노천탕 쿠가이노유(空海の湯), 목요일에는 남성전용 노천탕 코보노유(弘法の湯), 금요일에는 남성전용 노천탕 고무소노유(御夢想の湯)를 이용할 수 없다. 탕 안에는 간단한 보디용품 및 세면용품, 헤어드라이어 등이 구비되어 있으며 머리빗은 따로 없으므로 필요한 경우 챙겨가자. 별도로 수건도 지참하는 것이 좋은데, 준비가 어렵다면 구입할 수도 있다. 온천욕 후에는 유후인 사이다나 푸딩을 사서 맛보는 것도 온천여행의 별미이다.

주소 大分県 由布市 湯布院町 川南 1243 문의 0977-84-2171 운영시간 10:00~16:00 가격 대중탕 성인 ¥1,000, 어린이 ¥700, 유아 무료 찾아가기 JR유후인(由布院)역에서 도보 20분 거리인데 오르막길이 험난하므로 택시 탑승을 추천한다. 택시이용 시 5분 정도 소요된다. 홈페이지 www.musouen.co.jp

앉아서 편하게 둘러보는 인력거 체험

유후인의 매력은 온천뿐만 아니라 수려한 자연경관도 빼놓을 수 없다. 이를 다 돌아보려면 시간과 체력적으로 많은 에너지가 소모되므로 인력거를 이용하는 것도 한 방법이다. 밝은 미소로 손님을 맞는 인력거꾼들이 유후인 곳곳에 숨겨진 관광지를 안내해주고 기념사진도 찍어준다. 보통 인력거꾼들은 유후인역 근처 역전오거리 토리이 주변이나 긴린코 근처 오르골숲 앞에 대기하고 있으므로 가격과 코스 등을 확인한 후 탑승하면 된다. 일반적으로 코스당 15분 정도가 소요되며 유후인의 시골정취를 느낄 수 있는 코스와 유후다케를 전망할 수 있는 코스가 인기 있다. 인력거 탑승은 1인에서 최대 3인까지 가능하다.

주소 **大分県 由布市 湯布院町 川上 3731-1** 문의 **0977-28-4466** 운영시간 **09:30~일몰시까지** 가격 **코스 및 인원별로 다름(일반적으로 1인 ¥4,000, 2인 ¥5,000)** 찾아가기 **보통 유후인(由布院)역 토리이 근처, 긴린코 근처에서 대기하고 있다.** 홈페이지 **ebisuya.com/branch/yufuin**

따그닥 따그닥 마차 타고 둘러보는 관광마차 체험

유후인의 한가롭고 조용한 경치를 제대로 즐기고 싶다면 관광마차를 추천한다. 정겨운 말발굽 소리를 들으며 유후인역에서 출발하여 붓산지(佛山寺), 우사키히메신사(宇佐岐日女神社) 구간을 약 1시간 동안 돌아볼 수 있다. 마차의 탑승정원은 10인이며, 30분~1시간 단위로 일일 10회 정도 운행한다. 탑승신청은 JR유후인역 옆 여행자안내센터에서 아침 9시부터 예약이 가능하다. 기상악화나 말의 컨디션 상황에 따라 운행이 중지될 수도 있다.

붓산지(佛山寺)

우사키히메신사(宇佐岐日女神社)

주소 **大分県 由布市 湯布院町 川北 8-5** 문의 **0977-84-2446** 운영시간 **3~11월 09:30~16:00, 12월 09:30~14:30** 휴무 **1/1~3/1** 가격 **성인 ¥2,200(중학생 이상), 초등생 이하 ¥1,650** 찾아가기 **JR유후인(由布院)역 옆 여행자안내센터에서 예약 후 탑승할 수 있다.** 홈페이지 **yufu-tic.jp/shiori/445**

자유롭게 꼼꼼히 둘러보고 싶다면 자전거 체험

자유롭게 유후인을 둘러보고 싶다면 자전거를 대여하여 돌아보는 것도 괜찮다. 유후인역에서 긴린코까지는 도보 20~30분 거리이지만 볼거리가 많아 생각보다 오래 걸린다. 또한 메인 거리에서 떨어진 곳에 위치한 미술관이나 유명 샵들도 많아 자전거가 있다면 좀 더 꼼꼼하게 둘러볼 수 있다. 자전거 대여는 JR유후인역 옆 여행자안내센터에서 가능하며, 대여 시 주의사항을 숙지해야 자전거를 빌릴 수 있다. 특히 상업시설 앞에 무단으로 주차하는 것은 금지되므로 자전거를 세워둘 때 주의해야 한다. 그밖에 주의사항은 한국어로 안내되어 있으니 참고하자.

유후인여행자안내센터

유후인온천관광협회에서 운영하는 자전거대여점

주소 大分県 由布市 湯布院町 川北 8-5 문의 0977-84-2446 운영시간 09:00~17:00 가격 1시간 ¥300 찾아가기 JR유후인(由布院)역 옆 여행자안내센터에서 대여 가능하다. 홈페이지 www.yufuin.gr.jp/content/ride.html

특별한 추억을 남겨보는 기모노체험 着物レンタル Felice

추억에 남을 만한 사진을 남기고 싶다면 기모노 대여를 추천한다. 아기자기한 유노츠보거리, 아름다운 긴린코를 배경으로 기모노를 입고 사진을 찍어보자. 긴린코 근처에 펠리체(Felice)라고 하는 기모노 대여점이 있다. 알록달록 다양한 색상의 기모노나 유카타를 입고 긴린코와 유노츠보거리를 산책해보는 것도 좋은 추억이 된다. 펠리체는 남녀노소 누구나 입을 수 있는 다양한 기모노와 유카타를 보유하고 있으며, 게타(下駄)와 장신구 등도 함께 빌릴 수 있다. 또한 추가비용을 지불하면 헤어셋팅까지 가능하다. 인터넷으로 사전예약이 가능하다.

주소 大分県 由布市 湯布院町 川上 1535-2 문의 0977-84-7477 운영시간 09:00~17:00 가격 기모노 및 유카타체험 ¥5,000, 헤어셋팅 ¥1,500 귀띔 한마디 2명 이상 여럿이 단체로 예약하면 ¥200~500 정도 할인을 받을 수 있다. 찾아가기 긴린코에서 도보 5분 거리이다. 홈페이지 www.kimono-yufuin.com

Section 02

유후인에서 반드시 먹어봐야 할 먹거리

유후인 유노츠보거리에는 볼거리 못지않게 먹거리 또한 풍성하다. 유후인을 대표하는 금상고로케, 대왕타코야키, 치즈케이크 등 간식거리와 함께 버거, 장어덮밥, 소바 등 한 끼 식사거리도 풍부하다. 유후인의 맛집들은 순위를 가릴 수 없을 정도로 대체로 맛있다. 유후인에서는 한번쯤 허리 띠 풀고 양껏 즐겨보자.

일본에서 제일 맛있다는 고로케 ★★★★☆

금상고로케 金賞コロッケ

유후인을 찾는 관광객이라면 꼭 한 번은 사 먹는 고로케 맛집이다. 금상고로케라는 상호는 일본 전국고로케대회에서 1위를 수상한 후 붙여진 이름이다. 여러 고로케 중 뭘 먹어야 할지 고민된다면 먼저 금상고로케부터 주문하자. 잘 다져진 고기를 알차게 채워 바삭바삭하게 튀겨냈지만 한 입 베어 물면 입안에서 크림처럼 녹는다. 그밖에도 치즈, 카레 등이 들어간 고로케가 인기이며, 입맛에 따라 케첩, 머스타드, 돈가츠소스 등을 뿌려 먹어도 좋다. 유후인에만 2개의 점포가 있으며 1호점은 플로럴빌리지 주변에 위치하고, 2호점은 유노츠보거리에서 쉽게 찾아볼 수 있다.

주소 **본점** 大分県 由布市 湯布院町 川上 1481-7 **2호점** 大分県 由布市 湯布院町 川上 1079-8 문의 0977-85-3053 운영시간 09:00~17:30 휴무 부정기적 베스트메뉴 금상고로케 ¥200 귀띔 한마디 같이 판매하는 생맥주와 함께 먹으면 최고의 조합이다. 찾아가기 본점은 긴린코에서 도보 6분 거리, 2호점은 JR유후인(由布院)역에서 도보 10분 거리이다.

대왕타코야키로 유명한 ★★★★☆

유후인 바쿠단야키혼포 湯布院ばくだん焼本舗

타코야키 1개의 지름이 무려 8cm에 달해 대왕타코야키라고 부르는 타코야키 맛집이다. 갖은 재료를 혼합하여 바삭하게 구워내 맛이 좋다. 타코야키의 종류는 레귤러, 명란, 파·소금·마요네즈를 넣은 네기시오마요ネギしおマヨ, 테리야키照り焼き 등 다양한 맛이 있는데 그 중

에서도 원조 오리지널 레귤러맛과 명란맛 네기시오마요가 인기를 다툰다. 갓 구워낸 타코야키는 뜨거우니 젓가락으로 집어 조심히 먹어야 한다. 타코야키 한 개의 양이 일반 타코야키 8개의 양이라 한 개만 먹어도 배가 불러 식사 대용으로도 좋다.

주소 大分県 由布市 湯布院町 川上 1101-6 문의 0977-28-2400 운영시간 10:00~17:00 휴무 매주 화요일 베스트메뉴 레귤러 ¥500, 네기시오마요 ¥550, 명란 ¥600 찾아가기 긴린코에서 도보 10분 거리이다 홈페이지 www.bakudanyakihonpo.co.jp/fan/shop

귀여운 스누피가 반갑게 맞이하는 카페 ★★★★☆

스누피차야 SNOOPY 茶屋 由布院店

세계적으로 인기 있는 캐릭터 스누피를 콘셉트로 한 카페 겸 레스토랑으로 스누피오므라이스, 스누피라테, 스누피파르페 등 각 음식마다 먹기 아까울 정도로 예쁘게 스누피 장식이 되어 나온다. 귀여운 스누피 캐릭터와 달리 레스토랑 내부는 클래식한 느낌이라 조용히 머물다 가기 좋다. 식사 외에 간단한 간식거리를 테이크아웃으로도 구매할 수 있으므로 출출할 때 이용해보자. 유후인 한정 스누피 관련 상품도 판매하니 스누피 팬이라면 이 또한 놓치지 말자.

주소 大分県 由布市 湯布院町 川上 1540-2 문의 0977-75-8780 운영시간 **3~12월** 10:00~17:00 **12~2월** 10:00~16:30 베스트메뉴 스누피 마시멜로 드링크 ¥990, 스누피 함바그 오므라이스 ¥1,848 찾아가기 JR유후인(由布院)역에서 도보 5분 거리이다. 홈페이지 www.snoopychaya.jp

유후인 명물 수제버거 ★★★★☆

유후인버거하우스 ゆふいんバーガーハウス

유후인역에서 메인스트리트로 가는 길목에 위치한 명물 버거집이다. 멀리서도 한눈에 알아볼 수 있는 독특한 모양의 목조 외관부터가 개성이 넘친다. 주문과 동시에 조리하기 때문에 항상 신선한 수제버거를 맛볼 수 있다. 큼지막한 번 안에 오이타의 명물 분고 소고기豊後牛와 돼지고기가 혼합된 두툼한 패티, 체다

치즈, 계란, 베이컨, 토마토 등이 조화를 이루면서 보기에도 먹음직스럽다. 한 입 베어 무는 순간 패티의 육즙과 특제 소스가 입안에서 어우러지며 환상의 하모니를 느낄 수 있는 맛이다. 햄버거의 번을 가볍게 꾹 눌러 양손 가득 포장지로 감싼 채 먹으면 깔끔하게 먹을 수 있다.

주소 大分県 由布市 湯布院町 川上 3050-3 문의 080-3183-2288 운영시간 11:00~17:00 휴무 부정기적 베스트메뉴 유후인 버거(레귤러) ¥960, 데리야키다마고버거 (레귤러) ¥860 귀띔 한마디 무려 직경 15cm의 거대한 크기의 스페셜 사이즈도 맛볼 수 있다. 찾아가기 JR유후인(由布院)역에서 도보 5분 거리이다.

치즈케이크 맛집 ★★★★☆

미르히 ミルヒ, Milch

유노츠보거리 유명한 치즈케이크 맛집이다. 점포명 미르히는 독일어로 우유를 뜻하는데, 이 집의 우유는 100% 유후인산을 사용한다. 인기메뉴는 3중 치즈케이크 케제쿠헨ケーゼクーヘン과 미르히푸딩으로 촉촉하고 농후한 치즈 맛이 일품이다. 케제쿠헨은 갓 만든 따뜻한 것과 차가운 것 중 고를 수 있고 별미로 말차맛과 쇼콜라테맛을 맛볼 수 있다. 본점은 테이크아웃만 가능하지만 유후인역에서 5분 정도 떨어진 미르히 도넛&카페由布院ミルヒ ドーナツ&カフェ에서는 테이블에 앉아 여유롭게 치즈케이크와 푸딩 등을 맛볼 수 있다.

주소 大分県 由布市 湯布院町 川上 3015-1 문의 0977-28-2800 운영시간 10:30~17:30 휴무 부정기적 베스트메뉴 케제쿠헨 ¥280, 미르히푸딩 ¥360 찾아가기 JR유후인(由布院)역에서 도보 10분 거리이다. 홈페이지 milch-japan.co.jp

벌꿀 소프트아이스크림을 맛보자 ★★★☆☆

비허니 Bee Honey

긴린호수 근처에 위치한 벌꿀전문점으로 만화 속에나 나올 법한 민트색 외관이 인상적이다. 양봉장에서 채취한 다양한 벌꿀을 판매한다. 특히 간식거리인 벌꿀 아이스크림이 인기인데, 아카시아꿀과 부드러운 소프트아이스크림이 잘 어우러져 혀끝으로 전해지는 달달한 맛과 아래쪽 바삭한

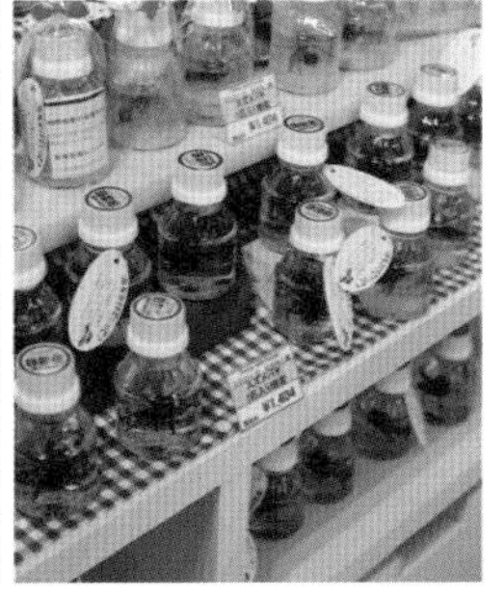

시리얼이 아이스크림의 맛을 배가 시켜준다. 아이스크림을 주문하고 기다리는 동안 다양한 벌꿀 상품을 구경하자. 마누카, 아카시아, 유칼립투스를 비롯하여 오이타산 벌꿀과 오렌지, 귤, 커피, 사과 등 다양한 꿀 종류가 있으며 시식해보고 구매할 수도 있다.

주소 大分県 由布市 湯布院町 川上 1481-1 문의 0977-85-2733 운영시간 10:00~16:00 베스트메뉴 벌꿀 아이스크림(하치미츠토로리 소프트) ¥430 찾아가기 긴린코에서 도보 6분 거리이다.

장어덮밥 전문점 ★★★☆☆

유후마부시 심 由布まぶし心

유후인에서 장어덮밥을 맛있게 먹을 수 있는 곳으로 긴린호수 본점과 유후인역 지점 두 곳이 있다. 메뉴로는 장어덮밥 우나기마부시鰻まぶし, 소고기덮밥 분고규마부시豊後牛まぶし, 토종닭 덮밥 지도리마부시地鶏まぶし가 있는데, 이 중 장어덮밥이 가장 인기 있다. 주문 후 덮밥이 나오기까지 15분 정도 걸리는데, 전채요리로 두부, 죽순, 오쿠라, 무, 고구마, 밤, 계란말이 등 다양한 밑반찬을 조금씩 맛볼 수 있다.

덮밥은 짭조름하게 양념간이 잘 되어 나오며 주걱으로 4등분 한 후 네 가지 방법으로 먹어보자. 처음에는 그냥 떠먹어본 후, 다음에는 좋아하는 양념과 반찬을 넣어 비빔밥처럼 비벼먹어 보고, 세 번째에는 육수를 부어 국밥처럼 말아서도 먹어보자. 마지막으로 본인 취향에 맞는 방법을 찾았으면 나머지도 같은 방법으로 먹으면 된다. 관광지 중심부에 자리한 데다 인기 맛집이라 대기시간은 염두에 둬야 한다.

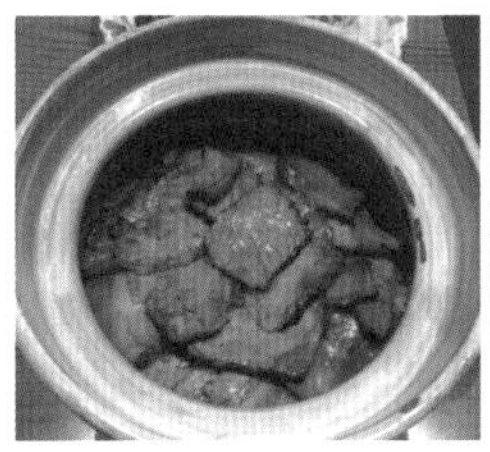

주소 大分県 由布市 湯布院町 川上 1492-1 문의 0977-85-7880 운영시간 10:30~18:30(LO 17:30) 휴무 부정기적 베스트메뉴 우나기마부시 ¥3,200 귀띔 한마디 유후인역 지점 운영시간은 10:30~20:300(LO 19:30)이다. 찾아가기 긴린코에서 도보 3분 거리이다. 홈페이지 yufumabushi-shin.com

고즈넉한 곳에 자리한 일본가정식 식당 ★★★☆☆

갓파식당 かっぱ食堂

긴린호수 근처에 위치한 일본 가정식백반집으로 고즈넉한 분위기에서 오이타현의 대표 향토요리 토리텐정식과 단고지루団子汁 등 각종 정식요리를 맛볼 수 있다. 인기메뉴는 오이타현의 명물 토리텐とり天으로 닭고기를 튀긴 요리이다. 이 집의 토리텐은 마치 찹쌀탕수육 같은 식감인데, 전혀 느끼하지 않고 부드러운 것이 특징이다. 그밖에도 바삭한 튀김옷 속에 은은한 마늘향이 스며든 고기와 특제소스가 조화로운 안심돈가스정식ヒレカツ定食도 추천한다. 입구에 바가지 머리를 한 전설 속 동물 갓파가 이 집의 마스코트이며 휴무일이 따로 정해져 있지 않아 방문 전 페이스북 등에서 영업일을 확인하는 것이 좋다.

주소 大分県 由布市 湯布院町 川上 1611-1 2F 문의 0977-85-5075 운영시간 11:30~15:00 휴무 비정기적 베스트메뉴 토리텐정식 ¥1,700, 안심돈가스정식 ¥1,800 귀띔 한마디 한글메뉴판이 준비되어 있어 주문이 어렵지 않다. 찾아가기 긴린호수에서 도보 2분 거리이다. 홈페이지 www.facebook.com/kappasyokudo

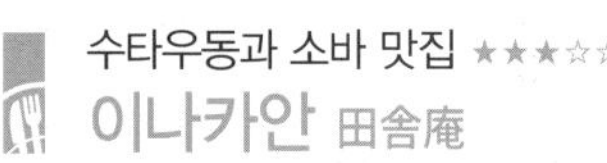

수타우동과 소바 맛집 ★★★☆☆

이나카안 田舎庵

50년 전통의 수타우동 및 소바 맛집으로 메인스트리트에서 살짝 벗어난 외곽에 위치한다. 가게 안으로 들어서면 번호표부터 나눠주므로 순번에 따라 입장하면 된다. 이 집 인기메뉴는 고보텐우동ごぼ天うどん으로 향이 좋은 우엉을 맛있게 튀겨 깔끔한 우동국물로 말아주는데 기름지지 않고 개운한 맛이 좋다. 면은 우동대신 소바로도 주문할 수 있으며, 단품메뉴는 물론 밑반찬과 닭고기밥이 함께 나오는 세트메뉴도 주문할 수 있다. 우엉이 입에 안 맞으면 통통한 새우 2개를 맛있게 튀겨낸 에비텐우동えび天うどん을 추천한다. 일반적인 식당과 달리 영업 종료시간이 빠르므로 시간에 유념하여 늦지 않게 도착해야 한다.

주소 大分県 由布市 湯布院町 川上 1071-3 문의 0977-84-3266 운영시간 11:00~14:30 휴무 매주 목요일 베스트메뉴 고보텐우동(ごぼ天うどん) ¥850, 고보텐고젠(ごぼ天御膳) ¥1,330 찾아가기 긴린호수에서 도보 10분 거리이며 드럭스토어 코스모스 맞은편에 위치한다. 귀띔 한마디 한글메뉴판이 따로 준비되어 있어 주문이 어렵지 않다. 홈페이지 inakaan-yufuin.com

긴린호수 옆 베이커리 카페 ★★★☆☆

카페라루체 Cafe La Ruche

테라스석에 앉으면 고요한 긴린호수 풍경이 한눈에 들어오는 전망 좋은 카페이다. 차는 물론 식사도 가능한데 식사는 양식스타일의 모닝세트와 런치세트가 있다. 그밖에도 데니시빵, 샌드위치, 햄버거 등의 단품메뉴도 있어 간단하게 요기를 해결할 수도 있다. 카페는 세련된 분위기로 잠시 넋을 놓고 쉬어가기 좋으며, 카페 이용 후에는 바로 옆 샤갈미술관 1층 수공예품을 파는 크래프트숍에서 눈이 즐거운 아이쇼핑을 할 수 있다.

주소 大分県 由布市 湯布院町 川上岳本 1592-1 문의 0977-28-8500 운영시간 09:00~16:30 휴무 매주 수요일 가격 음료 ¥500~700, 식사 ¥1,000~1,800 귀띔 한마디 카페 내에서 와이파이를 무료로 이용할 수 있다. 찾아가기 긴린호수 바로 옆에 위치한다. 홈페이지 cafelaruche.jp

귀여운 3D 라테아트가 인기 있는 ★★★☆☆

카페듀오 カフェデュオ

우유거품을 이용해 고양이, 강아지 등 귀여운 캐릭터 모양을 입체적으로 만들어주는 3D 라테아트 카페이다. 3D 라테를 즐기려면 라테아트 드링크 메뉴 중에서 골라야 하고, 캐릭터는 랜덤으로 나오기 때문에 어떤 것이 나올지 기대하는 재미도 있다. 살짝만 흔들어도 우유거품이 움직여서 마치 살아 있는 듯 너무 귀엽다. 카페 내부는 세련된 느낌은 아니지만 푸근한 분위기로 채광이 잘 들고 국립공원 유후다케由布岳가 바라보이는 풍경이라 마음까지 편안해진다. 카페주인이 고양이를 키우고 있어 아기자기한 고양이 관련 소품이 눈에 띄며, 카페 안을 자유롭게 돌아다니는 고양이를 볼 수도 있다. 채광이 잘 드는 창가에 앉아 귀여운 라테아트와 함께 여유로운 한때를 보내보자.

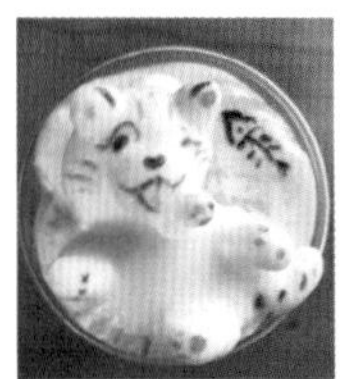

주소 大分県 由布市 湯布院町 川上 1159-1 문의 0977-85-3955 운영시간 10:00~16:30 가격 ¥550~ 귀띔 한마디 1인 1메뉴 주문이 필수이며, 신용카드는 사용할 수 없다. 찾아가기 긴린코에서 도보 10분 거리이다. 홈페이지 cafeduo-yufuin.com

Section 03

YUFUIN

유후인에서 놓치면 후회하는 쇼핑거리

긴린호수에서 유후인역 근처까지 이어지는 유노츠보거리에는 눈을 즐겁게 하는 아기자기한 쇼핑 아이템이 가득하다. 흔하지 않은 기념품을 사고 싶다면 유후인에서 지갑을 열어도 괜찮을 것이다. 유후인 인기 쇼핑아이템인 벚꽃우산과 오르골, 지브리스튜디오의 다양한 캐릭터 상품도 놓치지 말고 구경하자.

흔하지 않은 기념품을 원한다면 ★★★☆☆

유메구라 ゆふいん夢蔵

유후인에서 기념품을 찾는다면 민속예술전문점 유메구라를 추천한다. 가게 앞에는 맑은 날에도 알록달록한 장우산들이 넓게 펼쳐져 있다. 한국에서는 벚꽃우산이라고 불리는 와카사和傘로 비를 맞으면 숨겨진 벚꽃무늬가 나타나는 신기한 우산이라 꼭 하나씩 사가는 기념품이다. 또한 온천지역으로 유명한 만큼 온천용 손수건도 인기가 많다. 그밖에도 깜찍한 손톱깍이, 전통수공예품, 액세서리 등 아기자기한 기념품들이 다양하다. 또한 식품관도 있어 선물용 디저트와 과자, 향토식품 등을 구입할 수 있다. 주로 사과케이크에 캐러멜소스를 녹인 리치푸딩케이크가 가장 인기 있다. 근처에 금상고로케 2호점이 위치한다.

주소 大分県 由布市 湯布院町 川上 3001-5 문의 0977-84-3178 운영시간 09:00~17:30 가격 ¥300~1,500 찾아가기 JR유후인(由布院)역에서 도보 10분 거리이다.

유리공예 및 오르골전문점 ★★★★☆

유리의 숲&오르골의 숲 由布院 ガラスの森&オルゴールの森

긴린호수에서 유노츠보 메인거리로 나오면 클래식한 노란 자동차가 멀리서도 눈에 띄는 통나무집이 보인다. 이곳은 유리공예와 오르골 상품을 전문적으로 취급하는 곳이다. 1층이 유리 숲을 뜻하는 가라스노모리ガラスの森로 다양한 종류의 유리공예품을 판매하고 있다. 유리로 만든 마그네틱, 캐릭터상품, 액세서리 등 보석같이 반짝반짝 빛나는 공예품들을

구경하다 보면 시간 가는 줄도 모를 것이다. 2층으로 올라가면 오르골 관련 상품을 취급하는 오르골의 숲オルゴールの森이 있다. 오르골 CD를 비롯하여 1,000여 종의 예쁜 오르골을 만날 수 있다. 천천히 구경하며 자신이 좋아하는 음악과 디자인을 찾아보자.

주소 大分県 由布市 湯布院町 川上 1477-1 1~2F 문의 0977-85-5015 운영시간 09:30~17:30 귀띔 한마디 오르골의 숲 내부에서는 사진촬영이 금지되어 있으니 참고하자. 찾아가기 긴린호수에서 도보 6분 거리로 비허니(Bee Honey) 근처에 자리한다. 홈페이지 **유리의 숲** www.instagram.com/garasunomori_yufuin **오르골의 숲** www.instagram.com/yufuin_orgel_no_mori

지브리스튜디오의 캐릭터를 만나는 ★★★★☆

도토리의 숲 どんぐりの森 由布院店

가게 입구에서 커다란 토토로인형이 맞아주는 도토리의 숲, 일본어로는 동구리노모리이다. 〈이웃집 토토로〉, 〈마녀배달부 키키〉, 〈센과 치히로의 행방불명〉 등 지브리스튜디오의 작품과 관련된 다양한 상품들을 판매하고 있어 지브리 마니아라면 꼭 방문해봐야 할 곳이다. 캐릭터인형부터 장식품, 소품, 유아용품 등 다양한 상품들을 구경할 수 있다. 입구에는 아기자기한 인형들로 꾸며진 포토스팟 버스정류장이 있어 기념사진도 찍을 수 있다.

주소 大分県 由布市 湯布院町 川上 3019-1 문의 0977-85-4785 운영시간 평일 10:00~17:00, 주말 및 공휴일 09:30~17:00 귀띔 한마디 도토리의 숲 내부에서는 사진촬영이 금지되어 있으니 참고하자. 찾아가기 JR유후인(由布院)역에서 도보 10분 거리이다.

손으로 직접 만든 자기와 공예품을 만날 수 있는 잡화점 ★★★★☆

옴블루카페 HOMME BLUE CAFE

가게 이름에 카페라는 단어가 들어가 있어 커피숍으로 착각할 수 있지만 핸드메이드 도자기와 공예품을 취급하는 잡화점이다. 여기 진열된 상품들은 유후인을 비롯해 각지에서 활동

하는 작가들의 작품으로 모두 수작업으로 완성했기 때문에 대부분 세상에 하나밖에 없는 특별한 가치를 인정받는다. 판매하는 상품들은 그릇, 꽃병, 시계 등 소박하고 평범한 일상용품이 중심이며, 디자인은 도트, 별, 줄무늬 등 귀여운 무늬들이라 사용하면 사용할수록 애착과 온기가 느껴진다. 유후인에서 센스 있고 귀여운 선물을 찾는다면 안성맞춤인 곳이다.

주소 大分県 由布市 湯布院町 川上 1535-2 문의 0977-84-5878 운영시간 10:30~17:30 휴무 부정기적 귀띔 한마디 옴블루 카페 내부에서는 사진촬영이 금지되어 있으니 참고하자. 찾아가기 긴린호수에서 도보 8분 거리로 스누피차야 근처에 자리한다.

천연석 액세서리전문점 ★★★☆☆

이시코로칸 石ころ館 湯布院

유후인역 근처에 위치한 천연석 액세서리전문점이다. 일본에서는 천연석을 파워스톤이라고 부르며 행운을 가져다준다고 믿고 있다. 그래서 애정·재물·건강 등이 좋아지를 기원하며 천연석 액세서리를 많이 착용한다. 이시코로칸은 천연석을 아름답게 가공하여 다양한 형태의 액세서리를 판매하고 있다. 자신의 탄생석으로 만든 주얼리, 자신을 지켜주는 수호석 등을 찾아볼 수 있으며 선물용 천연석 스트랩 등도 갖추고 있다. 액세서리 외에도 스톨이나 모자 등의 소품도 취급하고 있다.

주소 大分県 由布市 湯布院町 川上 3050-23 문의 0977-28-4385 운영시간 10:00~17:00 찾아가기 JR유후인(由布院)역에서 도보 5분 거리로 유후인버거하우스 근처에 자리한다. 홈페이지 www.tanzawa-net.co.jp

아는 사람만 아는 나무공예전문점 ★★★★☆

아틀리에토키 디자인연구소 アトリエときデザイン研究所

유후인의 번화한 곳을 조금 벗어나면 조용한 시골풍경이 펼쳐지는 곳에 자리하고 있다. 목공예 전문 디자이너 도키마츠타츠오時松辰夫가 목공예품 전시와 판매, 후진양성을 위해 세운 연구소 겸 판매장이다. 이곳은 삶과 생활을 풍요롭게 하는 디자인을 추구하는데, 매장 내에는 식탁 위를 장식하는 식기류가 모두 나무로 만들어져 있어 손으로 만졌을 때 느낌이 좋고 자연의 온기를 느낄 수 있다. 품격이느껴지는 디자인이지만 가격대는 생각보다는 부담스럽지 않으므로 편안하게 둘러보며 구입할 수 있는 상품들을 찾아보자.

주소 大分県 由布市 湯布院町 川上 2666-1 문의 0977-84-5171 운영시간 10:00~17:00 휴무 매주 목요일 찾아가기 긴린코에서 도보 11분 거리이다. 홈페이지 www.ateliertoki.jp

Chapter 09

벳푸

別府

Beppu

★★★★★
★★★★☆
★☆☆☆☆

일본 제일의 온천 용출량을 자랑하는 도시 벳푸에는 유명한 온천지구가 8곳이 있는데, 이를 벳푸팔탕(別府八湯)이라 부른다. 이번 장에서는 주요 온천지역인 벳푸, 묘반, 간나와 등의 온천지역에 대해서 알아본다. 각 지역의 온천정보를 확인하고 지옥온천순례를 제대로 즐겨보자. 먹거리로는 온천증기를 이용한 찜요리와 향토요리인 토리텐을 놓치지 말자.

간나와지역
우미지고쿠(바다지옥)
海地獄(무료족욕)
카마도지고쿠(부뚜막지옥)
かまど地獄(무료족욕)
오니야마지고쿠(귀산지옥)
鬼山地獄(무료족욕)
산지옥
山地獄
시라이케지고쿠(흰연못지옥)
白池地獄
오니시보즈지고쿠(대머리지옥)
鬼石坊主地獄(무료족욕)
오니야마 호텔(2025년 초봄 재오픈)
おにやまホテル
후지야갤러리 하나야모모
冨士屋Gallery
一也百 一はなやもも一
간나와온천 버스정류장
鉄輪温泉バス
간나와온천
鉄輪温泉
온센가쿠
温泉閣
간나와무시유
鉄輪むし湯(무료족욕)
시부노유
渋の湯
간나와부타만 혼포
鉄輪豚まん本舗
지옥찜공방
地獄蒸し工房
아시무시
足蒸し(무료족욕)
하나미즈키
はなみずき
호텔 후게츠
ホテル風月
효탄온천
ひょうたん温泉
호텔 칸나와
ホテル鉄輪
호텔 산스이칸
ホテル山水館
묘반지역
묘반 유노사토
みょうばん湯の里
야마노유
山の湯
지조유마에 버스정류장
地蔵湯前
오카모토야매점
岡本屋売店
유모토야료칸
湯元屋旅館
유야에비스
湯屋えびす
벳푸외곽
벳푸시내방향
타카사키야마 버스정류장
高崎山バス
우미타마고
うみたまご水族館
도보육교
타카사키야마 버스정류장
高崎山バス
타카사키야마 자연동물원
高崎山自然動物園
미치노에키(도로휴게소)
道の駅たのうらら
벳푸시내
돈키호테 벳푸점
(ドン・キホーテ別府店)
立花通り
中間通り
中間通り
벳푸 타워
別府タワー
春日通
春日通
春日通
스기노이호텔
(杉乃井ホテル)
토요츠네 벳푸역점
とよ常 別府駅前店
카이몬지온천
海門寺温泉
토키와백화점
トキハ別府店
무인양품
無印良品
분고차야(벳푸점)
豊後茶屋 別府店
JR벳푸역
別府駅
10번 국도
토요츠네 본점
とよ常本店
縣道32号
제노바
冷乳果工房 GENOVA
에키마에코토온천
駅前高等温泉
호텔 씨웨이브 벳푸
ホテルシーウェーブ別府
九日天通り
北浜通
北浜通
키타하마공원
北浜公園
소무리(벳푸본점)
そむり 別府本店
新宮通り
新宮通り
벳푸역 시장
べっぷ駅市場
타케가와라 온천
竹瓦温泉
후로센온천
不老泉
不老泉通り
벳푸 카메노이호텔
別府亀の井ホテル
유메타운 벳푸
ゆめタウン別府

벳푸를 이어주는 교통편

- **후쿠오카에서 고속버스를 이용할 경우** 하카타버스터미널, 텐진고속버스터미널, 후쿠오카공항 국제선에서 탑승하면 바로 벳푸키타하마버스센터(別府北浜バスセンター)까지 이동할 수 있다.(소요시간 2시간~2시간 30분, 요금 ¥3,250)
- **후쿠오카에서 열차를 이용할 경우** 하카타역에서 JR소닉열차를 탑승하면 환승 없이 벳푸역까지 바로 갈 수 있다.(소요시간 1시간 55분~2시간 10분, 자유석 ¥5,940, 지정석 ¥6,470)
- **오이타공항에서 출발할 경우** 특급 에어라이너(버스)를 탑승한다. 벳푸키타하마(別府北浜)까지는 48분, JR 벳푸(別府駅前)역까지는 51분이 소요되며 요금은 ¥1,600이다.

※ 벳푸역앞(別府駅前)과 벳푸키타하마버스센터(別府北浜バスセンター)는 다른 정류장이므로 하차 시 유의하자. 벳푸타워나 벳푸시내로 가려면 벳푸키타하마 버스센터에 내린다. 두 정류장은 걸어서 5~6분 거리이다.

벳푸에서 이것만은 꼭 해보자

- 파란색, 빨간색, 흰색 등 다양한 색상의 연못을 가지고 있는 벳푸지옥을 순례해보자.
- 미쉐린도 인정한 효탄온천에서 온천과 모래찜질을 즐겨보자.
- 해발 350m의 언덕에 위치한 묘반온천 유노사토에서 푸른 우윳빛 유황온천을 체험해보자.
- 지옥찜공방에서 지옥찜요리를 직접 만들어 먹어보고 천연 온천수증기로 다리찜질도 해보자.
- 벳푸 향토요리인 토리텐을 맛보자.

사진으로 미리 살펴보는 벳푸 베스트코스(예상 소요시간 6시간 이상)

벳푸에서는 버스를 많이 이용하므로 '마이벳푸자유승차권(My べっぷ Free フリー乗車券)'을 구매하여 교통비를 절약하자. 첫 일정은 묘반온천으로 사람들이 몰리기 전 아침 일찍 방문하여 해발 350m에 위치한 푸른 우윳빛 유황온천을 혼자서 신선놀음하듯 즐겨보자. 온천 후에는 오카모토야에서 지옥푸딩을 맛본 후 버스를 타고 간나와로 이동하자. 간나와에서는 온천지옥순례를 하는데, 대표적으로 바다지옥, 대머리지옥, 부뚜막지옥을 추천한다. 점심은 지옥찜공방에서 직접 지옥찜요리를 체험해보자. 시간적 여유가 있다면 미쉐린에서 인정한 효탄온천도 추천한다. 간나와 관광 후에는 벳푸시내로 이동하여 벳푸타워를 둘러보고, 향토요리 토리텐도 맛보자.

Section 04

BEPPU

벳푸에서 반드시 둘러봐야 할 명소

벳푸의 관광명소는 크게 벳푸시내, 간나와지역, 묘반지역, 벳푸외곽으로 나눌 수 있다. 간나와 온천지역만 해도 볼거리가 많아 하루 온종일을 돌아다녀도 다 볼 수 없으므로 무리해서 일정을 짜기보다는 취향에 따라 가고 싶은 명소 몇 군데를 선택하고 남은 시간에 온천욕을 즐기는 것이 좋다.

벳푸시내 풍경이 파노라마로 펼쳐지는 ★★★★☆

벳푸타워 別府タワー 벳푸시내

1957년 세워진 100m 높이의 타워로 벳푸시내를 한눈에 관망할 수 있다. 벳푸타워는 벳푸산타로別府三太郎라는 별칭도 있는데, 이는 일본 내 6개 타워를 세워 탑박사로 유명한 나이토타츄内藤多仲가 나고야TV타워名古屋テレビ塔, 오사카 츠텐카쿠通天閣에 이어 세 번째로 만들었기 때문이라고 한다. 17층 타워전망대에 오르면 벳푸시내를 360도로 전망할 수 있고, 잔디로 덮인 5층 테라스에서는 타워를 좀더 가까이 살펴볼 수 있다. 밤에는 화려한 조명을 밝혀 낮에 보던 투박한 느낌과는 달리 세련된 느낌을 받는다. 1층부터 4층까지는 벳푸아트뮤지엄, 남국풍 이색노래방 퀸즈에코, 카페레스토랑 등 다양한 점포가 입점해 있다.

주소 大分県 別府市 北浜 3-10-2 문의 0977-26-1555 운영시간 09:30~21:30 휴무 연중무휴 입장료 **전망대** 성인 ¥800, 중고생 ¥600, 4세~초등생 ¥400 귀띔 한마디 벳푸타워 5층에는 잔디가 깔린 키타하마데크(キタハマデッキ)가 있어 벳푸타워를 가까이에서 올려다볼 수 있다(입장료: ¥200) 찾아가기 벳푸키타하마버스센터(別府北浜 バスセンター)에서 도보 3분, JR벳푸(別府)역 동쪽출구에서 도보 10분 거리이다. 홈페이지 bepputower.co.jp

150여 년 전통을 이어온 온천 모래찜질욕 ★★★★☆

타케가와라온천 竹瓦温泉 벳푸시내

오랜 세월의 흐름이 느껴지는 중후한 외관부터가 시선을 끄는 대중 온천시설로 온천과 모래찜질욕을 즐길 수 있는 곳이다. 이 온천시설은 1879년에 세워졌는데, 처음 건립 당시 지붕을 대나무竹(타케)로 얹었다가 이후 기와瓦(카와라)로 보수하면서 타케가와라竹瓦라는 이름으로 불리게 되었다. 이 집 인기 비결인 모래찜질욕을 즐기려면 전용찜질복인 유카타로 갈아 입어야 한다. 대기 순번이 되면 안내에 따라 온천수를 머금은 모래 속으로 들어가게 되는데 1분도 안 되서 땀으로 흠뻑 젖게 된다. 주말에는 많은 사람들로 붐벼 대기가 길 수 있으므로 평일 한적한 시간대에 이용하자. 모래찜질 시 두피에 모래가 들어갈 수 있으니 헤어캡을 준비해가면 좋고, 수건과 개인 세면용품도 별도로 지참하자.

주소 大分県 別府市 元町 16-23 문의 0977-23-1585 운영시간 대중탕 06:30~22:30, 모래찜질 08:00~22:30(입장마감 21:30) 휴무 셋째 주 수요일 입장료 대중탕 ¥300(초등학생 이하 ¥100), 모래찜질 ¥1,500(찜질복 포함) 귀띔 한마디 모래찜질은 이용시간이 10~15분으로 제한되어 있다. 찾아가기 벳푸키타하마버스센터(別府北浜 バスセンター)에서 도보 5분, JR벳푸(別府)역 동쪽 출구에서 도보 10분 거리이다. 홈페이지 beppu-tourism.com/onsen/takegawara-onsen

벳푸시민들의 삶을 엿볼 수 있는 ★★★☆☆

벳푸역시장 べっぷ駅市場 벳푸시내

벳푸역과 연결된 고가다리 밑에 자리한 시장으로 현지인들이 주로 이용하는 재래시장이다. 오랜 시간 벳푸시민들의 식탁을 책임져온 곳으로 채소, 과일, 생선, 정육, 튀김, 반찬가게들이 모여 있고 가격대도 저렴하다. 시장 안에는 작은 휴식 공간이 마련되어 있어 각 점포에서 구입한 음식을 먹을 수도 있다. 음식점은 따로 없고 반찬과 도시락 형태로 판매하는 점포가 많으니 벳푸역시장에서 저렴하지만 건강한 식재료로 만든 도시락으로 한 끼를 해결해도 좋다.

주소 大分県 別府市 中央町6-22 문의 0977-22-1686 운영시간 09:00~18:00(점포마다 다름) 찾아가기 JR벳푸(別府)역 동쪽출구에서 도보 3분 거리이다. 홈페이지 www.ekimachi1.com/beppu/ichiba

미쉐린도 인정한 벳푸온천 ★★★★★

효탄온천 ひょうたん温泉 간나와지역

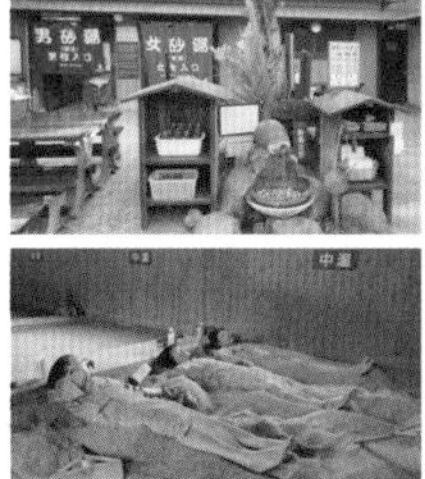

미쉐린에서 선정한 아름다운 온천에 7회 연속 별 3개를 받은 곳이다. 1922년 '온천수로 병을 치유한다'는 탕치온천湯治温泉으로 설립된 이래 쾌적한 시설과 깨끗한 수질 온천으로 많은 사랑을 받고 있다. 이곳은 입장료가 전혀 아깝지 않을 만큼 다양한 탕 종류와 찜질시설을 갖추고 있다. 남탕과 여탕에는 각각 노천탕, 폭포탕, 수증기탕, 히노키(편백나무)탕 등 8개의 탕이 있는데 고급 료칸시설 부럽지 않다. 특히 남탕에 있는 3m 높이의 폭포탕은 이 온천 내에서도 명물로 꼽히며, 유카타 요금만 지불하면 모래찜질도 가능하다. 온천을 즐긴 후에는 안뜰에서 편하게 쉴 수 있는데, 매점에서 간식거리를 사먹거나 지옥솥찜체험, 온천수증기샤워 등 재미있는 시설도 다양하게 갖추고 있다.

주소 大分県 別府市 鉄輪 159-2 문의 0977-66-0527 운영시간 09:00~01:00 입장료 성인 ¥1,020, 초등생 ¥400, 유아 ¥280, 3세 이하 무료 / 유카타대여(모래찜질용) 13세 이상 ¥760, 어린이 ¥540 찾아가기 JR벳푸(別府)역 동쪽출구에서 오이타교통버스 60, 61번 탑승 후 지고쿠바루·효탄온천(地獄原·ひょうたん温泉) 정류장에서 하차하면 바로이다. 홈페이지 www.hyotan-onsen.com

해발 350m에 자리한 노천탕 ★★★★★

묘반 유노사토 みょうばん 湯の里 묘반지역

천연약용 입욕제 유노하나湯の花 채취와 관련된 시설을 견학할 수 있는 곳이다. 유노하나는 유황 추출 과정에서 나오는 꽃 모양의 결정체를 말한다. 묘반지역 곳곳에서 초가지붕을 볼 수 있는데 이 건물들이 300년 가까이 유노하나를 채취했던 채집소이다. 견학은 무료이며 유노하나와 관련된 입욕제, 미용용품 등을 구매할 수 있다.

보통 유노사토는 견학만 하고 돌아가는 경우가 많은데 놓치면 안 되는 곳이 있다. 바로 해발 350m 언덕에 위치한 노천탕이다. 지붕이 없이 뻥 뚫린 공간에서 일본원숭이로 유명해진 산, 타카사키야마高崎山를 배경으로 푸른 우윳빛 유황온천을 즐길 수 있어 신선놀음이 따로 없다. 사람들이 몰리지 않는 오픈시간에 맞춰 가면 조용히 온천욕을 즐길 수 있다. 시설 내 자물쇠가 있는 보관함, 헤어드라이어, 보디용품 등이 구비되어 있으며, 수건 및 세면용품은 개별적으로 지참해야 한다.

주소 **大分県 別府市 明礬温泉 6組** 문의 0977-66-8166 운영시간 **노천탕** 10:00~18:00(주말 및 공휴일 ~19:00) 입장료 유노하나견학 무료, 노천탕 성인 ¥600, 초등생 이하 ¥300 귀띔 한마디 온천 후 즐기는 온천달걀과 찐 옥수수는 그야말로 별미이다. 찾아가기 JR벳푸(別府)역 서쪽출구 승차장에서 5번, 41번 버스를 타고 지조유마에(地蔵湯前) 정류장에서 하차 후 도보 5분 거리이다. 홈페이지 yuno-hana.jp

일본원숭이를 가까이에서 만날 수 있는 ★★★★☆

타카사키야마 자연동물원 高崎山自然動物園 벳푸외곽

타카사키산에 위치한 동물원으로 1,200마리의 원숭이들을 만날 수 있다. 입구 자판기에서 입장권을 구입하는데 모노레일 이용권을 함께 구매하면 언덕을 편하게 오를 수 있다. 시설 내에서는 원숭이들이 서로 장난치는 모습, 먹이를 먹는 모습 등을 살펴볼 수 있다. 원숭이가 다리 사이로 지나가면 운이 좋아진다고 하는데 용기가 있다면 한 번 도전해보자. 보통 새끼 원숭이들을 보면 사랑스러워서 안아보고 싶고 먹이도 주고 싶어지는데, 아쉽게도 야생원숭이라는 사실을 명심하고 이런 행동은 주의해야 한다. 원숭이를 만지거나 원숭이를 도발할 수 있는 행동, 예를 들어 장난치거나 눈을 마주

보거나 하는 행동은 금지되며 먹이를 줘도 안 된다. 일부 원숭이들은 여행객 가방안의 소지품도 노릴 수 있으니 주의가 필요하다.

주소 大分県 大分市 神崎 3098-1 문의 0975-32-5010 운영시간 09:00~17:00 입장료 고교생 이상 ¥520, 초중생 ¥260, 유아 무료 귀띔 한마디 ¥110을 추가하면 왕복으로 모노레일을 탑승할 수 있다. 찾아가기 JR벳푸(別府)역 동쪽출구에서 AS54, AS60, AS61, AS70, AS71버스를 탑승하여 타카사키야마(高崎山) 정류장에서 하차 후 도보 2분 거리이다. 홈페이지 takasakiyama.jp

진귀한 바다동물들과 교감할 수 있는 수족관 ★★★★☆

우미타마고 うみたまご 벳푸외곽

타카사키산에 위치한 아쿠아리움으로 해류가 흐르는 세계 최대급 대형 수조에서 살아있는 산호와 열대어를 관찰할 수 있다. 해달, 바다표범, 돌고래, 펭귄 등 귀여운 바다생물들을 가까이에서 보고 만져볼 수 있는 시간도 별도로 마련되어 있다. 가장 인기 있는 코너는 우미타마고의 간판스타 바다코끼리와 돌고래공연으로 매일 2~3회씩 실시하는데 조련사와 바다동물들의 환상호흡이 탄성을 자아낸다. 입장 전 공연스케줄을 확인하여 바다코끼리쇼인 우미타마퍼포먼스うみたまパフォーマンス와 돌고래쇼인 이루카퍼포먼스イルカパフォーマンス를 놓치지 말자. 시설 내에는 키즈코너가 있어 아이와 함께 놀며 쉬어가기에 좋으며 타카사키야마 자연동물원과 인접해 있어 수족관 관람 전후 원숭이들을 보러 가는 것도 추천한다.

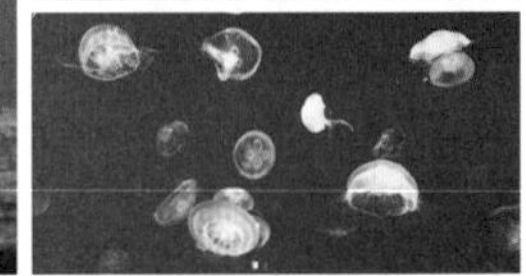

주소 大分県 大分市 大字神崎 3078-22 문의 0975-34-1010 운영시간 09:00~17:00 입장료 고교생 이상 ¥2,600, 초중생 ¥1,300, 유아 ¥850 찾아가기 JR벳푸(別府)역 동쪽출구에서 AS54, AS60, AS61, AS70, AS71버스를 탑승하여 타카사키야마(高崎山) 정류장에서 하차 후 도보 4분 거리이다. 홈페이지 umitamago.jp

Special 05 벳푸에서 특별한 경험 지옥순례 BEST3 추천

벳푸 지옥순례로 유명한 간나와지역에는 모두 7개의 지옥이 있다. 바다지옥(海地獄), 피의 연못지옥(血の池地獄), 회오리지옥(龍巻地獄), 흰연못지옥(白池地獄), 대머리지옥(鬼石坊主地獄), 도깨비산지옥(鬼山地獄), 부뚜막지옥(かまど地獄)이 그것인데 함유성분에 따라 파란색, 빨간색, 흰색 등 다채롭다. 이 중 4곳은 관광은 물론 학술적으로도 인정받아 국가지정명승지로 선정되기도 하였다. 지옥순례 공동입장권을 구매하면 이 모든 지옥들을 둘러볼 수 있지만 하루 이상의 시간을 투자해야 하므로 현실적으로 무리가 있다. 그래서 시간적 여유가 없는 여행자들을 위해 지옥순례 핵심 세 곳을 추천한다.

바다지옥_우미지고쿠 海地獄 98도 열탕연못, 무료족욕 가능

약 1,200여 년 전 츠루미다케(鶴見岳) 폭발로 생긴 열탕연못이다. 코발트블루 연못색이 바다와 비슷하다 하여 바다지옥을 뜻하는 우미지고쿠(海地獄)라는 이름으로 불린다. 연못의 깊이는 200미터 이상이며 온도는 98도로 날달걀을 넣으면 수분 만에 삶은 달걀로 변한다. 바다지옥의 매력은 볼거리, 즐길거리가 풍부하다는 점인데 지옥순례 중 한 곳인 피의 연못지옥(血の池地獄)을 가지 않더라도 붉은 연못지옥도 볼 수 있으며, 열대성 수련과 온천열을 이용한 열대식물온실, 붉은 도리이가 이어진 신사 하쿠류이나리타이샤(白龍稲荷大神), 사계절 아름다운 정원을 천천히 감상하며 산책할 수 있다. 그밖에도 천연온천수를 이용한 야외 족욕시설, 갤러리, 매점 등 다양한 부대시설을 함께 즐길 수 있다.

주소 大分県 別府市 大字鉄輪559-1 문의 0977-66-0121 운영시간 08:00~17:00 입장료 고교생 이상 ¥450, 초중생 ¥200 귀띔 한마디 갤러리가 있는 전망대에서 바라보면 코발트블루의 바다지옥과 주변 풍광을 한눈에 볼 수 있다. 찾아가기 JR벳푸(別府)역 서쪽출구 버스정류장에서 2번, 5번, 24번, 41번 버스를 탑승하여 우미지고쿠마에(海地獄前) 정류장에서 하차 후 도보 1분 거리이다. 홈페이지 www.umijigoku.co.jp

부뚜막지옥_카마도지고쿠 かまど地獄 90도 열탕연못, 무료족욕 가능

부뚜막지옥은 이 마을의 수호신 가마도하치만(竈門八幡)의 제사 때 제단에 올릴 공양밥을 온천에서 뿜어 나오는 증기로 지었다 하여 붙은 이름이다. 연못의 온도는 90도이며, 푸른 코발트블루색을 띠고 있으나 일 년에 몇 번 색이 변하기도 한다. 시설 내에는 6곳의 볼거리가 있어 잇쵸메(1丁目), 니쵸메(2丁目) 같이 숫자를 붙여 놓

았는데 지하 암반지열에 의해 생긴 열진흙탕 열니지옥熱泥地獄과 코발트블루색 연못, 부뚜막지옥의 상징인 부뚜막귀신 동상 등을 볼 수 있다. 또한 수시로 증기쇼를 보여주는데, 신기하게도 온천의 증기가 배출되는 곳에 담배연기를 불어넣으면 눈에 띄게 수증기가 더 많이 뿜어져 올라온다. 그밖에도 발찜질을 할 수 있는 코너가 있어 매점에서 라무네(ラムネ) 사이다와 온천달걀을 사서 족욕과 함께 즐길 수도 있다.

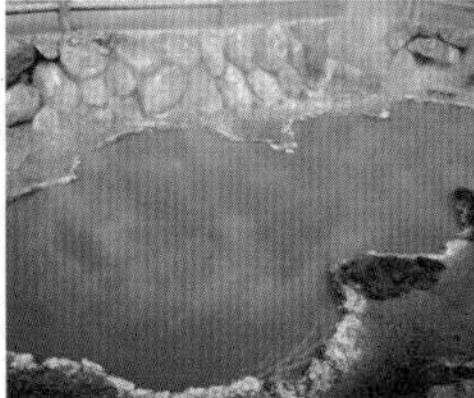

주소 大分県 別府市 大字鉄輪 621 문의 0977-66-0178 운영시간 08:00~17:00 입장료 고교생 이상 ¥450, 초중생 ¥200 귀띔 한마디 부뚜막지옥에서 라무네와 온천달걀을 먹는 것은 지옥순례의 필수코스이다. 찾아가기 JR벳푸(別府)역 서쪽출구 버스정류장에서 2번, 5번, 24번, 41번 버스를 탑승하여 간나와(鉄輪) 정류장에서 하차 후 도보 8분 거리이다. 홈페이지 kamadojigoku.com

대머리지옥_오니이시보즈지고쿠 鬼石坊主地獄 99도 진흙연못, 무료족욕 가능

보글보글 끓어오르는 회색빛 진흙이 마치 스님의 민머리와 닮았다하여 붙여진 이름이다. 여러 동심원을 그리며 뿜어 오르는 온천을 보고 있노라면 자연의 신비스러움을 느낄 수 있다. 안쪽에는 마치 잠든 도깨비의 코골이 소리처럼 들린다 하여 오니노다카이이비키鬼の高鼾라고 부르는 간헐천이 있는데, 우렁찬 소리와 함께 100도 이상의 수증기를 내뿜는다. 공원처럼 산책로가 잘 정비되어 있고 야외 무료 족욕탕과 온천시설인 오니이시노유鬼石の湯도 있어 여행으로 지친 몸을 온천욕으로 풀어 낼 수도 있다. 바다지옥과 붙어 있어 함께 둘러보기에 좋다.

주소 大分県 別府市 鉄輪 559-1 문의 0977-66-1577 운영시간 08:00~17:00 입장료 고교생 이상 ¥450, 초중생 ¥200 / 오니이시노유 대중탕 성인 ¥620, 초등생 ¥300, 유아 ¥200(전세탕 별도) 찾아가기 JJR벳푸(別府)역 서쪽출구 버스 정류장에서 2번, 5번, 24번, 41번 버스를 탑승하여 우미지고쿠마에(海地獄前) 정류장에서 하차 후 도보 2분 거리이다. 홈페이지 oniishi.com

이색적인 무료 족욕시설

아시무시(足蒸し)

원형을 따라 10석 정도의 자리가 있고, 의자에 앉아 뚜껑을 열면 증기가 올라와 무릎까지 다리 찜질이 가능하다. 바로 옆에는 길게 족욕탕이 마련되어 있다. 이용 적정시간은 10여 분이며, 이용 후에는 다음 사람을 위해 뚜껑을 닫아두자. 간나와지옥찜공방 옆에 위치해 있으며, 온천수 시음도 가능하다.

주소 大分県 別府市 風呂本 인근 운영시간 09:30~19:30 입장료 무료 찾아가기 간나와지옥찜 공방 옆에 위치한다.

간나와아시무시(鉄輪足蒸し)

스팀사우나와 암반욕을 할 수 있는 간나와무시유의 야외 부대시설로 무료 다리찜질이 가능하다. 일렬로 놓여진 4석 정도의 자리에 앉아 뚜껑을 열어 무릎까지 다리를 넣어 증기로 찜질을 한다. 알카리성 저온 증기로 처음에는 뜨겁지 않고 따뜻하다고 느껴지지만 어느새 송글송글 땀이 맺힌다.

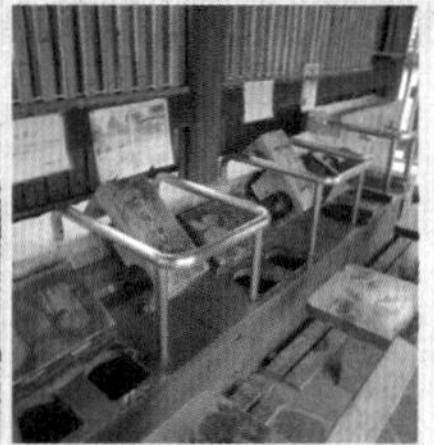

주소 大分県 別府市 井田 인근 운영시간 06:30~20:00 입장료 무료 찾아가기 간나와무시유 온천 앞에 위치한다.

Section 05

BEPPU

벳푸에서 반드시 먹어봐야 할 먹거리

토리텐은 바삭하면서도 부드러운 풍미를 가진 튀김닭요리로 오이타현 명물이지만 이 요리가 벳푸에서 시작되었다는 것을 아는 사람은 많지 않다. 여기서는 벳푸시내에서 맛볼 수 있는 유명 토리텐 맛집과 수제비 같은 단고지루 등 다양한 향토요리를 맛볼 수 있는 정식집을 소개하고 벳푸 온천여행 시 즐길 수 있는 찜요리, 간식거리, 분위기 있는 카페 등을 체크해뒀으니 꼭 한번 들러보자.

오이타 명물 토리텐전문점 ★★★★★

토요츠네 본점 とよ常本店 벳푸시내

추천

벳푸에 왔다면 꼭 먹어봐야 할 맛집이 있다. 바로 토리텐전문점인 토요츠네인데, 토리텐とり天은 닭고기를 튀긴 오이타현 향토요리로 이 지역이 닭고기 소비량이 유독 많은 이유가 여기에 있다. 토리텐 튀김옷은 일반적인 튀김과 달리 부드러우며, 느끼하거나 기름지지 않아 좋다. 함께 나오는 간간한 오리지널 타레たれ소스를 튀김 위에 부어 먹으면 최고의 조합인데 취향에 따라 겨자소스를 찍어먹어도 좋다. 마지막에 먹을 때에는 레몬즙을 살짝 짜먹으면 끝까지 깔끔한 맛을 느낄 수 있다.

토리텐정식을 주문하면 밥, 된장국은 물론 고등어 반찬까지 함께 즐길 수 있다. 그밖에도 야채와 새우 등 다양한 튀김류를 덮밥 형태로 먹을 수 있는 도쿠죠텐동特上天丼도 인기메뉴이다. 벳푸 기타하마버스터미널 근처에 있으며, JR벳푸역에도 분점이 있다.

토리텐정식(とり天定食)

도쿠죠텐동(特上天丼)

사시미정식(刺身定食)

주소 大分県 別府市 北浜 2-12-24 문의 0977-22-3274 운영시간 11:00~21:00 휴무 매주 화~수요일 베스트메뉴 토리텐정식 ¥1,540, 도쿠죠텐동 ¥990 귀띔 한마디 주문할 때 한글메뉴판을 요청하면 가져다준다. 찾아가기 벳푸키타하마버스센터(別府北浜バスセンター)에서 도보 1분, 또는 JR벳푸(別府)역 동쪽출구에서 도보 10분 거리이다. 홈페이지 instagram.com/toyotsune3274

오이타현 향토요리를 정식스타일로 먹을 수 있는 ★★★☆☆

분고차야 豊後茶屋 別府店 벳푸시내

벳푸역에서 간단하게 한 끼를 해결할 때 좋은 곳이다. 오이타현 향토요리를 비롯하여 덮밥, 우동, 소바 등을 정식스타일로 배불리 먹을 수 있다. 오이타현 요리를 제대로 맛보고 싶다면 분고정식豊後定食을 추천한다. 닭고기 튀김요리인 토리텐과 오이타현 수제비요리인 단고지루団子汁를 함께 맛볼 수 있다. 정식을 주문할 때 밥을 많이 먹고 싶다면 양을 곱빼기로 요청해도 추가요금은 발생하지 않는다. 점심 및 저녁시간 때에는 대기줄이 길어 질 수 있으니 일정에 참고하자.

주소 大分県 別府市 駅前町 12-13 문의 0977-25-1800 운영시간 10:00~20:00 베스트메뉴 분고정식 ¥1,450, 토리텐정식 ¥1,050, 단고지루 ¥800 귀띔 한마디 입구에 음식 모형과 한글 메뉴판이 있어 주문이 어렵지 않다. 찾아가기 JR벳푸(別府)역 B-Passage 내 위치한다.

분고규 스테이크 전문점 ★★★★☆

소무리 そむり 別府本店 벳푸시내

1989년 오픈한 이래 오이타현 특산품 분고규豊後牛 중에서도 4등급 이상의 소고기만을 엄선하여 취급하는 스테이크전문점이다. 분고규는 오이타현 분고지역의 청정한 자연환경에서 자란 소로 육질이 부드럽고 살살 녹는 듯한 고소한 맛이 특징인데, 품질이 좋은 등급에는 협회에서 인정한 로고가 주어진다. 소무리 입구에 보이는 분고규 인증서가 바로 그것이다.

소무리에서는 주문과 동시에 철판에 스테이크를 도톰하게 구워준다. 점심 시간대 이용하면 부담스럽지 않은 가격대로 수프, 샐러드, 밥, 에스프레소커피까지 세트로 즐길 수 있다. 손님이 많이 몰리면 런치세트가 조기 마감될 수 있으므로 너무 늦지 않게 도착하는 것이 좋다.

주소 大分県 別府市 北浜 1-4-28 笠岡商店ビル 2F 문의 0977-24-6830 운영시간 런치 11:30~14:00, 디너 17:30~21:30 휴무 매주 월요일(수요일은 디너 없음) 베스트메뉴 히레스테이크(ヒレステーキ) 런치(M사이즈) ¥3,300 귀띔 한마디 전자 메뉴판을 이용하면 한국어로 메뉴를 확인 할 수 있다 찾아가기 JR벳푸(別府)역 동쪽출구에서 도보 6분 거리이다. 홈페이지 www.somuri.net

수제 젤라토전문점 ★★★★☆

제노바 冷乳果工房 GENOVA 벳푸시내

쇼핑아케이드 솔파세오긴자 입구에 자리한 수제 젤라토전문점으로 20여 가지의 젤라토 중 골라 먹는 재미가 있다. 매장 안으로 들어서면 먼저 싱글 또는 라지로 할지, 콘 혹은 컵으로 할지 등을 선택한 후 먹고 싶은 맛을 고르면 된다. 이곳 젤라토 중에는 홍차의 일종인 얼그레이, 다즐링 티와 같은 차 종류도 있으면 계절 메뉴 등 다른 곳에서는 좀처럼 맛보기 어려운 독특한 젤라토도 판매하고 있다. 종류가 많아 어떤 맛을 골라야 할지 고민스럽다면 시식부터 요청하자. 인기 있는 맛으로는 피스타치오, 초콜릿, 얼그레이, 요구르트벌꿀 등이 있다. 주문한 아이스크림을 건네 줄 때 스푼을 꽂아주면서 덤으로 다른 맛을 주는데 의외로 조합이 괜찮다. 밤늦게까지 영업하기 때문에 저녁식사 또는 온천욕 후 후식으로 선택하면 좋다.

주소 大分県 別府市 北浜 1-10-5 문의 0977-22-6051 운영시간 12:00~21:00 휴무 매주 수요일 가격 싱글컵(1종류) ¥550~, 라지컵(2종류) ¥820~ 찾아가기 JR벳푸(別府)역 동쪽출구에서 도보 6분 거리이다. 홈페이지 instagram.com/genova_beppu

지옥찜요리를 체험해볼 수 있는 ★★★★☆

지옥찜공방 地獄蒸し工房 간나와지역

간나와 버스정류장에서 이데유자카いでゆ坂 거리로 내려오면 바로 보이는 찜공방이다. 이곳에서는 자신이 먹고 싶은 식재료를 선택해서 직접 쪄 먹을 수 있다. 주문이 다소 까다롭게 느껴질 수 있는데 먼저 입구 자판기에서 찜기 사이즈부터 선택한다. 찜기는 20분 기준이며, 연장 시 추가요금을 내야 한다. 찜기를 골랐으면 달걀, 야채, 해산물, 고기 등 먹고 싶은 식재료를 골라 담은 후 카운터에 주문하면 된다.

주문한 식재료를 받았으면 한글설명서와 타이머를 들고 공방으로 이동하여 직원 안내에 따라 안전하게 찜체험을 즐기면 된다. 이곳 증기는 지열을 이용하는데 온도가 98도가 넘고 염분을 포함하고 있어 재료 본연의 맛을 살려 맛도 좋고 건강에도 좋다. 공방에는 부대시설로 온천시음장, 다리찜질과 족욕시설이 있으므로 대기시간이나 식사 후에 이용하면 된다.

주소 大分県 別府市 風呂本 5組 문의 0977-66-3775 운영시간 10:00~19:00(LO 18:00) 휴무 셋째 주 수요일 가격 찜기(소) ¥400, 찜기(대) ¥600, 재료 ¥400~3,000 귀띔 한마디 지옥찜은 에도시대부터 이용하던 전통조리법이다. 찾아가기 JR벳푸(別府)역 서쪽출구에서 2, 5, 7, 41번 버스를 타거나(추천) 동쪽출구에서 15, 16, 20, 24, 25, 60, 61번 버스를 타고 간나와(鉄輪) 정류장 또는 간나와온센(鉄輪温泉) 정류장에서 하차 후 도보 2분 거리이다. 홈페이지 jigokumushi.com

온천증기로 쪄낸 돼지고기만두 ★★★☆☆

간나와부타만 혼포 鉄輪豚まん本舗 간나와지역

간나와 명물로 유명 간식거리가 있다. 바로 지옥온천 증기로 쪄낸 돼지고기만두, 부타만豚まん이다. 예부터 지역 특성상 간나와에서는 증기를 이용한 찜요리가 발달하였고, 신선한 오이타산 식재료를 사용하여 지역민들이 만든 수제만두라 믿고 먹을 수 있다.

만두소 식재료는 표고버섯, 양파, 양배추, 다진 고기 등인데, 살짝 매콤하게 양념하여 돼지고기의 느끼함을 잡았다. 온천증기로 쪄낸 만두는 푹신푹신하고 한입 베어 물면 육즙이 입 안 가득 찬다. 한 가지 재밌는 것은 핑크노부타ピンクの豚라 하여 유방모양 만두를 선물용으로 판매하는데 일본다운 발상으로 흥미가 있다면 한번 주문해 보자. 점내에는 먹을 곳이 따로 없으므로 테이크아웃을 해야 한다.

주소 大分県 別府市 井田 3 문의 0977-66-6390 운영시간 10:00~16:00 휴무 매주 월요일, 목요일 베스트메뉴 지고쿠무시 부타만 ¥200 귀띔 한마디 핑크노부타는 2개 1세트 ¥600으로 냉동상태로 판매한다. 찾아가기 JR벳푸(別府)역 서쪽출구에서 2, 5, 7, 41번 버스(추천)를 타거나 동쪽출구에서 15, 16, 20, 24, 25, 60, 61번 버스를 타고 간나와(鉄輪) 또는 간나와온센(鉄輪温泉) 정류장에서 하차 후 도보 5분 거리이다. 홈페이지 www.irfnso.ne.jp/butaman

아는 사람만 찾는 갤러리카페 ★★★★☆

후지야갤러리 하나야모모 冨士屋Gallery 一也百 ―はなやもも― 간나와지역

1899년 지어진 료칸건물을 갤러리 겸 카페로 운영하는데, 백여 년의 시간과 정취를 느낄 수 있는 곳이다. 카페명 하나야모모一也百는 '백여 년을 보낸 건물이 다시 새로운 백 년을 시작한다.'라는 의미라고 한다. 1층에는 작은 정원과 커피숍, 셀렉트숍이 있고, 2층에서는 비정기적

으로 음악과 예술문화, 음식을 테마로 콘서트홀을 운영한다. 셀렉트숍은 식탁을 장식하는 다양한 생활소품을 판매한다.

카페는 아늑하고 편안한 분위기이며 차창 밖으로 햇살과 정원 풍광이 기분까지 좋아지게 하는 곳이다. 오리지널커피를 주문하면 쿠키와 함께 예쁜 잔에 커피를 내준다. 간나와에서 커피 한 잔과 함께 느긋한 시간을 보내기에 좋은 곳으로 추천한다.

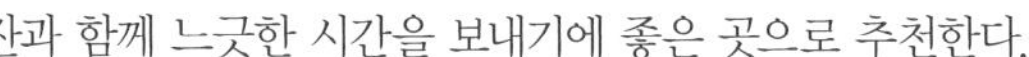

주소 大分県 別府市 鉄輪上 1 문의 0977-66-3251 운영시간 10:00~17:00 휴무 매주 월, 화요일 가격 커피 ¥550~ 귀띔 한마디 이 건물은 1996년까지 후지야료칸으로 사용되었다. 찾아가기 JR벳푸(別府)역 서쪽출구에서 2, 5, 7, 41번 버스를 타거나, 동쪽출구에서 15, 16, 20, 24, 25, 60, 61번 버스를 타고 간나와(鉄輪) 또는 간나와온센(鉄輪温泉) 정류장에서 하차 후 도보 3분 거리이다. 홈페이지 www.fujiya-momo.jp

옥찜푸딩을 먹어볼 수 있는 ★★★★☆

오카모토야 매점 岡本屋売店 묘반지역

오카모토야료칸에서 운영하는 매점으로 온천증기로 쪄낸 지옥찜푸딩地獄蒸しプリン을 맛볼 수 있는 곳이다. 이곳 지옥찜푸딩은 1988년 탄생한 원조푸딩으로 계란과 우유를 섞어 휘핑한 후 수제 캐러멜과 함께 쪄낸 완벽 수제푸딩이다. 약간 타서 쓴맛이 나는 캐러멜과 부드러운 푸딩의 맛이 의외로 잘 어우러진다. 오리지널커스터드 맛 외에도 바나나, 고구마, 커피, 말차캐러멜 맛 등 입맛에 따라 골라 먹을 수 있다. 배가 출출하다면 삶은 계란이나 주먹밥, 시폰케이크, 우동 등의 간단한 식사도 가능하다. 버스 정류장 앞에 위치하여 버스를 기다리면서 이용하기 좋아 묘반온천의 필수코스가 되었다.

지고쿠무시푸딩(地獄蒸しプリン)

주소 大分県 別府市 明礬 3組 문의 0977-66-6115 운영시간 08:30~18:30 베스트메뉴 지고쿠무시푸딩 ¥440~ 찾아가기 JR벳푸(別府)역 서쪽출구 승차장에서 5번, 41번 버스를 타고 지조유마에(地蔵湯前) 정류장에서 하차 후 도보 5분 거리이다. 홈페이지 jigoku-prin.com

Chapter 10

분고타카다

豊後高田

Bungotakada

★★★★☆

★★★☆☆

★★☆☆☆

영화 〈나미야잡화점의 기적〉의 배경이 된 분고타카다는 쇼와시대에서 시간이 멈춘 듯한 조용한 마을이다. 운이 좋다면 분고타카다시의 상징 빨간 보닛버스가 지나는 것을 볼 수도 있다. 쇼와로만쿠라 전시관을 비롯하여 마을 전체가 쇼와시대의 정취를 흠뻑 느낄 수 있다. 쇼와시대 급식메뉴를 맛볼 수 있는 먹거리와 레트로패션을 체험할 수 있는 즐길거리도 놓치지 말자.

분고타카다를 이어주는 교통편

- **고쿠라 또는 벳푸에서 출발** JR열차를 통해 우사(宇佐)역으로 이동한 후 택시 또는 버스로 분고타카다(豊後高田)로 이동한다.
  - JR열차는 특급소닉을 통해 우사역까지 한 번에 이동할 수 있다.(고쿠라 소요시간 50분, ¥2,700 자유석기준 / 벳푸 소요시간 30분, 자유석 기준 ¥1,610)
  - 우사역 건너편 버스정류장에서 분고타카다행 버스(소요시간 10분, ¥250)를 이용할 수 있지만 1시간에 1대 꼴로 운행하니 시간대가 맞지 않다면 택시를 이용한다.(소요시간 10분, ¥1,600 정도)
  - ※ **버스시각표** www.city.bungotakada.oita.jp/site/showanomachi/1438.html
- **오이타에서 출발** 오이타공항에서 출발할 경우, 분고타카다행 공항버스를 이용한다.(소요시간 50분, ¥1,400)
  - ※ **버스시각표** 버스시각표 www.oitakotsu.co.jp/bus/airport/oitamap.php — 지도에서 '분고타카다시(豊後高田市)'를 선택하여 시각표를 확인한다. 환승 없이 한 번에 이동가능하나 1일 4회만 운행하므로 항공편 도착시간과 맞는지 체크해야 한다.

분고타카다에서 이것만은 꼭 해보자

- 쇼와로만쿠라에서 쇼와시대 분위기에 흠뻑 빠져보자.
- 카페바 블러바드에서 쇼와시대 학교급식을 먹어보자.
- 쇼와로만쿠라 레트로패션관에서 쇼와시대 의상을 체험해보자
- 나미야잡화점 간판 앞에서 인증샷을 찍어보자.

사진으로 미리 살펴보는 분고타카다 베스트코스(예상 소요시간 4시간 이상)

분고타카다 여행은 쇼와로만쿠라에서 일정을 시작하자. 일본의 고도 성장기였던 쇼와시대로 되돌아 간 듯한 마을모습과 6만여 점의 장난감 등을 구경할 수 있다. 배가 출출해지면 쇼와시대 학교급식을 체험해볼 수 있는 카페바 블러바드로 이동하자. 그밖에도 상점가에는 추억의 아이스크림과 전병 등을 맛볼 수 있다. 배를 든든히 채웠다면 장난감가게 코미야에서 쇼핑을 하거나 쇼와노마치 전시관으로 이동하여 쇼와시대를 체험해보자. 근처에는 '나미야잡화점의 기적' 간판과 함께 인증샷도 찍어 볼 수 있다. 마을산책 도중 휴식이 필요하다면 기품 있는 분위기가 느껴지는 브라질커피 전문점에서 잠시 쉬어가자.

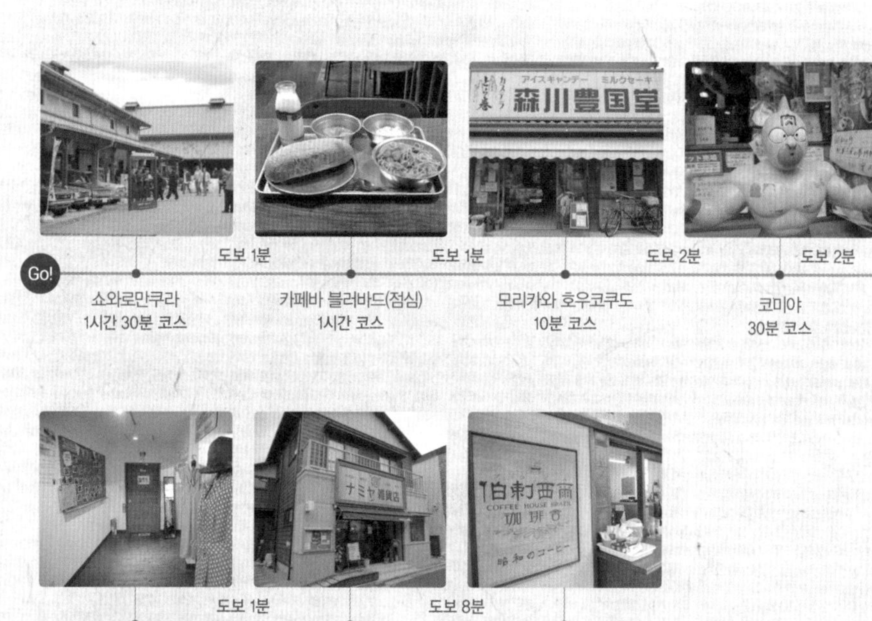

Section 06

BUNGOTAKADA

분고타카다에서 반드시 둘러봐야 할 명소&쇼핑

쇼와로만쿠라부터 시작하여 '나미야잡화점의 기적' 간판까지 도보로 20분이 채 되지 않는 거리지만 쇼와시대 분위기를 흠뻑 느낄 수 있다. 마을 사람들의 인심도 좋고 친절하니, 마음이 끌리는 상점이 있다면 주저 말고 들어가 구경해보자.

쇼와시대를 재현한 테마파크 ★★★★☆

쇼와로만쿠라 昭和ロマン蔵

메이지시대부터 쇼와시대까지 일본 근대화시기 오이타현 거상이었던 노무라野村 집안의 쌀창고를 개조해 조성환 쇼와시대 테마파크이다. 입구에는 분고타카다 지역의 상징 빨간 보닛버스와 쇼와시대 삼륜차 미제트ミゼット가 있고, 그 외에도 당시 사용됐을 다양한 차들이 전시되어 있다. 시설은 크게 쇼와노 유메마치산쵸메관昭和の夢町三丁目館과 다가시야노 유메박물관駄菓子屋の夢博物館, 팀라보갤러리チームラボギャラリー 세 곳으로 구성되어 있다. 시설 내에는 쇼와시대 학교, 가정집, 상가 등이 재현되어 있고 당시의 장난감 약 6만여 점과 막과자 등이 전시되어 있으며, 디지털아트까지 체험해볼 수 있다. 입장권은 2관권과 팀라보갤러리까지 이용하는 3관권 두 종류가 있으므로 흥미에 따라 선택하면 된다. 참고로 레트로패션관レトロファッション館에서는 쇼와시대 의상을 대여할 수 있으므로 쇼와시대 옷을 입고 마을을 산책하며 당시 분위기를 흠뻑 즐겨보자.

주소 大分県 豊後高田市 新町 989-1 문의 0978-23-1860 운영시간 평일 10:00~17:00, 주말 및 공휴일 09:00~17:00 휴무 12/30~31 입장료 **2관권** 성인 ¥900 **3관권** 성인 ¥1,200(팀라보갤러리포함) **쇼와레트로패션 체험**(1벌) ¥1,000 찾아가기 분고타카다 버스터미널(豊後高田バスターミナル)에서 도보 7분 거리이다.

레트로패션관(レトロファッション館)

쇼와로만쿠라의 대표 볼거리

쇼와시대 체험해보기

쇼와노 유메마치산쵸메관 昭和の夢町三丁目館

일본 고도성장기 1955~1965년까지 쇼와시대 모습을 재현한 곳으로 당시의 생활을 간접 체험해볼 수 있다. 시설은 민가, 상점, 학교로 나뉘는데 민가존은 당시 일반 가정에서 사용했던 흑백TV, 라디오 등과 같은 가전제품과 부엌, 욕실의 모습이 그대로 재현되어 있다. 상점가는 골목골목 오래된 간판과 추억의 상품들이 보이고, 학교 존에는 나무책상과 칠판 등 소품 하나하나가 모두 당시의 향수를 불러일으킨다. 입구 주변에서는 추억의 사탕과자들을 저렴하게 판매하며, 뽑기 사격 등 그 시절 오락거리도 즐길 수 있다.

추억 속의 장난감 세상

다가시야노 유메박물관 駄菓子屋の夢博物館

이 박물관은 관장 코미야 히로노부(小宮裕宣)의 소장품 중 장난감 6만여 점을 전시하는 곳이다. 어린 시절 장난감과 막과자 가게 단골이었던 그는 전국 각지로 출장을 다니면서 수십만 점에 달하는 장난감을 수집하였고, 시의 요청에 따라 이곳에 박물관을 세웠다. 박물관에 들어서면 천장부터 발 닿는 곳 어디라도 수많은 장난감에 둘러싸이게 된다. 당시 어린아이들을 설레게 했던 장난감, 포스터, 1964년 도쿄올림픽 관련 물품들은 동시대를 살았다면 잠시 추억에 잠기게 되고, 그 시대를 잘 모른다면 신선하고 재밌는 시간이 된다.

디지털아트의 세계

팀라보갤러리 チームラボギャラリー昭和の町

팀라보갤러리는 디지털아트를 체험할 수 있는 시설로 어린이들에게 추천하는 시설이다. 시설 내에는 책상과 종이, 크레파스가 놓여 있는데 자유롭게 색칠로 자신만의 캐릭터를 완성한 후, 지정된 기계로 스캔만 하면 생명이 탄생하듯 대형스크린 위에 나타난다. 캐릭터는 스크린 위를 자유롭게 돌아다니며 다른 캐릭터와 서로 소통하고, 만지면 움직이기도 한다. 시간이 좀 지나면 오이타현의 전통춤인 쿠사지오도리(草地おどり)춤을 추기도 한다.

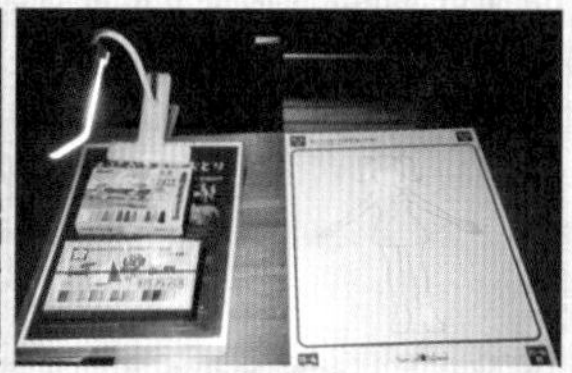

쇼와시대 화폐전시관 ★★★☆☆

구공동노무라은행 旧共同野村銀行

쇼와시대 초기부터 1993년까지 은행으로 이용되었던 곳에 쇼와시대 화폐와 세계 각국의 지폐 등을 전시하고 있다. 세계 지폐 중에는 우리나라의 구지폐도 전시되어 있어 반가운 마음이 들기도 한다. 전시관에서는 지폐에 숨겨진 워터마크를 찾아보는 등 지폐와 관련된 역사를 알 수 있는 학습의 장이며, 은행 깊숙이 자리한 콘크리트금고 안까지 들어가 보고, ¥1억의 무게를 직접 들어보며 짐작해볼 수도 있다. 구공동노무라은행은 쇼와시대 모습이 남아 있는 건물로 국가등록유형문화재로 지정되어 있으며, 호텔세이쇼 별관ホテル清照別館으로도 이용된다.

주소 大分県 豊後高田市 新町 963-1 문의 0978-22-1182 운영시간 10:00~17:00 휴무 부정기적 입장료 무료 귀띔 한마디 당시 금고 안에는 금고 지킴이가 있었는데 안으로 들어가면 다른 사람이 열어주기 전까지는 밖으로 나오지 못했다고 한다. 그 상황을 상상하면 더욱 실감나는 관람이 될 것이다. 찾아가기 분고타카다 버스터미널(豊後高田バスターミナル)에서 도보 5분 거리이다.

쇼와시대 생활전시관 ★★★☆☆

쇼와노마치전시관 昭和の町 展示館

쇼와시대의 연표와 용품을 살펴볼 수 있는 전시관으로 당시의 생활상을 체험해볼 수 있다. 전시관 내에는 쇼와시대 신문도 열람해 볼 수 있으며, 의식주와 관련된 생활용품, 광고판 등을 통해 쇼와시대를 간접적으로 경험할 수 있다. 마치 시대극 속으로 들어온 세트장처럼 꾸며진 곳에서는 기념사진도 자유롭게 촬영이 가능하다. 전시관 옆에는 수수께끼를 풀며 미로찾기 게임을 할 수 있는 세트도 마련되어 있다.

주소 大分県 豊後高田市 中央通 691 문의 0978-25-4161 운영시간 평일 10:00~16:00, 주말 및 공휴일 10:00~17:00 휴무 매주 화요일 및 12월 30~31일 입장료 전시관 무료 골목미로체험 고교생 이상 ¥300, 중학생 이하 ¥200 찾아가기 분고타카다 버스터미널(豊後高田バスターミナル)에서 도보 5분 거리이다.

영화 속 나미야잡화점 간판과 기념사진을 찍고 싶다면 ★★★☆☆

나미야잡화점 간판 ナミヤ雑貨店 看板

영화 〈나미야잡화점의 기적(ナミヤ雑貨店の奇蹟, 2018)〉의 메인세트장 분위기를 느낄 수 있도록 복제품 간판을 만들어 둔 곳이다. 영화 속 오픈세트장은 미야쵸로터리宮町ロータリー 부근에 있었지만 현재는 철거된 상태이다. 아쉬운 마음을 달래고 싶다면 이곳에서 기념사진을 찍어도 된다. 현재 두 곳에서 나미야잡화점 간판을 만나 볼 수 있는데 촬영 당시 사용했던 간판 원본은 쇼와로만쿠라에 전시하고 있다. 복제품 간판은 PROSPER.GOGO라고 하는 미용실 건물에 걸려 있다. 여기로 가려면 구글맵에 미용실 점포명을 검색해서 찾아가면 된다.

실제 영화 촬영 시 사용됐던 간판(쇼와로만쿠라 전시)

주소 大分県 豊後高田市 中央通 697-2 문의 0978-25-5277 운영시간 10:00~20:00 휴무 매주 월요일 찾아가기 분고타카다 버스터미널(豊後高田バスターミナル)에서 도보 8분 거리이다.

쇼와 시대 추억의 잡화점 ★★★★☆

코미야 古美屋

쇼와시대 분위기가 느껴지는 잡화점으로 가게 주인인 코미야씨가 소중히 모아온 막과자부터 장난감, 캐릭터상품, 연예인 브로마이드 등 그 시절 추억의 상품들을 구경할 수 있다. 하나하나 귀엽고 향수를 불러일으키는 상품들이라 어른아이 할 것 없이 시간가는 줄 모르고 보게 된다. 쇼와마을 방문기념으로 특별한 선물을 찾고 있다면 좋은 선택이 될 것이다.

주소 大分県 豊後高田市 新町 970 문의 0978-24-1187 운영시간 10:00~16:00 휴무 매주 수~목요일 귀띔 한마디 쇼와로만쿠라의 다가시야노 유메박물관 코미야관장이 운영하기 때문에 상품의 종류가 다양하다. 찾아가기 분고타카다 버스터미널(豊後高田バスターミナル)에서 도보 5분 거리이다.

족욕을 하며 온천화장품을 쇼핑할 수 있는 ★★★☆☆

분고타카다 온천좌 ぶんごたかだ温泉座

벳푸시에 본사를 두고 있는 온천좌는 온천성분을 활용한 천연화장품으로 유명하다. 이곳에서 운영하는 분고타카다점은 무료 족욕코너도 마련되어 있어 족욕을 하며 온천화장품을 쇼핑할 수 있다. 그 중에서도 로제트세안파스타ロゼット洗顔パスタ는 1951년도부터 판매해온 쇼와시대 화장품으로 고체비누밖에 없던 당시 유황성분을 함유한 파우더식 세안화장품으로 큰 인기를 끈 온천좌의 베스트셀러 상품이다. 쇼와마을 입구에 위치해 있어 접근성이 편리하다.

주소 大分県 豊後高田市 新町3-992-23 문의 0978-22-3761 운영시간 11:00~17:30(다소 유동적 운영) 휴무 부정기적 귀띔 한마디 스타킹을 착용하여 족욕이 어려운 사람들을 위해 비닐커버를 제공하기도 한다. 찾아가기 분고타카다 버스터미널(豊後高田バスターミナル)에서 도보 2분 거리이다. 홈페이지 www.saravio.jp/onsenza/shop/bungotakada.html

시바견 유키가 반기는 신발가게 ★★★☆☆

마츠다하키모노점 松田はきもの店

쇼와마을 신마치新町 상점거리에 자리한 수제 나막신 판매점이다. 1897년 창업하여 무려 120년이 넘는 역사를 이어오는 신발가게이다. 가게에는 아직도 나막신을 만들던 도구들이 그대로 남아 있다. 이 가게가 유명해진 이유는 전통공예품 탓도 있겠지만 정작 이곳을 찾는 손님들은 유키짱이라 불리는 시바견을 보기 위해 일부러 가게를 찾아온다. 이제는 노견이 되어 애교를 부리거나 반갑게 반기지는 않지만 쓰다듬어 달라고 응석을 부리곤 한다. 가게에서는 나막신 외에 유키짱을 캐릭터로 그린 엽서 등도 판매한다.

주소 大分県 豊後高田市 新町 968 문의 0978-22-2470 운영시간 09:00~18:00 휴무 부정기적 찾아가기 분고타카다 버스터미널(豊後高田バスターミナル)에서 도보 8분 거리이다.

BUNGOTAKADA

Section 07

분고타카다에서 반드시 먹어봐야 할 먹거리

분고타카다 지역은 다른 곳에 비해 먹거리가 그다지 다양하지 않지만 역사가 오래된 오토라야식당이나 학교급식메뉴를 즐길 수 있는 식당 등 이색적인 먹거리가 있다. 산책 중에 방문하면 좋은 추억의 아이스크림가게나 전병가게도 추천할 만하므로 마을을 산책하다가 잠시 들러 간식거리를 즐겨보자.

오래된 백년식당 ★★★☆☆

오토라야식당 大寅屋食堂

에키도오리駅通り 상점가 입구를 들어서면 바로 만나게 되는 식당으로 1928년 창업하여 백여 년의 시간동안 삼 대째 한자리를 지켜오고 있다. 대중식당이라는 문구가 적힌 오래된 간판과 낡은 가게외관이 쇼와마을 분위기와 잘 어우러진다. 가게 앞에 장식된 자전거는 쇼와시대부터 배달용으로 사용했던 것으로 친근함이 느껴진다. 이 식당의 간판메뉴는 바로 짬뽕인데, 선대로부터 물려받은 변함없는 레시피로 양배추, 콩나물, 새우 등 건강한 식재료를 사용하여 맛있게 만들어준다. 놀라운 사실은 짬뽕가격인데 1980년부터 물가인상에도 불구하고 변함없는 가격을 고수해오고 있다. 쇼와시대의 시간을 그대로 체험해보고 싶다면 방문해볼 것을 추천한다.

주소 大分県 豊後高田市 新町 992 문의 0978-24-2357 운영시간 평일 11:00~14:00, 17:00~19:00 주말 11:00~14:00 휴무 매주 화요일 베스트메뉴 짬뽕 ¥350 찾아가기 분고타카다 버스터미널(豊後高田バスターミナル)에서 도보 2분 거리이다. 홈페이지 www.facebook.com/ootoraya

학교급식메뉴가 있는 이색카페 ★★★☆☆

카페바 블루바드 カフェ&バー ブルヴァール, Cafe&Bar Boulevard

쇼와마을에서 이색적인 맛을 경험해보고 싶다면 이 카페를 방문하자. 이곳은 쇼와시대 일본학생들이 먹던 학교급식을 테마로 십여 가지의 메뉴를 제공한다. 내부에는 어린 학생들이 사용했던 작은 책걸상들이 놓여있는데, 책상 위에는 어린 시절 한 번쯤 해봤을 법한 낙서가 있어 웃음을 자아낸다.

메뉴에 함께 나오는 앙증맞은 우유병과 독특한 스푼은 쇼와시대의 분위기를 물씬 느끼게 한다. 도넛과 비슷한 맛을 내는 아게빵揚げパン은 일본학생들이 급식메뉴 중에서도 특히 좋아했던 추억의 빵으로 설탕이 뿌려져 있고 바삭바삭한 식감 때문에 인기가 높다. 아게빵은 테이크아웃도 가능하므로 쇼와마을을 산책하면서 갓 튀겨낸 따끈따끈한 빵을 즐길 수 있다.

주소 大分県 豊後高田市 新町 992-23 문의 0978-22-3761 운영시간 10:00~17:00 휴무 부정기적(대체로 목요일) 베스트메뉴 학교급식세트 ¥1,100, 아게빵과 우유세트 ¥770 찾아가기 분고타카다 버스터미널(豊後高田バスターミナル)에서 도보 2분 거리이다.

추억의 아이스크림가게 ★★★★☆

모리카와 호우코쿠도 森川豊国堂

1919년 창업하여 백 년이 넘는 전통을 지닌 과자가게로 오랜 시간 지역민들의 간식거리를 책임진 곳이다. 가게 앞에 놓인 자전거는 당시 딸랑딸랑 자전거 벨을 울리며 아이스크림을 팔던 시절을 떠오르게 한다. 이곳의 명물 아이스캔디와 밀크셰이크는 이 지역 사람들에게는 고향을 떠오르게 하는 추억의 맛이라고 한다.

특히 밀크셰이크는 우유와 계란, 벌꿀을 이용하여 만드는데 3대째 그 전통의 맛을 지켜오고 있어 계절에 상관없이 일 년 내내 사먹을 수 있다. 한편 여름철이 지나면 토라마키とら巻라고 하여 수제 팥소를 얇은 카스텔라에 감아 롤케이크처럼 길게 만든 과자가 인기 있으며 하루 한정수량으로 판매하고 있다. 쇼와마을 산책 중 잠시 들러 정겨운 간식시간을 가져보는 것은 어떨까.

주소 大分県 豊後高田市 新町 910-1 문의 0978-22-2426 운영시간 09:00~18:00 휴무 매주 목요일 베스트메뉴 아이스캔디 ¥150, 밀크셰이크(소) ¥220 찾아가기 분고타카다 버스터미널(豊後高田バスターミナル)에서 도보 3분 거리이다.

2대째 이어오는 전병전문점 ★★★★☆

키네야 二代目餅屋清末 杵や

가게 앞 빨간 우체통이 인상적인 이 가게는 쇼와시대부터 2대째 메밀전병과 지역간식을 판매해오는 곳이다. 가게 내에서 전병을 바로 구워 판매하므로 근처를 지나가면 고소한 냄새가 발길을 이끈다. 이곳 메밀전병そばせんべい은 메밀의 명산지로 알려진 분고타카다산 메밀을 기본으로 콩가루와 검은깨를 섞어 고소한 향이 나는 것이 특징이다.

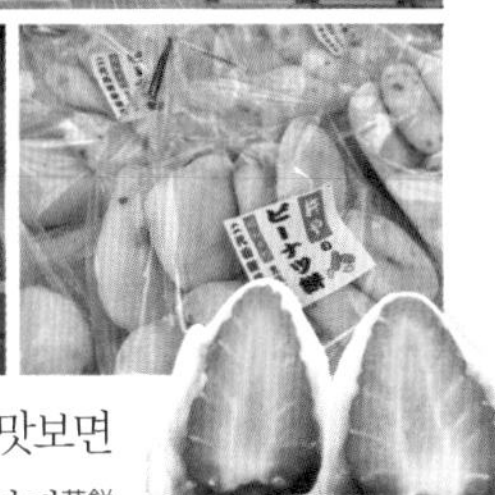

매장에서 바로바로 구워내므로 갓 구워진 따끈한 전병을 시식해볼 수도 있는데, 소박한 맛이지만 한 번 맛보면 자꾸 손이 가는 그런 맛이다. 그밖에도 한정수량으로 판매하는 딸기떡苺餅, 피넛떡ピーナッツ餅도 인기가 있다. 주인장의 건강하고 밝은 미소가 기분까지 좋게 하는 키네야에서 메밀전병을 꼭 사먹어 보기를 추천하며 선물용도 고려해 봐도 좋다.

주소 大分県 豊後高田市 新町 950 문의 0978-24-2402 운영시간 주말 및 공휴일 11:00~15:00 휴무 평일(월~금요일) 찾아가기 분고타카다 버스터미널(豊後高田バスターミナル)에서 도보 3분 거리이다. 홈페이지 twitter.com/ki_ne_ya

과자장인이 만드는 디저트전문점 ★★★★☆

타카타야 菓子禅 高田屋

츄오도오리中央通り 상점가에 위치한 과자전문점으로 과자장인이 직접 만든 다양한 디저트와 계절과자를 맛볼 수 있다. 이곳 과자는 팥을 비롯한 재료 선택부터 심혈을 기울이기 때문에 정성 가득한 디저트를 기대해도 된다. 특히 홋카이도산 팥앙금이 들어간 도라야키どら焼き는 이곳의 인기과자 중의 하나이다. 그밖에도 진열장에는 구니사키반도国東半島에서 수확한 귤을 통째로 넣은 귤찹쌀떡みかん大福, 생초콜릿을 듬뿍 넣은 생초콜릿찹쌀떡生チョコ大福과 계피, 말차가루 같은 다양한 팥소가 들어간 귀여운 고양이만쥬にゃんこまんじゅう 등 무엇을 골라야 할지 망설여지는

것들로 가득하다. 귀여운 보닛버스 박스로 포장되어 있는 땅콩모양의 초콜릿 모나카もなか도 선물용으로 좋다.

도라야키(どら焼き)

귤찹쌀떡(みかん大福)

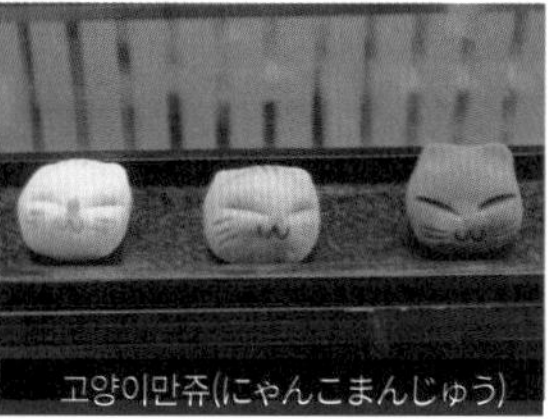
고양이만쥬(にゃんこまんじゅう)

주소 大分県 豊後高田市 金谷町 633-1 문의 0978-22-3033 운영시간 09:30~18:00 휴무 매주 목요일 베스트메뉴 도라야키 ¥170, 고양이만쥬 ¥230, 귤찹쌀떡 ¥300 찾아가기 분고타카다 버스터미널(豊後高田バスターミナル)에서 도보 6분 거리이다. 홈페이지 k-takadaya.com

쇼와시대의 분위기를 풍기는 ★★★★☆

커피하우스 브라질 伯剌西爾咖啡舍, Coffee House Brazil

브라질산 커피를 맛볼 수 있는 커피집이다. 간판의 백랄서이伯剌西爾라는 한자는 브라질의 한자 표기방식으로 가타카나를 쓰지 않아 일본 특유의 레트로한 감성까지 느낄 수 있다. 가게 분위기는 전체적으로 조용하고 기품이 있으며, 한쪽에는 쇼와시대로 돌아간 듯한 가전제품과 타자기, 거울 등의 생활도구들이 장식되어 있다.

이곳 브라질커피는 친환경적인 닭똥 계분비료鶏糞로 오랜 시간 일궈온 토양에서 재배한 커피콩을 쓰고 있다. 이렇게 만들어진 오리지널 밀크커피는 고소하고 깊은 향이 나며, 취향에 따라 우유의 양을 조절하여 마실 수 있다. 그 밖에도 커피젤리파르페, 모카소프트 등 커피를 소재로 한 스위츠를 즐길 수 있으며, 커피메뉴 외에도 쇼와시대 하야시라이스ハヤシライス 등 식사메뉴도 준비되어 있다. 일행과 조용히 담소를 나누기 좋은 곳으로 쇼와마을 방문 시 추천하는 장소이다.

주소 大分県 豊後高田市 新町 971 문의 0978-24-3240 운영시간 10:00~17:00 가격 ¥400~ 귀띔 한마디 운이 좋으면 주말 낮 기타 연주공연을 볼 수 있으며 좋아하는 음악을 신청할 수도 있다. 찾아가기 분고타카다 버스터미널(豊後高田バスターミナル)에서 도보 5분 거리이다. 홈페이지 instagram.com/coffee.brazil.showa

Chapter 11

나가유

長湯

Nagayu

한국은 물론 일본 내에서도 잘 알려지지 않은 숨은 탄산온천이다. 일본식 사이다인 라무네가 연상될 정도로 고농도 탄산천을 즐길 수 있다. 온천마니아라면, 특색 있는 온천지역을 놓치고 싶지 않다면, 불편한 교통을 감수하더라도 꼭 한번 가볼 것을 추천하는 곳이다.

나가유온천을 이어주는 교통편

오이타역 앞 4번 버스정류장에서 나가유온천행 커뮤니티버스를 타고 미치노에키나가유(道の駅ながゆ) 정류장에서 하면 된다. 버스는 하루 2편이며, 소요시간은 1시간 50분, 요금은 ¥1,350이다.(평일 및 토요일 09:40, 15:20, 일요일 및 공휴일 10:40, 16:10)

※ 참고로 후쿠오카에서 당일치기로 다녀오기 힘들기 때문에 하루 숙박을 고려해야 하며, 커뮤니티버스는 산큐패스를 사용할 수 없다.

오이타역 버스정류장

나가유온천 버스정류장

나가유온천 버스 내부 모습

나가유

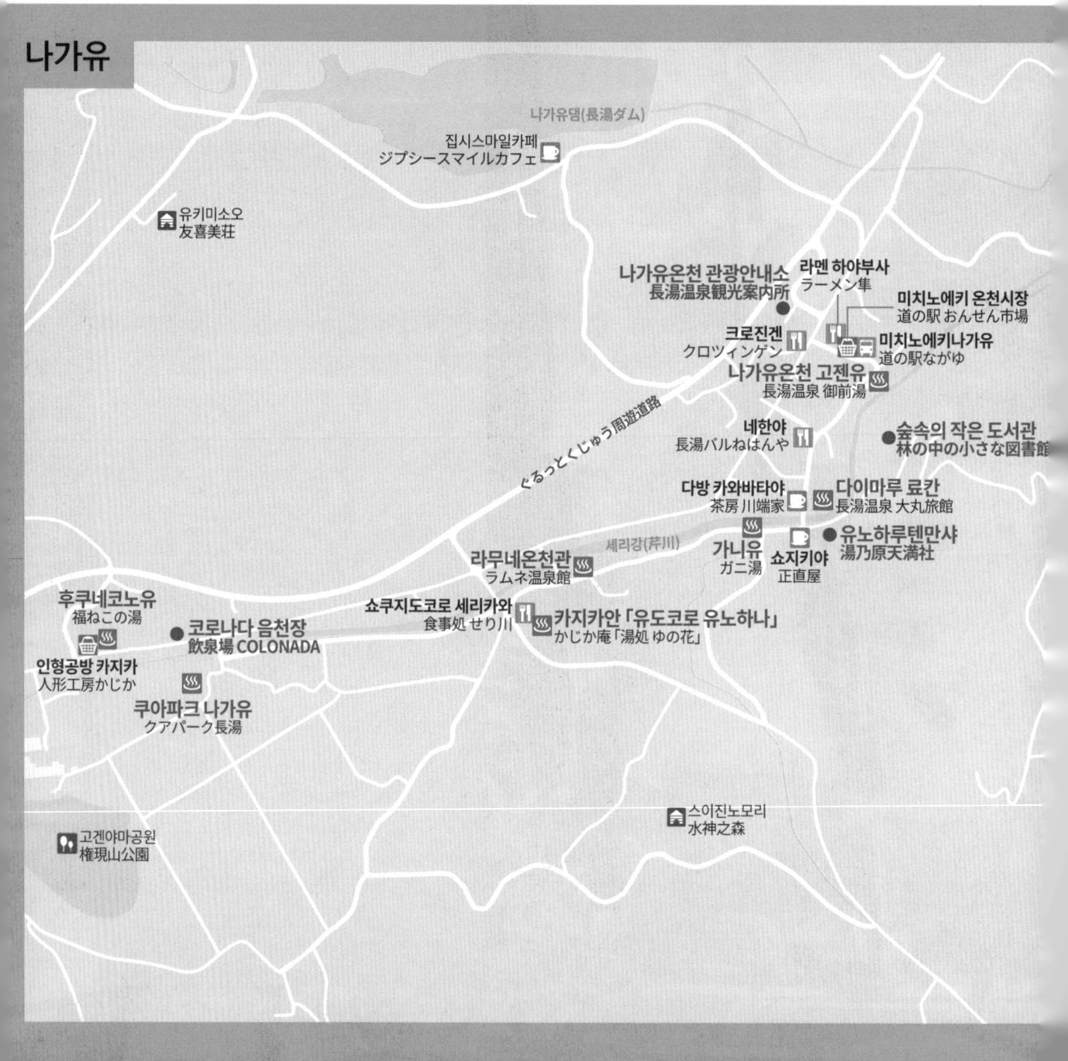

나가유댐(長湯ダム)
집시스마일카페 ジプシースマイルカフェ
유키미소오 友喜美荘
나가유온천 관광안내소 長湯温泉観光案内所
라멘 하야부사 ラーメン隼
미치노에키 온천시장 道の駅 おんせん市場
크로진겐 クロツィンゲン
미치노에키나가유 道の駅ながゆ
나가유온천 고젠유 長湯温泉 御前湯
ぐるっとくじゅう周遊道路
네한야 長湯バルねはんや
숲속의 작은 도서관 林の中の小さな図書館
다방 카와바타야 茶房 川端家
다이마루 료칸 長湯温泉 大丸旅館
세리강(芹川)
가니유 ガニ湯
쇼지키야 正直屋
유노하루텐만샤 湯乃原天満社
라무네온천관 ラムネ温泉館
후쿠네코노유 福ねこの湯
코로나다 음천장 飲泉場 COLONADA
쇼쿠지도코로 세리카와 食事処 せり川
카지카안 「유도코로 유노하나」 かじか庵「湯処 ゆの花」
인형공방 카지카 人形工房かじか
쿠아파크 나가유 クアパーク長湯
스이진노모리 水神之森
고겐야마공원 権現山公園

나가유온천에서 이것만은 꼭 해보자

- 일본 내에서도 보기 드문 탄산온천, 라무네온천을 경험해보자.
- 용기를 내어 자연 노천탕인 가니유에서 야외 온천욕에 도전해보자.
- 숲속 작은 도서관에서 독서와 휴식의 시간을 가져보자.
- 쇼지키야에서 자라 소프트아이스크림을 맛보자.

사진으로 미리 살펴보는 나가유온천 베스트코스(예상 소요시간 5시간 이상)

나가유온천에서는 여행의 목적이 휴식인 만큼 무리한 일정을 세우기보다는 여유 있게 일정을 짜야 한다. 여행의 시작은 나가유 명물 가니유에서 시작하여 세리카와에서 나가유의 명물들을 모두 모은 나가유메이부츠 토리아와 세고젠을 맛보고, BBC나가유에서 운영하는 작은 도서관에서 독서와 휴식의 시간을 갖도록 한다. 이후에는 나가유에서만 맛볼 수 있는 자라 소프트아이스크림을 간식으로 먹고 라무네온천관으로 이동하여 탄산이 몸에 송골송골 맺히는 라무네온천을 체험해보자. 시간적 여유가 있다면 귀여운 목제인형가게 카지카와 간식거리를 살 수 있는 미치노에키 온천시장에서 구경을 겸해 쇼핑도 즐겨보자.

Section 08

NAGAYU

나가유에서 반드시 둘러봐야 할 명소&쇼핑

나가유온천은 아직까지도 널리 알려지지 않은 숨은 온천마을이다. 이번 섹션에서는 나가유온천에서 가볼 만한 명소 몇 곳을 소개한다. 온천을 즐기고 난 후 마을산책을 겸해 가볍게 명소를 돌아보자. 당일 온천에 대한 정보는 스페셜 코너에서 확인 가능하다.

나가유지역 온천정보를 한곳에서 체크하자 ★★★☆☆

나가유온천 관광안내소 長湯温泉観光案内所

나가유온천에 도착했다면 꼭 방문해야 하는 첫 번째 코스로 나가유지역 온천관련 여행정보를 얻을 수 있는 곳이다. 커뮤니티버스를 타고 왔다면 하차 장소인 미치노에키道の駅 나가유버스정류장 앞이므로 바로 찾을 수 있다. 렌터카를 이용한다면 시설 앞에 무료로 주차가 가능하니 참고하자. 나가유 온천지역은 해외여행객은 물론 일본인들에게도 잘 알려지지 않아 여행정보나 관광표지판, 편의시설, 교통 등 관광 인프라가 사실 많이 부족하다. 따라서 관광안내소를 적극적으로 이용하여 정보를 얻어야 한다. 관광안내소에서는 자전거렌탈이 가능하며, 와이파이서비스를 이용하여 정보를 검색할 수도 있다.

주소 大分県 竹田市 直入町 長湯 8043-1 문의 0974-75-3111 운영시간 09:00~17:30 휴무 연말연시 귀띔 한마디 자전거대여 요금은 2시간 이내 ¥300, 4시간 이내 ¥500, 4시간 이상 ¥800이며, 대여 시 숙소명을 알려주면 되고, 무박일 경우 여권을 제시해야 한다. 찾아가기 미치노에키 나가유온천(道の駅長湯温泉) 버스정류장 앞에 위치한다.

게 눈처럼 뽀글뽀글 기포를 솟아내는 자연노천탕 ★★★★☆

가니유 ガニ湯

나가유온천의 명물로 노천온천을 무료로 즐길 수 있는 곳이다. 가니ガニ는 게를 뜻하는 일본말로 게 등딱지 같은 바위에서 탄산천이 기포를 솟아내는 모습이 마치 게와 닮았다 하여 붙여진 이름이다. 세리카와芹川강 바로 옆에 떡하니 위치하고 있어 막힘이 없이 탁 트인 느낌이다. 자연온천이기 때문에 탈의시설은 따로 없고 한쪽에 통행인

들에게 보이지 않는 굴다리가 있으니 그 밑에서 갈아입은 후 입욕하면 된다. 다행히도 철분이 많이 섞인 탁한 온천이라 탕에 들어가면 보이지 않고, 수영복 차림으로도 들어갈 수 있으니 조금만 용기를 내면 도전해볼 수 있다. 반딧불이를 볼 수 있는 계절에는 가니유에 들어가 강물소리를 들으며 반딧불이를 감상할 수도 있다.

주소 大分県 竹田市 直入町 長湯 문의 0974-75-3111 운영시간 24시간 귀띔 한마디 야외에 있는 혼욕노천탕이다. 찾아가기 미치노에키 나가유온천(道の駅長湯温泉) 버스정류장에서 도보 6분 거리이다.

탄산천을 맛 볼 수 있는 ★★★☆☆

코로나다 음천장 飲泉場 COLONADA

언제든지 온천수를 마실 수 있는 온천 음용시설이다. 유럽, 특히 독일에서는 온천수를 마시는 문화가 있어 이를 위한 시설이 잘 정비되어 있다. 나가유온천은 마을가꾸기 운동의 일환으로 독일과의 국제교류를 통해 코로나도 음천장을 정비하였다. 나가유온천수에 함유되어 있는 탄산은 위장작용을 활발하게 하여 수분흡수를 돕기 때문에 변비와 만성위염, 위장병 등에 효능을 기대할 수 있고, 이뇨효과도 탁월한 것으로 알려져 있다.

일본의 온천요양학 박사 마츠오松尾는 나가유온천의 이와 같은 효능을 칭송하는 시까지 남기기도 하였다. 하지만 무엇이든 과하면 좋지 않은 법으로 음용량은 1회에 100~200cc, 1일 200~1,000cc가 적당하며, 소화기관이 약한 사람은 과음할 경우 설사 등의 반응이 나타날 수도 있으니 주의하자.

주소 大分県 竹田市 直入町 大字長湯 문의 0974-75-2214 운영시간 24시간 찾아가기 미치노에키 나가유온천(道の駅長湯温泉) 버스정류장에서 도보 15분 거리이다.

귀여운 목제인형가게 ★★★★☆

인형공방 카지카 人形工房かじか

행운과 복을 부르는 마네키네코招き猫를 중심으로 손수 제작한 목제인형을 판매하는 인형공방이다. 이곳 목제인형은 일일이 정성껏 색을 입히고 표정을 그려내기 때문에 세상에 하나밖에 없는 특별함이

있다. 여기서 만든 고양이는 지역민의 사랑을 받으며 나가유온천의 캐릭터가 되기도 하였다. 공방으로 운영하기 때문에 표정이나 색 등 원하는 디자인을 직접 만들어보거나 별도로 원하는 디자인을 장인에게 요구할 수도 있다. 하지만 마감작업과 배송까지 보통 2주에서 1개월 정도의 시간이 소요되므로 참고하자.

한편 건강에 좋은 약초차와 천연조미료 등도 함께 판매하는데, 이는 '건강하지 않으면 복이 오지 않는다.'라는 생각에서 판매를 시작하였다고 한다. 나가유온천에서 특별한 기념품을 찾고 싶다면 추천한다.

주소 大分県 竹田市 直入町 長湯 3122-2 문의 0974-75-3199 운영시간 10:00~19:00 휴무 매주 화요일 귀띔 한마디 전세탕 후쿠네코노유(福ねこの湯)를 동시에 운영하고 있으니 인형공방 구경 후 온천을 이용해보는 것도 좋다 찾아가기 미치노에키 나가유온천(道の駅長湯温泉) 버스정류장에서 도보 20분 거리이다. 홈페이지 kajika-nagayu.com

온천마을 작은 도서관 ★★★★☆

숲속의 작은 도서관 林の中の小さな図書館

숙박시설로 유명한 BBC나가유에서 운영하는 작은 도서관이다. 이곳 설립자 노구치 후유토 野口冬人는 산악인이자 여행작가이기도 한데 그가 홀로 여행하며 수집한 도서 13,000여 권을 이 도서관에 소장하고 있다. 한국어로 된 책은 없지만, 화이트톤의 목조 인테리어와 큰 창을 통해 쏟아져 들어오는 햇살이 기분까지 좋게 하여 잠시 명상을 하거나 쉬었다 가기에 좋다. BBC나가유에 숙박할 경우 무료이지만, 숙박하지 않더라도 ¥100을 지불하면 누구나 이용가능하다. 작은 도서관에서는 때때로 음악회나 강연회가 열리기도 한다.

주소 大分県 竹田市 直入町 長湯 7788-2 문의 0974-75-2841 운영시간 08:00~18:00 이용료 ¥100 귀띔 한마디 숙박자의 경우 도서관 이용이 무료이다. 찾아가기 미치노에키 나가유온천(道の駅長湯温泉) 버스정류장에서 도보 8분 거리로 다이마루료칸(大丸旅館) 건너편 마루야마공원(丸山公園) 인근에 자리한다. 홈페이지 bbcnagayu.com

간식거리를 구매할 수 있는 로컬시장 ★★★☆☆

미치노에키나가유 온천시장 道の駅長湯 おんせん市場

다케타시竹田市에서 재배한 신선한 계절야채와 버섯 등을 판매하는 로컬시장이면서, 여행객을 위한 나가유온천 명물과자, 가공식품, 기념품 등을 저렴하게 구매할 수 있는 기념품도 많다. 점포에서는 온천수를 이용한 두부와 온천설탕과자, 유자센베이 등 먹거리와 온천 후 즐기는 탄산천 소다, 요구르트, 소프트아이스크림 등을 판매하고 있다. 나가유온천마을에서는 간식거리를 구매할 수 있는 편의점이 1곳 밖에 없고 영업 시간도 짧기 때문에 이곳에서 미리 사두는 것이 좋다.

주소 大分県 竹田市 直入町 長湯 7952-1 문의 0974-75-2805 운영시간 08:00~17:30 휴무 셋째주 수요일 및 연말연시 귀띔 한마디 시설 내 무료 와이파이 이용이 가능하다. 찾아가기 미치노에키 나가유온천(道の駅長湯温泉) 버스정류장에서 도보 1분 거리이다.

신의 물로 알려진 온천수를 맛보자 ★★☆☆☆

유노하루텐만샤 湯乃原天満社

나가유온천마을을 산책하다보면 만나게 되는 신사로 마루야마공원丸山公園 내에 위치하고 있다. 입구에는 커다란 회색 도리이가 있고 그 오른 편에 온천수를 마실 수 있는 약천당薬泉堂이라는 전각이 있다. 온천수와 관련하여 전해지는 이야기가 있는데, 18세기 초 현재 다케타시인 오카번岡藩의 중신이 만성위장질환을 앓고 있었는데 어느 날 밤 약사여래가 나타나 위장병을 낫게 하는 온천이 있다고 알려 주었다. 덕분에 중신은 이 온천에서 지병을 치료하였고 이에 대한 보은으로 약사여래상을 모시게 되었다고 한다. 약천당에는 그의 이름을 딴 요코인약센도陽光院薬泉堂라는 현판이 걸려 있다. 신사 앞에는 그가 온천을 했다고 알려진 텐만유天満湯가 있으나 현재는 이용할 수 없다.

주소 大分県 竹田市 直入町 長湯 7992 문의 0974-63-1111 운영시간 24시간 찾아가기 미치노에키 나가유온천(道の駅長湯温泉) 버스정류장에서 도보 8분 거리이다.

Special 06

당일로 즐길 수 있는 나가유온천 BEST4 추천

일본에서조차 생소하여 잘 알려지지 않은 탄산온천은 탄산성분이 혈액순환을 도와 유산소운동을 한 것과 같은 효과가 있다. 특히 고혈압 환자에게는 최고의 치료법으로 알려져 있으며 미용효과까지 탁월하다. 온천의 물색도 갈색을 띄는 탁한 니고리탕(にごり湯)으로 개인적으로도 가장 인상 깊은 온천지 중 한 곳이다. 아직 알려지지 않은 숨은 온천지를 이 페이지를 지도삼아 직접 탐험해보길 바란다.

사이다 속 온천을 하는 기분 탄산온천/탁한 니고리탕, 수온 32.3~41도

라무네온천관 ラムネ温泉館

추천

나가유온천은 일본뿐만 아니라 세계적으로도 희귀한 탄산천으로 온천에 들어가면 전신에서 은색 기포가 방울방울 올라오는 모습을 볼 수 있다. 특히 라무네온천관은 송골송골 올라오는 탄산가스가 일본전통사이다 라무네와 닮았다 하여 붙여진 이름으로 나가유온천 중에서도 탄산가스 함유량이 가장 높은 곳이다(1,380ppm). 라무네온천관을 방문하면 마치 미술관 같은 검고 세련된 외관과 복고풍으로 꾸며진 내부 인테리어가 인상적이다.

이곳 대욕장에는 라무네온천(ラムネ温泉)과 니고리탕(にごり湯) 두 종류의 온천과 사우나시설이 있다. 탄산천은 탄산가스의 활력을 높이기 위해 탕온도를 미지근하게 설정해두기 때문에 따뜻한 탕에 익숙하다면 조금 차게 느껴질 수도 있다. 따라서 조금 춥게 느껴지면 따뜻한 니고리탕에서 몸을 따뜻하게 하자. 참고로 탄산천의 탄산가스는 혈액순환을 도와 자연스럽게 체온을 높이기 때문에 니고리탕에서 일부러 몸이 뜨거워질 때까지 있을 필요는 없다. 개인적으로 봄부터 가을까지 라무네온천관을 즐기기 좋은 시즌으로 추천한다. 온천 내 병설미술관에서는 여러 마리의 고양이가 자유롭게 돌아다니는데, 신기하게도 갤러리 안을 고양이가 안내해주는 느낌이다. 온천을 제대로 즐긴 후에는 휴식을 겸해 고양이를 따라 이색갤러리도 관람해보자.

주소 **大分県 竹田市 直入町 大字長湯 7676-2** 문의 0974-75-2620 운영시간 10:00~22:00 휴무 첫째 주 수요일(1, 5월 둘째 주 수요일) 입장료 **대욕장** 성인 ¥500, 소인(3세 이상~초등생) ¥200, 3세 미만 무료 **전세탕** 1시간 ¥2,000 귀띔 한마디 전세탕 이용 시 대욕장을 무료로 이용할 수 있으며 친환경 샴푸, 바디워시 등이 구비되어 있다.(대욕장에는 따로 준비되어 있지 않다.) 찾아가기 미치노에키 나가유온천(道の駅長湯温泉) 버스정류장에서 도보 8분 거리이다. 홈페이지 www.lamune-onsen.co.jp

향토요리와 온천을 함께 즐겨보자 **탁한 니고리탕, 수온 46.6도**

카지카안 유도코로 유노하나 かじか庵 湯処 ゆの花

식당과 숙박시설을 운영하는 가지카안(かじか庵)의 당일 온천시설로 천연 탄산온천욕과 암반욕을 즐길 수 있다. 특히 이 온천에서는 온천탕 위에 떠도는 꽃 모양 부유물인 유노하나(湯の花)를 볼 수 있는 것으로 유명한데, 이는 칼슘 등의 온천성분이 굳어 형성된 것이다. 전체적으로 깔끔하고 쾌적한 온천으로 시설 내에는 개인사물함이 놓여있어 소지품보관이 가능하며 세면용품 및 헤어드라이어가 구비되어 있다. 온천탕도 욕조 밑에서 온천수를 주입하는 방식이라 항상 깨끗한 온천을 즐길 수 있으며, 이곳 온천수는 음용도 가능하다. 온천수는 위장활동을 활발하게 하고 식욕을 돋우는데 도움을 주며 식전 30분이나 식후 2시간 이후가 좋다.

온천탕은 내탕과 노천탕이 있으며, 노천탕은 탁한 농도와 온천수에 따라 3종류의 온천탕을 즐길 수 있다. 남탕에는 핀란드식 아로마 사우나시설도 완비하고 있다. 온천이용 시 주의할 사항으로 혈압이 급상승하지 않도록 다리부터 조금씩 탕에 들어가는 것이 좋으며, 1회 입욕 시 2~3분정도로 10분 이상 이용하지 않는 것이 좋다. 또한 입욕 후에는 충분한 수분을 섭취해야 한다. 온천의 효능은 혈액순환을 촉진하여 신경통, 심장병, 위장질환에 효능이 있는 것으로 알려져 있다.

주소 **大分県 竹田市 直入町 長湯温泉 2961** 문의 0120-118-102 운영시간 10:00~23:00(최종입장 ~22:00) 이용료 **대욕장** 중학생이상 ¥600, 소인(3세 이상~초등생) ¥300, 3세 미만 무료 **전세탕** 1시간 ¥2,000 **암반욕** ¥1,400(땀복, 타월 포함) 귀띔 한마디 대욕장과 전세탕에는 샴푸, 린스, 드라이어 등이 구비되어 있다. 암반욕은 초등생 이하 어린이는 입장할 수 없다. 찾아가기 미치노에키 나가유온천(道の駅長湯温泉) 버스정류장에서 도보 10분 거리이다. 홈페이지 www.kajikaan.com/spa.html

프라이빗 온천을 즐기자 **탁한 니고리탕, 수온 41.4도**

냐가윤온천 にゃがゆん温泉

복을 부르는 귀여운 고양이가 간판인 온천시설이다. 온천 이름은 고양이 울음 소리에 빗대어 지은 것이라 한다. 인형공방 카지카에서 운영하고 있으며 가정집 같이 편안한 느낌의 전세탕을 즐길 수 있다. 무엇보다 각 탕마다 주인이 직접 그린 마네키네코 벽화가 인상적이다. 이곳에서 탄산성분이 함유된 따뜻한 니고리탕에 몸을 푹 담근 후, 창문을 통해 정원을 바라보노라면 소소한 행복함이 밀려온다. 사전예약을 하지 않아도 되지만 전화로 만

실여부 정도는 확인하는 것이 헛걸음을 하지 않는 방법이다. 후쿠네코노유는 내탕만 운영하며, 샤워기와 헤어드라이기 정도만 구비하고 있다. 온천욕을 즐기려면 세면용품은 개별적으로 지참해야 한다. 온천욕 후에는 땀도 식힐 겸 카지카공방에서 귀여운 마네키네코 목제인형을 구경하자.

주소 **大分県 竹田市 直入町 長湯 3122-2** 문의 0974-75-3199 운영시간 10:00~19:00 휴무 **매주 화요일** 입장료 **전세탕 50분 기준 ¥1,500** 찾아가기 **미치노에키 나가유온천(道の駅長湯温泉) 버스정류장에서 도보 20분 거리이다.** 홈페이지 www.kajika-nagayu.com/yu.php

강변에서 탄산 노천탕을 즐겨보자 갈색탕, 수온 45.8도 / 냉천 29.7도

나가유온천 고젠유 長湯温泉 御前湯

고젠유는 1781년 현재 다케타시(竹田市)인 오카번(岡藩)의 시주로 만들어진 이후 병 치료를 목적으로 하는 탕치(湯治)의 명탕으로 소문이 나며 나가유온천의 상징이 되었다. 이 온천의 특징은 고온 탄산천을 즐길 수 있다는 점인데, 보통 탄산가스는 30도 이상의 고온에서는 활력이 줄어들지만 고젠유온천은 탄산성분을 많이 함유하고 있어 고온에서도 활력이 있는 것이 특징이다.

고온욕탕에서는 탄산가스가 송골송골 맺히는 모습이 눈에 잘 보이지 않는데 실망할 필요는 없다. 미세하여 눈에 보이지 않을 뿐 효능에는 차이가 없기 때문이다. 만약 탄산가스의 기포를 보고 싶다면 탄산냉탕을 이용하면 된다. 그밖에도 세리카와(芹川) 천변 노천탕에서는 강물소리를 들으며 온천욕을 즐길 수 있다. 한편 온천 후에는 휴게실에서 간단한 간식거리를 사먹거나 마사지 의자에서 쉴 수 있으며, 간이 판매대의 입욕제, 지역명물과자 등을 쇼핑할 수도 있다. 시설 밖에는 온천수를 마실 수 있는 음천대도 마련되어 있다.

라쿠토 커피우유 (ラクト コーヒー牛乳)

주소 **大分県 竹田市 直入町 長湯 7962-1** 문의 0974-64-1400 운영시간 6:00~21:00 휴무 **셋째 주 수요일** 입장료 **대욕장** 성인 ¥500, 소인 ¥200 **전세탕** 50분 기준 ¥2,000 찾아가기 **미치노에키 나가유온천(道の駅長湯温泉) 버스정류장에서 도보 2분 거리이다.** 홈페이지 www.gozenyu.com

Section 09

NAGAYU

나가유에서 반드시 먹어봐야 할 먹거리

나가유온천 지역은 아직까지 널리 알려지지 않은 온천마을이다 보니 맛집이 발달하지 않았다. 하지만 특색 있는 맛집 몇 곳이 있다. 온천과 향토요리를 한곳에서 즐길 수 있는 세리카와, 자라 소프트아이스크림을 맛볼 수 있는 쇼지키야, 오이타현 소울푸드 지리야키를 맛 볼 수 있는 네한야 등이 있으니 취향에 맞는 곳을 찾아가자.

온천과 향토요리를 즐길 수 있는 ★★★☆☆

쇼쿠지도코로 세리카와 食事処 せり川

온천과 숙박시설을 운영하는 카지카안かじか庵의 병설 레스토랑으로 모던한 일본풍 분위기에서 정식메뉴를 즐길 수 있다. 이곳 요리는 현지 농가에서 재배한 식재료를 사용한다. 특히 나가유의 깨끗한 강물에서 자란 산천어エノハ 요리를 맛볼 수 있다. 인기 있는 메뉴는 나가유 명물을 모두 모은 나가유메이부츠 토리아와세고젠長湯名物とり合わせ御膳으로 나가유 산천어와 오이타현 향토요리 토리텐과 단고지루를 조금씩 맛볼 수 있는 세트메뉴이다. 산천어는 튀김과 소금구이 중 선택할 수 있다. 이 밖에도 우동, 소바, 짬뽕 등 면요리도 즐길 수 있다. 유노하나 온천욕 후 출출한 배를 채울 수 있는 곳으로 추천한다.

주소 大分県 竹田市 直入町 長湯温泉 2961 문의 0974-75-2580 운영시간 11:30~14:30/17:00~20:00 베스트메뉴 나가유메이부츠 토리아와세고젠 ¥1,800 귀띔 한마디 나가유에서는 산천어를 지역 방언으로 에노하(エノハ)라고 부른다. 찾아가기 미치노에키 나가유온천(道の駅長湯温泉) 버스정류장에서 도보 10분 거리이다. 홈페이지 kajikaan.com/dining.html

자라 아이스크림을 맛볼 수 있는 ★★★☆☆

쇼지키야 正直屋

세리카와 텐마바시 옆에 위치한 오래된 식당으로 나가유 명물 산천어エノハ와 자라スポネ 요리를 맛볼 수 있다. '정직한 집'이라는 상호 때문에 이 집 요리는 신뢰감을 더하는데, 이곳에서 꼭 맛봐야 할 것은 자라 소프트아이스크림인 비하다스포네소프트美肌スポネソフト이다. 가게 앞 세리카와강에서 잡힌 자라를 멸치처럼 잘라서 말려 소프트 아이스크림 위에 토핑해주는데, 그 조합을 상상하기 어렵겠지만 한입 베어 물면 순간 무릎을 치게 된다. 자라의 쫄깃쫄깃

한 식감과 살짝 짠맛이 소프트 아이스크림의 달콤한 맛과 아주 잘 어울리며, 저칼로리에 콜라겐이 듬뿍 들어 있어 메뉴명처럼 피부가 좋아질 것 같은 느낌이 든다. 소프트 아이스크림 외에도 자라덮밥, 자라튀김정식, 자라전골 등 다양한 자라요리를 맛볼 수 있으니 지금껏 경험하지 못했던 새로운 요리에 한번 도전해보자.

주소 大分県 竹田市 直入町 長湯 7773-8 문의 0974-75-2525 운영시간 11:00~21:00 휴무 부정기적 베스트메뉴 자라 소프트아이스크림(비하다스포네소프트 美肌スポネソフト) ¥350, 자라전골정식(스포네나베테이쇼쿠 スポネ鍋定食) ¥2,200, 산천어정식(에노하테이쇼쿠 エノハ定食) ¥2,400 찾아가기 미치노에키 나가유온천(道の駅長湯温泉) 버스정류장에서 도보 4분 거리이다. 홈페이지 shojikiya-oita.com

돈코츠라멘 전문점 ★★★☆☆

라멘 하야부사 ラーメン隼

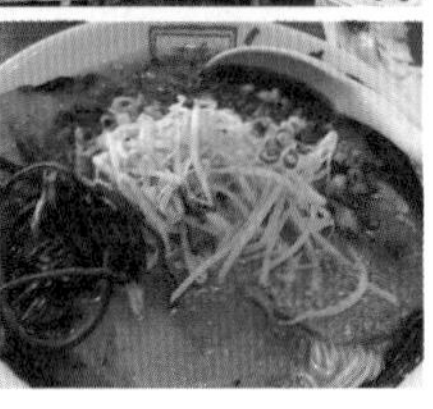

나가유온천 버스정류장 근처에 위치한 돈코츠라멘집으로 수타면과 돼지고기구이 차슈チャーシュー를 진한 돈코츠국물과 함께 즐길 수 있다. 이곳 챠슈는 비밀소스로 만들어져 부드럽고 맛이 좋은데, 챠슈의 양은 1장에서 5장까지 고를 수 있다. 면발의 경우 얇아서 진하고 감칠맛 나는 돈코츠국물을 바로 느낄 수 있다. 조금 매콤하게 먹고 싶다면 돈코츠 기본 베이스에 된장이 섞인 돈코츠미소면とんこつ味噌麺도 추천한다. 보통 나가유온천의 음식점들은 저녁이 되면 일찍 문을 닫는 반면, 이곳은 저녁 늦게까지 운영하기 때문에 허기진 배를 채우기 좋다. 온천욕으로 출출해진 배를 5장의 차슈가 얹어진 돈코츠라멘으로 든든하게 채워보자.

주소 大分県 竹田市 直入町 長湯 7952-2 문의 0974-75-3777 운영시간 런치 11:30~15:00, 디너 17:00~20:30 휴무 매주 수요일 가격 돈코츠라멘 ¥750~ 찾아가기 미치노에키 나가유온천(道の駅長湯温泉) 버스정류장에서 도보 1분 거리이다.

운치 있는 카페 ★★★☆☆

다방 카와바타야 茶房 川端家

다이마루료칸大丸旅館의 병설카페로 지은 지 100여 년이 된 오래된 민가를 개조하여 운영하고 있다. 가게이름 카와바타야는 노벨문학상을 수상한 바 있는 소설가 카와바타 야스나리川端康成

의 이름에서 따왔다고 하는데, 다이마루료칸과 연고가 있는 화백 다카타 리키조高田力蔵가 카와바타와 절친한 사이였다고 한다. 이를 강조하듯 카와바타야 내부에는 소설가의 개인서재처럼 꾸며져 있으며 오래된 카페답게 편안함이 느껴진다. 이곳에서는 온천수를 이용한 사이폰커피와 수제스위츠를 즐길 수 있으며 독특하게도 시금치 소프트아이스크림을 먹어볼 수도 있다. 세리카와 강변의 운치가 넘치는 테라스석에 앉아 여유 있게 커피 한잔 즐기기 좋은 곳이다.

주소 大分県 竹田市 直入町 長湯 7993-2 문의 0974-75-2272 운영시간 08:00~15:30 휴무 부정기적 가격 소프트아이스크림 ¥350, 커피 ¥400~ 케이크세트 ¥750 찾아가기 미치노에키 나가유온천(道の駅長湯温泉) 버스정류장에서 도보 4분 거리로 다이마루료칸(大丸旅館) 앞에 위치한다. 홈페이지 www.daimaruhello-net.co.jp/kawabataya.htm

나가유온천 지역의 캐주얼한 바 ★★★★☆

네한야 長湯バルねはんや

나가유온천에서 술 한 잔 생각난다면 방문해보자. 여성 오너 두 명이 운영하는 캐주얼한 느낌의 레스토랑 겸 바Bar이다. 식사류로는 파스타, 피자, 알히요Ajillo 등이 있고, 한 입 거리 안주도 다양하다. 방문시점에 오이타현 소울푸드 지리야키じり焼き가 메뉴에 올려져 있다면 꼭 주문해보자. 크레이프처럼 얇게 구워진 부침개가 쫄깃하니 맛이 좋다. 취향에 따라 생맥주, 와인, 하이볼을 곁들이면 최고의 밤이 될 것이다.

주소 大分県 竹田市 直入町 大字長湯 8005-3 문의 0974-75-3988 운영시간 18:00~23:00 휴무 매주 수요일 가격 ¥600~ 찾아가기 미치노에키 나가유온천(道の駅長湯温泉) 버스정류장에서 도보 3분 거리이다. 홈페이지 instagram.com/nagayubaru_nehanya

Part 05

나가사키 & 사가

Chapter 12

나가사키

長崎

Nagasaki

나가사키는 규슈 역사의 산실이다. 쇄국시대 유일하게 항구를 개방해 서양과 교류를 하고 외국 문물을 받아들여 근대화를 위한 터전을 마련한 곳이기도 하다. 또한 기독교가 처음으로 전파된 곳으로 가혹한 박해의 아픔도 지닌 곳이다. 이국적 분위기를 물씬 풍기는 오란다자카와 나가사키 개항의 역사를 알아볼 수 있는 데지마, 원조 나가사키짬뽕을 맛볼 수 있는 차이나타운을 찾아가 보자.

나가사키를 이어주는 교통편

- **후쿠오카에서 버스를 이용할 경우** 후쿠오카공항 국제선/하카타버스터미널에서 출발할 경우, 고속버스를 타고 바로 나가사키에키마에(長崎駅前) 버스센터까지 한번에 이동한다.(2시간~2시간 40분 소요, 요금 ¥2,900)
- **후쿠오카에서 열차를 이용할 경우** JR하카타(博多)역에서 출발할 경우, 다케오온천역을 경유해 JR나가사키(長崎)역까지 열차로 이동한다.(특급열차+신칸센 1시간 40분 소요, 요금 자유석 ¥5,520, 지정석 ¥6,050)

나가사키에서 이것만은 꼭 해보자

- 구라바엔에서 근대식 서양저택과 사계절 꽃을 감상하자.
- 서양식 주택들이 몰려 이국적인 분위기가 물씬 풍기는 오란다자카를 산책하자.
- 데지마사료관에서 나가사키의 개항기 역사를 알아보자.
- 메가네바시에서 사랑을 이루어주는 하트스톤을 찾아보자.
- 나가사키 차이나타운에서 나가사키짬뽕을 맛보자.

사진으로 미리 살펴보는 나가사키 베스트코스(예상 소요시간 7시간 이상)

나가사키에 도착했다면 먼저 구라바엔부터 일정을 시작하여 오란다자카, 데지마, 메가네바시, 차이나타운을 순차적으로 둘러보자. 구라바엔과 오란다자카에서는 근대 서양인들이 살았던 저택을 방문해보고, 데지마사료관으로 이동하여 서양인들이 어떻게 나가사키에 살게 되었는지, 개항의 역사를 살펴보자. 이후에는 노면전차를 이용하거나 걸어서 운치 있는 메가네바시(안경다리)를 찾아가본다. 메가네바시에는 사랑을 이루어준다는 하트스톤이 있으니 한 번 찾아보자. 메가네바시 근처 카스텔라전문점 쇼오켄에서 300년 전통의 카스텔라를 맛보자. 날이 어둑해지기 시작하면 차이나타운으로 이동하여 중국 상점들을 구경하고 나가사키 원조짬뽕을 먹어보자.

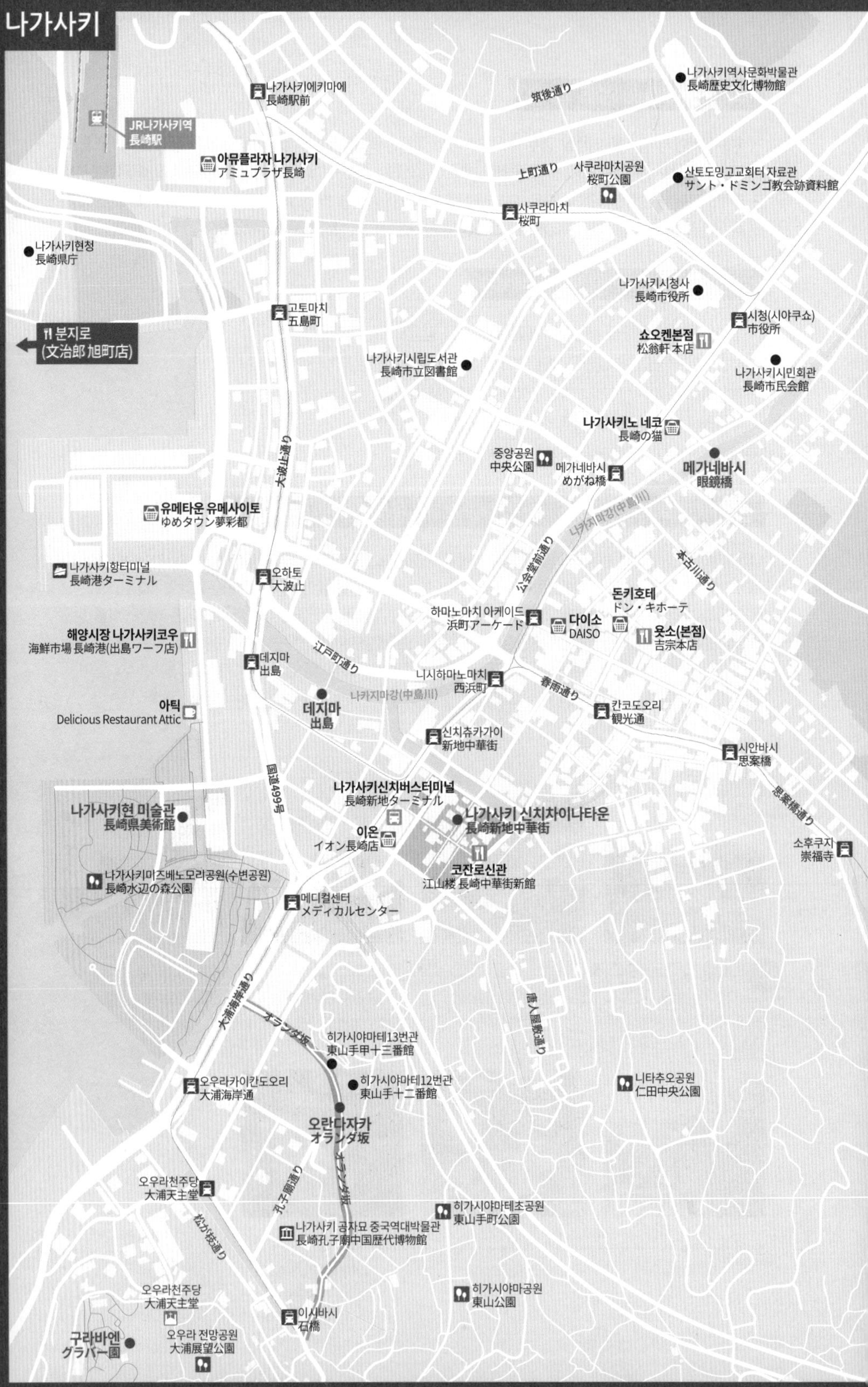
나가사키
JR나가사키역
長崎駅
나가사키에키마에
長崎駅前
아뮤플라자 나가사키
アミュプラザ長崎
筑後通り
나가사키역사문화박물관
長崎歴史文化博物館
上町通り
사쿠라마치공원
桜町公園
산토도밍고교회터 자료관
サント・ドミンゴ教会跡資料館
사쿠라마치
桜町
나가사키현청
長崎県庁
나가사키시청사
長崎市役所
고토마치
五島町
시청(시야쿠쇼)
市役所
분지로
(文治郎 旭町店)
쇼오켄본점
松翁軒 本店
나가사키시립도서관
長崎市立図書館
나가사키시민회관
長崎市民会館
나가사키노 네코
長崎の猫
중앙공원
中央公園
메가네바시
めがね橋
메가네바시
眼鏡橋
大波止通り
유메타운 유메사이토
ゆめタウン夢彩都
나카지마강(中島川)
公会堂前通り
本古川通り
나가사키항터미널
長崎港ターミナル
오하토
大波止
돈키호테
ドン・キホーテ
하마노마치 아케이드
浜町アーケード
다이소
DAISO
욧소(본점)
吉宗本店
해양시장 나가사키코우
海鮮市場 長崎港(出島ワーフ店)
江戸町通り
데지마
出島
니시하마노마치
西浜町
春雨通り
나카지마강(中島川)
아틱
Delicious Restaurant Attic
데지마
出島
칸코도오리
観光通
신치츄카가이
新地中華街
시안바시
思案橋
国道499号
나가사키신치버스터미널
長崎新地ターミナル
思案橋通り
나가사키현 미술관
長崎県美術館
나가사키 신치차이나타운
長崎新地中華街
이온
イオン長崎店
소후쿠지
崇福寺
코잔로신관
江山楼 長崎中華街新館
나가사키미즈베노모리공원(수변공원)
長崎水辺の森公園
메디컬센터
メディカルセンター
唐人屋敷通り
大浦海岸通り
オランダ坂
히가시야마테13번관
東山手甲十三番館
히가시야마테12번관
東山手十二番館
니타추오공원
仁田中央公園
오우라카이칸도오리
大浦海岸通
오란다자카
オランダ坂
オランダ坂
孔子廟通り
오우라천주당
大浦天主堂
히가시야마테초공원
東山手町公園
나가사키 공자묘 중국역대박물관
長崎孔子廟中国歴代博物館
松が枝通り
히가시야마공원
東山公園
오우라천주당
大浦天主堂
이시바시
石橋
구라바엔
グラバー園
오우라 전망공원
大浦展望公園

나가사키 노면전차 노선도

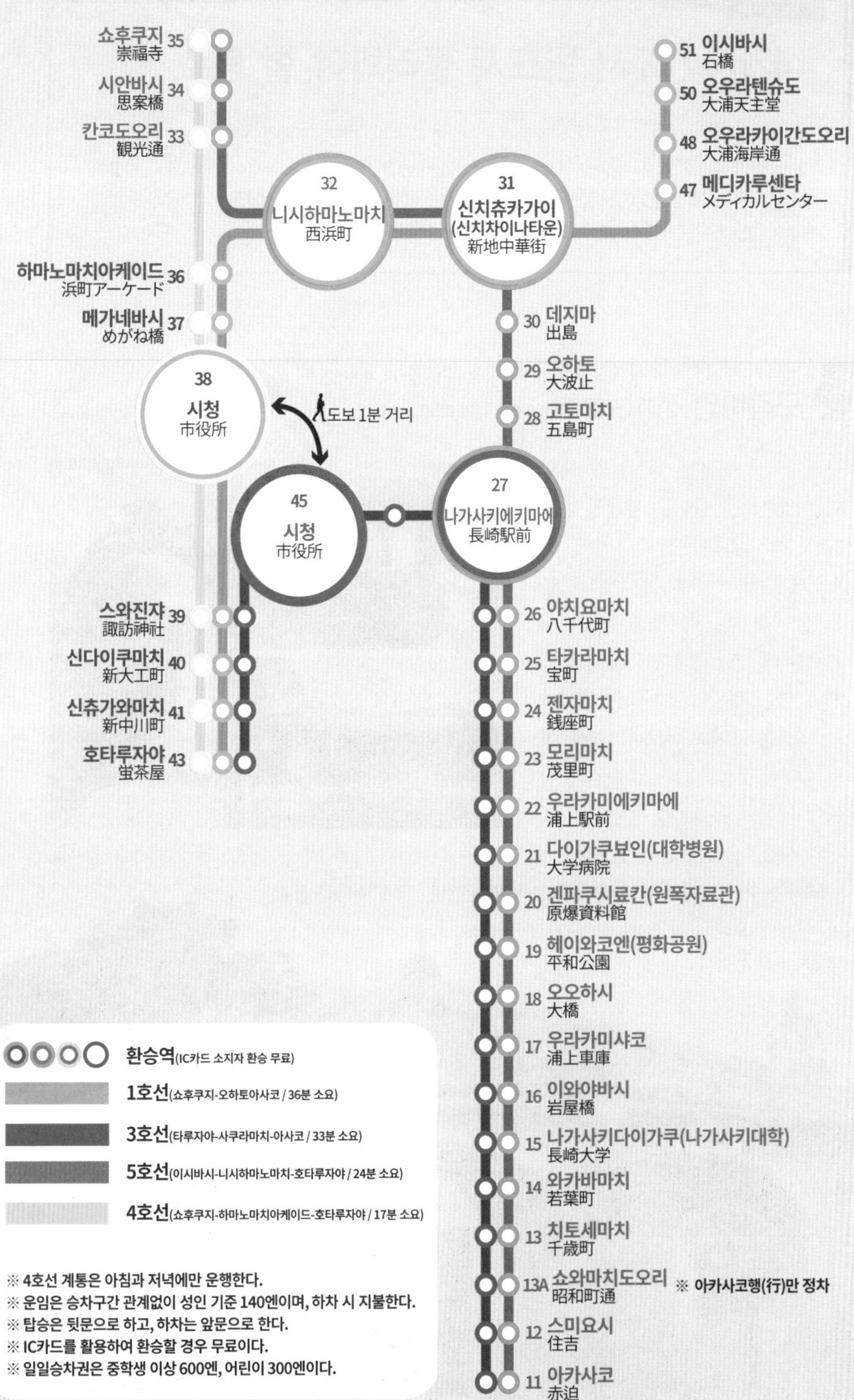

※ 4호선 계통은 아침과 저녁에만 운행한다.
※ 운임은 승차구간 관계없이 성인 기준 140엔이며, 하차 시 지불한다.
※ 탑승은 뒷문으로 하고, 하차는 앞문으로 한다.
※ IC카드를 활용하여 환승할 경우 무료이다.
※ 일일승차권은 중학생 이상 600엔, 어린이 300엔이다.

Section 01

나가사키에서 반드시 둘러봐야 할 명소

나가사키는 개항 이후 규슈의 역사를 한눈에 살펴볼 수 있는 곳이다. 근대식 서양건축물을 볼 수 있는 구라바엔과 오란다자카, 개항기 역사를 담고 있는 데지마는 반드시 둘러봐야 할 명소이다. 그밖에도 바다를 배경 삼은 나가사키현미술관과 운치 있는 메가네바시(안경다리), 원조 나가사키짬뽕을 맛볼 수 있는 차이나타운 등 볼거리가 풍성하니 꼼꼼히 둘러보자.

근대식 서양저택과 사계절 꽃을 감상할 수 있는 정원 ★★★★★

구라바엔 グラバー園, Glover Garden

구라바엔은 1859년 나가사키 개항 이후 일본으로 들어온 영국인 실업가 토마스 글로버Thomas Blake Glover, 프레드릭 링거Fredrik Ringer, 윌리엄 존 올트William John Alt의 저택과 당시 나가사키 시내에 있던 근대 건축물들을 복원해 놓은 정원이다. 구라바엔이라는 명칭은 토마스 글로버의 이름에서 유래한 것으로 그는 21세 젊은 나이에 일본과 무역업을 하며 증기기관과 서양기술을 일본에 전수했다. 또한 일본 지식인의 영국유학을 도왔으며 기린맥주 출시를 주도하는 등 일본근대화의 밑거름이 된 인물이다. 그의 저택은 일본에서 가장 오래된 목조양옥으로 근대산업혁명 관련 세계유산으로 지정되어 있다.

시야가 탁 트인 바다 전경과 사계절 아름다운 정원, 귀빈들을 위한 사교장, 기독교학교 등 볼거리가 다양하다. 특히 일본 최초의 서양음식점을 복원한 구지유테이찻집旧自由亭 喫茶室에서는 네덜란드인이 고안한 더치커피를 마셔볼 수 있으며, 레트로의상관レトロ衣裳館에서는 당시의 의상을 입고 사진촬영도 가능하다. 야간개장 때에는 전망대에서 나가사키항구와 시내의 멋진 야경을 감상할 수 있다.

주소 長崎県 長崎市 南山手町 8-1 **문의** 095-822-8223 **운영시간** 08:00~18:00 **입장료** 성인 ¥620, 고교생 ¥310, 초중생 ¥180 **귀띔 한마디** 산큐패스 소지 시 입장료 할인(단체요금 적용) **찾아가기** 노면전차 우라텐슈도(大浦天主堂)역에서 하차 후 도보 7분 거리이다. **홈페이지** www.glover-garden.jp

전망 좋은 언덕에 자리한 서양인 거류지 ★★★★★

오란다자카 オランダ坂

추천

일본은 에도막부 말기 미국, 유럽과 체결한 통상조약에 따라 개항장 주변에 서양인 거류지를 조성하였다. 나가사키 역시 개항 이후 오우라大浦 지역에 거류지를 조성했는데 그 중 하나가 오란다자카이다. 일본어로 오란다オランダ는 네덜란드, 자카坂는 언덕을 뜻하므로 '네덜란드인이 모여 사는 언덕'이라 할 수 있다. 당시 이곳 사람들이 서양인을 '오란다상'이라 부른데서 연유를 찾을 수 있다. 전망이 좋은 이곳에는 영사관을 비롯해 서양식 주택들이 지어졌고, 현재 오란다자카 주변에는 이국적 분위기를 느낄 수 있는 15채의 서양식 주택들이 늘어서 있다. 대표적으로 히가시야마테 12번관東山手十二番館은 오란다자카의 상징적인 건물로 러시아와 미국영사관으로 사용되다가 현재는 역사자료관으로 활용되고 있다. 프랑스영사관이었던 히가시야마테코 13번관東山手甲十三番館은 현재 카페로 운영되고 있어 역사적 건물 안에서 카스텔라를 맛볼 수도 있다.

히가시야마테 12번관(東山手十二番館)

히가시야마테코 13번관(東山手甲十三番館)

카페로 변신한 히가시야마테코 13번관

주소 長崎県 長崎市 東山手町 **문의** 095-827-2422 **운영시간** 12번관 09:00~17:00, 13번관 10:00~17:00 **휴무** 12번관 연말연시, 13번관 매주 월요일 및 연말연시 **입장료** 무료 **찾아가기** 노면전차 메디컬센터(メディカルセンター)역 하차 후 도보 6분 거리이다.

일본 쇄국시기 유일한 무역항이었던 ★★★★☆

데지마 出島

17세기 나가사키항이 개항되기 이전인 쇄국 시절, 포르투갈 선교사들에 의해 일본 내 기독교가 유행처럼 번지기 시작했고, 막부는 이들의 포교활동을 막고자 시내에 거주하는 선교사와 외국인들을 격리할 목적으로 부채꼴모양의 인공섬을 만든다. 이 섬이 바로 데지마인데, 육지와 연결되는 유일한 다리를 만들고 이를 통해 출입을 엄격히 통제하였다. 이후 200년간 이곳은 네덜란드와 무역 및 교류를 위한 항구로 활용되었다. 현재 당시 데지마 모습을 1/15 크기로 축소한 모형과 함께 데지마 생성과정, 변천사 그리고 그곳의 생활상을 생생하게 전시하고 있다.

그밖에도 메이지시대 건물인 구 데지마신학교는 일본에서 가장 오래된 신학교이며, 구 나가사키 내외클럽은 외국인과 일본인 교류공간으로 정재계 인사들의 사교클럽이었다. 옛 모습을 그대로 간직한 이 건물들 외에도 나머지 건물들을 복원하기 위한 사업이 진행되고 있다.

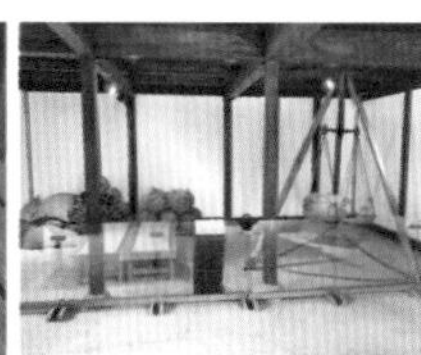

주소 長崎県 長崎市 出島町 6-1 **문의** 095-821-7200 **운영시간** 08:00~21:00(연중무휴) **입장료** 성인 ¥520, 고교생 ¥200, 초중생 ¥100 **찾아가기** 노면전차 데지마(出島)역에서 하차 후 도보 2분 거리이다. **홈페이지** nagasakidejima.jp

멋진 바다풍경과 예술이 공존하는 옥상정원 ★★★☆☆

나가사키현미술관 長崎県美術館

오란다자카와 데지마를 방문할 예정이라면 산책 겸 잠시 들러보기 좋은 곳이다. 나가사키현미술관은 호흡하는 미술관을 테마로 빛과 바람, 물, 자연이 미술과 한데 어우러진다. 미술관 내에서는 스페인 근현대미술작품과 나가사키 출신 작가들의 작품을 감상할 수 있으며, 오리지널 상품을 판매하

는 뮤지엄숍과 운하를 바라보며 차를 즐길 수 있는 카페를 운영하고 있다.
미술관에서 꼭 들러봐야 할 곳이 옥상에 마련된 정원인데, 전용 엘리베이터를 통해 바로 이동할 수 있다. 옥상정원은 푸른 잔디로 덮여 있으며 멀리 나가사키 항까지 눈앞에 펼쳐진다. 근처에는 풍광이 좋은 나가사키수변공원長崎水辺の森公園이 있어 미술관과 함께 여행 중 휴식할 수 있는 장소로 추천한다.

주소 長崎県 長崎市 出島町 2-1 문의 095-833-2110 운영시간 10:00~20:00 휴무 2, 4주 월요일(공휴일인 경우 화요일) 입장료 전시실 이외는 무료 | **상설전시관** 성인 ¥420, 대학생 ¥310, 초등생 이상 ¥210 **귀띔 한마디** 옥상 정원은 RF층에 위치한다. 찾아가기 노면전차 데지마(出島)역에서 하차 후 도보 5분 거리이다. 홈페이지 www.nagasaki-museum.jp

운치가 강물처럼 흐르는 다리 ★★★★☆

메가네바시 眼鏡橋

나가사키 시내를 흐르는 나카시마강中島川은 데지마 무역을 위한 운하로 이용되었고, 그 사이를 잇는 많은 돌다리가 놓이게 되었다. 그 중에서도 가장 오래된 돌다리가 메가네바시이다. 이 다리는 상판을 지탱하는 두 개의 아치가 수면에 비친 반영과 합쳐져 마치 안경처럼 보인다 하여 붙여진 이름이다. 일본에서는 도쿄 니혼바시日本橋, 야마구치 긴다이쿄錦帯橋와 함께 일본의 3대 다리로 꼽히며, 중요문화재로도 지정되어 있다. 재밌는 사실은 강둑 돌벽을 따라 걷다 보면, 사랑을 이루어준다는 하트스톤을 만날 수 있다고 하니 관심이 있다면 찾아보자. 해 질 무렵 방문하면 조명과 어우러진 메가네바시의 운치 있는 풍경을 감상할 수도 있다.

주소 長崎県 長崎市 魚の町 2 문의 095-829-1193 **찾아가기** 노면전차 메가네바시(めがね橋)역에서 하차 후 도보 2분 거리이다.

귀여운 고양이 잡화점 ★★★☆☆

나가사키노네코 長崎の猫雑貨

고양이소품 전문잡화점으로 메가네바시를 둘러본 후 방문하기 좋다. 외관 흰 벽면에 그려진 고양이 발자국과 구부러진 꼬리가 호기심을 자극하는데, 나가사키에서는 오마가리네코尾曲がり猫라 하여 꼬리가 구부러진 고양이가 '낚싯바늘처럼 행운을 낚아준다'고 생각한다. 재밌게도 나가사키 고양이의 80퍼센트가 꼬리가 구부러져 있다고 하니 길고양이를 만나면 유심히 살펴보자.

여기서는 이 고양이를 모티브로 제작된 아기자기한 소품들을 취급한다. 젓가락 받침대, 컵꽂이, 손수건, 엽서 등 보는 것만으로도 미소 짓게 하는 아이템들로 가득하다. 고양이를 좋아하는 사람이라면 도저히 그냥 나오기 어려울 정도라는 것을 염두에 두고 방문하자.

주소 長崎県 長崎市 栄町 6-7 **문의** 095-823-0887 **운영시간** 11:00~17:00 **휴무** 부정기적 **귀띔 한마디** 나가사키 고양이의 꼬리가 구부러진 이유는 네덜란드와의 무역 시절, 배 안에 쥐 때문에 실었던 외래고양이(인도네시아 등 동남아 고양이)가 나가사키로 건너와 변형된 것으로 추측하고 있다. **찾아가기** 노면전차 메가네바시(めがね橋)역에서 하차 후 도보 2분 거리이다. **홈페이지** nagasakinoneco.com

원조 나가사키짬뽕이 탄생한 ★★★☆☆

나가사키 신치차이나타운 長崎新地中華街

동서남북 입구에 우뚝 솟은 화려한 패루牌樓가 시선부터 빼앗는 곳이다. 요코하마와 고베에 이어 일본 3대 차이나타운 중 하나로 꼽힌다. 에도시대 쇄국정책 속에서도 나가사키는 중국과의 무역이 활발하여 현지인이 7만 명인데, 화교가 1만 명을 넘었다고 한다. 신치라는 지명은 '새로운 터'라는 뜻으로 1698년 중국 수입품을 보관하던 창고가 대화재로 소실되자 새롭게 바다를 매립해 조성한 지역이다. 당시 나가사키에 살던 중국인들이 항구와 가까운 이곳으로 이주하면서 차이나타운이 형성되었다. 현재 약 250미터 거리를 따라 중국음식점과 상점들이 늘어서 있고 이곳에서 탄생한 원조 나가사키짬뽕집도 자리하고 있다. 가을 중추절에는 등불축제, 겨울에는 붉은 랜턴축제가 거리를 장식하여 이국적인 정취가 가득한 곳이다.

주소 長崎県 長崎市 新地町 10-13 **문의** 095-822-6540 **운영시간** 10:00~21:00(점포마다 다름) **귀띔 한마디** 사방의 패루는 사신과 오행를 근거로 세워졌다. 동문(청룡-푸른색), 서문(백호-흰색), 남문(주작-붉은색), 북문(현무-검은색) **찾아가기** 노면전차 신치츄카가이(新地中華街)역에서 하차 후 도보 2분 거리이다. **홈페이지** www.nagasaki-chinatown.com

Section 02

NAGASAKI

나가사키에서 반드시 먹어봐야 할 먹거리

사실 나가사키에는 짬뽕 외에도 외국 문물이 유입되면서 독자적으로 생긴 먹거리들이 많다. 대표적으로 포르투갈의 영향으로 만들어진 카스텔라, 중국인 저택에서 발전한 달걀찜 차완무시를 꼽을 수 있다. 그밖에도 아기자기한 카페와 다양한 디저트를 만나볼 수 있으니 나가사키 먹거리를 마음껏 즐겨보자.

300년 이상 전통을 이어가는 카스텔라전문점 ★★★★★

쇼오켄본점 松翁軒本店

쇼오켄은 1681년에 오픈한 정통 카스텔라전문점이다. 카스텔라는 본래 스페인 카스티야왕국의 빵으로 16세기 나가사키에 전해졌다. 쇼오켄에서는 스페인 빵을 독자적인 제조법으로 나가사키 고유의 빵으로 발전시켜 나갔다. 이곳 카스텔라는 폭신하면서도 쫀득한 맛이 특징인데, 이는 엄격한 재료 관리의 결과이다. 수분이 날아가지 않도록 카스텔라 전용밀가루와 시마바라반도島原半島에서 매일 아침 직송해온 신선한 달걀, 백설탕으로는 흉내 낼 수 없는 순도 높은 굵은 설탕 자라메粗目로 사르르 녹는 촉촉함과 부드럽고 고급스러운 단맛을 만들어냈다.

특히 일반적인 카스텔라처럼 빵 밑에 자라메를 깔지 않고 감싸서 구워내는 방식은 쇼오켄만의 특징이다. 이렇게 만들어진 카스텔라는 선물용으로도 인기가 높다. 클래식하며 우아한 느낌이 드는 2층 찻집세빌리아喫茶セヴィリヤ에서 카스텔라세트를 주문하여 향이 좋은 커피 또는 홍차와 함께 즐겨보자. 분명 만족스러운 카스텔라를 만난 느낌이 들 것이다.

주소 長崎県 長崎市 魚の町 3-19 **문의** 095-822-0410 **운영시간** 09:00~18:00(카페 11:00~17:00) **베스트메뉴** 카스텔라세트 ¥850 **찾아가기** 노면전차 시청(市役所)역에서 도보 1분 거리 또는 노면전차 메가네바시(めがね橋)역에서 하차 후 도보 3분 거리이다. **홈페이지** www.shooken.com

원조 나가사키짬뽕 맛집 ★★★★☆

코잔로 신관 江山楼 長崎中華街新館

정통 나가사키짬뽕을 맛볼 수 있는 집으로 1946년 차이나타운에서 오픈한 이래 대를 이어오고 있다. 오픈 당시 가난한 중국 유학생들에게 저렴하면서도 영양가 높은 음식을 제공하고자 야채와 고기 등을 볶아 면을 넣고 끓여낸 것이 그 시작으로 지금은 나가사키의 명물이 되었다. 코잔로 짬뽕의 육수는 돼지뼈와 닭뼈를 해산물과 함께 우려내 깊은 풍미와 감칠맛이 있고 함께 들어 있는 고기완자 또한 맛이 좋다.

나가사키짬뽕은 각종 해산물과 숙주나물, 양배추 등 채소가 듬뿍 들어 있어 한 끼 식사로도 충분하다. 칼칼하게 먹고 싶다면 후추를 뿌려 먹어도 좋다. 나가사키짬뽕 외에도 사라우동皿うどん도 인기가 있는데, 튀긴 면에 풍성하게 넣어준 고명과 걸쭉한 안카케あんかけ소스를 부운 것으로 씹어 먹는 식감이 좋다. 면의 굵기는 얇은 면과 두꺼운 면 중에서 선택할 수 있다.

주소 長崎県 長崎市 新地町 13-13 **문의** 095-821-3735 **운영시간** 11:00~15:00, 17:00~20:30 **휴무** 매주 월~화요일 **베스트메뉴** 짬뽕 ¥1,760, 사라우동 ¥1,540 **찾아가기** 노면전차 신치츄카가이(新地中華街)역에서 하차 후 도보 3분 거리이다. **홈페이지** www.kouzanrou.com

료마라테가 유명한 카페&레스토랑 ★★★★☆

아틱 Delicious Restaurant Attic

나가사키항이 바라보이는 카페 및 레스토랑으로 데지마出島와 항구의 풍경을 즐기며 느긋이 차와 케이크세트를 즐길 수 있다. 특히 이 집의 커피는 일본 근대화를 이끈 사카모토 료마坂本龍馬의 얼굴을 코코아파우더로 그려 주는 라테아트로 유명하다. 케이크는 카스텔라티라미스, 고구마파이, 치즈케이크, 밀크롤케이크, 애플파이 등이 있는데 라테와 함께 예쁘게 플레이팅되어 나온다. 아틱의 오리지널 커피카스텔라는 커피향과 부드러운 카스텔라가 잘 어울려 선물용으로도 인기가 높다. 데지마사료관과 나가사키현미술관 근처에 위치하여 일정 중 잠시 들러 쉬어가기 좋다.

주소 長崎県 長崎市 出島町 1-1 **문의** 095-820-2366 **운영시간** 11:30~22:00 **베스트메뉴** 케이크세트 ¥880 **찾아가기** 노면전차 데지마(出島)역에서 하차 후 도보 2분 거리이다. **홈페이지** attic-coffee.com/attic

신선한 해산물덮밥이 맛있는 ★★★☆☆

나가사키코우 데지마점 長崎港 出島ワーフ店

데지마워프 1층에 위치한 해산물덮밥 전문점이다. 나가사키항구 쪽으로 테라스석이 마련되어 있어 항구의 풍광을 즐기며 신선한 해산물을 맛볼 수 있다. 일본어로 해산물덮밥을 카이센동海鮮丼이라고 부르는데 따뜻한 밥 위에 참치, 연어, 성게, 관자, 오징어 등 취향에 따라 좋아하는 해산물을 올려 먹는다. 해산물이 한 종류로 가득 올려진 메뉴도 있고 2가지 이상의 해산물을 섞어주는 메뉴도 있으니 골라 먹자. 밑반찬과 된장국이 함께 나오므로 배불리 먹을 수 있다. 특히 이 가게는 바로 앞바다에서 낚시로 공수해온 횟감을 대형 수조 안에서 관리하다 그 자리에서 조리하기 때문에 더욱 신선하다. 카이센동 외에도 생선구이와 튀김 등을 맛볼 수 있다. 한국어 메뉴판도 준비되어 있어 어렵지 않게 주문할 수 있다.

주소 長崎県 長崎市 出島町 1-1 **문의** 095-811-1677 **운영시간** 11:00~22:00 **베스트메뉴** 해산물덮밥 ¥1,485~ **찾아가기** 노면전차 데지마(出島)역에서 하차 후 도보 2분 거리이다. **홈페이지** nagasakikou.com

150년 전통 계란찜을 맛볼 수 있는 ★★★★☆

욧소본점 吉宗 本店

무사였던 요시다소기치노부타케吉田宗吉信武가 나가사키에서 계란찜을 처음 먹어보고 이에 매료되어 상인으로서 제2의 인생을 시작하게 된 것이 1866년 욧소의 창업이야기이다. 당시 계란찜을 판매하는 가게가 따로 없었기에 나가사키 계란찜의 역사는 욧소에서 비롯된 것이라 할 수 있다. 우리말로 계란찜을 뜻하는 차완무시茶碗むし는 붕장어, 표고버섯, 새우, 어묵 등 각종 재료들을 큼직하게 썰어 넣고 부들부들하게 쪄

낸 것이 특징이다. 나가사키 산해진미가 다 들어가 있다고 해도 과언이 아니다. 또한 이곳의 명물 무시스시蒸寿し는 얇게 썬 계란지단과 고명 등을 얹어 찐 초밥으로 화사하게 담겨져 나온다. 가격대가 다소 높은 편이지만 에도시대부터 계승되어온 전통의 맛을 경험해볼 수 있는 곳으로 추천한다.

주소 長崎県 長崎市 浜町 8-9 **문의** 095-821-0001 **운영시간** 11:00~15:00, 17:00~20:30 **휴무** 매주 월~화요일 / 8월 15일, 연말연시 **베스트메뉴** 욧소테이쇼쿠(吉宗定食) ¥2,750, 오히토리마에 ¥1,540 **찾아가기** 노면전차 칸코도오리(観光通り)역에서 하차 후 도보 2분 거리이다. **홈페이지** yossou.co.jp

두툼하고 부드러운 돈카츠 정식을 즐길 수 있는 ★★★★☆

분지로 文治郎 旭町店

여행자들 사이에 돈카츠 맛집으로 입소문을 탄 돈카츠전문점이다. 이곳 돼지고기는 전국에서 손꼽히는 군마현 산으로 상급 중 최고 품질인 퀸포크クイーンポーク를 사용해 두툼하고 부드러운 육즙이 특징이다. 주문은 입맛에 따라 등심카츠정식ロースかつ定食, 안심카츠ヒレかつ定食 중 선택한 뒤, 고기의 양과 품질을 결정하면 된다.

새우를 좋아한다면 새우튀김정식海老フライ定食을 선택하면 되는데, 기본 메뉴에 토핑 추가도 가능하다. 고기만큼이나 맛이 좋은 튀김옷은 두껍지 않지만 한 입 베어 문 순간 바삭함이 그대로 전해진다. 돈카츠를 맛있게 먹고 싶다면 특제 소스를 곁들이자. 테이블 위에 특제 소스가 담긴 항아리 2개가 있는데, 하나는 사과를 듬뿍 넣은 단맛 소스甘口ソース, 다른 하나는 벌꿀 맛을 더한 매운맛 소스辛口ソース이니 입맛에 따라 다양하게 즐겨보자. 함께 나온 밥, 양배추, 된장국은 무한 리필이 가능하며, 점심 시간대에 방문하면 저렴하게 맛볼 수 있으니 주머니 사정이 가벼운 여행자라면 이 시간대를 놓치지 말자.

주소 長崎県 長崎市 旭町 8-26 **문의** 095-862-8134 **운영시간** 11:30~15:30, 17:00~21:30 **휴무** 연중무휴 **가격대** ¥1,280~2,080 **귀띔한마디** 든든하게 먹고 싶다면 중사이즈(150g)을 추천한다 **찾아가기** JR나가사키(長崎)역 서쪽출구에서 도보 10분 거리이다. **홈페이지** bunjiro.jp

이국적 매력이 있는 사세보&하우스텐보스 여행

나가사키 시내에서 열차로 1시간 반 정도 떨어진 사세보는 1950년대 미해군기지가 들어서면서 미군을 비롯한 외국인들이 사는 마을이 되었다. 이는 음식과 유흥문화에도 많은 영향을 끼치게 되었는데 사세보버거와 레몬 스테이크, 외국인 바가 바로 그것이다. 또 중세 네덜란드 모습을 그대로 재현한 테마파크 하우스텐보스에서 이국적 매력을 즐기는 것도 놓치면 안 될 부분이다.

재즈의 밤을 즐기기 좋은 재즈스폿 이젤 JAZZ SPOT EASEL

사세보(佐世保)는 미해군기지가 주둔해 있는 군항도시로 많은 미군이 머무르면서 일찍부터 외국인 바를 비롯해 댄스홀과 클럽이 들어섰고, 곳곳에서 재즈라이브를 들을 수 있었다. 재즈스폿 이젤은 1973년 오픈한 오래된 재즈바로 지금도 비정기적으로 재즈라이브를 들을 수 있다. 겨우 스무 명 정도 들어갈 공간이지만 재즈라이브를 위한 음향시설과 4,000장의 LP판 그리고 1,000장의 CD들이 한쪽 벽면을 빼곡히 채우고 있다. 신청곡도 가능하므로 추억 속의 곡을 들으며 가볍게 한 잔 즐기며 쉬어가기 좋은 곳으로 추천한다.

주소 長崎県 佐世保市 下京町 3-1 2F **문의** 080-9265-9330 **운영시간** 19:00~23:30 **휴무** 매주 월요일 **가격** 음료 ¥600~ **찾아가기** JR사세보중앙(佐世保中央)역에서 도보 5분 거리이다.

외국인 바를 체험해볼 수 있는 그라모폰 グラモフォン, GRAMOPHONE

1950년대 사세보 밤거리는 리틀아메리카를 연상케 할 정도로 영어가 난무하고, 곳곳에 외국인 바들이 성행했다. 특히 사세보 사카에마치(栄町)에 위치한 그라모폰은 유명한 외국인 바로 미해군기지 관계자뿐만 아니라 세계 각국의 외국인들이 즐겨 찾는 곳이다.

바 내부 천장과 벽에는 세계 각국의 지폐들이 붙어 있고, 다양한 소품들이 일본이 아닌 이국적인 느낌을 물씬 풍긴다. 창업 당시에는 주문한 메뉴가 나오면 바로 바로 달러로 지불했다고 하는데, 지금도 외국인 바 중에는 달러 지불이 가능한 곳이 여전히 남아 있다. 영어를 못하더라도 이국적 정서에서 부담 없이 술 한 잔 즐길 수 있는 가게로 추천한다.

주소 長崎県 佐世保市 栄町 3-14 **문의** 095-625-2860 **운영시간** 19:00~01:00 **휴무** 매주 수요일 **가격** ¥650~ **찾아가기** JR사세보중앙(佐世保中央)역에서 도보 5분 거리이다. **홈페이지** gramophone.crayonsite.net

사세보의 소울푸드 사세보버거 맛집 히카리&로그킷 ヒカリ&LOGKIT

사세보는 미해군이 주둔하면서부터 다양한 미국문화가 유입되었고, 이는 이 지역 음식문화에도 많은 영향을 미쳤다. 그 중에서도 눈에 띄는 음식이 바로 사세보버거이다. 사세보버거의 시초는 미해군기지에서 흘러나온 조리법이었지만 지금은 사세보만의 레시피가 있을 정도이며, 이 지역 소울푸드로 시내에만 30여 곳의 버거 맛집이 있다. 그 중 유명한 두 곳을 소개한다.

히카리(ヒカリ)는 1951년 학생들을 대상으로 오픈한 버거집으로 저렴하게 수제버거를 즐길 수 있다. 살짝 구운 빵과 달달한 계란, 듬뿍 넣은 야채까지 한 끼 식사로도 넉넉하다. 또한 조미료를 많이 넣지 않아 원재료 본연의 맛을 제대로 느낄 수 있다. 반면 로그킷(LOGKIT)은 웨스턴풍 버거로 소고기 100%의 두툼한 패티에 베이컨, 야채 등의 재료를 가득 채워 버거 자체의 무게감부터가 엄청나다. 마요네즈 등의 소스로 식욕을 자극하는데 양이 많아 혼자 먹기에 부담스러울 정도이다. 히카리와 로그킷은 라이벌답게 각각 본점과 사세보역점이 근처에 있어 한꺼번에 맛을 비교해보기 좋다.

히카리(ヒカリ) 입구

히카리(ヒカリ) 버거

로그킷(LOGKIT) 입구

로그킷(LOGKIT) 버거

히카리 공통 가격 ¥480~ **홈페이지** hikari-burger.com

- **본점 주소** 長崎県 佐世保市 矢岳町1-1 **문의** 0956-25-6685 **운영시간** 10:00~17:00 **휴무** 매주 수요일 **찾아가기** JR 사세보중앙(佐世保中央)역에서 도보 15분 거리이다.
- **사세보 5번가점 주소** 長崎県 佐世保市 新港町 3-1 **문의** 0956-22-0321 **운영시간** 10:00~21:00 **휴무** 연말연시 **찾아가기** JR사세보(佐世保)역에서 도보 2분 거리이다.

로그킷 공통 홈페이지 web.logkit.co.jp

- **본점 주소** 長崎県 佐世保市 矢岳町 1-1 2F **문의** 0956-24-5034 **운영시간** 11:00~15:00 **휴무** 매주 월~화요일 **가격** 스페셜버거 ¥1,386 **찾아가기** JR사세보중앙(佐世保中央)역에서 도보 15분 거리이다.
- **사세보역점 주소** 長崎県 佐世保市 三浦町21-2 **문의** 0956-22-9000 **운영시간** 11:00~19:00 **휴무** 매주 목요일 **가격** 스페셜버거 ¥1,361 **찾아가기** JR사세보(佐世保)역에서 도보 1분 거리이다.

상큼하고 감칠맛 나는 레몬스테이크 하치노야 蜂の家 栄町店

1950년대 미해군과 함께 사세보로 유입된 음식문화는 조금씩 현지화됐는데 스테이크 요리도 그중 하나이다. 처음 전해진 스테이크는 일본인에게는 양이 많고 느끼한 음식이었지만 사세보 현지인들은 쇠고기를 철판요리처럼 얇게 썰고 레몬의 상큼한 맛을 낸 간장소스을 부어 구워 먹었다. 고기를 얇게 썰었기 때문에 뜨거운 철판 위에서 한두 번만 뒤집어줘도 바로 먹음직스럽게 익는다.

스테이크를 먹고 난 후에는 철판에 남은 달달한 간장소스에 밥을 비벼먹는 것이 사세보식 마무리이다. 사세보 시내에는 유명 레몬스테이크 맛집이 많은데 그중에서도 하치노야(蜂の家)를 추천한다. 하치노야의 레몬스테이크는 상큼하고 감칠맛이 도는 오리지널 레몬소스와 얇은 스테이크가 최고의 조합이다. 스테이크를 먹고 난 다음에는 커스터드크림, 사과, 바나나, 키위가 듬뿍 들어간 점보슈크림을 먹어보자. 만족감이 두 배로 커질 것이다.

주소 長崎県 佐世保市 栄町 5-9 **문의** 0956-24-4522 **운영시간** 런치 11:30~14:30, 카페 14:30~17:30, 디너 17:30~19:45 **베스트메뉴** 나가사키규 레몬스테이크 ¥2,600 **찾아가기** JR사세보중앙(佐世保中央)역에서 도보 5분 거리이다. **홈페이지** www.hachinoya.net

중세시기 네덜란드 풍경을 담은 하우스텐보스 Huis Ten Bosch

하우스텐보스(Huis Ten Bosch)는 중세 네덜란드의 모습을 그대로 재현한 테마파크이다. 네덜란드어로 '숲속의 집'을 뜻하는데 네덜란드 베아트릭스(Beatrix Wilhelmina Armgard) 여왕이 머물렀던 하우스텐보스궁전에서 따온 이름이다. 시설 내에는 아름다운 운하가 흐르고, 네덜란드를 연상시키는 풍차와 튤립이 거리를 장식하고 있다. 도쿄 디즈니리조트보다 1.5배가 넓으며 VR어트랙션, 공룡랜드, 3층 회전목마, 체험시어터 등 다양한 시설이 구비되어 있어 누구나 즐길 수 있으며 캐릭터샵과 미피카페, 호텔 등 개성 있는 편의시설도 갖추고 있다.

계절별 이벤트도 놓칠 수 없는데 튤립이나 장미축제와 같은 꽃축제는 물론 워터파크, 맥주&와인축제, 불꽃놀이, 일루미네이션 등 즐길거리로 넘쳐난다. 하우스텐보스는 볼거리가 다양하여 핵심시설만 둘러보아도 3~4시간이 족히 소요되기 때문에 시간적 여유를 가지고 즐겨야 한다. 제대로 하우스텐보스를 즐기려면 호텔에 머무르며 느긋하게 유럽의 세계를 만끽해보는 것도 좋은 방법이다. 이색호텔로서 로봇이 체크인해주는 헨나호텔 등 이 있다.

주소 長崎県 佐世保市 ハウステンボス町 1-1 **문의** 0570-064-110 **운영시간** 09:00~21:00(연장 시 ~22:00, 연중무휴) **입장료** **1DAY 패스포트** 성인 ¥7,400, 중고생 ¥6,400, 초등생 ¥4,800, 미취학 어린이 ¥3,700 **귀띔 한마디** 오후 3시 이후 입장 패스트포트와 1.5일과 2일 티켓도 따로 판매한다. 일정에 맞춰 알맞은 입장권을 구매하자. **찾아가기** JR하우스텐보스(ハウステンボス)역에 내리면 바로 보인다. 버스의 경우에도 하우스텐보스 정류장에 하차하면 된다. **홈페이지** korean.huistenbosch.co.jp

Chapter 13

오바마&운젠&시마바라

小浜&雲仙&島原

Obama&Unzen&Shimabara

★★★★☆
★★★☆☆
★★☆☆☆

오바마&운젠&시마바라지역은 나가사키 중심에서 다소 떨어진 온천마을로 이색적인 매력이 있는 곳이다. 오바마에서는 해변을 따라 해안성 온천이 발달하였고 일본에서 가장 긴 족욕탕을 만날 수 있다. 운젠에서는 운젠산을 중심으로 유황온천이 발달하였고 마치 지옥을 연상시키는 고온의 온천증기를 마을 곳곳에서 볼 수 있다. 물의 도시 시마바라는 마을로 깨끗한 용수가 흐르고 수로를 따라 잉어가 헤엄치는 평화롭고 정겨운 정취를 느낄 수 있다.

오바마&운젠&시마바라를 이어주는 교통편

- **오바마&운젠** 나가사키역 버스정류장에서 운젠행(雲仙行) 버스를 탑승하여 오바마나 운젠정류장에서 하차한다. 버스는 오바마(小浜)를 거쳐 운젠(雲仙)에 도착하며 오바마까지 1시간 20분(운임 ¥1,500), 운젠까지는 1시간 40분(운임 ¥1,850) 정도가 소요되고, 하루 3편 운행된다.
- **시마바라** 시마바라까지 가는 교통편은 세 가지가 있다.
  ① 버스 – 운젠에서 시마테츠버스 탑승 후 시마바라역앞(島原駅前) 정류장 하차(소요시간 45분, 운임 ¥850)
  ② 열차 – 나가사키역에서 JR열차 탑승 후 이사하야(諫早)역에서 시마바라철도(시마테츠)로 환승한 후 시마바라(島原)역에서 하차한다.(소요시간 1시간 30분~2시간, 운임 ¥1,940~2,810)
  ③ 페리 – 구마모토항에서 페리를 이용할 경우 시마바라항(島原港)으로 이동한 후(소요시간 30분, 운임 ¥1,500), 시마바라철도(시마테츠)를 이용하여 시마바라(島原)역에 하차한다.(소요시간 10분, 운임 ¥150)

오바마&운젠&시마바라에서 이것만은 꼭 해보자

- 오바마에서는 일본 최장의 유황온천 족욕탕을 경험해보자.
- 나미노유 아카네에서 바다전망과 함께 노천온천을 즐겨보자.
- 운젠지옥에서 뿜어져 나오는 고온의 온천증기를 눈으로 확인해보고, 장수에 좋은 온천계란을 맛보자.
- 물의 도시 시마바라에서 수로를 따라 헤엄치는 잉어를 만나보자.

사진으로 미리 살펴보는 오바마&운젠 베스트코스(예상 소요시간 5시간 이상)

부지런히 움직이면 오바마와 운젠은 하루 일정으로 소화할 수 있다. 일정은 오바마에서 시작한다. 오바마 버스터미널에서 오바마신사를 지나 마을 어귀로 들어가면, 조롱박모양의 작은 웅덩이에서 탄산이 솟는 신기한 광경을 볼 수 있다. 탄산천에 직접 손도 넣어 보길 바란다. 이후 오바마 명물 홋토홋토105로 향해 일본에서 가장 긴 노천온천 족욕탕을 만나자. 족욕 후에는 오바마 역사를 흥미롭게 전시한 자료관을 방문한 후 나미노유 아카네로 이동하여 바다 전망을 배경으로 노천온천을 즐겨보자. 아쉽지만 오바마 여행은 이쯤에서 끝내고 버스를 타고 운젠으로 향한다. 운젠에서 꼭 봐야 할 곳은 바로 운젠지옥이다. 매점에서 온천계란을 맛보는 것도 즐거운 경험이 된다. 시간적 여유가 있다면 근처 비드로미술관과 소지옥온천관을 묶어서 방문하는 것도 추천한다.

사진으로 미리 살펴보는 시마바라 베스트코스(예상 소요시간 4시간 이상)

시마바라 일정은 시마바라성부터 천천히 걸으며 마을구경으로 시작한다. 시마바라성에서는 시마바라의 난(島原の乱)에 대한 이야기를 들어보고, 주변의 멋진 전경을 감상하자. 이후에는 무사들 거주지였던 부케야시키로 이동한다. 시마바라에서의 점심은 원조 구조니를 먹을 수 있는 히메마츠야에서 해결하고, 간식은 하야메카와에서 칸자라시를 맛보자. 끝으로 유스이칸과 시메이소를 둘러보고, 유토로기 아시유에서 족욕으로 일정을 마친다.

Go!
도보 5분
도보 6분
도보 10분
도보 1분
도보 3분
시마바라성
40분 코스
부케야시키
40분 코스
히메마츠야(점심)
1시간 코스
유스이칸
30분 코스
시메이소
30분 코스
유토로기 아시유
20분 코스

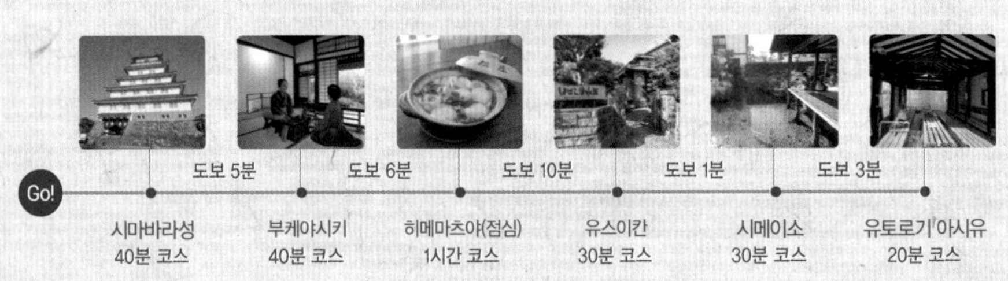

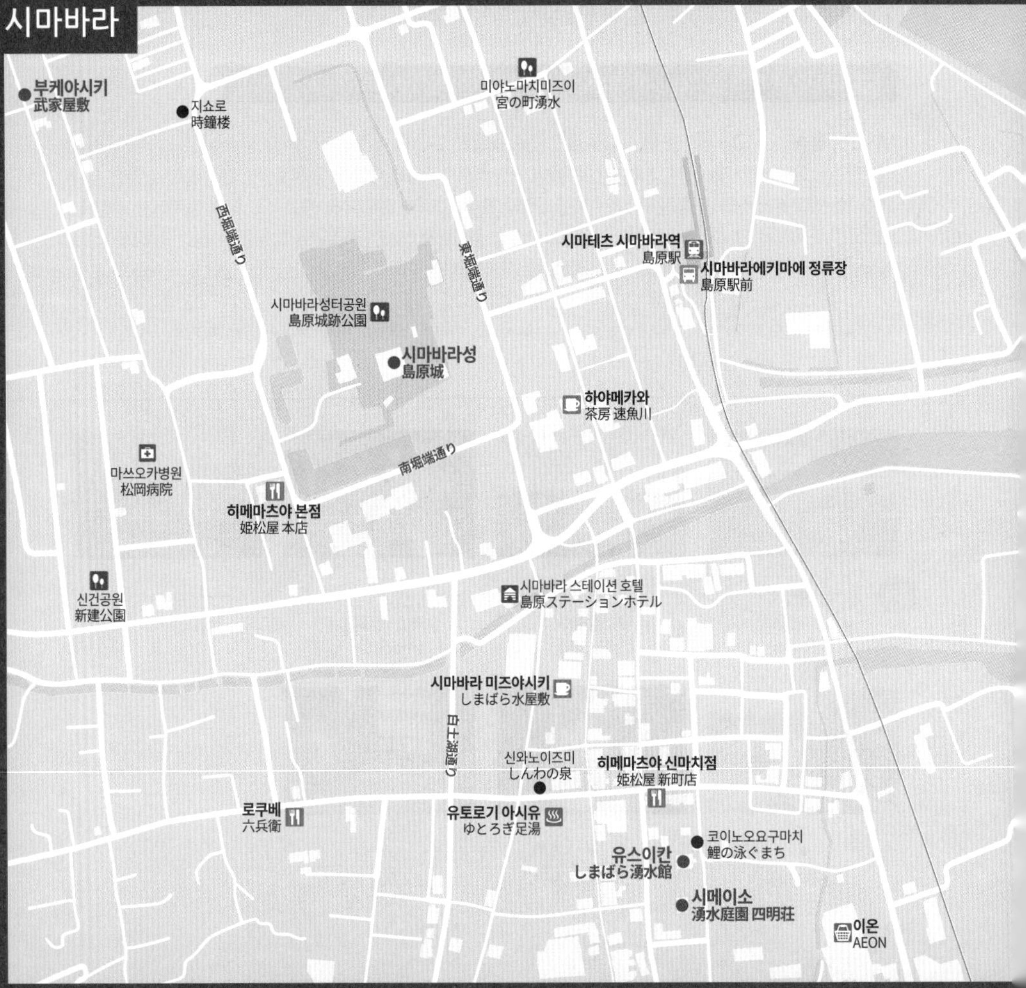
시마바라
부케야시키
武家屋敷
지쇼로
時鐘楼
미야노마치미즈이
宮の町湧水
西堀端通り
東堀端通り
시마테츠 시마바라역
島原駅
시마바라에키마에 정류장
島原駅前
시마바라성터공원
島原城跡公園
시마바라성
島原城
하야메카와
茶房 速魚川
南堀端通り
마쓰오카병원
松岡病院
히메마츠야 본점
姫松屋 本店
시마바라 스테이션 호텔
島原ステーションホテル
신건공원
新建公園
시마바라 미즈야시키
しまばら水屋敷
白土湖通り
신와노이즈미
しんわの泉
히메마츠야 신마치점
姫松屋 新町店
로쿠베
六兵衛
유토로기 아시유
ゆとろぎ足湯
코이노오요구마치
鯉の泳ぐまち
유스이칸
しまばら湧水館
시메이소
湧水庭園 四明荘
이온
AEON

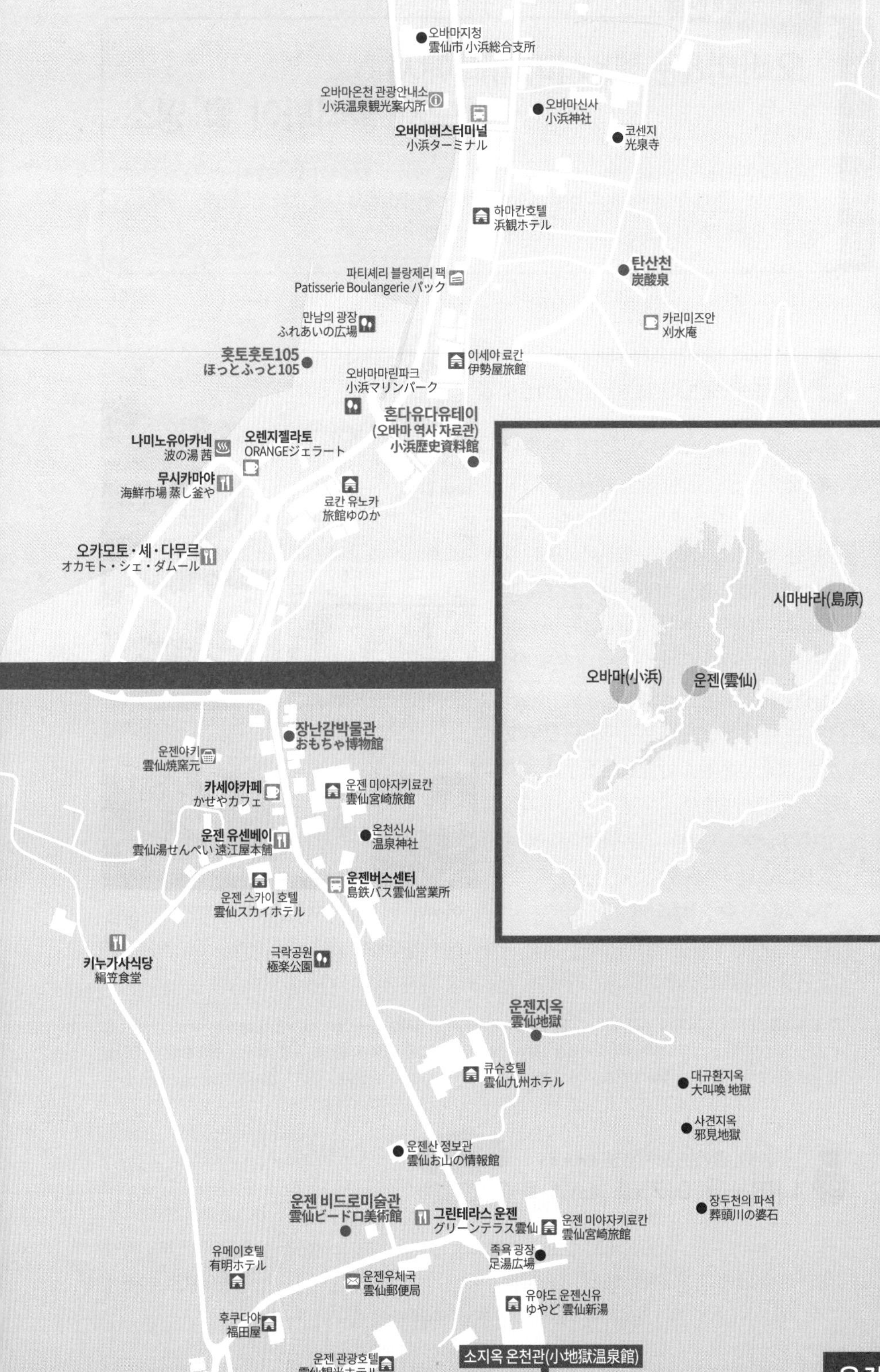

오바마
오바마지청
雲仙市 小浜総合支所
오바마온천 관광안내소
小浜温泉観光案内所
오바마버스터미널
小浜ターミナル
오바마신사
小浜神社
코센지
光泉寺
하마칸호텔
浜観ホテル
탄산천
炭酸泉
파티세리 블랑제리 팩
Patisserie Boulangerie パック
카리미즈안
刈水庵
만남의 광장
ふれあいの広場
훗토훗토105
ほっとふっと105
이세야 료칸
伊勢屋旅館
오바마마린파크
小浜マリンパーク
혼다유다유테이
(오바마 역사 자료관)
小浜歴史資料館
나미노유아카네
波の湯 茜
오렌지젤라토
ORANGEジェラート
무시카마야
海鮮市場 蒸し釜や
료칸 유노카
旅館ゆのか
오카모토・셰・다무르
オカモト・シェ・ダムール
시마바라(島原)
오바마(小浜)
운젠(雲仙)
장난감박물관
おもちゃ博物館
운젠야키
雲仙焼窯元
카세야카페
かせやカフェ
운젠 미야자키료칸
雲仙宮崎旅館
운젠 유센베이
雲仙湯せんぺい 遠江屋本舗
온천신사
温泉神社
운젠버스센터
島鉄バス雲仙営業所
운젠 스카이 호텔
雲仙スカイホテル
키누가사식당
絹笠食堂
극락공원
極楽公園
운젠지옥
雲仙地獄
큐슈호텔
雲仙九州ホテル
대규환지옥
大叫喚 地獄
사견지옥
邪見地獄
운젠산 정보관
雲仙お山の情報館
장두천의 파석
葬頭川の婆石
운젠 비드로미술관
雲仙ビードロ美術館
그린테라스 운젠
グリーンテラス雲仙
운젠 미야자키료칸
雲仙宮崎旅館
유메이호텔
有明ホテル
족욕 광장
足湯広場
운젠우체국
雲仙郵便局
유야도 운젠신유
ゆやど 雲仙新湯
후쿠다야
福田屋
운젠 관광호텔
雲仙観光ホテル
소지옥 온천관(小地獄温泉館)
운젠

Section 03

OBAMA&UNZEN&SHIMABARA

오바마&운젠&시마바라에서 반드시 둘러봐야 할 명소

오바마&운젠&시마바라지역은 각각 볼거리가 많아 하루 만에 다 둘러보기에는 무리가 있다. 적어도 1박 2일로 일정을 잡아 첫날에는 오바마&운젠지역을 여행하고, 둘째 날에는 시마바라지역을 여행하자. 지역별로 추천도를 표시하였으니 일정계획에 참고하면 좋을 것이다.

일본에서 가장 긴 노천족욕탕 ★★★★★

홋토훗토105 ほっとふっと105

추천 오바마지역

유황온천 냄새가 코를 자극하고 탁 트인 해안풍경이 장관인 이곳은 일본에서 가장 긴 족욕탕을 가진 홋토훗토105이다. 홋토훗토는 영어 'Hot Foot'를 일본어식으로 발음한 것이며, 숫자 105는 원천 온도와 105m의 족욕탕 길이를 의미한다. 오바마온천은 일본 전체 온천 중 열량과 온도면에서 1위를 자랑하는 곳으로 그대로 이용하기에는 너무 뜨겁기 때문에 유다나湯棚라고 하는 계단식 온천을 만들어 온천수가 계단을 타고 내려가면서 점차 온도가 내려가게 설계되어 있다. 따라서 족욕탕 시작점이 가장 뜨겁고 멀어질수록 미지근해진다.

족탕에는 지붕이 설치되어 있어 비오는 날에도 이용할 수 있다. 재미있는 것은 찜가마가 있어 달걀, 고구마, 옥수수, 해산물 등을 직접 가져오거나 매점에서 사서 바로 쪄먹을 수도 있다. 바다 전망 노천족욕탕에서 족욕도 즐기고, 마치 소풍 나온 것처럼 간식을 쪄먹으며 즐겨보자.

주소 長崎県 雲仙市 小浜町 北本町 905-71 **문의** 0957-74-2672 **운영시간** 4~10월 10:00~19:00(찜가마 ~18:30), 11~3월 10:00~18:00(찜가마 ~17:30) **휴무** 셋째 주 수요일, 1월 4~5일(비정기 휴일은 홈페이지에서 확인) **입장료** 없음 **귀띔 한마디** 반려동물을 위한 족탕도 마련되어 있다. **찾아가기** 오바마버스터미널(小浜バスターミナル)에서 도보 5분 거리이다. **홈페이지** obama.or.jp/hotfoot

바다에서 즐기는 노천온천 ★★★★★

나미노유 아카네 波の湯 茜

추천 오바마지역

최고의 바다전망을 가진 곳으로 출렁이는 파도소리를 들으며 노천온천을 즐길 수 있다. 바다가 바로 눈앞에 있어 손을 뻗으면 마치 닿을 것 같다. 예약식 전세탕으로 운영되므로 사전에 근처 카시키리온천 유아소비YUASOBI에서 이용 전날 또는 당일 예약하면 된다.

온천수는 염분성분이 강한 나트륨염화물 온천으로 탄력 있는 온천수질이 특징이며, 석양이 질 때쯤이면 운젠산맥을 배경으로 다치바나만橘湾의 황홀한 노을을 감상할 수 있다. 탈의실 내에 귀중품 보관함이 따로 없기 때문에 귀중품은 소지하지 않는 것이 좋으며, 세면 및 보디용품도 구비되어 있지 않으니 지참해야 한다.

주소 長崎県 雲仙市 小浜町 マリーナ 20 **문의** 0957-76-0883 **운영시간** 10:00~23:00(접수마감 22:00) **입장료** 전세탕 50분 ¥3,000(4명까지) **귀띔 한마디** 카시키리온천 YUASOBI(貸切温泉YUASOBI)에서 이용 전날 또는 당일 예약해야 한다. **찾아가기** 오바마버스터미널(小浜バスターミナル)에서 도보 7분 거리이다. **홈페이지** obama.or.jp/onsen/naminoyu-akane

오바마의 역사를 흥미롭게 구성한 ★★★★☆ **오바마지역**

혼다유다유테이(오바마역사자료관) 本多湯太夫邸(小浜歴史資料館)

온천욕 후 산책을 겸해 들러볼 만한 역사자료관으로 오바마마을 역사와 풍경을 흥미롭게 전시한 곳이다. 자료관은 혼다유다유本多湯太夫의 저택 터에 조성되었으며, 유다유전시관과 역사자료전시관 2동으로 나뉘어 운영된다. 유다유전시관으로 들어서면 만나는 목상이 혼다유다유이다. 그는 1614년 시마바라번 영주를 따라 오바마로 이주하여 유다유湯太夫라는 칭호를 받고 집안대대로 오바마온천을 관리하며 온천 발전에 공헌한 인물이다. 유다유전시관은 오바마 도자기와 관련된 물품들이 보존되어 있다.

역사자료관은 옛 마을 풍경을 모형으로 재현 전시하는데, 1920년대 오바마철도 오바마히젠역의 모습과 손님을 기다리다 졸고 있는 온천주인장의 모습 등이 익살스럽게 표현되어 있다. 정문 앞에는 105도의 뜨거운 온천증기가 가끔 뿜어져 나오는데 운이 좋으면 그 모습을 볼 수 있다.

주소 長崎県 雲仙市 小浜町 北本町 923-1 **문의** 0957-75-0858 **운영시간** 09:00~18:00 **휴무** 매주 화요일 및 연말연시 **입장료** 초등생 이상 ¥100 **찾아가기** 오바마버스터미널(小浜バスターミナル)에서 도보 5분 거리이다. **홈페이지** instagram.com/yudayutei_obama

오바마 탄산천 용출지 ★★★☆☆

탄산천 炭酸泉 오바마지역

오바마 골목 안쪽에는 조롱박모양의 작은 웅덩이에서 탄산천이 솟는 곳이 있다. 거품이 보글보글 끓어오르기 때문에 얼핏 뜨거워 보이지만 손을 넣어보면 차다고 느껴지는 21~27도 사이의 냉천이다. 지하에서 솟아나기 때문에 지하수라고 부르기도 한다. 탄산천 근처에 다가가면 유황냄새를 맡을 수 있으며 철분과 탄산 성분도 포함되어 있어 마셔보면 부드러운 유황의 향기와 약간의 탄산 자극이 느껴진다. 예전에는 주변 온천료칸에서 이 탄산수를 고객에게 제공하기도 하였다고 한다. 근처 카페 겸 숍인 카리미즈안刈水庵과 함께 들러보기에 좋다.

카페 겸 숍 미즈안(刈水庵)

카페 겸 숍 미즈안(刈水庵)

주소 長崎県 雲仙市 小浜町 刈水 **문의** 0957-65-5540 **운영시간** 24시간 **입장료** 무료 **귀띔 한마디** 카리미즈안은 탄산천에서 마을방향으로 조금만 더 올라가면 만날 수 있다. 1층에는 식기와 공예품 등을 취급하고 있으며 2층은 카페로 운영하고 있다. 카페 운영시간은 11:00~17:00(매주 화~목요일 휴무)이다. **찾아가기** 오바마버스터미널(小浜バスターミナル)에서 도보 5분 거리이다.

고온의 온천증기가 지옥을 연상케 하는 ★★★★★

운젠지옥 雲仙地獄 운젠지역

지옥이 있다면 이런 모습이지 않을까 하는 곳으로 여기저기에서 고온의 온천증기가 수시로 뿜어져나오고, 강한 유황냄새가 코끝을 자극한다. 이 하얀 수증기 정체는 다치바나만橘湾 해저의 마그마가 일으킨 고온의 고압가스가 암반 틈을 통해 솟구치면서 지하수와 뒤섞여 생성된 것이다. '슈슈' 소리를 내며 내뿜는 증기의 최고 온도는 120도가 넘는다고 한다. 운젠지옥에는 나무

데크로 조성된 산책로가 있어 그 길을 따라가며 모락모락 피어오르는 지옥온천을 가까이에서 살펴볼 수 있다. 가장 온천증기가 많이 솟아나는 곳에는 전망대가 설치되어 있어 가까이에서 관찰 가능하며 기념촬영도 할 수 있다.
산책로 도중에는 운젠지옥공방雲仙地獄工房이 있는데, 운젠지옥 수증기로 찐 계란과 고구마 등을 맛볼 수 있다. 전해지는 이야기로는 온천계란 1개는 1년, 2개는 2년, 3개를 먹으면 오래 장수한다고 한다. 계란만 먹으면 목이 메이므로 온천 레몬레이드를 함께 마시는 것도 좋다. 한편 이곳에는 에도시대 크리스찬 순교지를 알리는 순교기념비도 세워져 있다.

주소 長崎県 雲仙市 小浜町 雲仙 **문의** 0957-73-3434 **운영시간** 24시간(연중무휴) / **운젠지옥공방** 10:00~16:00 **입장료** 무료 **귀띔 한마디** 온천계란은 2개에 ¥200이고, 온천레몬레이드는 ¥300이다. **찾아가기** 버스정류장 운젠(雲仙)에서 도보 2분 거리이다.

천연유황온천을 즐기자 ★★★★★ 운젠지역 추천

소지옥온천관 小地獄温泉館

온천마을에서는 다소 떨어져 있으나 숨겨진 명탕으로 방문해볼 것을 권하는 천연온천이다. 소지옥온천관은 1731년 개설하여 300여 년의 세월동안 많은 이들의 사랑을 받아왔다. 목조건물에 천연온천이라고 적힌 노렌暖簾을 젖히고 안으로 들어가면, 연세 지긋한 주인이 매점에 앉아 안내한다. 온천이용료는 입구 자판기에서 티켓으로 구매하면 된다.

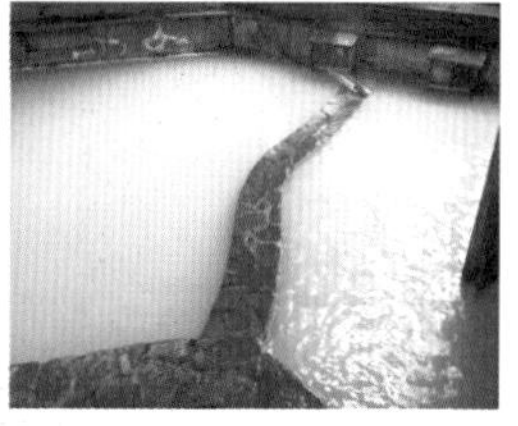

온천은 단순 유황온천으로 온천에 몸을 담그면 몸이 보이지 않을 정도로 불투명하며 수질이 부드러워 온천 후 피부가 당기는 느낌이 없고 매끈해진다. 탕 온도에 따라 뜨거운 곳과 미지근한 곳으로 나뉘며 온천수가 떨어지는 곳에서는 천연마사지도 받을 수 있다. 노천온천은 아니

지만 자연산장에 와 있는 듯한 느낌이며, 온천 후 찜질방처럼 따끈한 휴게소에서 노곤한 몸을 잠시 쉬며 눈을 붙이거나 간식거리를 사 먹을 수 있다. 온천탕에는 많지는 않지만 샴푸와 바디워시가 놓여 있고, 탈의실에는 헤어드라이기가 한두 개 놓여 있다. 타월은 제공되지 않으므로 개별적으로 지참하자.

주소 長崎県 雲仙市 小浜町 雲仙 500-1 **문의** 0957-73-3273 **운영시간** 09:30~19:00 **휴무** 매주 수요일 **입장료** 성인 ¥500, 초등생 이하 ¥250 **찾아가기** 버스정류장 운젠(雲仙)에서 도보 15분 , 료칸 세이운소(青雲荘)에서 도보 3분 거리이다. **홈페이지** seiunso.jp/kojigoku

아름다운 유리공예전시관 ★★★★☆ 운젠지역

운젠 비드로미술관 雲仙ビードロ美術館

일본에 유리 가공기술이 유입된 것은 외국과 교역이 허용된 나가사키로부터 였다고 한다. 비드로ビードロ, Vidro는 '유리'를 뜻하는 포르투갈어로, 운젠 비드로 미술관은 이와 관련하여 에도시대 유리공예와 19세기 보헤미안 유리공예 골동품컬렉션을 전시하고 있다. 1층은 유리공예 관련 상품판매 및 공방체험을 할 수 있는 공간으로 꾸며져 있으며, 2층이 전시실로 운영된다.

전시실에서는 다이아몬드처럼 귀하게 여겼던 에도시대 유리작품 기야망비드로ギヤマン ビードロ과 데지마를 통해 들어온 유럽의 유리공예, 화려한 오일램프 등을 감상할 수 있다. 마치 비드로 미술관은 골동품전시관처럼도 느껴지기도 하는데 보기 드문 나베시마鍋島와 고이마리古伊万里 도자기를 볼 수 있는가 하면, ¥100짜리 동전을 넣으면 웅장한 오르골연주를 들을 수 있는 시계 형태의 영국제 오르골도 만날 수 있다.

주소 長崎県 雲仙市 小浜町 雲仙 320 **문의** 0957-73-3133 **운영시간** 09:30~17:00 **휴무** 매주 수요일 **입장료** 성인 ¥700, 중고생 ¥500, 초등생 ¥300, 유아 무료 **귀띔 한마디** 유리공방에서는 시간대에 따라 다양한 유리공예체험이 가능하다. 접수는 오후 4시까지이며, 비용은 ¥1,700~2,000 선이다. **찾아가기** 버스 운젠(雲仙) 정류장에서 도보 2분 거리이다. **홈페이지** unzenvidro.weebly.com

어린 시절 추억에 잠기는 ★★★★☆ 운젠지역

장난감박물관 おもちゃ博物館

운젠온천 중심가에 위치한 장난감박물관으로 복고풍 완구를 전시 및 판매하는 곳이다. 1층은 어린 시절 부모님에게 사달라고 떼써봤을 법한 옛날과자와 장난감들을 판매하는 완구점으로 입장료 없이 자유롭게 구경할 수 있다. 요즘은 보기 힘든 희귀한 장난감을 저렴하게 구매할 수 있으므로 그 시절 향수가 있다면 한두 개 골라보는 것도 좋다.
2층은 장난감박물관으로 5,000여 점의 장난감이 빽빽하게 천장까지 전시되어 있다. 울트라맨 가면, 딱지, 요요, 스티커, 막과자 등 발을 디딘 순간부터 어린 시절로 돌아간 듯한 착각이 드는 곳이다. 박물관은 유료시설인데, 박물관으로 올라가는 계단 옆에 마련된 동전상자에 돈을 넣고 자유롭게 들어가면 된다.

주소 長崎県 雲仙市 小浜町 雲仙 310 **문의** 0957-73-3441 **운영시간** 10:00~17:30 **휴무** 부정기적 **입장료** 완구점 무료, 박물관 ¥200 **찾아가기** 버스 운젠(雲仙) 정류장에서 도보 3분 거리이다.

다양한 이야기가 전해지는 성 ★★★☆☆

시마바라성 島原城 시마바라

멀리 아리아케해有明海를 배경으로 우뚝 솟은 하얀 시마바라성은 에도시대 시마바라번 영주 마츠쿠라 시게마사松倉重政가 7년간에 걸쳐 축성한 성이다. 이 성을 축조하는 과정에서 무리한 노역과 세금부과로 민초들의 원성을 샀으며, 비슷한 시기 잔인한 천주교도 탄압까지 자행되면서 민란이 일어나기도 하였다. 성 주변에 시마바라의 난을 이끌었던 소년 아마쿠사 시로天草四郎의 동상과 기리시탄묘비キリシタン墓碑가 세워져 있는 것은 이와 관련이 있다. 한편 5층 5단의 천수각에서는 탁 트인 바다를 전경으로 시마바라 시내를 파노라마로 전망할 수 있으며, 기리시탄 자료와 향토•민속자료 등

을 살펴볼 수 있다. 봄철에는 매화와 벚꽃을 구경할 수 있는 꽃놀이 명소이기도 하다.

주소 長崎県 島原市 城内 1-1183-1 **문의** 0957-62-4766 **운영시간** 09:00~17:30(연중무휴) **입장료** 성인 ¥700, 초중고생 ¥350 **귀띔 한마디** 1871년 시마바라성은 메이지유신에 의해 민간에 매각되고 해체되었지만, 시마바라 주민들의 노력으로 1964년 현재의 모습으로 복원되었다. **찾아가기** 시마바라철도 시마바라(島原)역에서 도보 10분 거리이다. **홈페이지** shimabarajou.com

아름다운 연못이 있는 물의 정원저택 ★★★★☆ 시마바라 추천

시메이소 湧水庭園 四明荘

물의 도시 시마바라의 풍부한 샘물을 이용하여 조성한 아름다운 물의 정원을 가진 저택이다. 메이지 후기에 별장으로 지어졌으며, 사방의 풍경이 뛰어나다 하여 시메이소四明荘 라고 불렸다. 저택 안에는 소나무, 단풍나무 등이 운치 있는 작은 정원과 형형색색의 잉어가 헤엄치는 연못이 있다. 시메이소의 매력은 연못이 바라다 보이는 툇마루에 앉아 시간의 흐름을 잠시 잊고 고요히 녹차 한잔을 음미할 수 있다는 것이다. 입장료에는 녹차 한 잔이 포함되어 있으며, 기모노를 입은 여주인이 친절하게 녹차를 내어준다. 시메이소의 크고 작은 3개 연못에서는 하루 약 3,000톤의 물이 솟아 나오고 있으며 국가등록유형문화재로도 지정되었다.

주소 長崎県 島原市 新町 2 **문의** 0957-63-1121 **운영시간** 09:00~17:30(연중무휴) **입장료** 성인 ¥400, 초중고생 ¥200 **귀띔 한마디** 시마바라메구린티켓(しまばらめぐりんチケット)으로 시마바라성 천수각과 시메이소 입장이 가능하다. **찾아가기** 시마바라철도 시마바라(島原)역에서 도보 10분 거리이다.

사무라이들이 몰려 살던 저택단지 ★★★★☆

부케야시키 武家屋敷 시마바라

시마바라성 축성 당시 조성된 곳으로 쌀 70석 이하 중하급 무사들이 거주하던 곳이다. 당시 700여 채가 모여 살았다고 하며, 전쟁 중에는 총으로 무장한 보병부대가 거주하던 곳이라 총포마을을 의미하는 텟포마치鉄砲町라고도 불렸다. 토리타저택鳥田邸, 시노즈카저택篠塚邸, 야마모토저택山本邸 등을 관람할 수 있는데, 내부는 당시 사무라이들의 생활상을 소품과 인형들로 재현하고 있다.

부케야시키로 향하는 길 중앙에는 수로가 길게 나있는데 기분 좋게 하는 물소리와 풀로 덮인 돌담이 평화롭고 정겨운 정취를 풍긴다. 수로는 샘물을 끌어온 것이며 당시 마을의 주요 생활용수로 사용되었다고 한다.

주소 長崎県 島原市 下の丁 문의 0957-63-1087 운영시간 09:00~17:00 입장료 무료 찾아가기 시마바라철도 시마바라(島原)역에서 도보 15분 거리이다.

샘물이 흐르는 휴게소 ★★★☆☆ 시마바라

시마바라 유스이칸 しまばら湧水館

시마바라 샘물의 명소 '잉어가 헤엄치는 마을' 코이노오요구마치鯉の泳ぐまち에 있는 무료 휴게소이다. 샘물이 흐르는 소리를 들으며 느긋이 쉬어갈 수 있다. 코이카페 유스이칸Koiカフェ ゆうすい館도 운영하고 있어 시마바라의 명물인 쌀경단 칸자라시寒ざらし를 포함한 디저트를 맛볼 수 있다. 주말에는 직접 칸자라시 만들기 체험도 해볼 수 있다. 만드는 방법은 간단한데, 찹쌀을 손으로 둥글둥글 굴려 경단을 만들고 그것을 시원한 시마바라 샘물로 식힌 다음 지역특산 꿀을

넣어 단맛을 가미하기만 하면 된다. 예약은 3일 전까지 전화로 가능하며, 주말 10시와 14시 중 선택할 수 있다.

주소 長崎県 島原市 新町 2-122 문의 0957-62-8102 운영시간 09:00~17:30 입장료 무료 귀띔 한마디 칸자라시 만들기 체험은 1일 2회 진행하며 3일 전까지 사전예약이 필요하다. 체험비는 ¥1,000, 소요시간은 30분 정도이다. 찾아가기 시마바라철도 시마바라(島原)역에서 도보 10분 거리이다.

접근성이 좋은 시내 무료족욕탕 ★★★★☆ 시마바라

유토로기아시유 ゆとろぎ足湯

시마바라온천수가 흐르는 족욕탕으로 24시간 이용이 가능하다. 길게 뻗어 있어 최대 20여 명이 동시에 이용할 수 있으며 현지 주민들이 삼삼오오 모여 발을 담그며 쉬어 가는 곳이다. 시마바라 온천수는 뜨끈한 편이며, 피부를 부드럽게 해주고 특히 상처나 피부병, 만성소화질환에 효과가 있는 것으로 알려져 있다. 근처에 물의 저택으로 유명한 시메이소와 유스이칸이 있으므로 일정 중 지친 발을 쉬어가기 좋은 곳으로 추천한다.

주소 長崎県 島原市 堀町 171 문의 0957-63-1111 운영시간 24시간 입장료 무료 귀띔 한마디 08:30~09:30 사이에는 욕탕청소를 한다. 찾아가기 시마바라철도 시마바라(島原)역에서 도보 15분 거리 또는 시마테츠버스터미널(島鉄バスターミナル)에서 도보 6분 거리이다.

Section 04

OBAMA&UNZEN&SHIMABARA

오바마&운젠&시마바라에서 반드시 먹어봐야 할 먹거리

오바마&운젠&시마바라는 작은 온천마을이지만 명물요리와 향토요리가 발달한 곳이다. 오바마에서는 온천가마솥 찜요리를 맛보고, 바다에서 난 소금으로 만든 소금우유젤라토를 맛보자. 운젠에서는 운젠하야시와 짬뽕, 온천전병을 맛봐야 하며, 시마바라에서는 일본식 떡국인 구조니, 고구마소바 로쿠베, 깨끗한 용수로 만든 칸자라시 등을 놓치지 말자.

온천 가마솥 찜요리 ★★★☆☆ 오바마지역

무시카마야 海鮮市場 蒸し釜や

오바마해변에 위치한 가마솥 찜요리 식당으로 신선한 해산물, 어패류, 돼지고기, 야채 세트 등 식재료를 골라 온천가마솥 찜요리를 해먹을 수 있는 곳이다. 이용하는 방법은 먼저 식재료부터 골라 카운터에서 결제를 한 후 식재료를 밖에 있는 가마찜 담당자에게 전달하면 된다. 식재료가 익는 시간에 따라 타이머를 주는데, 타이머 벨이 울리면 찾으러 가면 된다. 찜 요리시간은 보통 10분 이상 소요되니 참고하자.

해산물류는 다소 금액대가 있으므로 부담스럽다면 메인으로 정식요리를 주문하고, 사이드로 찜요리 재료를 선택하는 것이 좋다. 정식요리로는 해산물덮밥海鮮丼, 튀김정식天ぷら定食 등이 있다. 메뉴판에는 한글도 함께 기재되어 있어 주문할 때 고민하지 않아도 된다.

주소 長崎県 雲仙市 小浜町 マリーナ 19-2 **문의** 0957-75-0077 **운영시간** 런치 11:30~15:00, 디너 17:30~22:00 **휴무** 비정기적 **가격** ¥1,320~ **찾아가기** 오바마버스터미널(小浜バスターミナル)에서 도보 7분 거리이다. **홈페이지** musigamaya.com

소금우유맛 젤라토가 맛있는 ★★★☆☆ 오바마지역

오렌지젤라토 オレンジ ジェラート, ORANGE GELATO

바다 위 노천온천으로 유명한 나미노유 아카네波の湯 茜 근처에 위치한 젤라토카페로 탁 트인 바다전망은 덤으로 즐길 수 있는 곳이다. 이곳의 명물은 소금우유맛 젤라토로 오바마에서 생산된 천연소금과 우유를 섞어 만든 아이스크림이

다. 진한 바닐라아이스크림 맛과 짭짤한 소금맛이 어울려 단맛을 더 강하게 느낄 수 있다. 온천 후 땀으로 배출된 염분은 소금우유맛 젤라토를 먹으며 재충전하기 좋다. 이 젤라토는 전병 사이에 넣어 먹는 유센베이아이스湯せんべいアイス도 맛있는데, 바삭한 전병의 식감과 짭조름한 아이스크림이 아주 잘 어울린다. 커피를 주문하면 라테아트로 커피 위에 오바마온천마크를 그려서 내어주기도 한다.

주소 長崎県 雲仙市 小浜町 マリーナ 20-3 **문의** 0957-75-0883 **운영시간** 10:00~19:00 **가격** 젤라토 싱글 ¥450, 더블 ¥550, 커피 ¥400~, 유센베이아이스 ¥300 **찾아가기** 오바마버스터미널(小浜バスターミナル)에서 도보 7분 거리이다. **홈페이지** orangebay.jp/gelato

오바마 원조 빵과 다양한 케이크를 맛볼 수 있는 ★★★★☆ 오바마지역

오카모토·쉐·다무르 オカモト・シェ・ダムール 추천

오바마출신의 오카모토씨 부부가 운영하는 개인 제과점이다. 베이커리에 대한 고집과 열정으로 이곳에서만 맛볼 수 있는 원조 빵과 케이크들이 다양하다. 오바마 명물 쿠루쿠루롤케이크くるくるロールーキ와 온천만쥬, 푸딩, 케이크 등 메뉴 하나하나가 개성이 넘쳐 한 가지만 골라 먹기에는 아쉬울 정도이다. 1층은 베이커리 중심의 판매점이고, 2층이 케이크와 드링크를 즐길 수 있는 카페로 이용된다.

2층 카페는 바다전망으로 테라스석도 마련되어 있어 탁 트인 곳에서 케이크세트를 먹으며 재충전의 시간을 가질 수 있다. 케이크와 드링크를 무제한으로 먹을 수 있는 바이킹 메뉴도 준비되어 있다.

쿠루쿠루롤케이크(くるくるロールケーキ)

주소 長崎県 雲仙市 小浜町 マリーナ 18-1 **문의** 0957-74-5288 **운영시간** 10:00~12:00, 13:00~18:00 **휴무** 매주 화요일 **베스트메뉴** 케이크세트 ¥1,100, 케이크 및 드링크 무제한세트 ¥4,180 **찾아가기** 오바마버스터미널(小浜バスターミナル)에서 도보 7분 거리이다. **홈페이지** www.okamotochezdamour.jp

운젠하야시와 짬뽕을 맛볼 수 있는 ★★★★☆

키누가사식당 絹笠食堂 운젠지역

부부가 운영하는 작은 식당인데, 아는 사람만 아는 현지인 맛집으로 운젠카레와 짬뽕을 맛볼 수 있다. 운젠은 예로부터 나가사키항을 통해 들어온 외국인들이 휴가를 보내는 피서지로 유명했던 곳이다. 그래서 외국인 입맛에 맞게 데미글라스소스를 활용하여 만든 것이 운젠하야시라이스雲仙ハヤシライス이다. 이 식당에서는 운젠하야시를 정통의 맛으로 즐길 수 있다. 특히 밥 대신 면을 넣은 이색적인 하야시짬뽕ハヤシちゃん도 있다. 톡 쏘는 운젠사이다와 함께 운젠하야시를 즐겨보자.

운젠은 버섯이 유명한데, 이 버섯을 듬뿍 넣은 나바짬뽕茸ちゃんぽん이 일본방송에 소개되면서 호평을 얻고 있다. 저녁 늦게까지 운영하므로 근처 숙소에 머문다면 이자카야 대신 들러도 좋다. 선술집 메뉴도 준비되어 있으며 요청 시 한글메뉴판도 가져다준다.

주소 雲仙市 小浜町 雲仙 376 **문의** 0957-73-3491 **운영시간** 11:00~21:00 **휴무** 부정기적 **가격** ¥650~ **찾아가기** 버스 운젠(雲仙) 정류장에서 도보 4분 거리이다.

온천전병 전문점 ★★★☆☆ 운젠지역

운젠 유센페이 雲仙湯せんぺい 遠江屋本舗

운젠 온천마을 중심가에 있는 전병가게로 가게 근처만 가도 갓 구운 전병의 구수한 냄새가 풍긴다. 유센페이라고 부르는 이 전병은 운젠을 대표하는 명물과자로 메이지시대 시마바라번 영주 마츠다이라 타다카즈松平忠和에게 간식으로 진상하기 위해 만들어진 몸에 좋은 과자라 한다. 얇고 바삭한 식감의 이 전병은 옛날 방식 그대로 밀가루, 계란, 설탕을 넣고 운젠온천수로 반죽을 하여 금속틀에서 한장 한장씩 구워낸다. 시식으로 한두 장만 사먹어 볼 수도 있고, 소프트아이스크림에 전병을 얹은 콘메뉴로도 즐길 수 있다. 입맛에 맞는다면 종이박스에 담긴 선물용 전병을 사가도 좋다.

주소 長崎県 雲仙市 小浜町 雲仙 317 **문의** 0957-73-2155 **운영시간** 08:30~19:00 **휴무** 매주 목요일 **베스트메뉴** 온천전병 1개 ¥100 **찾아가기** 버스 운젠(雲仙) 정류장에서 도보 1분 거리이다. **홈페이지** www.unzen-yusenpei.com

운젠 지옥 산책 후, 여유로운 티타임을 즐기자 ★★★☆☆

카세야카페 かせやカフェ 운젠지역

과거 여관을 운영하며 아침식사로 제공했던 빵이 큰 인기를 끌면서, 베이커리카페로 변신한 곳이다. 주인아저씨의 뛰어난 빵 굽는 솜씨 덕분에 한때는 오후가 되기 전에 인기 있는 빵이 모두 품절될 정도로 사랑받았다.

최근 주인장의 건강상 이유로 빵을 더 이상 굽지는 않지만, 여전히 아늑한 카페 공간에서 맛있는 토스트와 음료를 즐길 수 있다. 여관시절 따뜻한 흔적이 남아 있는 이곳에서, 운젠지옥 산책 후 피로를 풀며 여유로운 티타임을 가져보자.

주소 長崎県 雲仙市 小浜町 雲仙315 **문의** 0957-73-3321 **운영시간** 10:00~16:00 **휴무** 매주 수요일, 목요일 **가격** ¥190~500
찾아가기 버스 운젠(雲仙) 정류장에서 도보 2분 거리이다.

잔디 위 서양식 레스토랑 ★★★☆☆ 운젠지역

그린테라스 운젠 グリーンテラス雲仙

운젠 온천마을 중심가에서 살짝 떨어진 그린테라스는 운젠산을 배경으로 푸른 잔디 위에 펼쳐진 서양식 레스토랑이다. 운젠 출신 셰프가 신선한 현지 식재료를 사용하여 풍미가 좋은 서양요리를 제공한다. 대표메뉴는 운젠규오무하야시雲仙牛オムハヤシ로 기존 운젠하야시雲仙ハヤシ에 4종류의 치즈를 가미한 오믈렛을 얹어 부드러운 맛이 일품이다. 그밖에도 운젠규를 와인과 함께 푹 끓인 비프스튜도 추천한다. 식사 후에는 레스토랑 맞은편에 위치한 자매 커피숍 마르

코카페Marco's Cafe에서 음료를 테이크아웃하여 테라스 옆에 마련된 무료족욕탕에서 한가로운 한때를 즐겨보자.

주소 長崎県 雲仙市 小浜町 雲仙 320 **문의** 0957-73-3277 **운영시간** 11:00~15:30 **휴무** 매주 수요일(부정기 휴무) **가격** 운젠오무하야시 ¥1,800, 운젠규하야시&비프시츄오므라이스 ¥1,980 **귀띔 한마디** 테라스석에는 애견 동반이 가능하다. **찾아가기** 버스 운젠(雲仙) 정류장에서 도보 5분 거리이다. **홈페이지** greenterrace-unzen.jp

시마바라의 명물, 원조 구조니 맛집 ★★★★☆

히메마츠야 姫松屋 시마바라

시마바라 향토음식인 구조니具雑煮 원조 맛집이다. 구조니는 일본식 떡국인데 쫄깃한 한국의 떡과 달리 물컹하고 부드러운 것이 특징으로 버섯, 야채, 어묵, 해산물 등을 넣고 끓여 시원한 맛을 낸다. 구조니는 시마바라에서도 우리처럼 정월이나 특별한 날에 먹는다. 구조니가 시마바라의 명물이 된 것은 '시마바라의 난'과 연관이 있다. 17세기 천주교탄압으로 농민 봉기가 일어났는데, 당시 결사항전을 벌이면서 군량으로 저장하였던 떡과 산과 바다에서 난 재료들을 모두 넣고 끓인 것이 그 시작이었다는 이야기가 전해진다. 히메마츠야는 1813년 창업하여 200년 이상 전통 구조니의 맛을 이어오고 있으며, 시마바라성 앞에 본점이 있고 신마치新町에 분점을 두고 있다.

공통 베스트메뉴 구조니 ¥1,200 **홈페이지** www.himematsuya.jp

본점 **주소** 長崎県 島原市 城内 1-1208-3 **문의** 0957-63-7272 **운영시간** 11:00~19:00 **찾아가기** 시마바라철도 시마바라(島原)역에서 도보 7분 거리이다.

신마치점 **주소** 長崎県 島原市 新町 1-220 **문의** 0957-62-3775 **운영시간** 10:30~18:00 **휴무** 매주 목요일 **찾아가기** 시마바라철도 시마바라(島原)역에서 도보 10분 거리이다.

신마치점

고구마소바 맛집 ★★★★☆

로쿠베 六兵衛 시마바라

시마바라 향토음식에는 로쿠베六兵衛도 있다. 로쿠베는 고구마소바라고 할 수 있는데, 고구마가루에 점성이 있는 산마를 섞어 반죽한 후 면을 뽑아 쪄낸 것이다. 면은 쪄내는 과정에 짙은 갈색으로 변하게 되며 은은한 단맛이 난다. 1792년 시마바라에서는 자연재해로 인해 대기근에 시달렸다. 당시 먹을 것이라고는 고구마밖에 없었는데, 로쿠베라는 사람이 고구마를 이용하여 국수형태로 만들어 먹은 것이 로쿠베의 탄생의 일화로 전해진다. 로쿠베는 일본 인기만화 '아빠는 요리사クッキングパパ'에도 소개된 적이 있으며, 취향에 따라 토핑으로 어묵, 튀김, 참마 등에서 선택할 수 있다.

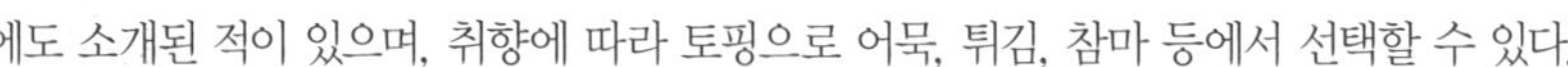

주소 長崎県 島原市 萩原1-5916 **문의** 0957-62-2421 **운영시간** 11:00~23:00 **휴무** 매주 화요일 **베스트메뉴** 로쿠베 ¥700~ **찾아가기** 시마바라철도 시마바라(島原)역에서 도보 12분 거리이다.

오래된 철물점카페 ★★★★★ 시마바라

하야메카와 茶房 速魚川

규슈의 오래된 이노하라철물점猪原金物店 주인이 오픈한 카페로, 상점 앞 시원하게 콸콸 솟는 샘물 하야메카와速魚川에서 카페이름을 따왔다. 이 샘물은 지하 110미터에서 솟아나는 용천수로 온도는 15도 정도이며, 물맛이 좋다. 카페에서는 이 샘물을 이용하여 다양한 메뉴를 제공한다. 빙수, 커피, 홍차 등 카페메뉴부터 냉소면, 카레 등의 식사메뉴까지 맛볼 수 있다. 특히 시마바라의 대표 명물인 칸자라시가 이 집의 인기메뉴로 자라메 설탕과 물엿으로 만든 시럽에 찹쌀경단을 넣어 쫀득쫀득한 경단과 시럽의 은은한 단맛이 아주 잘 어울린다. 카페 안에는 작은 정원을 중심으로 일본식 전통화로가 있는 방과 미술품을 감상할 수 있는 갤러리공간이 있어 느긋이 구경하며 시간을 보내기 좋다.

주소 長崎県 島原市 上の町 912 **문의** 0957-62-3117 **운영시간** 11:00~17:30 **휴무** 매주 수요일, 목요일 **베스트메뉴** 칸자라시 ¥462 **귀띔 한마디** 이노하라철물점은 1877년 창업하여 현재까지 이어져 오고 있다. **찾아가기** 시마바라철도 시마바라(島原)역에서 도보 3분 거리이다. **홈페이지** www.inohara.jp

Chapter 14

우레시노& 다케오

嬉野&武雄

Ureshino&Takeo

 ★★★★☆
 ★★☆☆☆
★★★☆☆

사가현을 대표하는 온천마을로 아름다운 자연과 온천을 즐길 수 있는 곳이다. 특히 다케오에서는 미후네야마를 배경으로 조성된 아름다운 일본정원의 풍광을 감상할 수 있다. 최근에는 북카페를 연상시키는 다케오시도서관도 인기명소 중 한 곳이 되었다. 한편 우레시노온천은 일본 3대 미인온천으로 조용한 시골풍경을 느끼며 몸과 마음을 쉬어가기 좋은 곳이다.

다케오

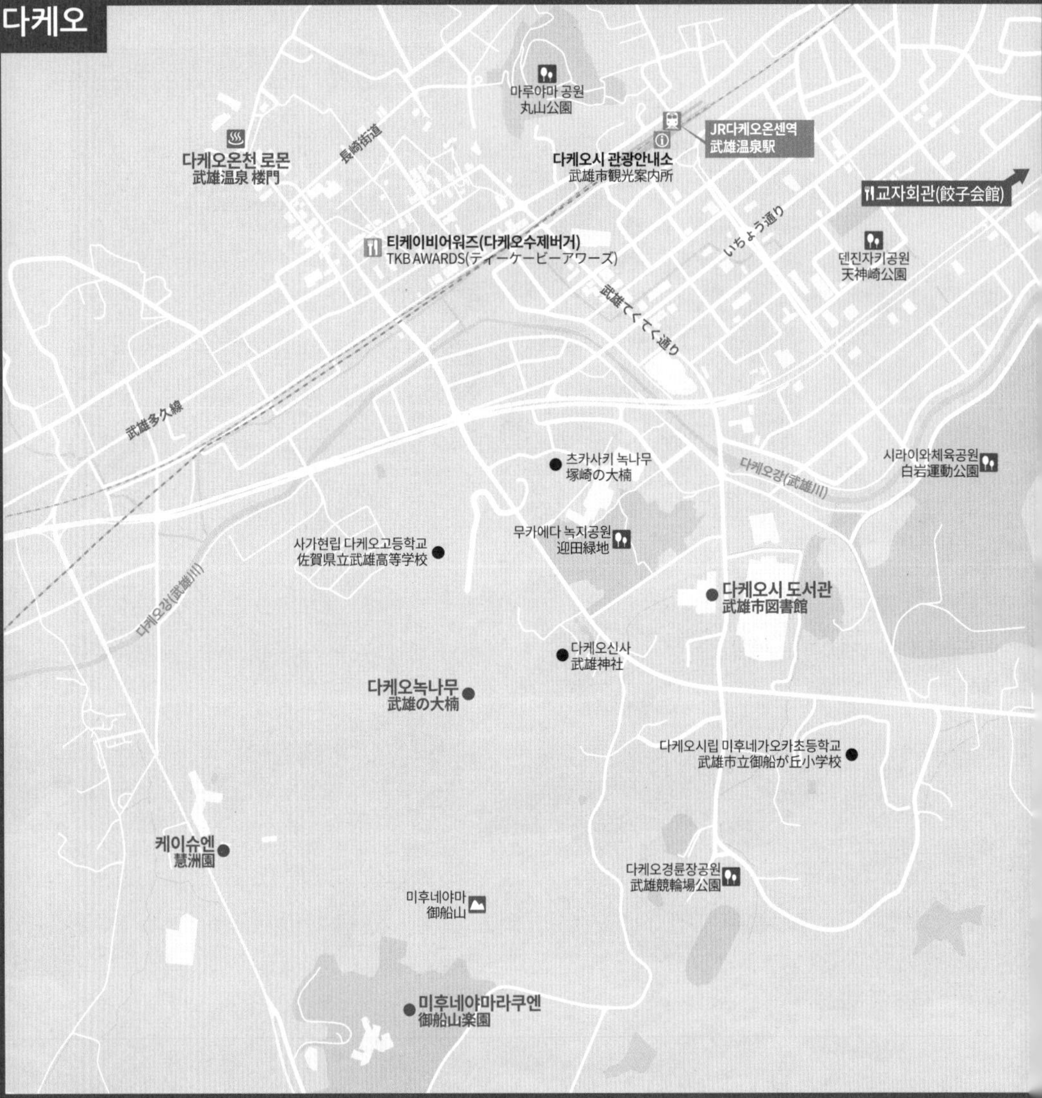

JR다케오온센역
武雄温泉駅

마루야마 공원
丸山公園

다케오온천 로몬
武雄温泉 楼門

長崎街道

다케오시 관광안내소
武雄市観光案内所

교자회관(餃子会館)

티케이비어워즈(다케오수제버거)
TKB AWARDS(ティーケービーアワーズ)

いちょう通り

덴진자키공원
天神崎公園

武雄てくてく通り

武雄多久線

츠카사키 녹나무
塚崎の大楠

다케오강(武雄川)

시라이와체육공원
白岩運動公園

무카에다 녹지공원
迎田緑地

사가현립 다케오고등학교
佐賀県立武雄高等学校

다케오강(武雄川)

다케오시 도서관
武雄市図書館

다케오신사
武雄神社

다케오녹나무
武雄の大楠

다케오시립 미후네가오카초등학교
武雄市立御船が丘小学校

케이슈엔
慧洲園

다케오경륜장공원
武雄競輪場公園

미후네야마
御船山

미후네야마라쿠엔
御船山楽園

우레시노

JR우레시노온센역
嬉野温泉駅

長崎街道

本通り

시오타강(塩田川)

이치류차야 스이샤
一粒茶屋 すいしゃ

소안요코초
宗庵よこ長

토요타마히메신사
豊玉姫神社

와타야벳소
和多屋別荘

니시공원
西公園

나카시마 미카엔
中島美香園

長崎街道

이데가와우치공원
井手川内公園

우레시노온천 관광안내소
嬉野温泉観光協会観光案内所

유슈쿠히로바
湯宿広場

224 shop

우레시노 버스센터
嬉野バスセンター

후노키식당
楓の木食堂

시볼트노유
シーボルトの湯

닌자무라 히젠유메카이도
忍者村 肥前夢街道

료칸잇큐소
旅館 一休荘

와라쿠엔
茶心の宿 和楽園

長崎街道

시오타강(塩田川)

호텔카스이엔
ホテル華翠苑

카페&숍 키하코
Cafe&Shop KiHaKo(嬉箱)

아케보노 어린이공원
曙児童公園

우레시노&다케오를 이어주는 교통편

우레시노온천행

- **후쿠오카공항 국제선/하카타버스터미널에서 출발할 경우** 고속버스를 타고 바로 우레시노버스센터(嬉野バスセンター)까지 한번에 이동하는 것이 편하다.(1시간 20분~2시간 소요, 요금 ¥2,200) 참고로 우레시노IC(嬉野インター)에서 잘못 하차할 경우 택시 잡기도 힘들고, 시내까지 도보 35분 거리이므로 하차 시 유의하자.
- **열차를 이용할 경우** JR하카타(博多)역 ··· 다케오온천(武雄温泉)역 ··· 우레시노온천(嬉野温泉)역까지 이동한다.(특급 릴레이카모메 + 신칸센 카모메 1시간 30분 소요, 요금 지정석 ¥4,590 / 자유석 ¥3,710)

다케오온천행

- **열차를 이용할 경우** JR하카타(博多)역에서 출발하여 다케오온천(武雄温泉)역까지 이동한다.(특급 릴레이카모메 1시간 소요, 요금 지정석 ¥3,410 / 자유석 ¥2,880)

우레시노&다케오에서 이것만은 꼭 해보자

- 미인온천으로 유명한 우레시노&다케오에서 온천을 즐기자
- 미후네야마라쿠엔에서 아름다운 자연을 즐기고 일본정원 케이슈엔에서 다과의 시간을 갖자
- 다케오도서관에서 커피 한잔을 하며 독서의 시간을 갖자.

사진으로 미리 살펴보는 우레시노&다케오 베스트코스(예상 소요시간 4시간 이상)

우레시노와 다케오지역은 서로 가깝지만 대중교통을 이용하면 많은 시간이 소요되며, 다케오 지역의 유명 정원까지 둘러보려면 우레시노와 다케오를 하루일정으로 소화하기에는 무리가 있다. 따라서 이곳을 여행할 때에는 우레시노온천 쪽에 숙박을 구하고, 1박 2일 일정으로 천천히 둘러보는 것이 좋다.

다케오 중심 코스(예상 소요시간 4시간 이상)

Go! 케이슈엔 1시간 코스 → 도보 7분 → 미후네야마라쿠엔 1시간 30분 코스 → 버스 5분 → 다케오로몬 20분 코스 → 도보 15분 → 다케오 녹나무 1시간 코스 → 도보 5분 → 다케오시도서관 40분 코스

우레시노 중심 코스(예상 소요시간 4시간 이상)

Go! 토요타마히메신사 30분 코스 → 택시 5분 → 닌자무라 히젠유메카이도 2시간 코스 → 도보 12분 → 시볼트노유 30분 코스 → 도보 3분 → 나카시마미카엔 30분 코스 → 도보 10분 → 카페&숍 키하코 1시간 코스

Section 05

URESHINO&TAKEO

우레시노&다케오에서 반드시 둘러봐야 할 명소

우레시노와 다케오에서는 아름다운 자연과 미인온천을 즐기며 몸과 마음을 쉬어가자. 다케오에서는 미후네야마라쿠엔, 케이슈엔에서 일본정원을 감상해보고, 영겁의 시간을 보낸 신비한 녹나무를 만나보자. 우레시노에서는 온천을 즐긴 후 유카타 차림으로 마을산책을 겸해 미인신사를 방문하여 피부미인이 되도록 기원해보고, 족욕도 체험해 보자.

다케오의 아름다움을 담은 일본정원 ★★★★★

케이슈엔 慧洲園 다케오 추천

요코미술관陽光美術館 내에는 연못을 중심으로 돌아볼 수 있는 지천회유식池泉回遊式 일본정원이 있는데, 규모가 규슈지역에서 가장 크다. 이 정원은 오호리공원大濠公園과 아다치미술관足立美術館 내 정원을 만든 나카네 킨사쿠中根金作의 작품으로 미후네야마御船山와 녹차밭을 배경으로 다케오의 아름다운 자연을 표현한 것이라고 한다. 사계절 내내 아름다운 자연을 만날 수 있는 곳으로 봄에는 화려한 철쭉이 정원을 장식하고 여름에는 폭포의 시원한 물소리가 넘쳐 흐른다. 가을에는 알록달록 단풍이 저마다의 색채를 뽐내고, 겨울에는 소복이 쌓인 눈이 정원을 포근하게 뒤덮는다. 아름다운 정원과 녹차밭을 한가롭게 산책하기 좋고, 망루에 올라 풍광을 내려다 볼 수 있다. 또한 정원에서 운영하는 미후네찻집みふね茶屋 툇마루에 앉아 정원을 감상하며 다과세트를 즐길 수도 있다.

주소 佐賀県 武雄市 武雄町 武雄 4075-3 **문의** 0954-20-1187 **운영시간** 10:00~16:00 **휴무** 매주 수요일 **입장료** 성인 ¥600, 고교생 ¥500, 중학생 이하 무료(요코미술관이 포함된 관람권은 별도 판매) **귀띔 한마디** 화과자와 음료를 포함한 다과세트는 ¥600에 즐길 수 있다. **찾아가기** JR 다케오온천(武雄温泉)역 남쪽출구에서 택시로 5분, 버스 이용 시 카레키토(枯れ木の塔) 정류장에서 도보 1분 거리이다. **홈페이지** www.yokomuseum.jp/keisyuen.html

봄에는 벚꽃과 진달래, 가을에는 단풍이 물드는 명소 ★★★★★

미후네야마라쿠엔 御船山楽園 다케오 추천

다케오의 심볼 같은 존재인 미후네야마라쿠엔은 고도 210미터의 미후네야마 서쪽 기슭에 펼쳐진 지천회유식정원이다. 다케오번 제28대 영주 나베시마鍋島의 별장정원으로 1845년 조성되었으며 현재 일본중요문화재로 지정되어 있다. 넓게 펼쳐진 정원에는 미후네야마의 가파른 절벽을 배경으로 봄에는 5천 그루의 벚꽃과 5만 그루 이상의 진달래 군락을 볼 수 있고, 가을에는 단풍들의 향연을 즐길 수 있다. 동쪽 산기슭에는 매실나무숲이 있어 2월 중순부터 3월 초까지 천여 그루의 매화가 흐드러지게 피어나 매화꽃축제가 열리며, 방문객이 많은 봄•가을시즌에는 말차와 단고 등을 즐길 수 있는 찻집 하기노오오차야萩野尾御茶屋를 운영한다.

참고로 병설운영하는 미후네야마라쿠엔호텔에서는 계절별 팀라보Team Lab 기획전을 열고 있는데, 숙박자 아니라면 입장료는 별도이다. 컴퓨터그래픽을 예술로 승화시킨 팀라보 전시에 관심이 있다면 함께 둘러봐도 좋다.

주소 佐賀県 武雄市 武雄町 大字武雄 4100 **문의** 0954-23-3131 **운영시간** 08:00~17:00(계절별로 다르며 성수기에는 야간개장도 한다.) **입장료** 중학생 이상 ¥500, 초등생 ¥300 **귀띔 한마디** 병설 미후네야마라쿠엔호텔과 치쿠린테이 숙박자는 입장이 무료이다. **찾아가기** JR다케오온천(武雄温泉)역 남쪽출구에서 택시로 5분 거리 또는 버스이용 시 미후네야마라쿠엔(御船山楽園) 정류장에서 하차 후 도보 1분 거리이다. **홈페이지** www.mifuneyamarakuen.jp

1,300년의 역사를 이어온 유명온천 ★★★☆☆

다케오온천 로몬 武雄温泉 楼門 다케오

다케오온천역에 내려 마을로 조금만 걸어 올라가다 보면 위풍당당하게 서 있는 붉은색 누각이 멀리서도 눈에 확 들어온다. 바로 1,300여 년의 역사를 지닌 다케오온천의 상징 로몬楼門이라고 불리는 누각이다. 이 로몬은 신관과 함께 일본 국가중요문화재로 지정되어 있는데, 못을 전혀 사용하지 않고 세워 올린 목

조 2층 누각으로 도쿄역을 설계한 다츠노킨고辰野金吾가 1915년에 세웠다. 2층 누각에는 12간지 중 쥐, 토끼, 말, 닭 4개의 간지가 새겨져 있는데, 이는 동서남북을 의미하며 도쿄역에 있는 8간지와 합쳐져 12간지가 완성된다고 한다.

다케오온천은 도요토미히데요시豊臣秀吉, 미야모토무사시宮本武蔵 등 역사 속 인물이 이용했던 명탕으로 부들부들하고 보온성이 뛰어난 약알칼리성 단순천이다. 우레시노온천과 함께 미인탕으로 불리며 시설 내 다양한 욕탕시설을 운영하고 있고 다케오번의 영주 나베시마鍋島의 영주탕도 원형 그대로 보존되고 있다.

주소 佐賀県 武雄市 武雄町 大字武雄 7427-1 **문의** 0954-23-2001 **운영시간** 10:00~23:00(온천시설별로 다름) **요금** 중학생 이상 ¥500 초등생 이하 ¥250 **찾아가기** JR다케오온천(武雄温泉)역에서 도보 15분 거리이다. **홈페이지** www.takeo-kk.net/spa

나무와 책의 온기를 느낄 수 있는 도서관 ★★★★★

다케오시도서관 武雄市図書館 다케오

마치 대형 북카페를 연상시키는 이곳은 도서, 음반으로 유명한 츠타야TSUTAYA가 운영하는 새로운 스타일의 시립도서관이다. 단순히 책을 읽고 빌리는 일반적인 개념을 넘어 다케오시의 관광지로 명소가 된 이곳은 관내에 24만여 권의 장서를 보유하고 있으며, 나무와 책의 온기가 느껴지는 열린 공간이다.

도서관 내에는 도서관에는 최초로 스타벅스가 입점해 있고, 2층에는 장서가 빼곡히 서가를 채우고 있다. 또한 곳곳에 학습실이 설치되어 있어 누구라도 자유롭게 이용할 수 있다. 별관으로 다케오시 어린이도서관도 운영하고 있어 아이들을 위한 책도 열람해볼 수 있다. 참고로 사진촬영은 지정된 장소에서만 가능하므로 사진을 찍을 때는 미리 확인해두자.

다케오도서관 병설 어린이도서관

주소 佐賀県 武雄市 武雄町 大字武雄 5304-1 **문의** 0954-20-0222 **운영시간** 09:00~21:00(연중무휴) **입장료** 무료 **찾아가기** JR다케오온천(武雄温泉)역 북쪽출구에서 도보 15분 거리 또는 버스이용 시 토쇼칸마에(図書館前) 혹은 유메타운(ゆめタウン) 정류장에서 하차 후 도보 2분 거리이다. **홈페이지** takeo.city-library.jp

3천 년 이상 한자리를 지켜온 ★★★★★

다케오녹나무 武雄の大楠 다케오 추천

다케오신사에서 쭉쭉 뻗은 대나무 숲을 지나면 만날 수 있는 수령 3천 년이 넘은 녹나무이다. 영겁의 시간을 견뎌온 녹나무 주변은 태고에 신이 내려온 성역으로 영적인 분위기를 내뿜는다. 수고가 무려 30m로 고개를 잔뜩 꺾어야 할 정도로 높으며 나무 밑기둥 공간에는 천신을 모시고 있다. 다케오신사와 함께 다케오올레코스 중 한 코스로서 인기가 높으며, 녹나무 외에도 다케오신사 내에는 두 그루의 전나무(夫婦檜) 가지가 서로 맞닿아 연결된 연리지 무스비노키むすびの樹를 볼 수도 있다.

다케오신사(武雄神社)

무스비노키(むすびの樹)

주소 佐賀県 武雄市 武雄町 武雄 5335 **문의** 0954-22-2976 **찾아가기** JR다케오온천(武雄温泉)역 북쪽출구에서 도보 20분 거리 또는 버스이용 시 다케오코우코마에(武雄 高校前) 정류장에서 하차 후 도보 3분 거리이다. **홈페이지** takeo-jinjya.jp

피부미인을 위한 신사 ★★★☆☆ 우레시노

토요타마히메신사 豊玉姫神社

토요타마히메豊玉姫를 모시는 신사로 작지만 조용하고 운치 있는 곳이다. 토요타마히메는 해신의 딸로 용모가 매우 아름다웠다고 알려져 있다. 신사 내에 있는 피부병을 낫게 해준다는 하얀 메기신 나마즈사마なまず様가 있다. 만약 피부가 좋아지고 싶다면 먼저 백자 메기(나마즈사마)가 있는 신사 앞에 서서 국자로 물을 떠서 메기에 부은 다음 두 번 절하고, 두 번 박수를 친 후 마지막으로 한 번 더 절을 한다. 그리고 맘속으로 피부가 좋아

지기를 기원하면 된다. 신사로 가는 길 중간에도 희고 아름다운 피부를 가진 작은 메기를 발견할 수 있으니 찾아보자. 조용한 우레시노마을에서 온천 전후에 산책을 겸해 방문하기 좋은 곳으로 추천한다.

주소 佐賀県 嬉野市 嬉野町 大字下宿乙 2231-2 **문의** 095-443-0680 **찾아가기** 우레시노버스센터(嬉野バスセンター)에서 도보 3분 거리이다. **홈페이지** toyotamahime.wixsite.com/bihada

우레시노 차 역사와 문화를 알 수 있는 박물관 ★★★★☆ 우레시노

우레시노 차교류관 차오시루 うれしの茶交流館 チャオシル

분지 지형인 우레시노는 맑고 깨끗한 공기와 물이 흐르는 일본 최고 품질의 차 생산지이다. 600여 년의 우레시노 차 역사를 살펴보고 차문화를 오감으로 즐기고 싶다면 우레시노 차전문박물관 차오시루를 방문해 보자. 차오시루(チャオシル)는 언뜻 외래어 같이 느껴지지만 '차를 알다(茶を知る)'라는 일본어 의미와 이탈리아 인사말 '차오(Ciao)'에서 따왔다고 한다.

쾌적한 시설 내에는 다양한 전시코너와 맛있는 차 우리기, 우레시노 온천수를 이용한 차염색 등을 직접 체험할 수 있는 코너가 마련되어 있다. 안쪽에 자리한 카페에서는 우레시노 차와 함께 다과도 즐길 수 있는데, 우레시노 차를 활용한 다양한 디저트를 맛볼 수 있다. 토도로키 폭포공원轟の滝公園 근처에 위치하고 있어 공원 산책 중에 함께 들러보기 좋다.

주소 佐賀県 嬉野市 嬉野町 大字岩屋川内乙 2707-1 **문의** 0954-43-1991 **운영시간** 09:00~17:00 **휴무** 매주 화요일, 연말연시 **입장료** 무료 **귀띔 한마디** 체험은 사전 예약이 필요하다. **찾아가기** 토도로키 폭포공원에서 도보 3분 거리, 우레시노버스센터(嬉野バスセンター)에서 차로 5분 거리이다. **홈페이지** instagram.com/chaoshiru

닌자마을을 재현한 테마파크 ★★★★☆ 우레시노

닌자무라 히젠유메카이도 忍者村 肥前夢街道

에도시대 닌자마을忍者村을 재현한 테마파크로 일본의 무사, 닌자의 일상을 체험해 볼 수 있는 곳이다. 이곳을 돌아다니다 보면 사극에서나 나올 법한 옛날 말투로 닌자들이 말을 건네거나 장난을 치니 당황하지 말자. 닌자복장을 대여하여 칼을 차고 돌아다닐 수도 있으며, 수리검과 바람총 등 닌자의 필살기를 배워보고 체험해 볼 수 있다.

닌자들이 살던 닌자야시키忍者屋敷에서는 하루 2~4회 박력 넘치는 닌자쇼를 관람할 수도 있다. 그밖에도 수리검 던지기, 귀신의 집 같은 어트랙션도 있고, 마을 곳곳에 재현된 닌자의 집에 들어가 볼 수 있다. 일부시설은 유료로 운영되므로 게임티켓을 별도로 구매한 후 입장해야 한다. 게임티켓은 ¥1,000이며 8회분 체험 및 입장료가 포함되어 있다.

주소 佐賀県 嬉野市 嬉野町 大字下野甲 716-1 **문의** 095-443-1990 **운영시간** 09:30~16:00(주말 및 공휴일 ~17:00) **휴무** 매주 화요일 **입장료** 성인 ¥1,100, 초등생 이하 ¥600 **귀띔 한마디** 닌자의상 체험비용은 ¥1,300이다. **찾아가기** 우레시노버스센터(嬉野バスセンター)에서 도보 20분 거리로 언덕을 올라야 하므로 택시를 이용하는 것이 편하다. **홈페이지** www.hizenyumekaidou.info

마을산책 중 즐기는 족욕 ★★★★☆

유슈쿠히로바 湯宿広場 우레시노

마을산책 중 다리찜질과 족욕을 무료로 즐길 수 있는 곳이다. 다리찜질은 예닐곱 정도가 앉아 즐길 수 있는데, 의자에 앉아 뚜껑을 열고 무릎까지 다리를 넣으면 된다. 우레시노온천수로 만들어진 고온의 미세한 증기는 피부보습에도 좋고, 몸도 따뜻하게 해준다. 증기가 미지근하다면 개인 타월로 무릎을 덮어 증기가 빠져나가지 않게 찜질을 하면 된다. 적정 이용시간은 10분 정도이며, 이용 후에는 뚜껑을 닫아두자. 다리찜질 하는 곳 바로 옆에는 길게 족욕탕도 마련되어 있다.

주소 佐賀県 嬉野市 嬉野町 大字下宿乙 2186-2 **운영시간** **다리찜질** 09:00~20:00, **족욕** 08:00~23:00 **입장료** 무료 **귀띔 한마디** 다리찜질과 족욕 후 발을 닦을 수 있는 개인수건을 지참하자. **찾아가기** 우레시노버스센터(嬉野バスセンター)에서 도보 5분 거리이다.

일본 3대 미인온천인 대중온천탕 ★★★☆☆ 우레시노

시볼트노유 シーボルトの湯

족욕시설장

우레시노 강변에 위치한 대중온천탕으로 고딕양식 오렌지색 지붕이 눈에 띄는 곳이다. 우레시노온천은 일본 3대 미인온천으로 부들부들한 온천수가 특징이다. 현지인들에게도 사랑받는 시볼트노유에서 우레시노 온천수의 부드러움을 직접 느껴보자. 시볼트노유에서는 대중탕 외에도 전세탕도 이용할 수 있는데, 몸이 불편한 장애우를 위한 욕탕시설도 별도로 갖추고 있다. 그밖에도 휴게실과 시민갤러리도 운영하고 있다. 다리 건너편에 온천공원이 있어 산책과 동시에 방문하기 좋으며 상점가 쪽에는 무료로 족욕을 즐길 수 있는 족탕도 있다.

주소 佐賀県 嬉野市 嬉野町 下宿乙 818-2 **문의** 0954-43-1426 **운영시간** 06:00~22:00 **휴무** 셋째 주 수요일 **입장료** 중학생이상 ¥450, 초등생 ¥220, 유아 무료 **귀띔 한마디** 매년 4월 1일 개관기념일에는 입욕료가 무료이다. **찾아가기** 우레시노버스센터(嬉野バスセンター)에서 도보 5분 거리이다. **홈페이지** www.city.ureshino.lg.jp/kanko/siebold.html

전통과 현대 디자인을 자유롭게 넘나드는 도기숍 ★★★★☆

224 Shop 우레시노

224 Shop은 히젠요시다에서 탄생한 도기브랜드이다. 히젠요시다야키肥前吉田焼는 400년 이상의 역사를 지닌 우레시노 도자기로 생활용 식기와 수출용 자기를 제작한다. 근처 아리타야키有田焼와는 달리 특별한 무늬가 있거나 정해진 양식이 없이 전통과 현대 디자인을 자유롭게 넘나든다. 224 Shop 역시 기존의 가치관에 얽매이지 않고, 새롭고 크리에티브한 도기를 만들고 있다.

가게는 화이트톤 2층 건물로 도기판매는 2층에서 하고 있다. 이곳의 도기는 가격대도 부담스럽지 않은 편이라 우레시노 여행기념품으로 구매해도 좋다. 1층은 카페 사료Saryo를 운영 중이며 직접 제작한 도기에 우레시노 차와 사가우레시노 과자를 담아서 내어준다.

주소 佐賀県 嬉野市 嬉野町 下宿乙 909 **문의** 0954-43-1220 **운영시간** 평일 10:00~16:00, 주말 및 공휴일 10:00~18:00 **휴무** 매주 수요일 **찾아가기** 우레시노버스센터(嬉野バスセンター)에서 도보 4분 거리이다. **홈페이지** www.224porcelain.com/

UREHINO&TAKEO

Section 06

우레시노&다케오에서 반드시 먹어봐야 할 먹거리

먹거리가 많은 곳은 아니지만 우레시노와 다케오온천에서 숙박한다면 식사와 간식거리를 해결하기 좋은 곳을 소개한다. 우레시노온천에서는 명물 온천두부요리와 우레시노녹차를 꼭 맛봐야 한다. 키하코카페에서는 카페 메뉴 외에도 귀여운 수공예품과 잡화도 취급하고 있어 구경을 겸해 방문하기 좋다. 다케오온천에서는 수제버거와 동그란 화이트교자를 기억해뒀다가 먹어보자.

원조 온천두부요리 전문점 ★★★★☆

소안요코쵸 宗庵よこ長 우레시노

우레시노에서 꼭 맛봐야 할 원조 온천두부요리 전문점이다. 이곳 온천두부는 우레시노산 콩을 사용하여 진하면서도 부드럽고 단맛이 나는 것이 특징이다. 온천두부를 제대로 맛보려면 함께 나온 고명을 두부냄비에 넣어 먹어야 풍미를 느낄 수 있다. 한 입 베어 물면 입속에서 녹아드는 두부의 부드러움과 담백하면서도 시원한 국물이 입안에서 조화를 이룬다. 간간하게 먹고 싶다면 간장소스에 두부를 찍어 먹으면 되고 매콤하게 먹고 싶다면 유자고춧가루를 뿌려 먹으면 된다. 인기 맛집인 만큼 식사 시간대에는 기다려야 될 수도 있으니 일정에 참고하자. 한글메뉴판이 따로 준비되어 있으며 두부맛에 익숙하지 않은 사람들을 위해 튀김정식이나 돈카츠덮밥 등도 주문할 수 있다.

주소 佐賀県 嬉野市 嬉野町 下宿乙 2190 문의 095-442-0563 운영시간 10:30~15:00, 17:30~20:30 휴무 매주 수요일 베스트메뉴 온천두부정식(湯どうふ定食) ¥1,020, 특선 온천두부정식(特選湯どうふ定食) ¥1,260 찾아가기 우레시노버스센터(嬉野バスセンター)에서 도보 3분 거리이다. 홈페이지 www.yococho.com

녹차젤라토를 맛볼 수 있는 ★★★★☆

나카시마미카엔 中島美香園 우레시노

차밭을 운영하며 재배부터 가공•판매까지 모든 과정을 직접 진행하는 100년 전통의 녹차전문점이다. 우레시노의 녹차는 쓴맛이 적고 단맛이 감도는 것으로 유명한데, 함께 운영하는 카페에서 녹차 관련 디저트를 직접 맛볼 수 있다. 특히 녹차를

이용한 젤라토도 선보이는데 녹차맛과 호지차ほじちゃ맛, 센차煎茶맛, 벌꿀우유맛 4가지 중 골라 맛볼 수 있다. 카페 창가석에 앉으면 아기자기한 정원이 보이는데 이곳에 앉아 녹차 젤라토를 먹어보자. 판매점에서는 인공첨가물을 일절 사용하지 않은 차를 판매하는데, 전국 차 품평회에서 입상한 차와 유기농 차 등 다양한 우레시노 차 중에서 선택할 수 있다. 구매한 차는 냉장보관하면 오랫동안 신선하게 즐길 수 있으므로 우레시노 여행기념으로 하나 구매하는 것도 좋다.

주소 佐賀県 嬉野市 嬉野町 大字下宿乙 2199 **문의** 095-442-0372 **운영시간** 10:00~17:00 **휴무** 매주 수요일 **베스트메뉴** 젤라토싱글 ¥450 젤라토더블 ¥520 **찾아가기** 우레시노버스센터(嬉野バスセンター)에서 도보 3분 거리이다. **홈페이지** www.n-bikouen.co.jp

세련된 카페 겸 잡화점 ★★★★☆

카페&숍 키하코 Cafe&Shop KiHaKo 우레시노

료칸 요시다야吉田屋에서 운영하는 프렌치 카페 레스토랑으로 아기자기한 잡화까지 판매하고 있다. 카페 레스토랑에서는 프렌치스타일의 식사와 디저트를 즐길 수 있는데, 특히 점심시간대에는 생선이나 고기요리가 포함된 프렌치코스를 저렴하게 맛볼 수 있다. 디저트 메뉴로는 우레시노녹차를 이용한 롤케이크와 두유 소프트아이스크림, 사가 귤을 이용한 크렘브륄레Crème Brûlée 등을 맛볼 수 있다.

날씨가 좋다면 야외 테라스석에 앉아 시냇물 소리를 들으며 느긋한 시간을 보내기 좋은 곳으로 추천한다. 한편 판매숍에서는 요시다야키와 우레시노 차, 귀여운 수공예품과 잡화 등을 판매하고 있다. 키하코KiHaKo 오리지널상품을 비롯해 전국에서 셀렉트한 잡화 상품들이 모여 있어 구경하는 재미가 있다.

주소 佐賀県 嬉野市 嬉野町 大字岩屋川内甲 379 **문의** 094-42-0178 **운영시간** 카페 10:00~11:00 런치 11:00~14:00 디저트 14:00~20:00 **휴무** 부정기적 **가격** 디저트세트 ¥1,100~ **귀띔 한마디** 기쁨이 모인 상자라는 뜻에서 키하코라는 이름이 지어졌다. **찾아가기** 우레시노버스센터(嬉野バスセンター)에서 도보 8분 거리이다. **홈페이지** www.yoshidaya-web.com/kihako

일반 가정식 식사를 제공하는 ★★★★☆

후노키식당 楓の木食堂 우레시노

부부가 운영하는 아늑한 분위기의 가정식식당으로 가게명 후노키는 단풍나무를 뜻한다. 시볼트노유 족욕탕과 유슈쿠히로바湯宿広場 근처에 위치해 있어 족욕을 즐긴 후 출출해진 배를 채우기 좋은 곳이다. 이 식당은 함바그스테이크ハンバグ·ステイク, 오므라이스, 카레 등이 인기메뉴이며 런치세트를 주문하면 샐러드와 스프는 물론 커피까지 풀코스로 즐길 수 있다. 식사 외에도 파르페와 케이크 등 디저트메뉴도 제공하므로 식후에 단 것이 먹고 싶다면 후식으로 즐기자.

주소 佐賀県 嬉野市 嬉野町 下宿乙 894-1 **문의** 0954-43-1803 **운영시간** 11:00~20:00 **휴무** 매주 월요일 **가격** 단품 ¥680~, 런치세트 ¥800 **귀띔 한마디** 실내흡연이 가능한 곳이므로 참고하자. **찾아가기** 우레시노버스센터(嬉野バスセンター)에서 도보 3분 거리이다.

밀푀유돈카츠를 맛보자 ★★★★☆

이치류차야 스이샤 一粒茶屋 すいしゃ 우레시노

시오타강 근처 전통가옥으로 꾸며진 카페레스토랑이다. 가게 이름 스이샤すいしゃ는 일본어로 물레방아를 뜻하는데, 사가현 쌀을 전통방식으로 정미하여 밥을 짓는다는 의미라고 한다. 이 집 대표메뉴는 밀푀유고젠으로 육즙 가득한 돈카츠 안에 치즈와 깻잎이 들어 있어 우리 입맛에도 잘 맞는다. 윤기가 흐르는 갓 지은 밥과 함께 먹으면 한 순간 밥 한 그릇이 뚝딱이다. 테라스석으로 나오면 시오타강을 바라보며 식사를 즐길 수 있다. 매월 첫째 주 토요일 저녁에는 재즈라이브가 열리기도 한다.

주소 佐賀県 嬉野市 嬉野町 大字下野甲 5682-2 **문의** 0954-42-0001 **운영시간** 평일 11:30~15:00(LO.14:00) 토요일 및 공휴일 11:00~14:30 (LO.13:30) **휴무** 매주 일요일, 월요일 **가격** 밀푀유고젠 ¥1,870 **찾아가기** JR우레시노(嬉野)역에서 도보 15분 거리이다. **홈페이지** suisya-saga.com

다케오 수제버거 맛집 ★★★★☆ 다케오

티케이비 어워즈 TKB AWARDS, ティーケービーアワーズ

JR다케오온천역에서 한적한 거리를 걷다 보면 앙증맞은 외관에 '환영'이라는 한글 간판이 눈에 띄는 집이 있다. 이곳은 2010년 오픈한 이래 지역의 상징이 된 수제버거 맛집이다. 오리지널 다케오버거부터 치즈, 돈카츠, 테리야키, 아보카도 등 9종의 햄버거 중 골라 먹을 수 있다. 인기 메뉴는 체다치즈를 사용한 치즈버거チーズバーガー와 규슈 햄버거대회에서 1위를 차지한 로스카츠버거ロースカツバーガー이다.

원래 정육점에서 출발한 가게였던 만큼 고기패티의 품질과 버거의 볼륨은 단연 최고이다. 특히 다케오 브랜드인 와카쿠스포크若楠ポーク와 일본산 쇠고기를 혼합하여, 풍부한 육즙과 부드러우면서도 식감이 좋다. 또한 과일향이 느껴지는 특제 소스와 신선한 야채, 바삭하게 구운 번이 훌륭한 조합을 이룬다. 주문은 단품 또는 세트로 가능하고, 세트를 시키면 감자튀김과 음료수가 함께 나온다.

주소 佐賀県 武雄市 武雄町 大字富岡 7811-5 かめやビルA号 **문의** 080-3958-3411 **운영시간** 화~토요일 11:00~15:00/18:00~20:00, 일요일 11:00~15:00 **휴무** 매주 월요일 **가격** 단품 ¥600~, 세트메뉴 ¥980~ **찾아가기** JR다케오온천(武雄温泉)역에서 도보 8분 거리이다. **홈페이지** www.instagram.com/tkbawards

동그란 화이트교자를 맛보자 ★★★☆☆

교자회관 餃子会館 다케오

붉은벽돌 형태의 현대적 외관이 인상적인 이곳은 '일본의 맛있는 라멘 2000집(日本のうまいラーメン2000軒)'에 선정된 곳이다. 실제 현지인들도 줄서서 먹을 정도로 인기가 높다. 돈코츠 베이스의 라면도 유명하지만 이 집에서 꼭 맛봐야 할 것은 화이트교자ホワイト餃子이다. 동그란 형태로 겉은 바삭하고 안은 육즙으로 가득찬 군만두인데 창업자가 중국인 백(白)씨에게 교자 만드는 법을 전수받고 그에게 경의를 표하는 의미에서 성씨 백을 뜻하는 화이트ホワイト라는 이름을 넣어 지었다고 한다. 하나하나 손수 빚은 만두로 군만두는 물론 물만두도 있다. 회전율이 빨라 조금 기다리면 자리를 안내 받을 수 있으니 다케오온천을 방문한다면 꼭 맛보자.

주소 佐賀県 武雄市 武雄町 大字富岡 12397-1 **문의** 0954-22-3472 **운영시간** 11:00~18:00 **휴무** 매주 목요일 **가격** 군만두(8개) ¥550, 라면 ¥650~ **찾아가기** JR다케오온천(武雄温泉)역에서 도보 15분 거리이다. **홈페이지** instagram.com/gyouzakaikan.takeo

규슈에키벤 경연대회에서 3연패를 달성한 사가규 도시락 ★★★★☆

카페 카이로도 カフェ カイロ堂 다케오

일본 기차여행의 로망이라면 바로 에키벤駅弁으로, 맛있는 도시락을 맛보는 것이다. 카페 카이로도는 규슈에키벤 경연대회에서 무려 3연패를 달성한 공인된 도시락 맛집이다. JR타케오온천역 북쪽출구 관광안내소 내 병설된 작은 카페에서 사가규佐賀牛 도시락을 판매하고 있다.

메뉴는 단 세 종류로 불고기맛 사가규스키야키佐賀牛すき焼き와 고급 갈비맛 극상갈비야키니쿠佐賀牛極上カルビ焼肉, 갈비와 스테이크를 동시에 즐길 수 있는 사가규스테이크야키니쿠佐賀牛ステーキ&焼肉 중에서 고를 수 있다. 테이크아웃하여 기차 여행 중에 즐기거나 카페 내 마련된 테이블에서 먹으면 된다. 최고급 육질 A5등급 사가규로 만든 육즙 가득한 도시락을 놓치지 말고 맛보기 바란다.

주소 佐賀県 武雄市 武雄町 大字富岡 8249-4 **문의** 0954-22-2767 **운영시간** 10:00~17:00 **휴무** 연말연시 **가격** 사가규스키야키 ¥1,620, 사가규극상갈비¥1,944, 사가규스테이크&야키니쿠 ¥2,484 **찾아가기** JR타케오온천역 북쪽출구 관광안내소 내에 위치한다.

Part 06

구마모토

Chapter 14

구마모토

長崎

Kumamoto

규슈지방 중심부에 위치한 곳으로 교통의 요지이며, 역사적으로도 임진왜란과 정유재란의 선봉에 섰던 왜장 가토기요마사가 세운 구마모토성이 있는 곳이다. 일본 3대 성으로 알려진 구마모토성은 2016년 지진으로 붕괴되었으나 복구 작업 끝에 현재는 복원되었다. 그밖에 스이젠지, 시마다미술관, 후루마치, 신마치 등 다양한 볼거리와 말고기, 돈카츠, 타이피엔 등 풍부한 먹거리 등 다채로운 매력이 가득하다.

구마모토를 이어주는 교통편

- **후쿠오카에서 출발** 하카타역에서 JR열차(신칸센)를 타고 구마모토역으로 이동한다(소요시간 38분, 자유석 ¥4,700/지정석 ¥5,030). 구마모토역에 내리면 노면전차(熊本市電)를 이용하여 시내 중심가로 이동한다(소요시간 10~20분, ¥180). 시내에서는 대부분 도보이동이 가능하므로 목적지에 따라 카라시마초(辛島町), 하나바타쵸(花畑町), 토리쵸스지(通町筋), 스이도쵸(水道町) 중에 하차하면 된다.
- **구마모토공항에서 출발** 공항리무진버스를 타고 구마모토 시내까지 이동한다(소요시간 40~50분, 요금 ¥1,000). 구마모토시내에서는 노면전차 이용할 일이 많으므로 노면전차 1일 승차권(¥500) 또는 노면전차+버스 승차가 가능한 와쿠와쿠 1DAY패스 구입를 추천한다.(¥800~2,200) 참고로 와쿠와쿠 1DAY패스로는 공항리무진버스는 탑승할 수 없으니 일정에 참고하자.

구마모토에서 이것만은 꼭 해보자

- 구마모토의 상징인 구마모토성과 그 주변 명소를 둘러보자.
- 스이젠지공원에서 경치를 감상하고 전통차와 다과를 맛보자.
- 후루마치와 신마치를 산책해보자.
- 쿠마몽스퀘어에서 귀여운 쿠마몽 캐릭터상품을 쇼핑하자.
- 구마모토의 명물 말고기, 돈카츠, 타이피엔을 맛보자.

사진으로 미리 살펴보는 구마모토 베스트코스(예상 소요시간 7시간 이상)

구마모토는 볼거리가 많으므로 아침 일찍부터 움직이자. 첫 일정은 한적한 시간대를 고려하여 스이젠지에서 시작하여 지진 이후 복원된 구마모토성을 둘러보고 주변 명소도 찾아가보자. 점심식사는 최고의 돈카츠로 손꼽히는 카츠레츠테이에서 든든하게 배를 채우고, 이후에는 400여 년 전 상공인과 무사의 마을로 조성된 후루마치와 신마치를 거닐며 옛 흔적을 찾아보자. 구마모토의 마스코트 쿠마몽을 만나고 싶다면 오리지널굿즈를 판매하는 쿠마몽스퀘어를 방문하자. 시간대가 맞으면 쿠마몽 영업부장을 직접 만날 수도 있다. 배가 출출해지면 근처 코란테이에서 구마모토의 명물 타이피엔을 맛보자. 이후에는 토오리쵸스지 상점가를 구경하거나 돈키호테로 이동하여 쇼핑을 즐기며 일정을 마무리하자.

구마모토

JR카미쿠마모토역
上熊本駅
켄리츠타이이크칸마에
県立体育館前
구마모토 현립종합체육관
熊本県立総合体育館
데라하라공원
寺原公園
사이쵸오엔
採釣園
교마치다이공원
京町台公園
츠보카와1초메공원
壺川一丁目公園
中坂
츠보이1초메공원
坪井一丁目公園
스기도모
杉塘
구마모토박물관
熊本博物館
わが輩通り
삼노마루광장
三の丸広場
구마모토 현립미술관
熊本県立美術館
구마모토 전통공예관
熊本県伝統工芸館
후지사키미야마에역
藤崎宮前駅
가토신사
加藤神社
니노마루광장
二の丸広場
구마모토 현립미술관(분관)
熊本県立美術館
타니야마마치
段山町
구마모토성
熊本城
무라카미 카라시렌곤
村上カラシレンコン店
후지사키다이 녹나무군
藤崎台のクスノキ群
구마모토성 이나리신사
熊本城稲荷神社
시마다미술관
(島田美術館)
국립병원 구마모토의료센터
国立病院機構 熊本医療センター
시라카와공원
白川公園
구마모토 야타이무라
熊本屋台村
아마미야
あまみや
우루산마치역
蔚山町駅
사쿠라노바바 죠사이엔
桜の馬場 城彩苑
구마모토죠・시야쿠쇼마에
熊本城・市役所前
구마모토시청
熊本市役所
토오리쵸스지
通町筋
가토기요마사동상
加藤清正公像
츠루야백화점
鶴屋百貨店
스이도쵸
水道町
요시다쇼카도
吉田松花堂
하나바타쵸
花畑町
돈키호테
ドン・キホーテ
코란테이
紅蘭亭(下通店)
쿠마몽스퀘어
くまモンスクエア
아카규다이닝 요카요카
あか牛Dining yoka-yoka
(サクラマチ店)
코죠호리바타공원
古城堀端公園
구마모토라멘 쿠로테이
熊本ラーメン 黒亭
(桜町熊本城前店)
구마모토라멘 쿠로테이
熊本ラーメン 黒亭(下通店)
스이젠지공원
(水前寺成趣園)
나가사키지로카페
長崎次郎喫茶室
구마모토 사쿠라마치버스터미널
熊本桜町バスターミナル
사쿠라마치 구마모토
サクラマチクマモト
바탕규탕
馬タン牛タン
신마치
新町
센바바시
洗馬橋
니시카라시마쵸
西辛島町
카라시마쵸
辛島町
카츠레츠테이
勝烈亭(新市街本店)
메이하치바시
明八橋
커피갤러리
珈琲回廊
케이토쿠코마에
慶徳校前
시오코쇼
塩胡椒
구제일은행 구마모토지점
旧第一銀行熊本支店
구마모토대학병원
熊本大学病院
겐존&캔들하우스
源ZO-NE&キャンドルハウス
JR구마모토역
(JR熊本駅)
고후쿠마치
呉服町
카와라마치
河原町
시라강(白川)
産業道路
쵸로쿠바시
長六橋
나카하라공원
中原公園
거온바시
祇園橋
産業道路
시라강(白川)
시라카와카와시
白川河川敷
産業道路
니시하라공원
中原公園
오무라고공원
大村後公園

구마모토 노면전차 노선도

Section 01

구마모토에서 반드시 둘러봐야 할 명소

임진왜란 때 침략군 선봉장이었던 가토기요마사는 일본 내에서는 용장으로 두터운 사랑을 받는 인물이다. 구마모토성을 세우고 영주로서 활약한 그의 행적을 따라 구마모토 시내를 돌아보자. 먼저 그가 축성한 구마모토성, 그를 주신으로 모시는 가토신사, 계획도시로 조성된 후루마치와 신마치, 울산성전투의 흔적인 우루산마치 등 가토기요마사와 관련한 자취를 천천히 둘러보자.

구마모토의 역사가 숨쉬는 ★★★★☆

구마모토성 熊本城

구마모토성은 임진왜란과 정유재란 당시 제2선봉장으로 조선을 침략한 가토 기요마사加藤清正가 울산성전투 이후 얻게 된 축성기술을 활용하여 세운 성으로, 난공불락의 견고함을 자랑한다. 일본 3대 성 중 하나로 꼽히지만 2016년 발생한 구마모토지진으로 성 일부가 크게 붕괴되는 피해를 입었다. 이후 국가사업으로 복구계획을 세워 현재는 구마모토성 망루 역할을 하던 천수각天守閣이 복원되었으며, 성 전체의 완전한 모습은 2052년을 목표로 복구를 진행하고 있다.

대천수각(左)과 소천수각(右)의 모습

구마모토시청사 전망로비에서 바라본 구마모토성

구마모토성을 둘러싼 니노마루광장二の丸広場은 드넓은 정원으로 산책이나 피크닉을 즐기는 사람들이 많은데 봄에는 벚꽃 명소로도 이용된다. 구마모토성을 보다 가까이에서 보고 싶다면 카토신사加藤神社로 가보자. 구마모토성을 배경으로 인증샷을 찍기에 좋다. 또한 구마모토시청사熊本市役所 14층은 무료 전망로비와 카페레스토랑 다이닝카페사이ダイニングカフェ彩가 있어 성 전체를 조망하며 휴식을 가질 수 있는 숨은 명소이다.

니노마루광장

가토신사 내 구마마토성 포토스팟

주소 熊本県 熊本市 中央区 本丸 1-1 문의 096-352-5900 귀띔 한마디 구마모토성 전체를 내려보고 싶다면 구마모토시청 14층 전망대를 방문하자.(이용시간 09:00~22:00) 입장료 고교생 이상 ¥800, 초중생 ¥300 운영시간 09:00~17:00 찾아가기 구마모토시전철 구마모토성·시청앞(熊本城·市役所前)역 하차 후 도보 3분 거리 또는 구마모토성 주유버스 시로메구린을 이용하면 구마모토성 앞에 바로 하차할 수 있다. 홈페이지 castle.kumamoto-guide.jp

아기자기 예쁜 신사 ★★★★☆

구마모토성 이나리신사 熊本城稲荷神社

구마모토성 동쪽에 위치한 이나리신사는 구마모토성을 수호하는 이나리신을 모신 신사이다. 이나리稲荷는 곡식의 신을 말하는데, 점차 상공업 등으로 의미가 확대되면서 현재는 성공의 수호신으로 일본 민간신앙에서 흔하게 접할 수 있다. 구마모토성 이나리신사의 상징은 바로 두 마리의 여우이다. 가토 기요마사가 구마모토성 축성 당시 곡식의 신 사자였던 여우에게 도움을 받으면서 구마모토성을 수호하는 신으로 추천됐다는 이야기가 전해진다. 신사 구석구석을 살펴보면 아기자기하고 예쁜 여우상을 볼 수 있다.

신사에는 재운과 학업, 순산 등의 소원을 비는 곳이 있는데 재미있는 것은 미즈미쿠지水みくじ라고 하여 물점을 보는 제비뽑기가 있다. 제비를 뽑은 후 신사 내 물 항아리에 올려두면 잠시 후 숨겨져 있던 운세가 나타난다. 재미 삼아 운세를 점쳐봐도 좋겠다.

미즈미쿠지(水みくじ)

주소 熊本県 熊本市 中央区 本丸 3-13 문의 096-355-3521 찾아가기 구마모토시전철 구마모토성·시청앞(熊本城·市役所前)역 하차 후 도보 3분 거리이다. 홈페이지 k-inari.com

구마모토성을 한눈에 조망할 수 있는 ★★★☆☆

가토신사 加藤神社

구마모토성 니노마루광장二の丸広場에서 조금 떨어진 곳에 가토기요마사를 모시는 신사가 있다. 입구의 하얀 도리이를 지나면 좀더 가까이에서 구마모토성을 조망할 수 있는 포토존이 있어 많은 관광객들이 찾는데, 놓치지 말고 구마모토성을 배경으로 기념사진을 남겨보자. 매년 7월 4째 주 일요일에는 세이코쇼마쓰리清正公まつり가 열리는데, 일본 아이들이 가토기요마사처럼 차려 입고 거리를 퍼레이드하는 대규모 행사도 열린다.

주소 熊本市 中央区 本丸 2-1 문의 096-352-7316 찾아가기 구마모토시전철 구마모토성·시청앞(熊本城·市役所前)역 하차 후 도보 10분 거리이다. 홈페이지 www.kato-jinja.or.jp

구마모토의 역사, 문화, 먹거리 체험공간 ★★★☆☆

사쿠라노바바 죠사이엔 桜の馬場 城彩苑

구마모토성을 둘러봤다면, 사쿠라노바바 죠사이엔으로 이동하자. 이곳은 역사문화체험시설과 상점가로 구성된 테마파크인데, 구마모토의 역사와 전통, 음식 등의 모든 문화를 한번에 체험할 수 있는 곳이다. 엔터테인먼트 공간을 연상시키는 구마모토뮤지엄 와쿠와쿠좌熊本城ミュージアムわくわく座에서는 구마모토의 역사와 문화를 VR과 촌극으로 재밌고 실감나게 볼 수 있고, 옛 성곽 마을을 재현한 거리 사쿠라노코지桜の小路에서는 에도시대 느낌을 물씬 풍기는 지역 먹거리와 기념품 등을 마음껏 즐길 수 있다.

촌극공연 포스터

구마모토뮤지엄 와쿠와쿠좌

포토존

주소 熊本市 中央区 二の丸 1-1-1 문의 096-288-5600 입장료 **뮤지엄** 성인 ¥300, 학생 ¥100 운영시간 **상점가** 09:00~18:00(점포마다 다름) **뮤지엄** 09:00~17:30(최종입장 ~17:00) 찾아가기 구마모토시전철 구마모토성·시청앞(熊本城·市役所前)역 하차 후 도보 5분 거리이다. 홈페이지 sakuranobaba-johsaien.jp

후지산과 도카이도 명소 53곳을 표현한 정원 ★★★★★ 추천

스이젠지공원 水前寺成趣園

구마모토성에서 전철로 20여 분가량 이동하면, 17세기 구마모토를 지배했던 호소카와가문細川氏의 영지 스이젠지공원이 있다. 스이젠지공원은 호소카와가문의 초대 영주 타다토시忠利가 찻집으로 운영을 시작하여 3대에 걸쳐 완성한 가문만의 전용공간이었다. 스이젠지공원의 매력은 아소산阿蘇山의 지하수를 끌어온 연못과 고풍스러운 소나무 및 잔디언덕으로 후지산과 도카이도東海道 명소 53곳을 한곳에 표현한 정원이다.

정원 내에는 가문의 위패를 모신 이즈미신사出水神社, 전통차와 다과를 맛볼 수 있는 고킨텐슈노마古今伝授の間가 있으니 천천히 산책하며 둘러보자. 고킨텐슈노마는 한글로 풀면 '고금전수의 방'이 된다. 실제 이곳이 일본 최초의 시가문학작품집인 고킨와카슈古今和歌集의 비밀을 전수받던 곳이라고 전해진다.

고킨텐슈노마(古今伝授の間, 고금전수의 방)

이즈미신사(出水神社)

주소 熊本市 中央区 水前寺公園 8-1 문의 096-383-0074 입장료 성인 ¥400, 6~15세 ¥200 운영시간 08:30~17:00(최종입장 ~16:30) 귀띔 한마디 근처에 위치한 기모노숍(和Collection美都)에서 기모노를 빌려 입으면 무료로 입장할 수 있다. 찾아가기 구마모토시전철 스이젠지코엔(水前寺公園)역 하차 후 도보 4분 거리 또는 JR 이용 시 신스이젠지(新水前寺)역 하차 후 도보 10분 거리이다. 홈페이지 www.suizenji.or.jp

사색의 시간에 빠져들기 좋은 ★★★★★ 추천

시마다미술관 島田美術館

구마모토 시내 한적한 주택가에 자리한 시마다미술관은 고미술연구가 시마다의 무인문화와 관련된 유물과 고미술품을 소장•전시하는 곳이다. 특히 전설적인 검객 미야모토무사시宮本武蔵와 관련된 검과 유물, 자료 등을 상설전시하고 있다. 이 미술

관의 또 다른 매력은 미술관에서 바라보는 정원의 모습이다. 따뜻한 햇살이 쏟아지는 창가에서 정원을 바라보노라면 자연 속에 들어온 듯 마음이 편해진다. 미술관 관람 후에는 카페 키노케무리木のけむり에서 공예품도 구경하고 차 한 잔의 시간을 가져보자. 여행지에서 잠시 사색의 시간이 필요하다면, 꼭 방문해보기를 추천한다.

주소 熊本市 西区 島崎 4-5-28 문의 096-352-4597 입장료 성인 ¥700, 고교~대학생 ¥400, 초등~중학생 ¥200 운영시간 10:00~17:00(최종입장 ~16:30) 휴무 매주 화요일, 2, 4주 수요일 찾아가기 사쿠라마치버스터미널(桜町バスターミナル)에서 U4-1버스 탑승 후 종점 죠세이코키타(城西校北) 정류장에 내려 도보 2분 거리 또는 W1-1번, H1-1번 버스 탑승 후 지케이뵤인마에(慈恵病院) 정류장에서 하차 후 도보 3분 거리이다. 홈페이지 www.shimada-museum.net

구마모토 상징 캐릭터 쿠마몽 굿즈전문점 ★★★★☆

쿠마몽스퀘어 くまモンスクエア

어른, 아이 할 것 없이 일본인들이 사랑하는 구마모토 캐릭터 쿠마몽의 오리지널 굿즈를 판매하는 곳이다. 쿠마몽은 곰을 뜻하는 '쿠마クマ'와 중의적으로 사람을 뜻하는 귀여운 이미지를 부여한 '몽モン'을 붙여 탄생한 구마모토현 마스코트로 일본 캐릭터그랑프리에서도 우승한 바가 있다.

쿠마몽스퀘어에서는 다양한 쿠마몽 관련 상품을 구입할 수 있으며, 영업부장인 쿠마몽 사무실에 들어가 볼 수도 있고, 쿠마몽 관련 간식거리도 맛볼 수 있다. 무엇보다 가장 큰 이벤트는 쿠마몽부장의 방문이벤트로 거의 매일 일정한 시각에 쿠마몽스퀘어에서 쇼를 보여주기도 하고, 관람객과 같이 사진을 찍기도 한다. 공식홈페이지를 통해서 쿠마몽부장의 재실 스케줄을 확인할 수 있으니 방문 전 확인하여 쿠마몽과 만나보자.

주소 熊本市 中央区 手取本町 8-2 문의 096-327-9066 운영시간 10:00~19:00 귀띔 한마디 쿠마몽부장은 주로 11:00~16:00에 있는 경우가 많다. 외근이 있는 날에는 하루에 한 번 방문하거나 오지 않는 날도 있으니 사전에 공식홈페이지에서 스케줄을 확인하자. 찾아가기 구마모토시전철 스이도쵸(水道町)역 하차 후 도보 2분 거리로 츠루야백화점 동관 1층에 위치한다. 홈페이지 kumamon-land.jp/squares

KUMAMOTO

Section 02

구마모토에서 반드시 먹어봐야 할 먹거리

구마모토의 매력을 손꼽는다면 다양하고 맛있는 먹거리를 빼놓을 수 없다. 말고기와 소고기는 이미 지역에서 유명한 명물이며, 바삭하면서도 부드러운 돈카츠와 구마모토식 잠뽕인 타이피엔을 먹어본다면 누구나 만족할 것이다. 옛날 방식 그대로 이어져온 구마모토 라면도 놓치지 말자.

바삭하면서도 부드러운 돈카츠전문점 ★★★★☆

카츠레츠테이 勝烈亭 新市街本店

구마모토에서 돈카츠계 1위를 놓치지 않는 카츠레츠테이는 특유의 바삭하면서도 부드러운 맛으로 구마모토를 대표하는 맛집이 되었다. 이 집의 추천메뉴는 에비히레카츠젠海老ヒレカツ膳이다. 부드러우면서도 씹는 맛이 있는 안심돈카츠와 실하게 꽉 찬 새우튀김을 동시에 즐길 수 있는 세트메뉴이다. 새우튀김은 레몬즙을 뿌린 타르타르소스에, 돈카츠는 와후소스에 갈은 참깨와 겨자를 살짝 섞어 먹는 것이 느끼한 맛도 잡으면서 바삭한 맛을 돋워준다. 카츠레츠테이의 돈카츠를 맛본 사람은 이 맛이 다시 생각나 구마모토를 또 가고 싶을 정도로 인생 돈카츠라 손꼽는다 하니 꼭 먹어보기를 추천한다.

주소 熊本市 中央区 新市街 8-18 문의 096-322-8771 운영시간 11:00~21:30(LO 21:00) 휴무 연말연시 베스트메뉴 에비히레카츠젠 ¥2,145 귀띔 한마디 같이 나온 밥과 양배추, 국은 직원에게 요청하면 무한리필이 가능하다. 찾아가기 구마모토시전철 가라시마초(辛島町)역에서 도보 2분 거리이다. 홈페이지 hayashi-sangyo.jp

옛날 방식 그대로 맛을 내는 구마모토 라면맛집 ★★★☆☆

구마모토라멘 쿠로테이 熊本ラーメン 黒亭 桜町熊本城前店

1957년에 창업한 구마모토 대표 라면 맛집이다. 돈코츠 육수가 일품인데 지방 함량을 적게 하여 깔끔하면서도 깊은 맛이 있는 것이 특징이다. 주문은 자판기에서 하는데 인기 메뉴는 다마고이리라멘玉子入りラーメン으로 돈코츠라멘에 신선한 날달걀 노른자 두 개를 띄워서 준다. 보통 라면집에서는 삶은 계란과 함께 먹는데 이곳은 스푼에 날달걀을 올려 면과 섞어 먹는 것

이 독특하다. 만약 날달걀을 먹지 못한다면 삶은 계란으로 변경할 수도 있다. 고명으로는 돼지고기와 숙주, 쪽파 등을 듬뿍 올려주는데 튀긴 마늘 오일이 풍미를 더욱 좋게 하여 식욕을 돋군다. 구마모토 시내에 3개의 점포가 있으니 전통적인 구마모토 라면을 맛보고자 한다면 한 번 방문해보자.

주소 熊本市 中央区 桜町3-10 SAKURA MACHI Kumamoto B1F 문의 096-285-9797 운영시간 11:00~21:30 베스트메뉴 다마고이리라멘 ¥1,100 찾아가기 사쿠라마치버스터미널(桜町バスターミナル) 지하1층에 위치한다. 홈페이지 www.kokutei.co.jp

나가사키짬뽕과는 다른 구마모토짬뽕을 맛보자 ★★★★★

코란테이 紅蘭亭 下通本店

구마모토에서 꼭 맛봐야 할 음식을 꼽으로만 바로 타이피엔太平燕이다. 타이피엔은 원래 중국 푸젠성福建省 향토음식이지만 화교에 의해 전해지면서 일본식으로 재탄생하였다. 코란테이는 1934년에 창업한 오래된 맛집으로 지금까지도 예전 맛을 이어오고 있다. 타이피엔은 얼핏 나가사키짬뽕과 비슷한 맛처럼 보이지만 한 입만 먹어보면 그 차이를 바로 알 수 있다. 닭고기와 돼지뼈를 조화롭게 우려낸 육수에 소금만으로 간을 해서 깔끔하고 고소한 풍미가 인상적이다. 또한 면발이 당면이라는 점과 살짝 튀겨낸 계란, 해산물, 야채 등 풍부한 재료가 사용되지만 저칼로리로 건강한 맛을 즐길 수 있다.

주소 熊本県 熊本市 中央区 安政町 5-26 문의 096-352-7177 운영시간 11:00~21:00(LO 20:00) 베스트메뉴 타이피엔 ¥1,080 찾아가기 구마모토시전철 토오리쵸스지(通町筋)역에서 도보 2분 거리이다. 귀띔 한마디 코란테이는 고급스러운 외관으로 처음에 다소 놀랄 수 있지만, 가격대는 전혀 부담스럽지 않으니 걱정하지 않아도 된다. 홈페이지 www.kourantei.com

구마모토 명물 말고기를 다양하게 즐기자 ★★★☆☆

바탕규탕 馬タン牛タン 下通り店

구마모토에서 말고기를 맛보고 싶다면 바탕규탕으로 가보자. 구마모토의 대표 쇼핑아케이드인 시모도오리下通り에 위치하여 접근성이 좋다. 이 집은 숙성된 고기만을 취급하여 깊은 풍미를 느낄 수 있는데, 육사시미肉さしみ, 각종 덮밥 돈부리丼, 혀요리馬タン·牛タン 등 다채로운 메뉴를 선보이므로 골라 맛볼 수 있다. 매장은 2층에 자리 잡고 있으며, 오후 5시부터 영업을 시작한다. 만일 점심시간대라 시간이 맞지 않으면 바탕규탕의 계열사인 1층 긴포잔도카페金峰山堂カフェ에 들러 맛봐도 된다.

주소 熊本県 熊本市 中央区 新市街 3-14 문의 090-8627-5959 운영시간 **바탕규탕** 17:00~23:30(금~토요일 및 공휴일 전날 ~24:00) **긴포잔도카페** 11:30~23:00(목요일 15:00~23:00, 금~토요일 및 공휴일 전날 ~24:00) 휴무 부정기적 가격 우마동(말고기덮밥) ¥1,390, 바사시(2인분) ¥4,590, 구마모토동(말고기+소고기덮밥) ¥2,790, 찾아가기 구마모토시전철 하나바타쵸(花畑町)역에서 도보 5분 거리이다. 홈페이지 mohey.jp/?page_id=5347

바사시(ばさし)

우마동(馬丼)

아카규 덮밥전문점 ★★★☆☆
아카규다이닝 요카요카 あか牛Dining yoka−yoka サクラマチ店

구마모토 번화가 긴자도오리에 있는 소고기전문점이다. 아카규あか牛는 구마모토 아소阿蘇 초원에서 자란 갈색털 소를 말하는데, 대중적인 검은소에 비해 희소가치가 높은 종이다. 요카요카의 아카규는 아소 직영목장에서 공급한 고기로 부드럽고 풍부한 육즙이 특징이다.

대표메뉴로는 아카규덮밥과 스테이크인데, 특히 아카규덮밥은 흰 쌀밥 위에 짭조름한 불고기양념과 고추냉이, 계란 반숙을 먹음직스럽게 올려서 내어준다. 반숙 계란을 터트려 고기와 함께 먹으면 아주 잘 어울리고, 느끼하면 고추냉이를 조금씩 섞어 먹는다. 점심시간대에는 저렴한 가격대로 스테이크를 즐길 수 있으며, 저녁에는 와인과 잘 어울리는 코스요리로 제공된다. 고기마니아라면 한 번쯤 방문해 볼 만하다.

주소 熊本県 熊本市 中央区 桜町3-10 SAKURAMACHI Kumamoto 3F 문의 096-288-5029 운영시간 11:00~22:00(LO 21:00) 베스트메뉴 아카규덮밥 ¥2,290, 오늘의 엄선스테이크 ¥2,750~4,950 귀띔 한마디 런치시간은 11:00~16:00까지이다. 찾아가기 사쿠라마치버스터미널(桜町バスターミナル) 3층에 위치한다. 홈페이지 www.yokayoka-sakuramachi.com

정겨운 분위기의 디저트 다방 ★★★☆☆

아마미야 あまみや

카미도오리上通り 아케이드상점가에는 숨겨진 일본식 디저트 맛집 아마미야가 있다. 복을 부르는 마네키네코招き猫가 반겨주는 입구는 너무나도 좁아 자칫 지나치기 쉽지만, 좁은 계단을 통해 2층으로 올라가면 정겨운 느낌이 물씬 풍기는 다방을 만날 수 있다. 아마미야에 들어서면 셀 수 없을 정도로 많은 메뉴에 놀라게 된다. 어느 것 하나 빠지지 않고 다 맛있어 보여서 메뉴를 선택하기가 곤란할 정도이다. 한참을 고민해도 무엇을 주문해야 할지 모르겠다면, 아마미야세트나 말차, 파르페, 계절메뉴 중에서 끌리는 것을 고르자. 좋은 재료로 건강을 생각한 메뉴로 많이 달지 않고, 가격대도 저렴하기 때문에 만족스러운 선택이 될 것이다.

주소 熊本県 熊本市 中央区 上通町 4-16 タバラビル 2F 문의 096-323-1136 운영시간 11:30~19:00(LO 18:30) 휴무 매주 화요일 및 연말연시 가격 ¥500~2,000 귀띔 한마디 디저트뿐만 아니라 식사메뉴도 다양하다. 찾아가기 구마모토시전철 토오리쵸스지(通町筋)역에서 도보 2분 거리이다. 홈페이지 amamiya.chu.jp

구마모토 인기 포장마차촌 ★★★★☆

구마모토 야타이무라 熊本屋台村

구마모토시청 뒤편에 자리한 포장마차촌이다. 등롱이 시선을 이끄는 입구로 들어서면 50미터 가량 뻗은 길 양쪽으로 20여 개의 점포가 늘어서 있고 다목적 이벤트 공간도 있어 하나의 랜드마크가 되었다. 닭꼬치구이, 철판요리, 샤부샤부, 튀김요리, 이탈리아요리 등 다양한 맛집들이 몰려 있으니 마음이 끌리는 대로 들어가 보자. 마치 야시장에 온 듯 현지 주민들과 어울리며 흥겨운 구마모토의 밤을 보낼 수 있는 시간이 될 것이다. 27가지의 구마소주를 1잔에 ¥100 정도로 맛볼 수 있는 시음코너도 마련되어 있으니 소주 마니아라면 놓치지 말자.

주소 熊本県 熊本市 中央区 城東町2-22 문의 080-4974-2179 운영시간 12:00~23:30(점포마다 다름) 찾아가기 구마모토시전철 토오리쵸스지(通町筋)역에서 도보 1분 거리이다. 홈페이지 kumamotoyataimura.com

옛 정취를 물씬 풍기는 구마모토 후루마치&신마치 산책

400여 년 전 가토기요마사가 구마모토성 축성 당시, 성 아래로 무사와 상인들이 사는 마을을 구분하여 조성하였다. 성을 중심으로 새롭게 계획된 마을을 신마치(新町)라 하였고, 무사 계층과 상공인이 함께 거주하며 행정적, 군사적 기능을 하였다. 한편 후루마치(古町)는 상인들이 거주하며 상업활동의 중심지 역할을 하였다. 지금도 마을을 산책하다 보면 당시 상공인들이 상품을 만들어 판매하던 흔적과 역사적인 건축물을 곳곳에서 발견할 수 있다. 일반적인 코스는 구마모토성 신마치 지구에서 시작해 고후쿠마치역 근처 후루마치 지구로 이어지며, 약 2~3시간 정도 소요된다.

일본 국가지정 천연기념물 후지사키다이 녹나무군 藤崎台のクスノキ群 신마치

한국의 지명 울산에서 비롯된 우루산마치(蔚山町)역에서 이동하거나 구마모토성부터 도보로 이동할 수도 있다. 이곳은 원래 후지사키 하치만궁(藤崎八旛宮)이 있었는데 1877년 세이난전쟁(西南戦争)으로 소실되고 신사를 지키고 있던 숲의 여러 나무 중 7그루의 녹나무만 남게 되었다고 한다. 현재까지 자리를 지키고 있는 녹나무 중에는 가장 큰 것이 수고 28미터로 수령이 1,000년 정도 됐을 걸로 추정하고 있다. 현재 국가지정 천연기념물로 등록되어 있으며 이 군락 안으로 들어서면 신비한 분위기를 느낄 수 있다.

주소 熊本県 熊本市 中央区 宮内 2-15 문의 096-333-2712 찾아가기 구마모토시전철 우루산마치(蔚山町)역에서 도보 6분 거리 또는 구마모토성에서 도보 12분 거리이다.

카라시렌곤을 맛보자 무라카미 카라시렌곤 村上カラシレンコン店 신마치

구마모토의 명물 카라시렌곤을 이용하여 창작 메뉴를 만드는 노포이다. 카라시렌곤(辛子蓮根)은 겨자와 연근을 말하는데 구마모토에서는 연근 속에 겨자를 넣고 튀겨서 정월 등에 먹는 풍습이 있다. 겨자 특유의 톡 쏘는 쌉싸래한 맛과 연근의 아삭하면서도 바삭한 맛이 잘 어우러진다. 이곳에서는 누구나 카라시렌곤을 맛있게 즐길 수 있도록 빵가루를 입혀 튀긴 카라시렌곤 고로케(からし蓮根コロッケ)와 이모만쥬(芋饅頭)를 만들어 지역의 명물로 인정받고 있다. 운이 좋으면 수량 한정으로 버거빵에 카라시렌곤 고로케와 야채를 넣고 마늘·된장소스를 가미한 이 지역만의 햄버거 카라코로버거(カラコロバーガー)를 맛볼 수 있다.

카라시렌곤(辛子蓮根)

카라시렌곤 고로케

이모만쥬(芋饅頭)

카라코로버거(カラコロバーガー)

주소 熊本県 熊本市 中央区 新町 3-5-1 문의 096-353-6795 운영시간 08:30~17:00 휴무 매주 토요일 가격 고로케 ¥110, 이모만쥬 ¥120 찾아가기 구마모토시전철 우루산마치(蔚山町)역에서 도보 3분 거리이다. 홈페이지 murakami-karashirenkon.jp

구마모토에도 울산이 있다? 우루산마치역 蔚山町駅 신마치

한자까지 우리와 같은 울산은 일본어로는 우루산이라고 발음된다. 우루산마치역은 구마모토시 전철 B계통을 연결하는 역이다. 역이름에서 알 수 있듯 이 지역은 한국의 울산과 관련된 이야기가 많이 전해진다. 정유재란 최대 전투 중 하나였던 울산성전투에서 패한 가토 기요마사가 당시 주둔했던 울산 지명에서 마을이름을 따왔다는 이야기도 있고, 실제로 울산에서 강제로 끌려온 조선 백성들이 이곳에 마을을 이뤘다는 이야기도 전해진다. 하지만 마을 전체를 둘러봐도 우루산마치라는 역명 외에는 울산과 관련된 흔적을 찾기가 어렵다. 우루산마치역은 1929년 개통되어 현재까지 이용되고 있다.

주소 熊本県 熊本市 中央区 新町 3-3 찾아가기 구마모토시전철 우루산마치(蔚山町)역에서 하차한다.

휴대용 상비약으로 명성을 이어가는 요시다쇼카도 吉田松花堂 신마치

1830년 에도시대부터 이어온 200년 전통의 한약방이다. 초대 한의사였던 요시다 준세키(吉田順碩)는 나가사키에서 네덜란드상사의 의사 시볼트(Siebold)의 제자가 되기도 하였다. 간판에 크게 적혀있는 제독소환(諸毒消丸·しょどくけしがん)이란 그가 만든 휴대용 상비약으로서 설사, 소화불량 등 장의 상태가 나쁠 때나 호흡곤란, 현기증 등 컨디션이 좋지 않을 때 복용하면 효과가 있는 것으로 알려져 있다.

의학이 발달하지 못했던 당시에는 콜레라 등 전염병 치료약으로 사용됐으며, 화류계나 가부키배우, 스모 선수의 강심제로서도 인기가 많았다고 한다. 현재도 국가에서 승인받은 공식 한방약으로 판매되고 있다.

주소 熊本県 熊本市 新町 4-1-48 문의 096-352-0341 운영시간 09:00~17:30 휴무 매주 일요일 및 공휴일 찾아가기 구마모토시전철 우루산마치(蔚山町)역에서 도보 3분 거리이다.

복고풍 분위기가 물씬 풍기는 찻집 나가사키지로 카페 長崎次郎喫茶室 신마치

1874년에 설립되어 구마모토에서 가장 오래된 나가사키지로 서점 2층에 위치한 카페이다. 나가사키지로 서점은 모리오가이(森鴎外) 등 일본 유명문인들 저서에도 그 이름이 등장할 만큼 유명하며 무라카미 하루키(村上春樹) 등 소설가와 유명 만화작가들이 서점을 방문하여 친필사인을 남겨두기도 하였다. 모던한 분위기의 건물 외관은 야스오카 카츠야(保岡勝也)가 설계한 것으로 국가등록유형문화재로 지정되었다.

건물 1층은 서점으로 운영되었지만 2024년 7월부터 휴관 중이다. 2층은 복고풍 분위기가 물씬 풍기는 카페이다. 카페 안에는 축음기, 오르간, 피아노가 있어 잔잔하게 흐르는 배경음악과 분위기가 잘 어울리며, 차창 밖으로 트램과 노면전차가 지나다니는 모습이 낭만적이다. 복고풍 분위기의 찻집에서 나가사키지로 블랜드 커피와 루왁커피(Luwak Coffee), 케이크세트 등을 즐기며 여유로운 시간을 가질 수 있는 곳으로 추천한다.

주소 熊本県 熊本市 中央区 新町 4-1-19 문의 096-354-7973 운영시간 11:26~17:26 가격 나가사키지로 블랜드커피 ¥770 귀띔 한마디 특이한 영업시간을 가지고 있는데 아마도 '지로(26)' 와 유사한 발음인 26분에서 설정한 것으로 생각된다. 찾아가기 구마모토시전철 신마치(新町)역에서 도보 1분 거리이다. 홈페이지 nagasakijiro.jp

후루마치와 신마치를 이어주는 다리 메이하치바시 明八橋 후루마치

1875년 일본연호로 메이지 8년에 지어진 아치형 다리로 일본연호 메이지의 '메이'와 숫자 8을 의미하는 '하치', 다리를 의미하는 '바시'가 합쳐져 명명된 이름이다. 후루마치와 신마치를 가르는 츠보이강을 연결해주는 돌다리로 현재도 지역민들이 애용하고 있다. 밤에는 복고풍 가로등에 불이 들어와 운치가 있으며, 봄에는 뚝방을 따라 벚

꽃이 만개하여 지역주민들의 벚꽃명소로 인기가 높다. 맞은편에는 메이지 10년에 만들어진 메이쥬바시(明十橋)가 서로 마주 보고 있다.

주소 熊本県 熊本市 中央区 新町 2 문의 096-328-2393 찾아가기 구마모토시전철 신마치(新町)역에서 도보 2분 거리이다.

고즈넉하게 즐기는 핸드드립커피 커피갤러리 珈琲回廊 후루마치

120년된 가옥을 리모델링하여 오픈한 로스터리카페이다. 한자로 珈琲回廊(가배회랑)이라 적고 커피갤러리라 읽는다. 카페 내부로 들어서면 목재 통에 수북히 담긴 커피 원두가 그윽한 향을 내뿜는다. 11개국에서 수입한 20여 가지의 원두를 취급하고 있어 주문을 받으면 그 자리에서 커피를 볶아 내려준다. 핸드드립, 콜드브루, 라떼, 카푸치노, 아메리카노, 에스프레소 등을 즐길 수 있으며, 커피와 함께 앙증맞고 예쁘게 만들어진 다과도 즐길 수 있다. 2층은 갤러리 스페이스로 교류의 장소로서도 이용되고 있다. 맛본 커피가 마음에 든다면 해당 원두를 바로 구매할 수 있으며 다과는 맞은편 다과 갤러리 토라노스케(虎之助)에서 구입할 수 있다. 기회가 되면 꼭 방문해보자.

주소 熊本市 中央区 西唐人町 20 문의 096-325-1533 운영시간 10:00~19:00 가격 커피 ¥450~ 귀띔 한마디 삼청동 아트선재센터에도 팝업스토어를 운영하고 있다. 찾아가기 구마모토시전철 고후쿠마치(呉服町)역에서 도보 3분 거리이다. 홈페이지 coffeegallery.online

저렴하게 즐기는 프랑스요리전문점 시오코쇼 塩胡椒 후루마치

구마모토에서 가장 오래된 프랑스요리전문점으로 목조 2층 민가를 복고풍으로 개조하여 편안한 느낌이다. 비교적 저렴하게 프랑스 코스요리를 맛볼 수 있다. 런치코스는 전채와 포타주, 비프 또는 생선요리, 디저트 또는 커피로 구성되며 디너는 소고기와 양고기 중에 선택할 수 있다. 가게 옆에는 잡화점으로 연결되는 통로가 있어 식사 후에 가볍게 아이쇼핑도 즐길 수 있다.

주소 熊本市 中央区 中唐人町 13 문의 096-322-8487 운영시간 **런치** 11:30~13:30 **디너** 18:00~21:00 **주말 및 공휴일** 11:30~20:30 휴무 매주 월요일 가격 **런치** ¥2,750~ **디너** ¥6,600~ 찾아가기 구마모토시전철 고후쿠마치(呉服町)역에서 도보 3분 거리이다. 홈페이지 www.shiokosyou.com

외관부터 시선을 압도하는 구제일은행 구마모토지점 旧第一銀行熊本支店 후루마치

츠보이강을 연결하는 메이쥬바시(明十橋) 근처에 자리한 고딕양식의 건물로 1919년 세워진 구제일은행 구마모토 지점이다. 흰대리석과 빨간벽돌 그리고 연속된 아치형 창이 아름답게 조화를 이루면서 외관부터가 미적으로 보인다. 역사적 가치를 인정받아 일본 국가등록유형문화재로 등록되어 있고 현재는 공조기 전문회사인 피에스주식회사 오랑주리(ピーエス株式会社オランジュリ)가 들어와 있다. 내부견학을 원할 시 사전에 예약을 해야 한다.

주소 주소 熊本県 熊本市 中央区 中唐人町 1 문의 피에스주식회사 오랑주리(ピーエス株式会社オランジュリ) 096-356-2201 운영시간 09:00~16:00 휴무 주말 및 공휴일 귀띔 한마디 내부견학은 사전예약이 필수이다. 찾아가기 구마모토시 전철 고후쿠마치(呉服町)역에서 도보 2분 거리이다.

낮과 밤이 다른 상점 겐존&캔들하우스 源ZO-NE&キャンドルハウス 후루마치

부부가 운영하는 가게로 낮에는 아내가 캔들하우스로 운영하고, 밤에는 남편이 이자카야로 운영한다. 취미로 시작한 아내의 양초공예기술이 전문가 수준에 이르자 국내외 캔들과 아로마향초, 웨딩향초, 캐릭터향초 등 다양한 향초를 만들어 판매하고 있다. 또한 비정기적으로 캔들 공예체험교실도 열고 있다. 한편 호탕한 성격의 남편은 후루마치 출신으로 낮에는 지역 투어가이드로 활동하고, 저녁에는 겐존에서 이자카야를 운영한다. 겐존에서는 쿠마모토 명물 카라시렌곤을 비롯하여 말고기와 지역 술 등을 즐길 수 있다.

주소 熊本県 熊本市 中央区 魚屋町 3-13 문의 096-352-5187 운영시간 **캔들하우스** 10:00~19:00 **겐존** 18:00~23:00 휴무 부정기적(홈페이지에서 확인) 찾아가기 구마모토시전철 고후쿠마치(呉服町)역에서 도보 2분 거리이다. 홈페이지 **캔들하우스** candle-h.com **겐존** www.genzone.info/genzone

Chapter 15

구로카와

黒川

Kurokawa

★★★★☆
★★★☆☆
★★★☆☆

울창한 아소산 숲속에 자리한 작고 조용한 온천마을로 사계절 아름다운 풍광을 즐길 수 있는 곳이다. 마을에는 타노하라강을 따라 아담한 료칸들이 옹기종기 모여 있고, 그 사이사이로 아기자기한 상점들이 들어서 있어 온천 후 유카타 차림으로 산책을 즐겨도 좋다. 료칸을 예약하지 않아도 마패모양 뉴토테가타入湯手形가 있으면 당일 3곳의 온천을 즐길 수 있는데, 관광안내소나 일부 료칸에서 구입가능하다.

구로카와를 이어주는 교통편

- **후쿠오카 출발** 텐진고속버스터미널에서 출발하여 하카타버스터미널과 후쿠오카국제선을 지나 구로카와온천까지 한 번에 이동할 수 있다.(소요시간 2시간 30분~3시간, 요금 ￥3,470) 버스는 1일 3회 운행하며, 사전 예약이 필요하다. 인터넷(highwaybus.com)으로 예약이 가능하며 산큐패스를 이용할 수 있다.
- **구마모토(벳푸·유후인) 출발** 규슈횡단버스를 이용하면 구마모토→구로카와온천→유후인→벳푸 구간을 연결한다. 구마모토에서 출발할 경우 구마모토역 7번 정류장 또는 사쿠라마치 버스터미널에서 탑승하여 구로카와온천에서 하차한다.(소요시간 2시간 40분, 요금 ￥2,800) 버스는 1일 3회 운행하며, 한국어가 가능한 상담자가 있어 전화 예약이나 온라인 예약을 할 수 있다. 이 구간도 산큐패스를 이용할 수 있다.

※ **전화예약** 096-325-0352(09:00~17:00) **인터넷 예약** sjapanbusonline.com/ko(한국어지원)

구로카와에서 이것만은 꼭 해보자

- 마패모양 뉴토테가타로 3곳의 온천을 자유롭게 즐겨보자.
- 토후킷쇼에서 화로두부요리를 맛보자.
- 온천 후 조용한 온천마을을 산책해보자.

사진으로 미리 살펴보는 구로카와온천 베스트코스(예상 소요시간 5시간 이상)

구로카와에서는 뉴토테가타를 이용하여 3곳의 온천시설을 자유롭게 즐겨보자. 먼저 관광안내소에 들러 뉴토테가타와 온천지도부터 구한다. 첫 번째 온천시설로 야마미즈키를 추천한다. 산속에 위치한 야마미즈키까지는 택시를 이용한다. 온천 후 배가 출출하다면 토후킷쇼에서 화로두부요리로 배를 든든히 채우자. 이후 두 번째 온천시설인 구로카와소로 이동한다. 구로카와소로 가는 길은 시골정취를 느낄 수 있어 산책 겸 걸어가는 것도 괜찮다. 구로카와소온천을 즐긴 후에는 다시 마을로 돌아와 아기자기한 상점도 구경하며 산책을 즐기다가 이코이료칸에서 마지막 온천을 만끽하도록 한다. 사용이 완료된 뉴토테가타는 지조도에 걸어 두거나 기념으로 개인이 소장해도 괜찮다.

Section 03

KUROKAWA

구로카와에서 반드시 둘러봐야 할 명소

구로카와는 작은 온천마을로 관광명소보다는 뉴토테가타를 이용하여 다양한 온천시설을 돌아다니며 온천을 즐기기 좋은 곳이다. 따라서 이 섹션에서는 볼만한 상점과 명소 몇 군데만 간략하게 설명하고 온천시설 위주로 살펴본다. 특히 필자가 추천하는 온천시설들은 섹션 뒤에 이어서 나올 스페셜 페이지를 참고하도록 하자.

뉴토테카타와 온천정보수집를 위한 관광안내소 ★★★☆☆

카제노야 風の舎

INFORMATION KAZENOYA

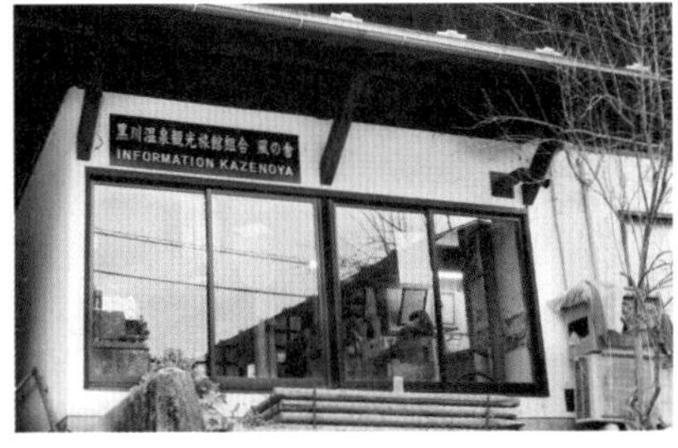

구로카와온천을 방문했다면 관광안내소부터 들러야 한다. 여기서는 당일온천 입욕권인 뉴토테카타入湯手形와 구로카와 온천관련 기념품을 구입할 수 있으며, 보다 자세한 지역온천 정보도 얻을 수 있다. 그밖에도 환전이 가능한 ATM기기가 있으므로 필요 시 활용할 수 있다. 마패모양의 뉴토테카타가 있으면 온천 상점가에서 할인 및 다양한 혜택을 받을 수 있으므로 계산하기 전에 잊지 말고 제시하자. 이곳 온천시설들은 청소, 공사, 휴관 등의 이유로 운영시간이 변동될 수 있으므로 출발 전

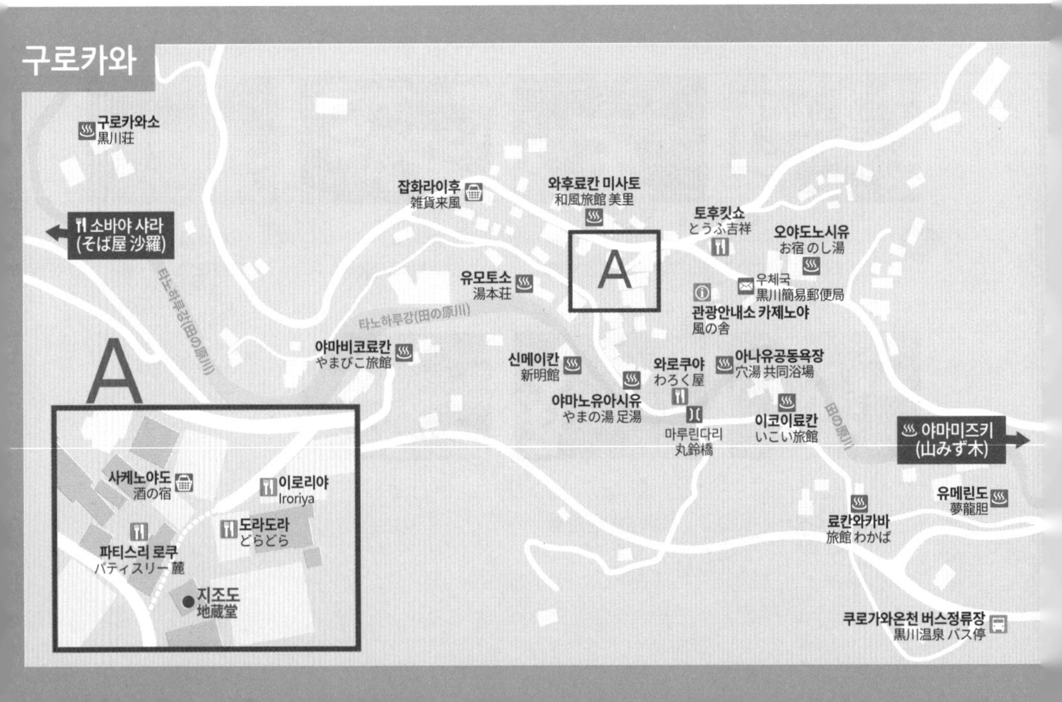
구로카와
구로카와소 黒川荘
소바야 샤라 (そば屋 沙羅)
잡화라이후 雑貨来風
와후료칸 미사토 和風旅館 美里
토후킷쇼 とうふ吉祥
오야도노시유 お宿のし湯
유모토소 湯本荘
A
우체국 黒川簡易郵便局
관광안내소 카제노야 風の舎
타노하루강(田の原川)
야마비코료칸 やまびこ旅館
신메이칸 新明館
와로쿠야 わろく屋
아나유공동욕장 穴湯 共同浴場
야마노유아시유 やまの湯 足湯
이코이료칸 いこい旅館
마루린다리 丸鈴橋
야마미즈키 (山みず木)
유메린도 夢龍胆
료칸와카바 旅館 わかば
쿠로가와온천 버스정류장 黒川温泉 バス停
사케노야도 酒の宿
이로리야 Iroriya
도라도라 どらどら
파티스리 로쿠 パティスリー 麓
지조도 地蔵堂

카제노야에 문의해보거나 홈페이지에서 입욕정보를 수시로 확인하는 것이 좋다. 관광안내소 카제노야는 두부요리전문점 토후킷쇼とうふ吉祥 맞은편에 자리한다.

주소 熊本県 阿蘇郡 南小国町 満願寺 6594-3 문의 0967-44-0076 운영시간 09:00~17:00(연중무휴) 귀띔 한마디 뉴토테가타는 카제노야 이외에도 일부 료칸에서도 판매한다. 대부분 당일 온천시설 금액이 ¥500~700 정도이므로 당일 온천을 3곳 방문할 예정이라면, 뉴토테가타를 구매하는 것이 이득이다. 금액은 성인 ¥1,500, 어린이 ¥700이다. 찾아가기 구로카와온천(黒川温泉) 버스정류장에서 도보 10분 거리이다. 홈페이지 www.kurokawaonsen.or.jp

Tip

마패모양 입욕권 뉴토테카타(入湯手形)

구로카와 내 26개 온천시설 중 3곳까지 시설을 이용할 수 있는 마패모양 입욕권이다. 3곳 중 1곳은 음식점이나 상품구입에 사용할 수 있다. 각 시설에 뉴토테가타를 제시하면 도장을 찍어 준다. 유효기간은 발행일로부터 6개월이며, 하루에 모두 소진하지 않아도 되므로 일정의 여유가 있다면 효율적으로 사용할 수 있다.

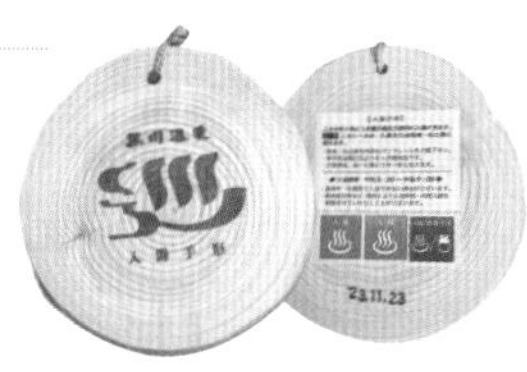

요금 성인 ¥1,500, 어린이 ¥700 유효기간 발행일로부터 6개월 혜택 3곳의 온천시설을 자유롭게 이용할 수 있다.

무인으로 운영되는 혼욕탕 ★★★☆☆

아나유 공동욕장 穴湯 共同浴場

타노하라강田の原川이 유유히 흐르는 운치 좋은 곳에 자리한 공동욕장이 있다. 이곳은 무인으로 운영되며, 입구에 있는 요금함에 입장료를 지불하고 안으로 들어가면 된다. 안에는 넓지는 않지만 탈의공간과 옷을 보관할 수 있는 보관대가 설치되어 있고, 여성을 위한 간이 탈의실도 마련되어 있다.

온천탕은 두 개로 나뉘어져 있으며, 욕조바닥에 나무기둥이 있어 반신욕을 즐길 수도 있다. 수온은 43도 이상이며 은은한 유황냄새가 피어나는 다소 탁한 온천수 니고리유にごり湯이다. 너무 뜨겁다면 수도꼭지에서 물을 틀어 온도를 조절할 수 있다. 혼욕시설이기 때문에 가족이 함께 즐길 수 있으며, 혼자라도 이색적인 온천을 체험해보고 싶다면 용기를 내보자.

주소 熊本県 阿蘇郡 南小国町 満願寺 6541 문의 0967-48-8130 운영시간 06:00~21:00 이용료 성인 ¥200 찾아가기 구로카와온천(黒川温泉) 버스정류장에서 도보 5분 거리이다.

구로카와온천 탄생 설화를 간직한 작은 암자 ★★★☆☆

지조도 地蔵堂

이고자카いご坂에서 온천마을 중심가로 이어지는 길목에 위치한 작은 암자로 중생을 구원한다는 지장보살을 모시고 있다. 이 암자의 지장보살은 머리와 몸통이 분리되어 있는데 이에 관한 이야기가 지금도 전해진다. 병든 아버지를 수발하던 효자가 아버지가 먹고 싶다던 참외를 살 돈이 없어 서리를 시도했지만 참외밭 주인에게 들켜 목이 잘리게 되었다. 하지만 그 목은 지장보살이 효자를 대신하여 잘린 것이었다. 때마침 지나가던 수행자가 지장보살을 거두어 사당에 안치하고 제를 올리자 그곳에서 온천이 솟았다고 한다. 지조도 옆에 있는 공동온천시설 지조유地蔵湯가 구로카와온천의 기원인 셈이다. 암자답게 그리 넓지 않아 휘돌아볼 수 있으므로, 상점가 산책을 겸해 들러보자. 암자 내에는 사용한 뉴토테가타入湯手形를 걸어 두는 곳이 있다.

주소 熊本県 阿蘇郡 南小国町 満願寺 6612-2 문의 096-744-0076 운영시간 24시간 귀띔 한마디 지조유 이용시간은 08:00~19:00이며 이용금액은 성인 ¥200, 어린이 ¥100이다. 찾아가기 구로카와온천(黒川温泉) 버스정류장에서 도보 7분 거리이다.

자연주의 의류와 소품, 핸드메이드 잡화점 ★★★☆☆

잡화 라이후 雑貨来風

천연소재를 이용하며 만든 핸드메이드 잡화전문점이다. 온천마을 중심가에서 살짝 떨어져 있는 가게로 외관부터가 인상적이다. 안으로 들어가면 화려한 꽃장식과 자연주의 느낌의 의류와 소품 등을 만날 수 있다. 이곳 잡화들은 구로카와 주변에서 구한 자연재료로 염색에서 디자인, 제작까지 모두 가게주인이 애정을 담아 손수 만든 것이다.

기모노나 보자기 등 자투리소재를 활용한 인형과 소품을 만들기도 하는데, 잡화 하나하나에서 특별함이 느껴진다. 가게를 천천히 둘러보다 보면 잡화 꾸러미 속에 조용히 숨어

있는 고양이를 갑자기 만날 수도 있다. 너무 크게 놀라면 고양이가 겁먹어 도망갈 수 있으니 자연스럽게 반기도록 하자.

주소 熊本県 阿蘇郡 南小国町 満願寺 6713 문의 0967-44-0309 운영시간 09:00~17:00 휴무 부정기적 가격 ¥1,000~2,000 찾아가기 구로카와온천(黒川温泉) 버스정류장에서 도보 10분 거리이다.

지역 전통주와 음료를 판매하는 ★★★☆☆

사케노야도 酒の宿

이고자카いご坂에 위치한 지역 전통주를 전문으로 판매하는 곳이다. 정겨운 느낌을 주는 토방 가게이며, 가게 내부는 온습도 조절을 위해 어둡고 서늘한 편이다. 일본어로 지역 술을 지사케地酒라고 하는데, 이곳에서는 아소지역 특산의 사케와 사케노야도 오리지널사케, 민속주 등을 맛볼 수 있다. 특히 술병에 붙어 있는 라벨이 개성있고 예뻐서 소장하고 싶어진다. 주류 외에도 온천 후 즐길 수 있는 구로카와온천 사이다와 지역 특산 과자도 구매할 수 있으니 산책 도중 미리 구매하여 온천 후 즐기자.

주소 熊本県 阿蘇郡 南小国町 大字満願寺黒川 6696-1 문의 0967-44-0488 운영시간 09:30~18:00 휴무 부정기적 가격 ¥200~4,000 찾아가기 구로카와온천(黒川温泉) 버스정류장에서 도보 8분 거리이다.

접근성 좋은 상점가 중심의 족욕시설 ★★★☆☆

야마노유 아시유 やまの湯 足湯

료칸 야마노유やまの湯에서 운영하는 족욕시설로 온천상점가 중심에 있어 유카타 차림으로 산책을 하다가 잠시 쉬어가기 좋은 곳이다. 창문 밖으로는 온천의 풍광이 비치고 흐르는 강물 소리까지 정겨워 한적한 산골에서 온천을 즐기는 기분이다. 통나무 휴게소처럼 지어져 있는데, 비가 오는 날에도 이용 가능하며 오히려 비 오는 날은 운치까지 더해진다. 유료로 운영하지만, 료칸 야마노유 투숙객은 무료로 이용가능하다. 족욕 후 타월은 별도로 구매하거나 미리 개별적으로 지참해야 한다.

주소 熊本県 阿蘇郡 南小国町 満願寺 6601-4 문의 096-744-0017 운영시간 08:30~20:30 휴무 부정기적 이용료 ¥100 찾아가기 구로카와온천(黒川温泉) 버스정류장에서 도보 6분 거리이다.

구로카와에서 즐기는 당일 온천 료칸 BEST3

미슐랭가이드 온천부문에서 여러 번 소개된 구로카와온천은 숲속에 위치한 조용한 온천마을이다. 마을 규모는 그리 크지 않으며 타노하라강(田の原川)을 사이에 두고 양 옆으로 상점가와 숙박시설이 늘어서 있다. 일본에서는 보통 온천수질을 10가지로 구분하는데, 구로카와온천지역에서만 6가지 수질의 원천을 만날 수 있다. 원천수에 따라 피부미용이나 상처회복, 소화기능 등 효능이 다르므로 본인에게 맞는 온천을 고르는 것이 좋다. 여기서는 다양한 원천성분을 가진 당일 온천시설 중 유명하면서도 건강에 도움이 되고, 마을 정취를 느낄 수 있는 세 곳을 소개한다.

미인탕으로 유명한 온천 이코이료칸 いこい旅館

구로카와온천에서 유일하게 일본명탕비탕백선日本名湯秘湯百選에 선정된 곳이다. 온천 상점가와 가까워 접근성이 좋으며, 당일온천의 경우 7가지의 온천과 전세탕을 즐길 수 있다. 이코이료칸에서 가장 유명한 탕은 미인탕으로 피부를 부드럽게 해주는 단순약산성 성분이 있어 온천 후 미백효과를 느낄 수 있다. 이코이료칸에서는 미인온천수를 활용한 오리지널 화장수와 화장품도 판매하므로 매점에 들러 구경하자. 료칸 앞에는 겨울철 몸을 녹일 수 있는 화로와 족욕코너가 있어 온천 후 노곤해진 몸을 잠시 쉬어가기에 좋다.

주소 熊本県 阿蘇郡 南小国町 満願寺 6548 문의 0967-44-0552 운영시간 **대중탕** 08:30~21:00 **전세탕** 10:00~21:00 이용료 **대중탕** 성인 ¥600, 어린이 ¥400 **전세탕** 성인 ¥1,000(40분), 어린이 ¥700 찾아가기 구로카와온천(黒川温泉) 버스정류장에서 도보 5분 거리이다. 홈페이지 www.ikoi-ryokan.com

에메랄드빛 노천온천 구로카와소 黒川荘

탄산수소염/염화물/유산염 |  이용가능

온천중심가에서 다소 떨어져 있지만 타노하라강과 어우러진 멋진 자연풍경을 즐길 수 있어 마을산책을 겸해 걸어가는 것도 괜찮다. 당일 온천으로는 타케유たけ湯 또는 키리유きり湯를 이용할 수 있고, 매일 남녀탕을 바꿔서 운영한다. 이곳 온천수는 피부를 부드럽게 하고, 탄산성분이 포함되어 있어 혈액순환을 도와 피로회복, 근육통에도 효과가 있다.

온천탕은 지붕이 없어 숲 내음, 바람소리 등 자연의 정취를 느끼며 조용히 온천욕을 즐길 수 있다. 노천탕 외에도 내탕이 하나 있으며, 온도는 뜨거운 편이다. 샤워시설과 샴푸, 린스, 바디워시, 헤어드라이기 등 기본적인 세면시설도 갖추고 있다.

주소 熊本県 阿蘇郡 南小国町 満願寺 6755-1 문의 0967-44-0211 운영시간 10:30~21:00 이용료 성인 ¥700, 어린이 ¥300 찾아가기 구로카와온천(黒川温泉) 버스정류장에서 도보 15분 거리이다. 홈페이지 www.kurokawaso.com

자연의 숨결까지 느껴지는 온천 야마미즈키 山みず木

단순약산성

추천

마을 중심가에서 2km 이상 떨어진 산속에 위치한 고급 료칸시설로 미슐랭가이드에도 소개되었다. 산속이라 걸어가기에는 멀고 택시를 이용한다. 당일로 온천만 이용하려면 카페 이노야(井野家)에서 별도로 접수한 후 귀중품은 카페 한쪽 보관함에 맡기고 온천장으로 이동한다. 고급 료칸답게 내부시설은 쾌적하며, 탈의공간과 샤워공간, 온천시설, 화장대 등이 분리되어 있다.

무엇보다 야마미즈키온천의 가장 큰 특징은 자연친화적인 넓은 노천탕으로 노천탕 옆에는 계곡이 시원하게 쏟아지고 바람에 나뭇잎이 흔들리며, 작은 새들은 지저귐까지 자연의 숨결을 그대로 느낄 수 있다. 온천수는 무색투명한 단순약산성으로 피부에 닿는 느낌이 부드럽다. 번잡한 일상에서 벗어나 온전히 자연을 느끼며 온천을 즐겨보자. 온천 후에는 고양이가 자유롭게 돌아다니는 카페에서 음료 한 잔 마시며 쉬어 가자.

주소 熊本県 阿蘇郡 南小国町 満願寺 6392-2 문의 0967-44-0336 운영시간 대중탕 10:00~15:00 전세탕 10:00~21:00 이용료 대중탕 성인 ¥600 전세탕 ¥2,000(50분) 찾아가기 도보로는 이동이 어려우므로 택시로 이동한다. 홈페이지 www.yamamizuki.com

KUROKAWA

Section 04

구로카와에서 반드시 먹어봐야 할 먹거리

산속에 위치한 구로카와온천은 깨끗한 수질을 이용한 정갈한 두부요리와 소바가 발달했고, 온천 마을을 산책하며 간식거리를 즐길 수 있는 맛집과 카페가 있다. 유후인에 비해 맛집의 수는 많지 않지만 여행객으로 북적이지 않는 점이 장점이다.

화로 두부요리전문점 ★★★★☆

토후킷쇼 とうふ吉祥 이용가능

정갈한 두부요리를 맛볼 수 있는 두부요리 전문점으로 관광안내소 카제노야 앞에 있어 쉽게 찾을 수 있다. 가게 안으로 들어가면 유명인사의 사인들이 걸려있고 전체적으로 차분한 분위기이다. 좌식 다다미로 자리를 안내받으면 화로가 앞에 놓인다. 매화(우메, 梅), 대나무(타케, 竹), 소나무(마츠, 松) 3가지 정식메뉴 중 고르면 되고, 사이드메뉴로 두부스테이크, 두부튀김, 덴가쿠田樂 등을 주문할 수도 있다.

이곳 두부는 구로카와온천의 깨끗한 물과 지역에서 생산한 콩, 천연간수 등을 이용하여 전통적인 제조방법으로 만드는데, 건강에 좋은 담백한 맛과 섬세한 단맛이 특징이다. 정식메뉴를 주문하면 샐러드, 절임요리, 두부산적, 된장국, 디저트까지 풀코스로 두부요리가 나오므로 료칸의 가이세키요리会席料理 못지않다. 식사 후에는 디저트로 오리지널 두유소프트도 즐길 수 있으며, 카운터에서 오리지널 간장을 구입할 수도 있다.

주소 熊本県 阿蘇郡 南小国町 満願寺 6618 문의 0967-44-0659 운영시간 11:00~17:00 휴무 비정기적 베스트메뉴 두부정식 ¥1,760~ 귀띔 한마디 뉴토테가타 스티커 1장으로 단고 2개와 차 세트를 받을 수 있다. 찾아가기 구로카와온천(黒川温泉) 버스정류장에서 도보 10분 거리이다. 홈페이지 tofukissyou.net

맛있는 슈크림 빵집 ★★★★☆

파티스리 로쿠 パティスリー 麓

구로카와온천 마을 중심가에 위치한 양과자점이다. 아담한 사찰 지조도地蔵堂 맞은편

에 있어 찾아가기 쉽다. 가게 근처로 다가가면 달콤한 향기가 코끝을 자극하기 때문에 저절로 발걸음이 안으로 향한다. 내부는 아기자기하며 그리 넓지 않지만, 인기 있는 빵집으로 아침부터 사람들로 북적인다.

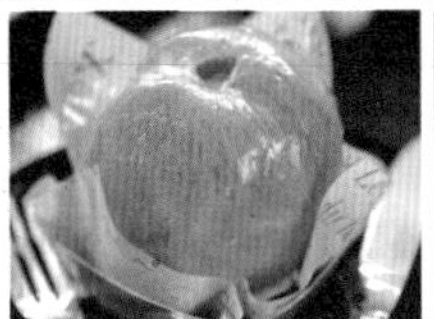

쇼케이스에는 반숙치즈케이크, 롤케이크, 커피젤리, 푸딩 등이 눈을 즐겁게 하는데 이 가게 최고 인기메뉴는 슈크림빵이다. 주먹만 한 크기의 바삭바삭한 빵 안에 오구니산 저지밀크Jersey Milk를 이용하여 만든 커스터드크림과 바닐라빈시드Vanilla Bean Seed가 가득 들어 있어 한 입 베어 물면 행복 그 자체이다. 온천마을 산책도중에 간식으로 사먹기 좋은 곳이다.

주소 熊本県 阿蘇郡 南小国町 満願寺 6610-1 문의 0967-48-8101 운영시간 09:00~17:00 휴무 매주 화요일 베스트메뉴 슈크림 ¥300 찾아가기 구로카와온천(黒川温泉) 버스정류장에서 도보 8분 거리이다. 홈페이지 www.kurokawa-roku.jp

도라도라버거로 유명한 ★★★★★

도라도라 どらどら

언덕 이고자카いご坂에 위치한 구로카와 명물 도라도라버거를 맛볼 수 있는 곳이다. 도라도라버거는 구로카와온천의 한 료칸 여주인이 고안한 과자로 일본 내 인기 팥빵 도라야키どらやき와 찹쌀떡을 조합하여 버거 형태로 만든 것이다. 손수 제작한 팥소와 크림을 감싼 찹쌀떡 그리고 직접 구워낸 빵이 조화로운 맛을 낸다. 버거는 오구라저지밀크, 커스터드, 녹차, 카페오레, 인절미 등 5가지의 맛이 있으며, 낱개나 5개 세트로 판매한다. 이 도라도라버거는 좋아하는 사람과 함께 먹으면 사랑이 이뤄진다는 이야기도 있으니 연인과 함께 나눠 먹어보자. 여름에는 찹쌀떡 대신 아이스가 들어간 도라도라아이스도 인기가 있다.

주소 熊本県 阿蘇郡 南小国町 大字満願寺 北黒川 6612-2 문의 0967-44-1055 운영시간 09:00~18:00 휴무 매주 수요일 가격 도라도라버거 ¥300~350 찾아가기 구로카와온천(黒川温泉) 버스정류장에서 도보 7분 거리이다. 홈페이지 kurokawa-kaze.com

이색적인 카레를 맛볼 수 있는 ★★★☆☆

와로쿠야 わろく屋

다양한 카레를 맛볼 수 있는 카레 맛집이다. 구마모토현에서 생산한 말, 소, 돼지, 야채 등의 식재료를 사용하여 신선하고 건강한 카레를 만들어 준다. 인기 메뉴는 삼종카레三種のカレー로 빨간소카레, 검은카레, 하얀카레를 비교하여 맛볼 수 있다. 특히 검은카레가 인기 좋은데 구마모토산 돼지고기와 오징어먹물, 오래 끓인 토마토를 사용하여 우리 입맛에도 잘 맞는다. 토핑으로 돈카츠와 로스트비프를 선택할 수도 있다. 치즈와 빨간 소고기 카레를 곁들인 야키카레도 추천한다. 인기 맛집이라 대기시간은 고려해야 한다.

주소 熊本県 阿蘇郡 南小国町 満願寺黒川 6600-1 문의 0967-44-0283 운영시간 11:00~17:00 휴무 매주 목요일 가격 삼종카레 ¥1,800 귀띔 한마디 뉴토테가타 스티커 1장으로 레몬스쿼시를 받을 수 있다. 찾아가기 구로카와온천(黒川温泉) 버스정류장에서 도보 5분 거리이다. 홈페이지 instagram.com/warokuya

장인이 빚은 수타소바를 맛보자 ★★★★☆

소바야 샤라 そば屋 沙羅

구로카와의 맑은 지하수와 나가노산 메밀가루를 황금비율로 혼합하여 빚은 소바를 즐길 수 있는 맛집이다. 무엇보다 장인이 빚은 수타소바는 식감은 물론 메밀 본래의 향까지 즐길 수 있다. 다양한 소바를 맛볼 수 있는데 크게 소스에 찍어 먹는 자루소바ざるそば와 따뜻한 국물을 부어 내오는 카케소바かけそば 중에 고를 수 있다. 토핑은 계란 노른자와 새우튀김, 야채튀김, 가다랑어포 등이

제공된다. 또한 요청하면 비타민이 풍부한 소바차도 제공해준다. 고즈넉한 자연속 분위기에서 느긋한 시간을 보내기 좋지만 재료소진 시 영업이 종료되므로 늦지 않게 방문해야 한다.

주소 熊本県 阿蘇郡 南小国町 満願寺 7188 문의 0967-48-8355 운영시간 11:00~15:00 휴무 매주 화요일 가격 ¥ 1,100~2,300 찾아가기 구로카와온천(黒川温泉) 버스정류장에서 도보 30분 거리이다.

저녁 늦게 한 잔 즐길 수 있는 이자카야를 찾는다면 ★★★☆☆

이로리야 いろり家  이용가능

언덕 이고자카 한 가운데에 위치한 이자카야이다. 밤 늦게까지 운영하는 거의 유일한 곳으로 온천을 즐긴 후 맥주 한 잔 생각난다면 이곳을 방문하자. 구마모토의 명물 말고기회 바사시馬刺し부터 닭튀김, 문어튀김 등 다양한 안주거리가 있으며, 직접 만든 두부요리가 일품이다. 두부 본연의 맛과 식감이 좋은 두부튀김, 냉두부, 두부샐러드가 주인장 강추 메뉴이다. 한국어 메뉴판도 준비되어 있으며, 규모가 작은 가게로 요리가 나오기까지 시간이 좀 걸리니 느긋한 마음으로 기다리자.

주소 熊本県 阿蘇郡 南小国町 満願寺 6694 문의 0967-44-0890 운영시간 18:00~22:30 휴무 매주 수요일, 토요일 가격 ¥2,000~4,000 귀띔 한마디 현금결제만 가능하고, 뉴토테가타 스티커 1장으로 하이볼 1잔을 즐길 수 있다. 찾아가기 구로카와온천(黒川温泉) 버스정류장에서 도보 10분 거리이다.

Chapter 16

야마가

山鹿

Yamaga

★★★★☆

★★★☆☆

★★☆☆☆

야마가시에 있는 조용한 온천마을로 에도시대에는 참근교대(參勤交代 : 각 번의 다이묘가 정기적으로 에도를 오고 가는 행사)와 다이묘행렬이 이뤄졌던 부젠카이도를 중심으로 번성하였다. 현재 부젠카이도에는 야마가의 역사와 전통을 알 수 있는 등롱민예관과 야치요좌가 있으며 옛 정취를 느낄 수 있는 건축물도 곳곳에 남아 있다. 야마가온천의 성분은 알카리성 단순천이며 사쿠라유에서는 에도시대 영주의 온천탕을 살펴볼 수 있고, 직접 온천욕도 즐길 수 있다.

야마가온천을 이어주는 교통편

- **후쿠오카 출발** JR하카타역에서 신칸센으로 신타마나(新玉名)역까지(소요시간 40분, 자유석 ¥3,610 / 지정석 ¥4,140) 이동한 후, 야마가온천행 산코버스로 환승하여 야마가온천(山鹿温泉)에서 하차한다.(소요시간 50분, 요금 ¥770) / 고속버스를 이용할 경우에는 후쿠오카공항 국제선에서 구마모토 사쿠라마치버스터미널(桜町バスターミナル)행을 탑승한 후 우에키인터체인지(植木IC)에서 하차한다. 우에키인터체인지 승차장B에서 야마가온천행 산코버스로 환승한 후 야마가온천(山鹿温泉)에서 하차한다.(소요시간 2시간, 요금 ¥2,800)
- **구마모토(벳푸·유후인) 출발** 구마모토 사쿠라마치버스터미널(熊本桜町バスターミナル) 14번 정류장에서 야마가온천행 산코버스를 탑승하여 야마가온천(山鹿温泉)에서 하차한다.(소요시간 1시간20분, 요금 ¥980)

야마가온천에서 이것만은 꼭 해보자

- 에도시대 영주의 온천탕, 사쿠라유를 체험해보자.
- 야마가등롱민예관을 방문하여 야마가등롱에 대해서 알아보자.
- 100여 년 이상 이어져 내려온 전통 연극장 야치요좌를 방문해보자.
- 센베이공방에서 구수한 전병도 맛보고 직접 전병 만들기 체험도 해보자.

사진으로 미리 살펴보는 야마가온천 베스트코스(예상 소요시간 5시간 이상)

야마가온천은 부젠카이도를 중심으로 돌아보는데, 동선 효율성을 고려해 센베이공방부터 시작하면 좋다. 센베이공방에서 구수한 전병을 맛보고 만들기 체험도 참여하자. 이후 에도시대 영주의 온천탕인 사쿠라유에서 온천을 체험해본 후, 야마가등롱민예관에서 아름다운 야마가등롱에 대해 알아보자. 점심은 근처 츠루바라에서 화덕 나폴리피자를 맛보자. 이어 야마가 실업가들에 의해 만들어져 100여 년 이상의 전통을 이어오고 있는 연극장인 야치요좌를 만나보자. 휴식을 겸해 부젠카이도 길목에 위치한 타오커피에서 손수 내린 커피와 애플파이를 맛보고, 버스정류장 근처에 있는 유노하타공원에서 족욕을 하며 일정을 마무리한다.

야마가

피체리아 다 츠루바라
ピッツェリア ダ ツルバラ

앤티크&카페 이데
アンティーク＆カフェ いで

야치요좌
八千代座

카시와야(앤티크 기모노대여점)
アンティーク着物レンタルの柏屋

八千代座通り

사지키차야
桟敷茶屋

타오커피
自家焙煎 タオ珈琲

고코쿠잔 곤고조지
護国山 金剛乗寺

이즈마다공원
泉田公園

포크 머테리얼 리본
FOLK MATERIAL Reborn

야마가경찰서
山鹿警察署

야마가등롱민예관
山鹿灯籠民芸館

야마가중앙병원
山鹿中央病院

유노하타공원 아시유
湯の端公園 あし湯

야마가온천 버스정류장
山鹿温泉バス停

사쿠라유
さくら湯

엔야(이자카야)
ENYA(えん屋)

후지호텔
富士ホテル

나카마치공원
中町公園

엔톤지
圓頓寺

유노마치자야
情報発信館 湯のまち茶屋

야마가성터
山鹿城跡

센베이공방
せんべい工房

치요노엔양조장
千代の園酒造

세이류소
清流荘

야마가대교
山鹿大橋

기쿠치강(菊池川)

Section 05

YAMAGA

야마가에서 반드시 둘러봐야 할 명소

구마모토에서 고쿠라를 잇는 부젠카이도는 에도시대 역참마을로 발전했다. 지금도 당시 정취를 느낄 수 있는 풍경들이 남아 있는 것이 야마가의 매력이다. 야마가온천에서는 부젠카이도를 산책하며 에도시대 영주탕 사쿠라유와 야마가의 역사와 문화를 알 수 있는 야마가등롱민예관, 야치요좌 등을 둘러보고 아기자기한 상점들을 구경해보자.

에도시대 영주의 온천탕 ★★★★☆
사쿠라유 さくら湯

사쿠라유는 1640년 호소카와번細川藩 초대영주 호소카와 타다토시細川忠利가 만든 목조 건축물로, 에도시대 건축양식을 오늘날까지 잘 보존하고 있다. 사쿠라유는 에도시대 최고 검객 미야모토 무사시宮本武蔵를 비롯하여 막부의 중신들이 이용했다는 기록이 남아 있으며, 당시 신분별로 탕이 구분되어 있었고, 각 탕에는 별도로 전용입구가 있었다고 한다.
시설 내에는 영주가 이용했던 타츠노유龍の湯를 둘러보며 당시 시대상황을 상상해볼 수 있다. 사쿠라유 온천은 알카리성 단순온천으로 부드러운 온천수이며 피로회복과 신경통, 관절염 등에 효능이 있는 것으로 알려져 있다. 넓은 탕은 많은 사람들을 수용할 수 있으며 탕 내에 등받이가 있어 편안하게 온천욕을 즐길 수 있다. 시설 내 세면용품이 구비되어 있지 않으므로 별도로 지참해야 한다.

주소 熊本県 山鹿市 山鹿 1-1 문의 0968-43-3326 운영시간 06:00~24:00 휴무 셋째 주 수요일 입장료 성인 ¥350, 어린이 ¥150 귀띔 한마디 타츠노유(龍の湯)는 09:00~17:00까지 견학이 가능하다. 찾아가기 야마가온천(山鹿温泉) 버스정류장에서 도보 1분 거리이다. 홈페이지 instagram.com/sakurayu1

역참마을로 번성했던 ★★★★★
부젠카이도 豊前街道

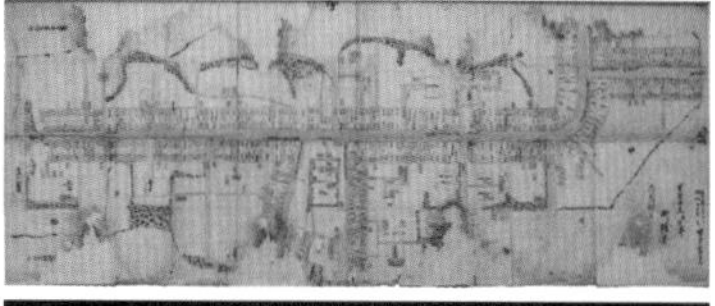
야마가유마치에즈(山鹿湯町絵図)

부젠카이도란 구마모토에서 고쿠라에 이르는 에도시대의 옛길을 말하는데 당시 이 길은 참근교대参勤交代 와 다이묘행렬大名行列의 중심도로로서 상업적으로도 매우 번성했다. 특히 야마가지역은 부젠카이도 길목에 위치한 역참마을로 교통의 요충지였으며, 자연스럽게 상업도시로 발전했다. 야마가 온천지역을 그린 1763년의 지도 '야마가유마치에즈山鹿湯町絵図'에도 상가, 사원, 신사, 찻집 등 500여 채 이상의 건물들이 늘어서 있어 당시에도 매우 번성했음을 알 수 있다.

부젠카이도는 현재도 옛 정취를 느낄 수 있는 건축물과 풍경이 곳곳에 남아 있다. 일본 중요문화재 야치요좌八千代座부터 야마가의 상징 등롱민예관灯籠民芸館, 사찰, 양조장, 고상가 등을 만날 수 있다. 야마가 온천관광협회에서는 부젠카이도의 역사와 거리를 산책하는 코메코메소몬투어米米惣門ツアー를 운영하기도 한다. 투어는 하루 전까지 신청하면 가능하다.

주소 熊本県 山鹿市 山鹿 문의 096-843-2952 귀띔 한마디 코메코메소몬투어는 야마가 온천관광협회에서 진행하며 요금은 ¥600, 신청은 협회로 문의하면 된다.(문의 0968-43-2952, 09:00~17:00) 찾아가기 야마가온천(山鹿温泉) 버스정류장에서 도보 1분 거리이다.

부젠카이도에서 둘러볼만 한 곳

인도리본 전문점

포크 머테리얼 리본 FOLK MATERIAL Reborn

인도의 리본을 비롯하여 세계 각국의 직물과 염색물을 만날 수 있는 잡화점이다. 가게 안에는 화려한 리본재료들이 가득 있어 눈을 즐겁게 하는데, 손으로 수놓은 인도 특유의 자수리본도 찾아 볼 수 있다. 모자가 운영하는 가게로 아들이 일 년에 두어 번 정도 인도에 가서 직접 리본을 구해오고, 어머님이 그 리본을 이용하여 소품을 만들어 판매한다. 가방이나 헤어액세서리, 벨트, 안경케이스 등 리본을 이용하여 만든 다양한 소품들이나 세계 각국의 전통의상, 실크 숄 등을 구경할 수 있다.

주소 熊本県 山鹿市 山鹿 1588 **문의** 0968-36-9322 **운영시간** 11:00~18:00 **휴무** 부정기적 **가격** ¥200~ **찾아가기** 야마가온천(山鹿温泉) 버스정류장에서 도보 2분 거리이다. **홈페이지** facebook.com/people/folk-material-Reborn/100054230690352

야치요좌 앞 잡화점

사지키차야 桟敷茶屋

야치요좌로 향하는 길목에 위치한 잡화점으로 귀여운 구마몽 캐릭터를 비롯하여 야마가온천과 구마모토현 기념품, 과자 등을 판매한다. 사지키(桟敷)는 일본 전통극장의 상등석을 말하는데, 가게 앞 '사지키회사무국'이라는 팻말과 찻집임을 감안하면 과거 야치요좌 관람 후 잠시 차를 마시거나 담소를 나누었던 곳으로 유추할 수 있다. 현재는 기념품을 중심으로 판매하고 있으며 전통 대나무등불 공예품과 미니우산 등을 구매할 수 있다.

주소 熊本県 山鹿市 山鹿 1505-2 **문의** 0968-44-8221 **운영시간** 09:00~18:00 **휴무** 부정기적 **찾아가기** 야마가온천(山鹿温泉) 버스정류장에서 도보 4분 거리이다.

앤틱 기모노체험을 해볼 수 있는

카시와야 アンティーク着物レンタルの柏屋

기모노체험 중에서도 앤틱 기모노를 착용해볼 수 있는 곳이다. 앤틱 기모노란 1868년대 메이지시대부터 쇼와시대까지 착용했던 기모노를 말하는데 서양문화가 도입되던 시기라 강한 색감과 빈티지한 무늬가 특징이다. 이곳에서는 100여 벌의 기모노 중에 좋아하는 스타일을 골라 입어볼 수 있다. 야치요좌 근처에 위치하며 2일 전까지 인터넷예약을 해야 한다. 기모노체험뿐만 아니라 헤어와 메이크업도 체험해 볼 수 있다. ¥580을 추가하여 마을풍경 산책플랜 야마가아소비(山鹿あそび)를 선택하면 야치요좌와 야마가등롱민예관 티켓과 전통우산도 대여할 수 있다.

주소 熊本県 山鹿市 山鹿 1469-2 **문의** 050-3707-1515 **운영시간** 10:00~17:30 **휴무** 부정기적 **가격** ¥5,000~ **찾아가기** 야마가온천(山鹿温泉) 버스정류장에서 도보 4분 거리이다. **홈페이지** kimono-otome.com

백여 년 전통을 이어온 연극공연장 ★★★★☆

야치요좌 八千代座

1910년 개관한 목조 2층짜리 전통극장으로 내부는 에도시대 가부키소극장으로, 뒤로 갈수록 객석이 점점 높아지도록 설계하여 전체적으로 무대가 잘 보이도록 하였다. 재미있는 것은 천장을 화려하게 장식한 광고들인데, 요즘 미디어 광고처럼 당시에도 극장광고를 통해 상품을 홍보하였음을 알 수 있다. 또한 천장의 화려한 샹들리에도 메이지시대 전통과 서양문물이 어떻게 조화를 이뤘는지 잘 보여준다.

야치요좌는 현재도 가부키와 향토예능을 공연한다. 특히 야마가의 전통춤인 등롱춤을 볼 수 있는데, 보통 주말에 1회 실시하므로 일정이 맞는다면 관람해보자. 공연스케줄은 야마가온천 관광협회 홈페이지를 통해 확인할 수 있으며, 공연이 없는 날에도 내부견학은 할 수 있다. 야치요좌 옆에 오래된 하얀 건물은 자료관으로 활용되는데, 연극에서 사용한 소품 200여 점을 중심으로 야치요좌의 역사를 전하는 비디오영상과 다양한 자료를 전시하고 있다.

주소 熊本県 山鹿市 山鹿 1499 문의 0968-44-4004 운영시간 09:00~18:00 휴무 둘째 주 수요일, 연말연시 입장료 **야치요좌** 성인 ¥530, 중학생 이하 ¥270 **야마가등롱민예관 공통입장권** 성인 ¥730, 중학생 이하 ¥370 귀띔 한마디 야마가등롱춤을 감상할 수 있는 야치요좌모노가타리(八千代座物語) 공연은 10시 30분에 시작되고 추가로 ¥1,000의 감상료를 지불해야 한다. 부정기적이므로 홈페이지에서 스케줄을 확인하자. 찾아가기 야마가온천(山鹿温泉) 버스정류장에서 도보 4분 거리이다. 홈페이지 **야마가온천관광협회 공연일정** www.y-kankoukyoukai.com/sp_page01.php

야마가 등롱전시 및 체험관 ★★★☆☆

야마가등롱민예관 山鹿灯籠民芸館

복고풍 외관이 인상적인 이 건축물은 1925년에 지어진 은행건물로 현재는 야마가 민속공예품 등롱을 전시 및 체험할 수 있는 민예관으로 사용된다. 야마가등롱은 무로마치시대(室町時代, 1336~1573년)부터 이어져온 야마가 전통공예로 나무나 금속을 사용하지 않고 종이와 접착제 만으로 만드는 것이 특징이다.

매년 8월 15~16일이면 야마가등롱축제가 열리는데 이때 천인등롱춤千人灯籠踊り이라 하여 1,000명의 여성이 머리 위에 황금등롱을 얹고 일제히 원을 그리며 우아하게 춤을 춘다. 민예관에서는 이러한 야마가등롱의 아름다움을 소개함과 동시에 야마가온천의 역사와 문화에 관련된 자료를 전시하고 있다. 또한 약 10년의 수련기간을 거쳐 등롱장인으로 인정받는 등롱사灯籠師의 제작모습을 가까이에서 보고 연꽃봉오리 모양 등롱 의보주擬宝珠을 직접 만들어 볼 수 있는 체험프로그램도 운영한다.

의보주램프(擬宝珠ランプ)

등롱(灯籠)

주소 熊本県 山鹿市 山鹿 1606-2 문의 0968-43-1152 운영시간 09:00~18:00 휴무 연말연시 입장료 **야마가등롱민예관** 성인 ¥300, 중학생 이하 ¥150 **야마가등록민예관 공통입장권** 성인 ¥730, 중학생 이하 ¥370 귀띔 한마디 의보주램프체험(擬宝珠ランプづくり)은 하루 전 12시까지 전화예약해야 하며 비용은 ¥1,500이다. 찾아가기 야마가온천(山鹿温泉) 버스정류장에서 도보 2분 거리이다. 홈페이지 yamaga.site/?page_id=1550

야마가등롱이 시작된 곳 ★★★☆☆
고코쿠잔 곤고조지 護国山 金剛乗寺

이국적 정취가 느껴지는 아치형 석문을 지나면 곤고조지에 다다른다. 800년대 지어진 사찰로 일본불교의 성지 고야산高野山을 빗대 '서쪽의 고야산'이라는 별칭으로도 불린다. 1473년 갑자기 야마가온천이 고갈됐을 때, 약사당을 지워 온천을 부활시켰다는 주지스님 일화와 그 주지스님이 죽자 종이공예장인이 수백개 등롱을 만들어 영전에 올린 것이 야마가등롱의 시작이라고 알려져 있다. 지금도 매년 2월 매주 금요일과 토요일 밤에는 백화백채百花百彩 축제가 열려 사찰 전체를 아름다운 등불로 수놓는다. 경내는 차분한 분위기로 부젠카이도 산책을 겸해 함께 방문하기 좋은 곳으로 추천한다.

주소 熊本県 山鹿市 山鹿 1592 문의 0968-43-3539 찾아가기 야마가온천(山鹿温泉) 버스정류장에서 도보 3분 거리이다.

산책 중에 즐기는 족욕 ★★★★★

유노하타공원 아시유 湯の端公園 あし湯

부젠카이도 길목에 위치한 족욕시설로 산책 도중 잠시 쉬어가기 좋은 곳이다. 온천수질은 알칼리성 단순온천으로 탄력이 있으면서도 부드러운 온천수이며, 온도는 35.9도로 미지근하다. 족욕탕 안에는 자갈을 깔아두어 걸으면 경혈을 자극하여 피로를 풀 수도 있다. 신경통이나 관절통에 효능이 있는 온천으로 알려져 있으며 지역주민들도 애용하는 곳이다.

주소 熊本県 山鹿市 山鹿 1565-2 운영시간 08:00~22:00 입장료 무료 귀띔 한마디 옆에 화장실이 있으니 필요 시 참고하자. 찾아가기 야마가온천(山鹿温泉) 버스정류장에서 도보 1분 거리이다.

YAMAGA

Section 06

야마가에서 반드시 먹어봐야 할 먹거리

야마가온천 지역은 잘 알려지지 않은 조용한 마을로 고민가를 개조한 카페나 옛 정취가 느껴지는 곳에서 분위기 있는 식사나 티타임을 즐기기에 더할 나위 없이 좋다. 다양한 먹거리가 있는 지역은 아니지만 지역 분위기를 잘 살린 가게에서 한가로이 시간을 보내보자.

전통을 이어가는 쌀전병가게 ★★★★☆

센베이공방 せんべい工房

유쾌한 전병장인이 전용가마에서 한 장 한 장 구워낸 쌀전병을 맛볼 수 있는 곳이다. 야마가는 예로부터 키쿠치강菊池川이 교차하는 곳으로 수로가 발달하여 농경지가 발달했던 곳이다. 따라서 마을에는 쌀과 관련된 싸전과 양조장 등이 많았는데, 이 전병가게도 당시 모습을 이어오고 있다. 센베이공방에서는 구마모토현 쌀과 천연소금을 사용하여 바삭바삭하게 전병을 구워내 향과 식감이 좋다.
장인에게 요청하여 전병 만들기 체험도 해볼 수 있다. 250도 뜨거운 금형에 적당한 비율의 쌀과 소금을 넣고 막대를 돌려 2초간 압력을 가해 전병을 만드는데, 간단해 보이지만 잘못하면 타버리거나 평평하게 만드는 게 쉽지는 않다. 전병은 새우맛, 소금맛, 김맛 등 5가지 종류가 있다.

주소 熊本県 山鹿市 山鹿 1799 문의 096-843-3158 운영시간 09:00~16:00 휴무 비정기적 베스트메뉴 쌀전병 ¥300 찾아가기 야마가온천(山鹿温泉) 버스정류장에서 도보 5분 거리이다.

맛있는 애플파이와 함께 마시는 커피 ★★★★☆

타오커피 自家焙煎 タオ珈琲

손수 내려주는 향긋한 커피와 맛있는 아오모리 애플파이를 맛볼 수 있는 찻집으로 레트로한 거리 부젠카이도와 잘 어울리는 곳이다. 카페 입구로 들어서면 로스팅기계에서 풍기는 원두향부터가 향긋하다. 이곳의 베스트메뉴는 파이와 함께 수제커피를 즐길 수 있는 세트메뉴이다. 애플파이는 명품사과로 유명한 아오모리현 사과를 듬뿍 사용하여 만들었는데 아삭한 사과와 함께 달콤한 크림, 바삭바삭한 파이크러스트의 맛이 일품이다. 달콤한 파이를 맛본 후에는 뒷맛이 깔끔한 커피로 마무리하는데 파이와의 궁합이 좋다. 파이는 테이크아웃도 가능하므로 온천을 즐긴 후 간식으로 먹어도 좋다.

주소 熊本県 山鹿市 山鹿 1465 문의 0968-44-8558 운영시간 10:00~21:00(금~토요일 ~23:00) 베스트메뉴 애플파이 ¥450, 파이&커피세트 ¥940 찾아가기 야마가온천(山鹿温泉) 버스정류장에서 도보 3분 거리이다. 홈페이지 tao.co.jp/contents/category/coffee

화덕 나폴리피자를 맛볼 수 있는 ★★★★☆

피체리아 다 츠루바라 ピッツェリア ダ ツルバラ

카발로(Cavallo) 피자

야마가온천마을에서 이탈리아 나폴리피자를 맛볼 수 있는 곳이다. 일본 옛길과 이탈리아 레스토랑의 조합이 어색할 것 같지만 문을 열고 들어서면 수수한 내부 인테리어와 가게의 차분한 분위기가 잘 어울려 의문은 사라지고 오히려 이곳 피자맛이 궁금해진다. 츠루바라의 피자는 피자의 본고장 이탈리아에서 유학한 장인이 주문과 동시에 숙성된 도우를 밀어 돌화덕에 구워 내준다.

마르게리타를 비롯하여 다양한 피자가 있는데 일본인 입맛에 맞게 현지화시킨 메뉴들도 있다. 특히 카발로Cavallo는 말고기와 토마토소스가 만난 레시피로 장시간 토마토와 함께 푹 끓인 말고기는 잡내가 없고 부드럽게 입속에 녹아내리며 모차렐라치즈와 최고의 궁합을 이룬다. 가게에서는 현지인들이 만든 수공예 잡화도 판매하므로 식후에 둘러봐도 좋다.

주소 熊本県 山鹿市 山鹿 1495 문의 0968-43-8920 운영시간 11:00~16:30 휴무 매주 화~수요일 가격 피자 ¥1,380~ 찾아가기 야마가온천(山鹿温泉) 버스정류장에서 도보 4분 거리이다. 홈페이지 facebook.com/tsurubara2004

세월의 흐름을 간직한 골동품 카페 ★★★★☆

앤티크&카페 이데 アンティーク&カフェ いで

130년 이상 된 고민가를 개조하여 만든 카페로 대를 이어 고미술품과 골동품을 판매하던 주인장이 오픈한 가게이다. 가게 내부는 세월의 흐름을 간직한 앤틱가구와 조명, 다기, 장신구 및 소품들로 채워져 있어 구경하는 재미도 있고, 구매도 가능하다. 이 집 인기메뉴는 홍차와 함께 즐기는 케이크세트인데 케이크는 폭신한 시폰케이크, 농후한 치즈케이크, 초콜릿케이크 등이 있으며 홍차 대신 드립커피도 주문가능하다. 앤티크한 분위기에서 여유로운 한때를 보내기 좋은 곳이다.

주소 熊本県 山鹿市 山鹿 1477-1 문의 0968-43-3686 운영시간 10:00~18:00(유동적) 휴무 부정기적 가격 케이크세트 ¥850 찾아가기 야마가온천(山鹿温泉) 버스정류장에서 도보 4분 거리이다.

분위기 좋은 이자카야 ★★★★☆

엔야 えん屋, ENYA

세련된 분위기의 이자카야로 미식가들이 모여드는 곳이다. 정원이 있는 가게를 뜻하는 엔야えん屋는 이름대로 매장 안쪽에는 작은 정원이 있어 운치가 더해진다. 이곳은 100가지 이상의 다양한 창작요리를 즐길 수 있는데, 구마모토의 명물 말사시미馬刺身는 물론 낫또계란전 등 이색 메뉴도 풍성하다. 종업원들도 젊고 친절하며 가격대도 부담스럽지 않아 좋은 가게 분위기 속에서 맛있는 요리와 가벼운 술 한 잔 즐기기 안성맞춤인 곳이다.

주소 熊本県 山鹿市 山鹿 1630-1 문의 0968-43-0320 운영시간 17:00~01:00 휴무 부정기적 가격 ¥500~ 찾아가기 야마가온천(山鹿温泉) 버스정류장에서 도보 2분 거리이다.

일본차와 전통 디저트를 즐길 수 있는 ★★★★☆

유노마치자야 情報発信館 湯のまち茶屋

130년된 고민가에서 일본차와 전통 디저트를 맛볼 수 있는 카페이다. 산악에서 재배된 야마가 차는 에도시대부터 명차로 알려졌는데 깊은 향과 선명한 색상, 부드러운 맛이 일품이다. 이곳에서는 야마가산 찻잎을 이용한 녹차, 홍차와 그에 어울리는 전통 디저트를 제공한다. 떡속에 팥앙금을 넣어 만든 야마가양갱을 다시 튀겨낸 오리지널 디저트 메뉴에 녹차를 함께 즐기는 유마치세트ゆまちセット가 인기이다. 지역사랑이 남다른 가게로 손수 만든 야마가지도를 무료로 얻을 수도 있다.

주소 熊本県 山鹿市 山鹿 1737-1 문의 0968-41-8430 운영시간 11:00~17:00 휴무 매주 화~목요일 가격 녹차와 양갱세트(유마치세트) ¥700 찾아가기 야마가온천(山鹿温泉) 버스정류장에서 도보 4분 거리이다. 홈페이지 instagram.com/yunomachijaya

Part 07

호텔 및 료칸 선택하기

Section 01

후쿠오카 숙소의 종류

여행준비에 있어 항공권만큼이나 설레고 중요한 숙소 선택단계에 들어온 것을 환영한다. 이제 숙소만 결정되면 여행의 큰 틀은 거의 준비된 것이나 마찬가지이다. 그런데 후쿠오카의 숙소는 호텔뿐만 아니라 호스텔, 온천호텔, 료칸 등 다양할 뿐 아니라 같은 숙소라도 여러 숙박 타입 중 하나를 다시 골라야 하는 고민이 있다. 그 해답을 여기에서 찾아보자.

잠만 자면 된다 _ 캡슐호텔, 사우나호텔

캡슐호텔カプセルホテル이란 캡슐모양으로 최소한의 개인 공간만 나누어 간이침대를 제공하는 시설을 말한다. 캡슐 안에는 침구 외에 조명, 소형 텔레비전, 에어컨 등 기본적인 편의시설을 갖추고 있다. 숙소에 머무르는 시간보다 여행일정이 많아 잠만 자면 되는 여행자에게 추천한다. 보통 캡슐호텔은 남성 전용이거나 혼숙형태가 일반적인데 여성을 위해 따로 층을 구분하는 곳도 있다.

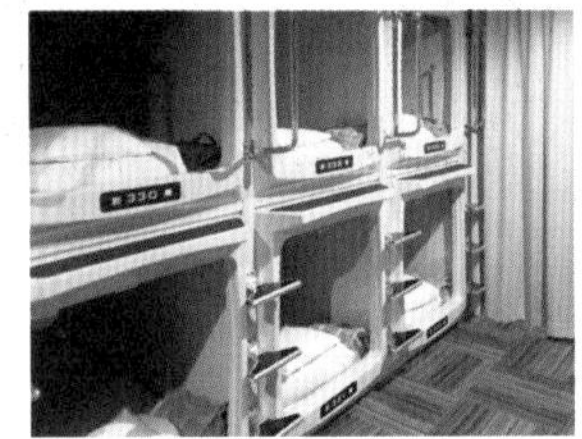

세면 및 샤워시설은 공동사용이고, 최근에는 사우나와 대욕장을 갖춘 형태도 생기면서 인기를 얻고 있다. 후쿠오카 시내에서는 나카스, 텐진, 하카타 지역에 주로 분포하며 1박 가격은 1인 기준 약 ¥2,000~4,000 선이다.

실속 있는 숙소 _ 시티호텔, 비즈니스호텔

시티호텔シティホテル과 비즈니스호텔ビジネスホテル은 주로 도심 역주변에 위치하고 있어 교통이 편리하고, 일반 호텔 못지않은 부대시설을 갖추고 있으면서도 가격도 경제적이라 실속파 여행자에게 추천하는 호텔이다. 후쿠오카 시내에는 다양한 시티호텔과 비즈니스

호텔이 있어 선택의 폭이 넓은 편인데, 호텔명에 '-INN'이 들어간다면 비즈니스호텔이라고 생각하면 된다. 비즈니스호텔의 경우 출장목적의 이용객이 중심이기 때문에 싱글룸 비율이 높고, 트윈룸이나 트리플룸은 예약이 어려울 수도 있다. 후쿠오카 시내에는 대욕장 또는 천연온천시설까지 갖춘 시티호텔 및 비즈니스호텔도 쉽게 찾아볼 수 있으니 예약 시 참고하자. 1박 1인 기준 약 ¥5,000~15,000 선이다.

호텔 서비스를 제대로 누리자 _ 고급 호텔, 리조트형 호텔

여행 목적이 투어보다는 리조트호텔에서 여유로운 시간을 보내고 싶은 여행자라면 고급 호텔을 추천한다. 다만, 후쿠오카 시내에서 동남아 같은 리조트 시설을 기대하기 어렵다는 점은 미리 알아두자. 고급 호텔에서는 쾌적하고 다양한 룸컨디션과 전망, 수준 높은 서비스를 제공하며 커플 및 레이 디, 어린이동반 가족 등 여러 수요층을 겨냥한 맞춤형 서비스를 제공하고 있어 목적에 따라 선택할 수 있다.

후쿠오카 시내에는 하카타만 바다전망이 펼쳐지는 힐튼 후쿠오카 시호크호텔Hilton Fukuoka Sea Hawk과 전 객실 테라스스위트룸을 갖춘 위드 더 스타일 후쿠오카With The Style Fukuoka, 규슈지역 1호 메리어트호텔인 더 리츠칼튼 후쿠오카The Ritz-Carlton Fukuoka, 쇼핑몰 캐널시티 내 입지한 그랜드하얏트 후쿠오카Grand Hyatt Fukuoka 등이 있다. 1박 1인 기준 약 ¥15,000~50,000 선이다.

세계 각국 여행자를 만나고 싶다면 _ 게스트하우스, 유스호스텔

게스트하우스는 한 방에 여러 침대나 이층침대를 두어 다인실로 활용하는 숙소로 저렴하게 이용할 수 있다. 보통 게스트하우스 내에는 교류공간이 별도로 마련되어 있어 여러 나라에서 온 여행자들과 다양한 정보를 공유하고 교류할 수 있다. 다만 세면 및 샤워시설, 화장실, 키친 등 대부분 부대시설이 공용이다. 외국에서는 게스트하우스가 남녀 혼숙인 경우가 많지만 일본에서는 여성 전용 공간을 따로 운영하는 것이 일반적이다. 최근에는 게스트하우스 내 개인실이나 2인실, 조식서비스와 같은 더 나은 서비스를 제공하는 곳도 늘어나는 추세이다. 보통 나카스, 텐진, 오호리공원 근처에 몰려있으며, 1박 1인 기준으로 약 ¥2,000~4,000 선이다.

온천과 오모테나시를 즐기자! _ 료칸, 온천호텔

일본 전통적인 숙박형태 료칸旅館은 보통 오카미女将라고 하는 기모노차림의 여주인이 손님을 안내하고 다다미객실과 가이세키요리会席料理 등을 제공한다. 무엇보다 료칸은 극진한 대접을 의미하는 오모테나시おもてなし의 대표격으로 숙박객이 불편을 느끼지 않도록 식사, 객실, 온천 등 모든 면에서 신경을 쓴다. 보통 료칸이라고 하면 온천시설을 갖춘 숙소를 의미하는데, 큐슈에서는 후쿠오카 외곽이나 유후인, 우레시노, 구로카와 등 유명 온천지역에 다수가 분포하고 있다. 객실 내에서 식사 및 노천탕 등 프라이빗한 서비스를 다른 지역에 비해 저렴하게 이용할 수 있는 점이 규슈지역 료칸의 장점이다.

온천호텔은 소수 인원만을 수용하던 기존의 료칸 서비스에 보다 많은 인원을 수용할 수 있도록 객실을 늘리고 서비스를 효율화한 곳이다. 서양식 객실타입과 뷔페스타일의 요리를 제공하는 경우가 많은데, 료칸과 온천호텔 모두 시설마다 차이가 있다. 일반적으로 1박 1인 기준으로 15,000엔대부터 시작하며 조식과 석식이 포함되어 있다.

Hotel & Ryokan

Section 02

효율적인 숙소 예약방법과 각종 팁 모음

여행사 직원으로 일하면서 알게 된 수많은 노하우를 정리하여 숙소예약 팁으로 정리하였다. 호텔과 료칸을 예약할 때 알아두어야 하는 용어와 예약 시 실수하거나 간과하기 쉬운 확인사항, 숙박 예약사이트, 여행사, 숙박시설 예약 시 장단점을 소개하였다. 다음 내용만이라도 잘 숙지한다면 예약과정에서 발생할 수 있는 문제를 미연에 방지할 수 있다.

예약 전 알아두면 좋은 호텔관련 용어와 확인사항

호텔을 예약할 때 호텔관련 용어를 잘 모르거나 미리 호텔정보를 체크하지 않았다면, 막상 호텔에 도착했을 때 자신이 원하는 룸이 아닌 다른 룸으로 예약되거나 요청사항이 제대로 전달되지 않는 경우가 발생할 수 있다. 다음은 자주 발생하는 트러블 상황에 대비한 호텔관련 용어와 확인사항이다. 다음 사항을 숙지하여 예약 시 꼭 체크하자.

호텔 용어	일본어(발음)	영어	중요도	설명
침대사이즈	ベッドサイズ (벳도사이즈)	Bed Size	★★☆	침대사이즈는 간과하기 쉽지만 예약 시 잘 체크해야 하는 항목이다. 보통 싱글침대는 가로 폭이 120Cm, 더블침대는 140Cm, 퀸침대는 160Cm의 사이즈를 말한다.
세미더블	セミダブル (세미다부루)	Semi-Double Bed	★★★	세미더블은 더블침대보다 폭이 좁은 침대를 말하는데, 일반적으로 호텔에서는 싱글침대를 세미더블로 판매하기도 한다. 만약 침대 가로폭이 120Cm인 세미더블룸을 남자 2명이 예약했다면 그날 밤 누군가는 침대 바닥에서 자야 할 것이다. 세미더블은 남녀커플 또는 여자 2명에게만 추천한다.
트윈/더블	ツイン/ダブル (츠인/다부루)	Twin Double Bed	★★☆	간혹 실수하기 쉬운 룸타입으로 실제 컴플레인으로 이어지는 케이스가 많다. 둘 다 2인실을 의미하지만 침대 개수가 다르다. 트윈룸은 침대가 2개가 있는 방이고, 더블룸은 더블사이즈의 침대 1개가 있는 곳이다. 영어로 투(Two)를 연상하며 트윈룸은 침대 2개라고 기억하자.
싱글유스	シングルユース (싱그루유-스)	Single Use	★☆☆	더블룸이나 트윈룸의 2인용 객실을 혼자 투숙하는 경우를 말한다. 보통 2인 객실요금에서 할인요금이 적용되기도 한다.
흡연룸	喫煙ルーム (키츠엔루-무)	Smoking Room	★★★	일본에는 아직 객실 내 흡연이 가능한 곳이 많다. 일부 호텔의 경우 전 객실 흡연룸이거나 따로 구분하지 않으므로 호텔 예약사이트에 별도 표기가 없을 수 있다. 따라서 아이동반 여행객이나 기관지가 약해 꼭 금연룸으로 해야 한다면, 처음부터 금연룸 표기가 되어 있는 플랜을 선택할 것을 권장한다. 금연룸은 일본어로 禁煙ルーム(킨엔루-무)라고 한다.
어메니티	アメニティ (아메니티)	Amenity	★☆☆	객실비품을 말한다. 세면 및 바디용품, 칫솔, 헤어드라이기, 수건, 잠옷, 냉장고, TV가 있는지 꼭 체크하자.
예약확인서 (바우처)	バウチャー (바우처)	Voucher	★★★	예약확인서를 말한다. 바우처에는 숙박자 정보, 체크인 및 체크아웃 일자, 룸타입, 조식 포함여부, 결제정보, 기타 요청사항 등이 상세히 기술되어 있다. 트러블상황을 미연에 방지하기 위해서는 예약과 동시에 발송되는 바우처를 꼼꼼히 확인해야 한다.

휴일 전날	休前日 (큐젠지츠)	The Day Before The Holidays	★★☆	큐젠지츠는 공휴일 등 숙박객이 몰리는 휴일 전날을 말한다. 휴일 전날과 휴일 당일은 숙박요금이 평일보다 올라가게 된다. 보통 일본 공휴일 기준이지만, 외국인이 많이 이용하는 일부 체인 호텔의 경우 한국과 중국 공휴일 전날도 휴전일로 계산하기도 한다.
잠만 자는 숙박	素泊まり (스도마리)	Standard Stay	★★★	식사나 기타 부가서비스는 제외하고 숙박만 이용하는 플랜을 말한다. 영어식 표기로 スタンダードステイ(스탠다-도스테이)라고 부르기도 한다. 부가서비스 비용이 빠지므로 보다 저렴하게 이용할 수 있다. 스도마리 플랜을 예약하더라도 호텔 내 부대 및 편의시설은 이용가능하다.
조식포함	朝食付 (쵸소쿠츠키)	Continental Breakfast	★★★	조식서비스가 포함된 숙박 플랜을 말한다. 참고로 조식이 무료인 호텔은 朝食無料(쵸-쇼쿠무료-) 라고 표기한다.
환불	返金(헨킨)	Refund	★★★	만약 예약 상세정보에 返金不可(헨킨후카)라고 적혀있다면 취소가 불가능한 플랜이라는 뜻이다. 이 요금제는 다른 요금보다 저렴한 만큼 패널티가 적용된다. 일정에 변동 가능성이 있다면 이런 옵션은 피해야 한다.
취소	キャンセル (캰세루)	Cancellation	★★★	예약 시 반드시 확인해야 하는 항목이다. 숙박일로부터 언제까지 취소가능하고 취소수수료가 발생할 경우 어떻게 적용되는지 규정을 꼼꼼하게 체크하자.
별관	アネックス (아넥쿠스)	Annex	★☆☆	영어 Annex를 일본어식으로 표기한 것으로 별관이나 분관을 의미한다. 호텔이름에 아넥스가 붙은 경우, 메인호텔의 별관이라고 보면 된다.

예약 전 알아두면 좋은 료칸용어와 확인사항

료칸의 경우 호텔예약과 달리 객실타입도 다양하고 일본어 표기가 많아 복잡하고 어렵게 느껴지는 것이 사실이다. 점차 료칸업계에서도 온라인 숙소검색 트렌드에 맞춰 호텔예약처럼 단순화시키고는 있지만, 식사예약이나 픽업서비스인 송영예약送迎予約 등 요구사항을 체크해야 한다는 점에서 한계가 있다. 다음 표는 료칸예약 시 자주 사용되는 용어와 확인사항을 정리한 것이다. 내용을 잘 숙지해두면 좀더 편하게 료칸숙박을 할 수 있을 것이다.

료칸 용어 (일본어표기)	내용	중요도	설명
오카미상 (女将さん)	여주인	★☆☆	료칸의 여성 안주인을 말한다. 료칸 내 객실, 식사, 온천 등 료칸에서 제공하는 모든 서비스를 전담하는 총지배인 역할을 하며 숙박자가 불편한 점이 없는지 세심하게 챙긴다.
나카이상 (仲居さん)	서비스담당자	★☆☆	손님의 체크인부터 체크아웃까지 모든 서비스를 담당하는 전담직원이다. 기모노를 입은 중년여성이 담당하는 경우가 많으며 극진한 식사를 대접하고 식사 후에는 방에 이부자리를 펴주는 등 편안한 숙박을 선사한다.
와시츠(和室) / 와요-시츠(和洋室)	다다미방 / 침대가 있는 다다미방	★★★	일본식 돗자리인 다다미가 깔린 전통 객실타입을 와시츠라고 한다. 영어로는 Japanese-Style Room 또는 Tatami Room으로 표기한다. 한편 와요시츠는 다다미 객실에 침대가 배치된 타입으로 침대가 익숙한 숙박자를 위한 객실이다. 영어로는 Japanese-Western Style Room이라고 한다.
혼칸(本館) 하나레/벳칸 (離れ/別館)	본관 별관	★★☆	료칸에서 메인이 되는 숙박동을 혼칸이라고 하고 본관에서 떨어진 건물을 하나레 또는 벳칸이라고 부른다. 료칸에 따라 본관과 별관에서 제공되는 서비스가 각기 다르므로 예약 전 내용을 확인하는 것이 좋다.

다이요쿠죠(大浴場)	대욕장	★★☆	료칸에서 공동으로 이용하는 온천을 말한다. 대욕장 내에는 내탕과 노천탕 등 여러 가지 탕 종류가 있다.
로텐부로(露天風呂) 우치부로(内風呂)	노천탕 내탕	★★★	부로(風呂)란 욕조가 있는 탕을 말하는데, 로텐부로는 야외에 마련된 노천탕으로 자연 풍경 속에 온천을 즐길 수 있는 탕이다. 만약 예약 플랜 중에 露天風呂付き客室(로텐부로츠키 갸쿠시츠)가 있다면 이는 객실 내 프라이빗 노천탕이 있는 것을 말한다. 영어로는 Roten Room으로 표기하기도 한다. 반면 우치부로란 실내에 있는 탕을 말한다.
카시키리부로(貸切風呂)	전세탕	★★☆	공동욕장인 대욕장과 달리 시간제로 프라이빗 온천을 즐길 수 있는 전세탕이다. 보통 료칸마다 전세탕용 온천을 별도로 마련해두고 있다. 가족탕이라는 뜻의 家族風呂(가조쿠부로)라고 표기하기도 한다.
카케나가시(掛流し) 쥰칸부로(循環風呂)	원천식 온천 순환식 온천	★★★	카케나가시란 온천물을 계속 흘려보내는 온천타입을 말한다. 반대로 쥰칸부로는 온천수를 계속 순환하여 사용하는 방식이다. 원천을 제대로 즐기고 싶다면 카케나가시 타입인지를 체크해봐야 한다.
니고리유(にごり湯)	탁한 온천수	★★☆	온천에 함유된 다양한 광물질로 인해 온천수 색이 불투명해 보이는 것을 말한다. 대표적인 니고리유는 유황성분이 포함돼 온천수 색이 탁하지만 탁함의 정도로 광물성분이 더 많거나 나에게 좋은 온천이라고는 볼 수 없다. 온천성분에 따른 효능을 파악하여 적합한 온천을 찾는 것이 중요하다.
단죠 히가와리(男女 日替わり)	남녀탕 매일 바뀜(교대제)	★★☆	단죠 히가와리란 남녀욕장의 위치가 매일 바뀐다는 뜻이다. 료칸온천의 욕조 수가 한정적이거나 또는 종류가 다양해서 남녀 모두 격일로 시설을 모두 즐길 수 있게 하는 제도이다. 다른 말로 男女入れ替え(단죠 이레카에)라고도 한다.
가이세키요리(会席料理)	회석요리	★★☆	일본식 연회용 코스요리를 말한다. 료칸을 선택할 때 중요한 기준이 되는 요소로 계절에 따른 정갈한 요리가 제공되며 생선회, 해산물, 육류 등 메인 요리에 따라 숙박요금이 달라진다.
헤야쇼쿠(部屋食)	객실 내 식사	★★☆	나카이상이 가이세키요리를 직접 방까지 가져다준다. 다른 손님을 신경 쓰지 않고 편하게 식사를 즐길 수 있지만 방안에 음식냄새가 배기 때문에 냄새에 예민하다면 고려해봐야 한다.
소-게이(送迎)	픽업서비스	★★★	픽업서비스로 온천 근처 역이나 버스정류장에서 료칸까지 차로 편하게 픽업해주는 서비스이다. 료칸에 따라 사전에 픽업시간을 정하거나 숙박 당일 전화로 픽업요청을 해야 한다. 대형 온천호텔에서는 시간제로 셔틀버스를 운영하기도 한다.
뉴토-제이(入湯税)	입욕세	★★★	온천을 이용하는 사람이라면 모두 지불해야 하는 세금으로 하루 1인 기준 150엔 정도이다. 보통 숙박요금에 포함되는데 일부 저렴한 플랜의 경우 별도 지불하는 경우도 있다. 예약확인서에 입욕세 관련 내용이 기재되어 있으므로 잘 확인하자.

숙박 예약사이트를 통해서 예약하기

Expedia
Booking.com
Hotels.com
agoda

자유여행 확산에 발맞춰 숙박예약 전문사이트를 통한 예약이 계속 늘어나고 있다. 특히 전 세계적으로 숙박예약 관련 시스템을 구축한 글로벌 OTA^{Online Travel Agency} 성장으로 언제 어디서나 인터넷을 통해 실시간으로 예약할 수 있을 뿐만 아니라 숙박요금을 비교하여 가성비 좋은 숙소를 쉽게 찾을 수 있다. 여기서는 숙박 예약사이트의 장단점과 대표적인 숙소 예약사이트를 간략하게 소개한다.

• 숙박예약 관련 사이트를 통한 예약의 장점

① OTA 측에서 숙박업소를 직접 프로모션하기 때문에 저렴하게 예약할 수 있다.
② 등록된 숙박업소에서 직접 사이트 내 공실 관리를 실시간으로 관리하는 시스템이라 정확하고 빠르게 예약 가능여부를 확인할 수 있다.
③ 숙박 목적에 맞춰 필터검색이 가능하므로 쉽고 빠르게 원하는 숙소를 선택할 수 있다. 예) 지역별, 숙소 형태, 식사내용, 흡연여부, 룸타입, 온천/사우나 여부 등
④ 일부 사이트의 경우 사전지불 또는 숙박 당일 업소에 직접 지불(현지지불) 등을 선택할 수 있다. 현지지불의 경우 숙박일 전까지 금전적 부담이 전혀 없다.
⑤ 한국어서비스를 제공하는 곳이 많아 예약 시 소통의 부담이 없다.

• 숙박예약 관련 사이트를 통한 예약의 단점

① 이벤트성 프로모션이 잦아 수시로 가격 변동 있으며, 저가형 숙소는 환불불가라는 조건이 붙기도 한다.
② 항공편 결항, 자연재해, 인적 사건·사고가 발생했을 때 대응하기 어려우며, 문제발생 시 우리나라 법 적용이 어렵다.
③ 제공되는 서비스 옵션이 단순하게 표시되므로 료칸 등 특별한 요청사항은 예약자가 직접 숙박업소로 연락해야 한다.
④ 예약 및 결제과정에 오류가 발생할 경우, 고객센터로 연락을 취해야 하는데 연결 및 대응이 늦은 편이다.
⑤ 고객센터 연결 시 한국어지원 서비스가 원활하지 않아 문제발생 시 소통에 부담을 느낄 수 있다.

• 대표적인 숙소 예약사이트

업체명 (CI)	홈페이지	추천 숙소	설명
아고다 agoda	agoda.com	호텔적합 (현지지불 선택가능)	전 세계 호텔을 검색할 수 있으며 프로모션 요금이 많아 최저가를 발견할 확률이 높다. 최종 예약화면에서 호텔 수수료가 추가되면서 처음 봤던 금액보다 다소 비싸지기도 하니 잘 확인하도록 하자. 료칸보다 호텔검색에 적합한 사이트이다.
부킹닷컴 B. Booking.com	booking.com	호텔적합 (현지지불 선택가능)	아고다와 마찬가지로 전 세계 호텔을 검색할 수 있다. 예약 건수가 늘어나면 회원등급이 올라가 숙박요금을 할인받을 수도 있으며 무료 객실업그레이드 등의 혜택을 받을 수도 있다. 료칸보다는 호텔검색에 적합하다.
자란	jalan.net	호텔/료칸적합 (현지지불 선택가능)	일본 숙소전문 예약사이트로 다른 사이트에 없는 공실이 자란에는 많이 남아 있는 것이 큰 장점이다. 프로모션 시기에는 할인쿠폰을 배포하여 더욱 저렴하게 숙박예약이 가능하며 지불방법도 사전지불과 현지지불 중 선택할 수 있다. 한국어사이트도 지원하고 있는데 내국인 중심의 숙박업소는 한국어사이트에서 검색이 되지 않기도 한다.
라쿠텐트래블 Rakuten Travel	travel.rakuten.com/kor	호텔/료칸적합 (현지지불 선택가능)	일본 최대 온라인 쇼핑몰에서 운영하는 여행사이트로 많은 일본호텔과 료칸이 입점해 있다. 자란과 마찬가지로 사전지불과 현지지불 중 지불방법을 선택할 수 있으며 한국어서비스가 잘 되어 있다.
재패니칸 JAPANiCAN.com	www.japanican.com/ko-kr	료칸적합 (현지지불 선택가능)	일본 최대 여행사 JTB에서 운영하는 사이트로 일본 호텔 및 료칸을 검색할 수 있는데 특히 료칸검색 시 유용하다. 료칸에 대한 상세정보를 볼 수 있으며 객실 종류별로 예약할 수 있는 장점이 있다. 숙박요금에 입욕세가 포함되지 않을 경우 숙소에 직접 지불해야 하므로 예약시 잘 확인하자.

여행사를 통해서 예약하기

하나투어 모두투어
여행박사 Myrealtrip
TOURVIS 호텔패스
yanolja

국내 대표 여행사들 CI

패키지여행뿐만 아니라 숙박예약도 여행사를 통해 안전하고 간편하게 처리할 수 있다. 고객안전을 최우선으로 생각하는 여행사에서는 문제발생 시 이에 대한 능동적 대처가 가능하다. 온라인 기반 여행사의 경우 간편하게 클릭 몇 번만으로도 예약이 가능하다. 여기서는 여행사를 통한 예약이 어떤 점이 유용한지 간략하게 살펴본다. 단순히 여행경비를 절감하는 것보다 특별히 고려할 사항이 많다면 여행사를 통해 세심한 도움을 받는 것도 나쁘지 않다. 국내에는 일본여행전문, 자유여행전문, 료칸전문 여행사가 다수 존재하므로 여행목적에 맞춰 잘 활용하기 바란다.

• 글로벌 OTA보다 더 저렴하거나 특별한 혜택

규슈지역은 지역 특성상 오랜 기간 거래해온 일본전문여행사에 대해 저렴한 플랜, 기간한정 특별플랜을 제공하는 경우가 많다. 후쿠오카 외곽으로 갈수록 특히 그런 경향이 더욱 강하다. 일부 숙박시설의 경우 다년간 거래해 온 여행사 이외에는 입점 자체를 하지 않는 경우도 많다. 따라서 여행사별로 플랜이 천차만별이므로 글로벌 숙박예약사이트와 비교해본 후 예약하는 것이 좋다.

• 항공편 결항, 자연재해, 인적 사건·사고가 발생 시 능동적 대처

여행에 문제가 발생하였을 경우 여행사는 도의적 차원의 책임을 진다. 항공편 결항이나 자연재해 또는 인적 사고 등으로 예약된 숙박업소에 가지 못할 경우 관련 증명서를 제출하면 여행사를 통해 문제해결에 도움을 받을 수 있다. 특히 사건사고에 대한 노하우가 많은 여행사는 숙박시설로부터 취소수수료를 면제받거나 경감받을 수 있도록 적극 개입한다. 이는 금전적 보상과는 다른 차원의 문제이므로 이 부분을 염두에 두자.

• 숙소 측에 특별 요청사항까지 전달

일정 연령 이하의 영유아를 동반할 경우, 일부 호텔에서는 숙박과 조식이 무료, 료칸에서는 숙박 및 식사요금이 할인된다는 사실을 아는 사람은 많지 않다. 일부 여행사이기는 하지만 식사 메뉴를 업그레이드하거나 알레르기사항 등을 체크하여 숙소 측에 전달해주기도 한다. 또한 료칸 픽업서비스, 예약내용 변경 등 개개인의 특별 요청사항을 전달할 수 있다는 것은 여행사만의 큰 장점이다.

호텔 및 료칸 공식홈페이지에서 직접 예약하기

IT기술이 발달함에 따라 숙박시설 자체 예약시스템도 발달하고 있다. 숙박 시설에서는 중개업체에 수수료를 지불하지 않아도 되는 만큼 저렴한 요금을 제공할 가능성이 높다. 숙박시설에 따라서는 사전 예약을 장려하기 위해 하야와리早割り라고 하는 조기할인 플랜을 제공하기도 한다. 또한 문의사항이나 취소 및 변경, 특별사항 요청에 즉각적인 대응이 가능하다. 무엇보다 숙박시설과 직접 연락을 취하기 때문에 요청사항이 잘 전달되었는지 두 번 확인할 필요가 없다. 다만 한국어를 제공하지 않는 곳이라면 소통의 문제가 존재하고, 공식홈페이지상의 요금이 정규요금인 까닭에 중개수수료가 없다고 무조건 저렴한 것도 아니다. 따라서 긴급하게 즉각 처리해야 하는 경우, 예약취소 및 변경 가능성이 높은 경우, 특별 요청사항이 많은 경우 등과 같이 직접 숙박업체와 소통해서 처리해야 하는 경우에 추천한다.

Section 03

HOTEL & RYOKAN

후쿠오카 및 후쿠오카 근교 호텔

후쿠오카시 통계에 따르면 후쿠오카 시내에는 200여 곳의 숙소가 있는 것으로 집계된다. 이렇게 많은 숙소 중에서 후쿠오카 및 근교 여행 시 편리한 호텔은 어디에 있을까? 이 장에서는 도심에 있어 편리하며, 교통요충지로서 여행하기 좋고, 숙박비 대비 부대시설이 뛰어난 후쿠오카 및 고쿠라 호텔 중심으로 소개한다.

교통이 편리하고 깔끔한 비즈니스호텔 전객실금연 조식제공

컴포트호텔 하카타 コンフォートホテル博多

교통 요지에 위치한 비즈니스호텔로 JR하카타역과 하카타버스터미널이 바로 앞에 위치한다. 일본 전역에 체인이 있으며 모던하고 깔끔한 시설이 특징으로 전 객실을 리뉴얼하고 각 객실에 가습·공기청정기를 설치하여 쾌적하게 이용할 수 있다. 객실 내외에서 와이파이를 무료로 이용할 수 있으며 아기 침대와 노트북을 유료로 빌릴 수도 있다.

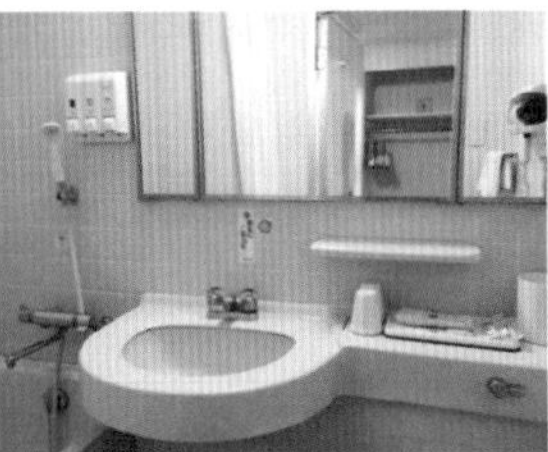

침구류 전문메이커와 공동 개발한 푹신한 침대가 제공되며, 수량한정으로 프론트에서 발베개를 빌릴 수 있다. 로비에서 커피와 레몬워터를 웰컴드링크로 제공하므로 로비나 객실로 가져가 마실 수 있다. 조식은 터키식 볶음밥 필라프Pilaf, 빵, 과일, 야채 등과 음료가 무료로 제공된다.

주소 福岡県 福岡市 博多区 博多駅前 2-1-1 문의 092-431-1211 가격 1인 기준 ¥5,000~ 체크인/아웃 15:00/10:00 찾아가기 JR하카타(博多)역 하카타 출구에서 도보 1분 거리이다. 홈페이지 www.choice-hotels.jp/hotel/hakata

천연온천을 즐길 수 있는 비즈니스호텔 전객실금연

야오지 하카타호텔 八百治博多ホテル

하카타역 인근에 자리해 접근성이 좋고, 숙박비용도 저렴하면서 천연온천시설까지 갖춘 비즈니스호텔이다. 실제 필자가 후쿠오카 출장 시 자주 이용했던 곳이다. 지어진 지는 20년이 지난 호텔이지만 대부분의 편의시설을 갖추고 있어 편리하며 최근 객실과 온천시설 모두 리뉴

얼해서 쾌적하게 이용할 수 있다. 객실은 기타 비즈니스호텔에 비하면 넓은 편이며 객실 내 무료 와이파이서비스 및 가습·공기청정기가 설치되어 있다. 호텔 1층 대욕장은 천연온천수를 사용하여 피로회복과 건강증진에 효능이 좋은데, 숙박객은 무료로 이용할 수 있다. 조식은 일식과 양식이 골고루 제공되는데 맛도 좋다. 호텔 주변에는 마트와 편의점, 드러그스토어 등 편의시설이 있어 매우 편리하다.

주소 福岡県 福岡市 博多区 博多駅前 4-9-2 문의 092-483-5111 가격 1인 기준 ¥7,000~ 체크인/아웃 15:00/11:00 찾아가기 JR하카타(博多)역 하카타 출구에서 도보 3분 거리이다. 홈페이지 www.yaoji.co.jp

편안한 숙박이 가능한 호텔

니시테츠호텔 크룸 하카타 西鉄ホテルクルーム博多

니시테츠그룹에서 운영하는 호텔로 하카타버스터미널 바로 옆에 위치해 후쿠오카 근교 여행 시 편리하다. 호텔명 크룸Croom은 교류Communication, 활기Cheerful, 편안함Comfortable, 창조Creative를 의미하는 영어의 앞 문자 C에서 따온 것으로 '교류가 넘치며 창의적이고 편안한 공간'을 지향하는 호텔의 이념을 상징한다.

이 호텔은 여성 혼자서도 안심하고 편안하게 숙박할 수 있는 분위기로 프리미엄 레이디룸도 마련되어 있으며, 객실 내에는 공기청정기부터 촉감이 좋은 파자마, 슬리퍼, 넓고 푹신한 침구류까지 오감을 충족하기에 충분하다. 무엇보다 여행의 피로를 풀어줄 쾌적한 대욕장을 운영하는데 사우나, 노천탕, 작은 정원, 파우더룸, 마사지의자 등의 편의시설까지 갖추고 있다. 조식 레스토랑은 모던한 분위기로 일본 정식레스토랑과 일식과 양식이 혼합된 뷔페 레스토랑 중에 선택할 수 있고 하카타의 향토요리와 신선한 재료로 만든 다양한 요리를 즐길 수 있다.

주소 福岡県 福岡市 博多区 博多駅前 1-17-6 문의 092-413-5454 가격 1인 기준 ¥9,000~ 체크인/아웃 15:00/11:00 찾아가기 JR하카타(博多)역 하카타 출구에서 도보 4분 거리 또는 하카타버스터미널 바로 앞에 위치한다. 홈페이지 nnr-h.com/croom/hakata

나카스 추천 게스트하우스

후쿠오카 하나호스텔 福岡花宿, Fukuoka Hana Hostel

저렴하면서도 쾌적한 게스트하우스를 찾는다면 하나호스텔을 추천한다. 나카스카와바타상점가 내 위치해 있어 후쿠오카 맛집 탐방이나 쇼핑투어 시 편리하며 저녁 늦게 돌아다녀도 안전하다. 객실은 다인실부터 1~2인실은 물론 여성전용룸도 마련되어 있다. 다인실 이용 시 세면 및 샤워시설은 공용이지만 각 침대마다 침대커튼과 독서등, 콘센트가 설치되어 있어 편리하다.

1~2인실의 경우 객실 내 세면 및 샤워시설이 완비되어 있어 호텔처럼 편하게 이용할 수 있다. 공용주방은 자유롭게 이용가능한데 투숙객끼리 모여 함께 요리를 해먹으며 파티도 벌일 수 있다. 쿠시다신사와 나카스포장마차거리 근처에 있어 후쿠오카 관광에도 최적이다.

주소 福岡県 福岡市 博多区 上川端町 4-213 문의 092-282-5353 가격 1인 기준 다인실 ¥2,500~, 1~2인실 ¥7,600~ 체크인/아웃 15:00/11:00 찾아가기 시영지하철 나카스카와바타(中洲川端駅)역 5번 출구에서 도보 5분 거리이다. 홈페이지 fukuoka.hanahostel.com

고쿠라역과 바로 연결되어 편리한 호텔 전객실금연

JR큐슈스테이션호텔 고쿠라

JR九州ステーションホテル小倉

큐슈여객철도그룹九州旅客鉄道グループ에서 운영하는 호텔로 신칸센, JR선, 모노레일 등 모든 교통기관이 지나는 고쿠라역과 바로 연결되어 기타큐슈 여행 시 편하다. 전 객실에는 시몬스침대를 도입하여 쾌적하고 편안한 숙면을 취할 수 있다. 특히 북쪽 객실은 전철이 지나가는 모습을 볼 수 있는 트레인뷰 객실로 유명하다. 현재 '지속가능한 발전목표(SDGs)' 활동의 일환으로 객실에는 칫솔만 구비되어 있고 헤어브러쉬, 코튼, 면봉, 면도기 등은 프론트

에 별도 요청해야 가져갈 수 있다. 조식은 규슈산 식재료를 이용해 만든 뷔페형식이며 지역향토요리를 맛볼 수 있다. 호텔 내 약 200여 개의 점포가 모인 쇼핑몰 아뮤플라자가 병설되어 있어 쇼핑도 편하게 즐길 수 있다.

주소 福岡県 北九州市 小倉北区 浅野 1-1-1 문의 093-541-7111 찾아가기 JR고쿠라(小倉)역과 바로 연결된다. 가격 1인 기준 ¥5,500~ 체크인/아웃 15:00/11:00 홈페이지 www.station-hotel.com

시티뷰가 덤으로 제공되는 고급호텔 전객실금연

리가로얄호텔 고쿠라 リーガロイヤルホテル小倉

리가로얄호텔그룹에서 운영하는 호텔로 규슈지역에서는 고쿠라가 유일하다. JR고쿠라역과 연결된 최고의 접근성과 기타큐슈 시내에 위치한 고급 호텔로 커플여행객들이 선호하는 호텔이다. 객실은 전 객실 트윈 또는 더블룸으로 일반 비즈니스호텔의 두 배 정도 되는 넓은 공간을 자랑하며, 혼자 온 여행객은 싱글유즈로 이용가능하다. 무엇보다도 높은 층에 투숙하면 멋진 시티뷰를 덤으로 즐길 수 있다. 조식은 규슈향토요리를 비롯하여 다채로운 요리를 마음껏 골라 먹을 수 있는 뷔페식이다. 추가요금을 지불하면 스파와 사우나, 수영장 시설이 포함된 피트니스 이용도 가능하다.

주소 福岡県 北九州市 小倉北区 浅野 2-14-2 문의 093-531-1121 찾아가기 JR고쿠라(小倉)역 신칸센 출구에서 공중회랑을 이용하여 도보 3분 거리이다. 가격 1인 기준 ¥8,000~ 체크인/아웃 15:00/11:00 홈페이지 www.rihga.co.jp/kokura

Section 04

HOTEL & RYOKAN

규슈지역 온천호텔 및 료칸

규슈여행의 하이라이트는 단연 온천이다. 여기서는 많은 여행자들이 선호하는 벳푸와 유후인, 우레시노 지역의 온천과 베스트 오브 베스트 숙소를 소개한다. 온천호텔 및 료칸 선택 시 고려하면 좋은 픽업서비스, 전세탕, 객실 금연여부를 알아보기 쉽게 구분하였으니 숙소 선택 시 참고하기 바란다.

벳푸를 대표하는 리조트형 온천호텔

스기노이호텔 杉乃井ホテル

무료셔틀버스 벳푸지역

스기노이호텔은 벳푸 칸카이지온천観海寺温泉 고지대에 위치한 5성급 리조트형 온천호텔이다. 이곳의 매력은 멋진 전망과 뷔페식사로 투숙객들의 만족도가 높아 벳푸 온천부문 1위를 놓치지 않으며 재방문율도 높다. 스기노이온천에는 전망 노천탕 타나유棚湯와 소라유宙湯, 풀 형태의 아쿠아가든アクアガーデン 세 종류가 있다. 타나유는 계단식 논처럼 다섯 개의 단으로 욕조를 설계한 노천탕으로 벳푸의 자연풍광과 탁 트인 벳푸시내를 조망하며 온천을 즐길 수 있다. 소라유는 2023년 새로 오픈한 소라관의 최상층 전망 노천탕으로서 해발 250m의 파노라마 전망을 덤으로 즐길 수 있다.

스기노이의 인기비결은 제철재료로 신선하게 만든 양식, 일식, 중식을 망라한 80여 종의 뷔페식 메뉴로 맛 또한 좋기로 소문이 자자하다. 숙박시설은 다양한 수요층에 맞춰 본관, 나카관, 하나관으로 숙박동을 구분하였으며, 노천탕이 딸린 객실도 일본전통의 화실和室, 세련된 현대식 양실洋室, 동서양이 조화를 이룬 화양실和洋室 중에서 선택가능하며, 추가요금을 지불하면 바다전망도 가능하다. 시설 내에는 레저풀장, 볼링장, 게임장 등 다양한 부대시설도 갖추고 있어 가족단위 방문객들에게 추천하는 곳이다.

주소 大分県 別府市 観海寺 1 문의 0977-24-1141 찾아가기 JR벳푸(別府)역 서쪽출구 후지요시호텔(フジヨシホテル) 주차장에서 무료셔틀버스를 이용한다. 셔틀버스 운영시간 08:00~18:40, 20분 간격(금~일요일 08:00~22:00) 가격 1인 기준 ¥13,000~ 체크인/아웃 15:00/11:00 홈페이지 suginoi.orixhotelsandresorts.com

벳푸에서 역사가 가장 오래된 온천호텔

카메노이호텔 벳푸 亀の井ホテル別府

벳푸에서 가장 오래된 온천호텔로 JR벳푸역에서 도보이동 가능하며, 리조트 기능까지 갖춘 온천호텔이다. 호텔 내 객실은 베이비룸을 비롯하여 1~6인실까지 다양하므로, 아이동반 여행객이나 싱글, 커플, 그룹단위 여행객 모두 이용가능하다. 온천수는 부드러운 단순천으로 넓은 대욕장과 모던한 노천탕, 냉탕, 사우나룸 등이 준비되어 있으므로 다양한 온천을 즐길 수 있다.

식사는 벳푸 향토요리 중심의 일식당과 뷔페레스토랑 중에서 선택할 수 있다. 부대시설로는 탁구장과 게임코너가 있어 온천 또는 식사 후 일행과 즐거운 시간을 보낼 수 있다. 객실 내 와이파이서비스는 모두 완비되어 있으며 근처에 편의점이 있어 편리하다.

주소 大分県 別府市 中央町 5-17 문의 0977-22-3301 가격 1인 기준 ¥5,000~ 체크인/아웃 15:00/11:00 찾아가기 JR벳푸(別府)역 동쪽출구에서 도보 5분 거리이다. 홈페이지 kamenoi-hotels.com/kr/beppu

배낭여행자에게 추천하는 호텔 벳푸지역

호텔씨웨이브 벳푸 ホテルシーウェーブ別府

벳푸역 동쪽출구로 나오면 바로 맞은편에 보이는 시티호텔로 관광이 중심인 배낭여행자에게 적합한 호텔이다. 숙박요금은 저렴해도 깨끗한 객실과 천연온천, 조식서비스, 부대시설까지 갖출 건 모두 갖추고 있다. 객실은 싱글룸, 트윈룸, 트리플룸(스위트룸)으로 나뉘는데 특히 스위트룸의 B타입 객실은 유람선에 탑승한 듯 동그란 차창 밖으로 바다와 산을 바라볼 수 있다.

온천은 피부에 닿는 느낌이 좋은 탄산수소염으로 여행 중 피로와 근육통을 풀 수 있으며 피부병과 소화기질환에도 효능이 있다. 내탕은 1층과 3층, 노천탕은 3층으로 떨어져 있는데 격일로 남탕과 여탕을 변경한다. 온천 후에는 마사지의자가 설치된 휴게실에서 휴식이 가능하다. 저렴하면서도 온천시설을 갖춘 숙소를 찾는다면 호텔씨웨이브를 추천한다.

주소 大分県 別府市 駅前町 12-8 문의 0120-007-116 가격 1인 기준 ¥3,500~ 체크인/아웃 15:00/11:00 찾아가기 JR벳푸(別府)역 동쪽출구에서 도보 1분 거리이다. 홈페이지 www.beppuonsen.com/ko

전 객실에 노천탕이 딸린 프라이빗 료칸 전객실금연 전객실노천탕

오야도 덴리큐 御宿 田 離宮 유후인지역

유후인 중심가에서 다소 떨어진 전원 풍경에 위치한 료칸이다. 별채 형식의 7개 객실을 갖추고 있는데, 객실 모두 외부와 차단된 프라이빗한 시간을 보내기 좋다. 객실마다 노천탕이 딸려 있어 수려한 유후다케를 전망하며 온천을 즐길 수 있다. 체크인 시 웰컴드링크와 다과를 내어주며, 식사는 오이타현 식재료와 직접 농장에서 재배한 야채를 활용한 제철요리를 코스요리 못지 않게 정성스레 내어준다. 저녁식사

를 하는 동안 객실 내 잠자리를 정리해주는데, 자기 전 허기까지 생각해 주먹밥까지 챙기는 세심한 서비스가 이곳만의 매력이다. 도시의 소음에서 벗어나 한적한 곳에서 여유를 즐기고 싶다면 추천하는 료칸이다.

주소 大分県 由布市 湯布院町 川上 2417-1 문의 0977-76-8898 가격 1인 기준 ¥40,000~ 체크인/아웃 15:00/11:00 찾아가기 JR유후인(由布院)역에서 도보 13분 거리이다. 홈페이지 yufuin-den-rikyu.com/ko

전 객실에서 유후다케 산을 전망할 수 있는 무료픽업 무료전세탕 전객실금연

메바에소 めばえ荘 유후인지역

전 객실 유후다케 산의 아름다운 풍광이 펼쳐지는 료칸으로 아늑한 분위기에서 가족 또는 커플과 조용히 머물기 좋은 곳이다. 온천중심가로부터 다소 떨어져 있지만 도보이동이 가능한데, 언덕을 올라야 하므로 무료 픽업서비스를 이용하는 것을 권한다. 보통 유후다케 마운틴뷰 료칸은 고지대에 위치하여 도보이동이 힘든 반면 메바에소는 온천을 즐긴 후 온천가를 유유히 산책할 수 있다는 장점이 있다.

메바에소 온천수는 부드러운 단순천으로 노천탕과 내탕, 전세탕을 운영한다. 특히 작지 않은 규모에 정원처럼 꾸며진 전세탕 두 곳을 무료로 이용할 수 있는 것은 큰 이점이다. 객실은 일반 화실과 노천탕이 딸린 화실, 화양실 중 선택할 수 있다. 식사는 맛있기로 유명한데 오리농법으로 재배한 쌀과 오이타현 명품 소고기 분고규豊後牛, 제철 식재료를 활용한 가이세키요리를 즐길 수 있다.

주소 大分県 由布市 湯布院町 大字川南 249-1 문의 0977-85-3878 가격 1인 기준 ¥18,000~ 체크인/아웃 15:00/10:00 찾아가기 JR유후인(由布院)역에서 택시로 5분 거리 또는 무료픽업서비스를 이용할 수 있다. 홈페이지 www.mebaeso.com

객실에서 편하게 식사를 할 수 있는 무료전세탕 전객실금연

료소유후인 야마다야 旅想ゆふいん やまだ屋 유후인지역

야마다야는 유후인 마을중심가에 위치해 있어 유후인역까지 5분, 유노츠보거리까지도 7~8분이면 도착한다. 따라서 별도 픽업서비스는 제공하지 않는다. 이곳 숙소는 풍광 좋은 곳에 별채처럼 자리하는데, 객실로 연결되는 곳곳에 아기자기한 정원을 만들어 운치 있는 분위기를 연출한다. 객실은 1층과 2층으로 나뉘며 1층은 노천탕 또는 내탕이 붙은 객실이고, 2층은 전체가 내탕이 붙은 객실로 대체로 전망이 좋다. 이곳의 객실 노천탕은 넓은 것으로도 유명하다.

쇼규모 료칸에서만 제공되는 객실 내 식사가 가능한 점도 특징으로 온천 후 이동할 필요 없이 객실 내에서 가이세키요리를 즐길 수 있다. 가이세키요리는 오이타현 분고규와 벳푸 해산물을 활용한 창작요리를 제공한다. 이곳 온천수는 원천 그대로의 약알칼리성 단순천으로 노천탕, 내탕, 전세탕을 즐길 수 있으며, 24시간 이용 가능한 전세탕도 무료이다. 입소문으로 점점 유명해지는 료칸으로 커플, 가족과 함께 하는 여행객에게 추천한다.

주소 大分県 湯布院町 川上 2855-1 문의 0977-85-3185 가격 1인 기준 ¥20,000~ 체크인/아웃 15:00/10:30 귀띔 한마디 야마다야 일부 객실에서는 어린이 숙박이 제한되는 곳도 있으니 참고하자. 찾아가기 JR유후인(由布院)역에서 도보 5분 거리이다. 홈페이지 www.yufuin-yamadaya.com

아름다운 정원에 온천수가 흐르는 고급 료칸 무료전세탕

바이엔 梅園 유후인지역

유후인에서 가장 넓은 부지에 예쁜 정원과 깔끔하고 쾌적한 시설을 갖추고 있어 방송에도 자주 등장하는 고급 료칸이다. 정원에는 매화와 벚꽃, 풍란, 철쭉, 단풍나무 등이 계절에 맞춰 아름다운 꽃을 피우며 방문객에게 휴식과 평온함을 준다. 바이엔의 매력은 아름다운 풍광에서 즐기는 온천이다. 온천은 바위틈을 이

용해 만든 넓은 목욕탕 이와부로岩ぶろ 노천탕과 반노천탕 두 가지가 있으며 편백나무향이 은은한 노송나무 내탕과 전세탕도 마련되어 있다.

바이엔의 전세탕은 넓은 노천탕인데, 유후다케 산 절경을 배경삼아 온천을 즐길 수 있어 신선놀음이 따로 없다. 조용하고 아늑한 온천욕을 즐기고 싶다면 바이엔 만한 곳이 없다. 객실은 본관에 화실과 화양실, 별관에 기본 화양실과 노천탕이 딸린 화양실 중 선택할 수 있으며, 식사는 별도 레스토랑에서 가이세키요리를 즐길 수 있다.

주소 大分県 由布市 湯布院町 川上 2106-2 문의 0977-28-8288 가격 1인 기준 ¥25,000~ 체크인/아웃 15:00/10:30 귀띔 한마디 바이엔은 부지가 넓어 이동이 불편한 고객을 위해 카트서비스를 제공한다. 찾아가기 JR유후인(由布院)역에서 도보 30분 거리로 택시를 이용하면 5분 정도 소요되며, 별도 픽업서비스는 제공하지 않는다. 홈페이지 yufuin-baien.com/ko

친척집에 놀러온 듯한 편안한 숙소 무료전세탕 전객실금연

료칸 잇큐소 旅館 一休荘 우레시노지역

미인온천으로 유명한 우레시노 온천지구에서 온천순례를 하고 싶다면 료칸잇큐소에서 숙박을 추천한다. 잇큐소는 하루 쉬어가는 여관이라는 뜻으로 친척집에 놀러온 듯한 분위기의 작은 숙소이다. 객실 수는 총 7개로 가정집처럼 아담하며, 부부가 청소부터 접객, 요리까지 책임지고 있다. 위치도 우레시노버스터미널 바로 앞에 있어 접근성이 좋다. 또한 작지만 두 곳의 전세탕에서 프라이빗하게 천연온천을 즐길 수 있다.

나트륨성분이 많아 온천을 하고 나면 피부각질이 부드러워져 마치 화장수 속에서 담갔다 꺼낸 듯 피부가 부들부들 해지고 촉촉해진다. 식사는 조식과 석식을 8종 이상의 깔끔한 가정식으로 제공해주는데, 부드러운 우레시노온천 두부가 이 집 인기메뉴이다. 저렴한 숙소에서 가정집처럼 편안한 숙박을 원한다면 이곳만큼 좋은 곳이 없다.

주소 佐賀県 嬉野市 嬉野町 下宿丙 15-61 문의 095-442-1315 가격 1인 기준 ¥5,000~ 체크인/아웃 15:00/10:00 찾아가기 우레시노버스센터(嬉野バスセンター)에서 도보 1분 거리이다.

공중노천탕으로 유명한 무료픽업

호텔 카스이엔 ホテル華翠苑 우레시노지역

미슐랭의 우레시노 숙박편에 소개된 온천호텔이다. 우레시노에서 가장 높은 곳에 자리한 공중노천탕으로도 유명한데 낮에는 맑은 하늘, 밤에는 쏟아지는 별빛 속에서 노천탕을 즐길 수 있다. 뿐만 아니라 지하 1층에도 내탕과 노천탕이 있는데 이곳 노천탕 정원은 세계에서도 주목받는 정원아티스트 이시하라 카즈유키石原和幸가 참여한 것으로 알려져 있다. 샴푸바에는 세면 및 보디용품이 9가지나 있어 골라 사용할 수 있도록 세심한 배려를 하고 있다.

식사는 우레시노온천 명물 온천두부와 셰프가 만든 고기된장볶음 등 엄선된 식재료를 사용하여 가이세키요리를 정갈하게 제공하며, 식사와 함께 사가현 전통주를 맛볼 수 있다. 객실은 화실, 양실, 화양실, 전망탕 객실 중 선택할 수 있으며 전 객실 와이파이서비스가 완비되어 있다. 근처에는 폭포 토도로키노타키轟の滝가 있어 온천 후 산책을 즐기며 맑은 공기와 실감나는 자연을 느낄 수 있다. 합리적인 금액으로 우레시노온천을 만끽할 수 있는 곳으로 추천한다.

주소 佐賀県 嬉野市 嬉野町 岩屋川内甲 333 문의 0570-026-112 찾아가기 우레시노버스센터(嬉野バスセンター)에서 도보 4분 거리이다. 또는 우레시노버스센터, JR우레시노역, 우레시노IC 도착 후 호텔에 연락하면 픽업차량을 통해 이동할 수도 있다. 가격 1인 기준 ¥12,000~ 체크인/아웃 15:00/10:00 홈페이지 www.kasuien.co.jp/kr

미인 녹차노천탕을 즐길 수 있는 료칸 무료픽업 전객실금연

차고코로노 야도 와라쿠엔 茶心の宿 和楽園 우레시노지역

우레시노 시오타강塩田川 근처 시골정취가 물씬 풍기는 료칸이다. 우레시노 명물인 녹차를 테마로 녹차온천과 녹차요리 등을 선보인다. 녹차에는 카테킨Catechin과 비타민C 성분이 풍부하여 녹차온천욕을 즐기면 몸의 유해물질이 빠져나가고 미백 효과까지 얻을 수 있다. 와라쿠엔 녹차노천탕은 주전자 안에 우레시노 차를 듬뿍 담아 원천수와 함께 흘려보낸다. 다갈색빛 녹차온천을 즐긴 후에는 온천수를 바로 닦아내지 말고 몸에 흡수되도록 기다리면 피부미용에 도움이 된다.

이외에도 계절의 아름다움을 담은 정원대욕장과 노천전세탕이 있으며, 객실은 본관과 두 개의 별관에서 화실, 화양실, 노천탕이 딸린 객실 중에 선택할 수 있다. 와라쿠엔에서 고급스러운 객실을 찾는다면 별관 스이게츠翠月를 추천한

다. 온천 후에는 유카타를 입은 채로 와라쿠엔 근처의 조용한 마을을 산책하다 보면 지친 일상에 휴식을 찾을 수 있다.

주소 佐賀県 嬉野市 嬉野町 大字下野甲 33 문의 095-443-3181 가격 1인 기준 ¥15,000~ 체크인/아웃 15:00/10:00 찾아가기 우레시노버스센터(嬉野バスセンター)에서 도보 10분 거리 또는 우레시노버스센터, JR우레시노역, 우레시노IC 도착 후 호텔에 연락하면 픽업차량을 통해 이동할 수 있다. 홈페이지 www.warakuen.co.jp/ko

갤러리 같은 모던한 료칸 무료픽업

와타야벳소 和多屋別荘 우레시노지역

일왕과 그의 가족들이 묵어간 전통 있는 료칸으로 시오타강을 끼고 넓은 부지에 5개의 숙박동을 운영하고 있다. 와타야벳소의 매력은 공간의 미를 살린 갤러리 같은 실내외 디자인으로 프론트로 들어서자마자 미술관에 온 듯한 착각이 들 정도이다. 발 닿는 곳마다 작품이 놓여 있어 어디서 사진을 찍던 멋지게 나온다.

와타야벳소는 많은 숙박동 만큼 다양한 객실과 숙박플랜을 보유하고 있다. 따라서 저비용으로도 료칸시설을 즐기거나 고급 객실에 묵으며 휴식의 시간을 가질 수도 있다. 온천시설은 대욕장과 파우더룸이 붙어 있는 노천탕, 전세탕이 있으며 온천 후에는 멀리 나가지 않더라도 소나무정원에서 산책을 하거나 야외 족욕시설을 이용할 수 있다. 식사는 지정된 레스토랑에서 신선한 제철해산물과 명품 사가규, 온천두부 등을 활용하여 만든 정갈한 가이세키요리가 제공된다.

주소 佐賀県 嬉野市 嬉野町 下宿乙 738 문의 095-442-0210 가격 1인 기준 ¥18,000~ 체크인/아웃 15:00/10:00 찾아가기 우레시노버스센터(嬉野バスセンター)에서 도보 10분 거리 또는 JR우레시노온천역에서 도보 20분 거리 또는 우레시노버스센터, 우레시노IC 도착 후 호텔에 연락하면 픽업차량을 통해 이동할 수 있다 홈페이지 www.wataya.co.jp

INDEX

영문

ㅈ

후쿠오카 규슈 여행백서